国家出版基金项目

先进复合材料丛书

生物医用复合材料

中国复合材料学会组织编写

丛书主编　杜善义

丛书副主编　俞建勇　方岱宁　叶金蕊

编　　著　沈　健　万怡灶　等

中国铁道出版社有限公司
CHINA RAILWAY PUBLISHING HOUSE CO., LTD.

内 容 简 介

"先进复合材料丛书"由中国复合材料学会组织编写，并入选国家出版基金项目。丛书共12册，围绕我国培育和发展战略性新兴产业的总体规划和目标，为促进我国复合材料研发和应用的发展与相互转化，按最新研究进展评述、国内外研究及应用对比分析、未来研究及产业发展方向预测的思路，论述各种先进复合材料。

本书为《生物医用复合材料》分册，在总结近年来国内外相关研究与应用开发成果的基础上，系统论述了组织相容性复合材料、血液相容性复合材料、可降解吸收复合材料、靶向/缓控释药用复合材料、医辅类复合材料、生物医用复合材料加工成型、生物医用复合材料测试评价等内容。

本书内容先进，适合我国生物医用材料产业相关的基础科学和技术领域的科技工作者参考，也可供新材料研究院所、高等院校、新材料产业界、政府相关部门、新材料咨询机构等领域的人员参考。

图书在版编目（CIP）数据

生物医用复合材料 / 中国复合材料学会组织编写；沈健等编著 . —北京：中国铁道出版社有限公司，2020.12
（先进复合材料丛书）
国家出版基金项目
ISBN 978-7-113-27275-3

Ⅰ. ①生⋯ Ⅱ. ①中⋯ ②沈⋯ Ⅲ. 生物材料-复合材料
Ⅳ. ①Q81

中国版本图书馆 CIP 数据核字(2020)第 184764 号

书　　名：生物医用复合材料
作　　者：沈　健　万怡灶　等

策　　划：初　祎　李小军
责任编辑：金　锋　　　　电话：(010) 51873125　　　　电子信箱：jinfeng88428@163.com
封面设计：高博越
责任校对：孙　玫
责任印制：樊启鹏

出版发行：中国铁道出版社有限公司（100054，北京市西城区右安门西街 8 号）
网　　址：http：//www.tdpress.com
印　　刷：中煤（北京）印务有限公司
版　　次：2020 年 12 月第 1 版　　2020 年 12 月第 1 次印刷
开　　本：787 mm×1 092 mm　1/16　印张：20.5　字数：450 千
书　　号：ISBN 978-7-113-27275-3
定　　价：128.00 元

序

新材料作为工业发展的基石，引领了人类社会各个时代的发展。先进复合材料具有高比性能、可根据需求进行设计等一系列优点，是新材料的重要成员。当今，对复合材料的需求越来越迫切，复合材料的作用越来越强，应用越来越广，用量越来越大。先进复合材料从主要在航空航天中应用的"贵族性材料"，发展到交通、海洋工程与船舰、能源、建筑及生命健康等领域广泛应用的"平民性材料"，是我国战略性新兴产业——新材料的重要组成部分。

为深入贯彻习近平总书记系列重要讲话精神，落实"十三五"国家重点出版物出版规划项目，不断提升我国复合材料行业总体实力和核心竞争力，增强我国科技实力，中国复合材料学会组织专家编写了"先进复合材料丛书"。丛书共12册，包括：《高性能纤维与织物》《高性能热固性树脂》《先进复合材料结构制造工艺与装备技术》《复合材料结构设计》《复合材料回收再利用》《聚合物基复合材料》《金属基复合材料》《陶瓷基复合材料》《土木工程纤维增强复合材料》《生物医用复合材料》《功能纳米复合材料》《智能复合材料》。本套丛书入选"十三五"国家重点出版物出版规划项目，并入选2020年度国家出版基金项目。

复合材料在需求中不断发展。新的需求对复合材料的新型原材料、新工艺、新设计、新结构带来发展机遇。复合材料作为承载结构应用的先进基础材料、极端环境应用的关键材料和多功能及智能化的前沿材料，更高比性能、更强综合优势以及结构/功能及智能化是其发展方向。"先进复合材料丛书"主要从当代国内外复合材料研发应用发展态势，论述复合材料在提高国家科研水平和创新力中的作用，论述复合材料科学与技术、国内外发展趋势，预测复合材料在"产学研"协同创新中的发展前景，力争在基础研究与应用需求之间建立技术发展路径，抢占科技发展制高点。丛书突出"新"字和"方向预测"等特色，对广大企业和科研、教育等复合材料研发与应用者有重要的参考与指导作用。

本丛书不当之处，恳请批评指正。

杜善义

2020 年 10 月

前　言

"先进复合材料丛书"由中国复合材料学会组织编写,并入选国家出版基金项目和"十三五"国家重点出版物出版规划项目。丛书共 12 册,围绕我国培育和发展战略性新兴产业的总体规划和目标,促进我国复合材料研发和应用的发展与相互转化,按最新研究进展、国内外研究及应用对比分析、未来研究及产业发展方向预测的思路,论述各种先进复合材料。本丛书力图传播我国"产学研"最新成果,在先进复合材料的基础研究与应用需求之间建立技术发展路径,对复合材料研究和应用发展方向做出指导。丛书体现了技术前沿性、应用性、战略指导性。

生物医用复合材料是由两种或两种以上不同物质复合而成的,用于诊断、治疗、修复或替换人体组织、器官,进而增进其功能的一类先进材料。它是人造组织、器官和医疗器械研发的基础。随着国民经济的快速发展、人类寿命的持续延长和健康质量的不断提升,对于这类先进材料的需求越来越大。生物医用复合材料基础理论、加工技术、性能评价和临床应用已成为材料科学与工程、化学、物理学、生物学、生物医学工程、医学工程、临床医学和药学等诸多学科共同研究的热点之一。

中国复合材料学会生物医用复合材料分会于 2018 年将编著《生物医用复合材料》列为新一届分会的重点工作任务之一,成立了由沈健、万怡灶任主任,陈晓峰、冯庆玲、王勤、王士斌、徐可为、尹光福、郑裕东任副主任,刘平生、胡剑、李利、梁春永、潘浩波、王小祥、于振涛、张灿、章培标、陈爱政、牛旭锋、施燕平、余森、袁江、张天柱为委员的编委会。中国复合材料学会于 2019 年 4 月 27 日在江苏省连云港市召开"十三五"国家重点出版物出版规划项目"先进复合材料丛书"评审会,对丛书进行了调整。正式将《生物医用复合材料》列入"先进复合材料丛书"。2020 年 3 月国家出版基金办公室经过严格评审,将"先进复合材料丛书"列入 2020 年度国家出版基金项目。《生物医用复合材料》可供从事该学科领域的教师、科技工作者、工程技术人员和医生参考,希望其出版发行对我国生物医用复合材料发展既能尽些微薄之力,又能起到抛砖引玉的作用。

在"先进复合材料"丛书编委会主任兼丛书主编杜善义院士的领导下，《生物医用复合材料》分册在系统论述生物医用复合材料的基本概念、相关理论、技术现状、临床应用和发展前景的基础上，重点论述了组织相容性、血液相容性、降解吸收、靶向/缓控释药用、医辅等五类生物医用复合材料及其加工成型技术和测试评价方法。

《生物医用复合材料》由沈健、万怡灶担任主编，各章编著者分工如下：

第1章：沈健（南京大学/南京师范大学）、刘平生（南京师范大学）、万怡灶；

第2章：潘浩波（中国科学院深圳先进技术研究院）、胡剑（华东交通大学）；

第3章：沈健（南京大学/南京师范大学）、袁江（南京师范大学）；

第4章：章培标（中国科学院长春应用化学研究所）、于振涛（暨南大学）、余森（西北有色金属研究院）；

第5章：尹光福（四川大学）、王士斌（华侨大学）、张灿（中国药科大学）、陈爱政（华侨大学）；

第6章：李利（南京师范大学）、张天柱（东南大学）、胡政芳（江苏省复合材料学会）；

第7章：郑裕东（北京科技大学）、梁春永（河北工业大学）、牛旭锋（北京航空航天大学）；

第8章：陈晓峰（华南理工大学）、王勤（山东省药学科学院）、施燕平（国家食品药品监督管理局济南医疗器械质量监督检验中心）。

全书最后由沈健、袁江负责统稿。

《生物医用复合材料》各章编著人员都是从事相关领域研究的专家，编著时尽力吸取国内外相关领域的基本理论、最新成果，并融入自己的研究工作和心得体会。限于相关领域研究的飞速发展、编著时间的仓促和编著者的能力，疏漏甚至谬误之处在所难免。敬请广大读者予以批评指正。

在《生物医用复合材料》的编著出版过程中，得到了中国复合材料学会的及时指导和中国铁道出版社有限公司、生物医药功能材料国家地方联合工程中心的大力支持，在此一并致谢。

编著者

2020 年 4 月

目　　录

第1章 绪 论

材料、信息和能源是人类社会发展的三大支柱。人类利用、改进天然材料,发明人造材料的历史悠久。生物医用材料(biomedical materials)是用于诊断、治疗、修复或替换人体组织器官进而增进其功能的材料[1],是人工器官和医疗器械研发的基础,目前已成为材料科学的重要分支。随着材料科学、生命科学和临床医学的迅速发展,人类健康需求的不断提高以及全球人口老龄化,人们对生物医用材料的需求急剧增长。生物医用材料已成为全世界科学研究、技术创新、临床应用和产业发展的热点。

生物医用材料在临床应用中通常与人体组织或器官接触。在这个过程中,生物医用材料不仅受到人体生命系统复杂生理环境(物理、化学、生物学等方面因素)的影响,它与人体组织或器官间还存在诸多动态的相互作用。传统单组分生物医用金属材料、高分子材料和生物陶瓷材料通常难以同时满足临床应用中的各项要求。此外,这些材料通常都不具备生物活性,难以诱导组织的生长,实现与组织有效的整合。因此,为适应人体生命系统复杂生理环境,迫切需要对具备某种物理、化学、生物学特性或功能的材料通过特殊的改性或加工成型技术复合,从而实现生物医用材料整体性能与功能的提升并满足临床中各项应用要求。

1.1 生物医用复合材料的定义及分类

1.1.1 生物医用复合材料的定义

复合材料(composite materials)是由两种或两种以上的具备不同性能、不同形态的组分材料通过复合工艺制得的一种多组分、多相材料。其既能保留各组分材料的原有特色,又能通过复合效应获得新的性能[2]。生物医用复合材料(biomedical composite materials)是由两种或两种以上的不同材料复合而成的生物医用材料。

1.1.2 生物医用复合材料分类

生物医用复合材料种类繁多,通常可以根据材料的医学及临床应用领域、基材组成、来源、功能和性能等进行分类。

1. 按照材料医学及临床应用领域分类

(1)口腔用生物医用复合材料。

(2)骨科用生物医用复合材料。

(3)心血管系统用生物医用复合材料。

(4)皮肤用生物医用复合材料。

(5)消化系统用生物医用复合材料。

(6)泌尿系统用生物医用复合材料。

(7)其他生物医用复合材料。

2. 按照材料基材组成分类

(1)聚合物基生物医用复合材料，又称为生物医用高分子复合材料，主要以高分子材料作为基体，添加其他组成经过加工成型制成的生物医用复合材料。

(2)金属基生物医用复合材料，主要以（改性过的）金属材料作为基体，添加某种特殊性质的物质而形成的生物医用复合材料。当添加组成也是金属时，又称为合金（alloy）。

(3)无机非金属基生物医用复合材料，主要以非金属无机材料作为基体，添加其他组成经过高温烧结和成型制成的生物医用复合材料。

(4)杂化生物医用复合材料。

3. 按照材料来源分类

(1)天然生物医用复合材料（如自体骨、移植皮肤等）。

(2)半合成类生物医用复合材料（如表面改性脱细胞血管支架、胶原/羟基磷灰石复合支架等）。

(3)合成类生物医用复合材料（如温敏、热敏多功能环境响应智能水凝胶等）。

4. 生物医用复合材料按照材料功能和性质分类

(1)生物惰性生物医用复合材料（玻璃纤维增强 PEEK 等）。

(2)生物活性生物医用复合材料（如金属掺杂生物活性陶瓷等）。

除此以外，还可以按照材料的降解性能分为可生物降解医用复合材料（如聚酯类等）和非生物降解医用复合材料（如医用合金等）。

1.2　生物医用复合材料应用

生物医用材料是《国家中长期科学与技术发展规划纲要（2006—2020 年）》重点领域"人口与健康"中优先发展的领域。作为多功能、多组分的生物医用材料，生物医用复合材料现已广泛应用于口腔、骨科、心血管、皮肤、人造器官、药物缓释载体以及介入诊疗等各个领域。

1.2.1　生物医用复合材料在口腔医学中的应用

当材料被用于替代或修复口腔病（缺）损组织或增进口腔内的某种功能时，它就成为口腔生物医用材料。由于传统的单一型口腔生物医用材料难以同时满足临床上的各项性能需求，复合型、功能型和智能型生物医用材料已逐渐成为当今口腔生物医用材料的主体。

1. 口腔金属复合材料

由于口腔中存在多种应力（如咀嚼压力和剪切力）和复杂的局部环境（如温度变化、酸碱、唾液和细菌浸蚀等），口腔金属复合材料需要具备优良的综合力学性能以及化学稳定性。金属表面改性或引入不同金属组分能有效赋予口腔金属材料优良的物理化学性能[3]。目前,钴合金、镍铬合金、钛合金、不锈钢等是在口腔中广泛应用的金属复合材料。

钴基合金在口腔中常用作牙科填补材料。钴元素是人体必需的微量元素,它能够参与人体中的部分生理过程,如糖代谢、脂肪代谢以及部分核酸、蛋氨酸等大分子的合成等[4],一般不会在人体内积累。通过铬、钨、镍、钼等成分的引入,钴基合金材料(钴-铬-钨-镍合金以及钴-铬-钼合金)具有更好的抗腐蚀性和物理机械性能,因此可用于义齿的固定。然而,钴基合金材料存在生物相容性不足的问题。吴等[5]通过实验对比了四种口腔金属修复材料(纯钛、钴铬合金、钛合金和金钯合金)对牙周组织炎症因子表达的影响。如图 1.1 所示,相较于纯钛和金钯合金,钴铬合金和钛合金对牙龈的成纤维细胞的细胞相容性较差。钴基合金会刺激牙龈细胞表达较多的炎症因子,影响牙周组织健康。

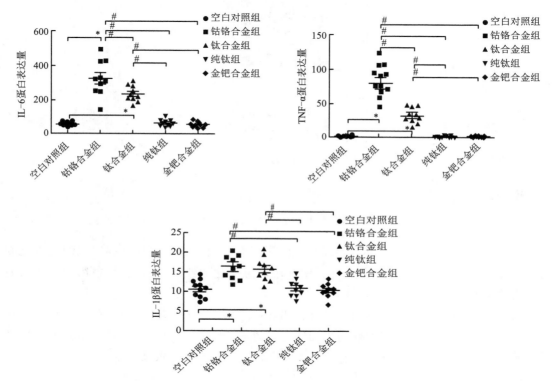

图 1.1　几种常用医用合金引起牙龈成纤维细胞中 IL-6(白细胞介素)、
TNF-α(肿瘤坏死因子-α)、IL-β(白细胞介素-1β)炎症因子表达
* —与空白对照组相比,具有统计学差异($P<0.05$);# —组间对比,具有统计学差异($P<0.05$)

镍铬合金材料主要由镍、铬元素组成,具有耐腐蚀、化学稳定性较好的优点。其硬度稍低于钴铬合金而高于贵金属,作为最常用的烤瓷内冠材料已临床应用数十年。据统计,目前镍铬合金在部修复体占比为 $70\%\sim75\%$,广泛用于固定义齿的冠、桥以及活动义齿的卡环、基托、支架和种植体等。近年来研究发现,由于镍元素的存在,镍铬合金会引起少数不良反应(如部分患者对镍过敏、炎症反应、色素沉积等)[6]。

钛合金材料具有无毒、质轻、强度高、生物相容性好、机械强度高等优点,在骨植入材料领域中得到了广泛的应用[7]。在口腔科，钛合金常用作植体、修复体支架材料以及颌骨骨折的内固定材料等。然而，钛合金固有的生物惰性和较差的骨整合能力，导致其在人体内难以形成生物信号的传递促进成骨，也难以与周围的天然骨有效整合。同时，一旦植入部位发生细菌感染，钛合金不能有效杀菌[8]。通过物理或化学方法对钛及钛合金进行表面改性可以增进其功能性。如刘等[9]通过化学改性将有利于促进矿化的聚合物构建在钛合金表面，不仅能有效促进钛合金材料表面羟基磷灰石的形成（如图1.2所示），还能提高骨源性细胞的粘附与增殖。Park 等[10]通过将 RGD 肽附着在钛种植体的表面，显著增加成骨细胞的活性并促进骨沉积。

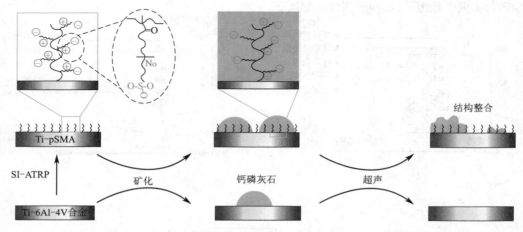

图 1.2　Ti-6Al-4V 合金表面构建两性离子聚合物促进表面羟基磷灰石的矿化

不锈钢材料密度大约是人体骨骼的 2 倍，其表面的钝化膜可使其具有一定的抗氧化和耐蚀能力。由于其易于加工且具有高强度和耐高温氧化的性能，在口腔科中用于人体颌面部颞颌关节的替换和颌面部骨折处的内固定。

综上所述，由于各种金属材料各具优缺点，鉴于口腔内部复杂的微环境，部分金属基复合材料会释放金属离子，造成材料与生物体之间的不良反应。因此，在保持力学强度等性能不变的前提下，提高口腔金属复合材料生物安全性及生物活性是未来的发展趋势。

2.　口腔无机非金属复合材料

无机非金属复合材料（俗称陶瓷材料）因具有硬度高、化学性能稳定、耐热耐腐蚀以及优异的生物相容性等特点，被广泛作为口腔修复材料[11]。根据植入材料与生命体之间的主客体相互作用，口腔陶瓷复合材料可分为口腔惰性陶瓷材料和口腔活性陶瓷材料。

口腔惰性陶瓷材料主要包括氧化铝、氧化锆等。其中，致密氧化铝为多晶材料，可精细加工，耐磨耐热性好，具有极高的强度和韧性，植入人体后无界面化学反应，生物安全性好。不足之处是修复体美学效果较差，主要用于后牙区的冠桥修复[12]。由于氧化锆的高稳定性导致其与饰面瓷之间缺乏有效的化学结合[13]。

口腔活性陶瓷是一类具有生物活性的陶瓷材料，不仅具有较好的骨传导性，还能有效诱导材料周围的干细胞、祖细胞向成骨细胞分化，增加材料的骨诱导性能。近年来，活性陶瓷材料被广泛用于口腔内的盖髓剂及根管充填剂。纳米羟基磷灰石根管充填剂是近年发展的一种新型生物医用复合材料,其主要成分为仿天然胶原/纳米羟基磷灰石复合物(如图 1.3所示)。除羟基磷灰石之外,越来越多的活性陶瓷材料的出现为口腔内牙骨缺损的治疗提供了更多的选择。如磷酸三钙等混合物制备成的陶瓷材料,被用于牙周病牙槽嵴的增高、牙槽骨的重造以及牙周骨组织再生[14]。

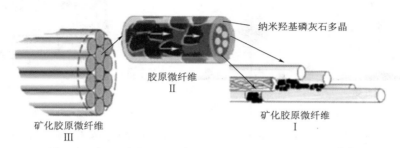

图 1.3 胶原/纳米羟基磷灰石复合物的分级结构示意图[12]

3. 口腔高分子复合材料

据 EI Compendex 统计,高分子复合材料在众多的口腔材料中位居榜首[15],广泛用于牙修复、牙充填,具有质轻、可塑、耐腐蚀、无毒、使用方便和美观等优点。目前,已从传统的复合型树脂发展为超微粒复合树脂,如树脂基陶瓷(resin-matrix ceramics)新型冠部修复材料,兼具良好的理化性能和美学特性[16]。

玻璃离子体水门汀是 20 世纪 70 年代初出现的一种新型水门汀类材料。它是由玻璃粉和聚丙烯酸复合而成的高分子复合材料。与聚羧酸锌水门汀相似,玻璃离子体水门汀对牙髓的刺激很小,并且由于其优异的抗龋性、黏结性和生物相容性,在口腔临床上主要用于衬底、黏结和充填。另外,为了满足临床上的更多需求,通过改性,还制备出金属加强型玻璃离子体[17]。

硅橡胶材料被世界卫生组织(WHO)认定为可永久留置人体的生物材料,具有良好的生物相容性和生理惰性,其强度和刚度虽然不如不锈钢等金属材料,但作为一种柔性弹性体,硅橡胶特有的弹性和韧性使其在替代某些人造器官或组织方面展现出突出优势。在口腔科中主要用于颌面部赝复体的制作和口腔印模材料等。但由于表面固有的高度疏水性,硅橡胶材料缺乏有效的抗菌、抗生物粘附性能,作为植/介入材料长期与人体组织或体液接触的过程中,容易引发细菌感染、凝血、组织粘连、炎症等不良反应。因此需要对硅橡胶表面进行本体或表面改性以拓展其功能性和生物安全性[18]。

4. 口腔黏接复合材料

口腔黏接复合材料被称为口腔中的"万能胶"。它可以把各类牙齿修复材料和天然牙齿紧密黏合在一起,使修复后的牙齿形状和功能得到了充分的恢复[19],在牙科临床修复治疗中发挥了重要的作用[20]。

5. 口腔正畸复合材料

医用不锈钢是正畸临床应用最为广泛的材料,相关的矫治器械包括托槽、弓丝、带环、种植体以及相关附件(如图 1.4 所示)。然而,由于矫形器需要长时间佩戴,在口腔的微环境中很容易造成菌斑堆积,从而引发一系列不良反应,如口腔感染、牙釉质脱矿等。近年来抗菌不锈钢发展迅速,如李等[21]将无机纳米抗菌材料引入托槽釉质黏结剂以及活动矫治器树脂材料中,显著降低矫治过程中相关并发症产生的概率。

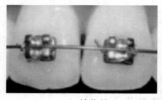 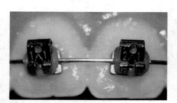 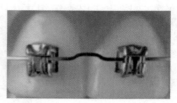

(a)结扎丝　　　　　　　　(b)橡皮圈　　　　　　　　(c)自锁托槽

图 1.4　正畸矫治结扎方式

此外,正畸矫治需要最大程度减少正畸弓丝与托槽间的摩擦力,使得牙齿能够产生更加有效的生理性移动。通过对弓丝和托槽材料表面的改性,如通过聚四氟乙烯涂层(teflon)、类金刚石膜(DLC)等方式有效降低摩擦是目前针对给定弓丝、托槽降低其摩擦的主要方式。Szczupakowski 等对不同支架/弓丝组合的性能进行了系统研究(见表 1.1),为临床应用提供了一定的理论依据[22]。

表 1.1　几种常用弓丝和结扎丝材料及规格[22]

	材　　料	商品名	直　　径	生产商
弓丝	不锈钢	Remanium®	0.46 mm×0.64 mm(0.018 in×0.025 in)矩形	Dentaurum
	不锈钢	D-Wire™	0.46 mm(0.018 in);半圆/1/2 D-Wire™剖面	Speed
	NiTi 同轴	Supercable	0.46 mm(0.018 in)圆形(扭曲)	Speed
	聚四氟乙烯涂层 NiTi	BioCosmetic®	0.46 mm×0.64 mm(0.018 in×0.025 in);矩形	Forestadent®
结扎丝	不锈钢	Remanium®	0.25 mm	Dentaurum
	塑料	Dentalastics	内径 1.3 mm	Dentaurum
	塑料	Slide™	两环相连	Leone®

随着 CAD/CAM 技术的发展,近年来出现了无托槽隐形矫治技术。该技术采用了热压膜透明矫治器,通过热压膜材料变形后的回弹力实现牙齿的正畸,并以其出众的隐形效果和舒适度而在临床上得到广泛的应用[23]。

1.2.2　生物医用复合材料在骨科中的应用

骨折(损伤)和骨缺损是临床中常见的骨科创伤类型,其中,由创伤、骨不连、肿瘤切除或颌面畸形引起的非自愈型骨缺损的快速和有效再生仍是临床中面临着巨大挑战。据报道,目前我国每年新增骨损伤患者约 300 万人。

自体骨移植和异体骨移植是目前临床骨缺损修复中所使用的主要手段。自体骨移植,所取骨与需修复骨同源,易结合,既利于新骨再生,又没有排异现象,是临床骨缺损修复治疗中的"黄金标准"。但是由于自体骨移植物来源于患者本身,取材来源有限的同时也造成了自身的痛苦和新的损伤,还容易引起一系列并发症。异体骨移植分同种异体和异种异体两种。它们不受形貌和数量的限制,拥有较为广泛的供骨来源。但是,由于种属、异体之间抗原差异,容易产生免疫排异反应。因此,异体骨移植存在着生物相容问题和生物安全隐患。在这种背景下骨组织工程(bone tissue engineering,BTE)应运而生。

骨组织工程是近 30 年来快速发展的一种骨缺损修复手段。它是以细胞、支架和细胞因子为三大要素的一种骨修复技术,利用细胞生物学和工程学的基本原理和技术,研究和开发能够修复或改善缺损骨组织形态和功能的生物替代物的科学。根据不同的临床需求,可通过对材料进行特殊的设计和处理,构建出可替代的生物活性骨组织,同时也规避了自体骨和异体骨所存在的风险和问题。

1. 骨修复金属基复合材料

金属基复合材料具有较高的机械强度和综合力学性能。目前在骨科临床应用较为广泛的金属基复合材料主要包括医用不锈钢、钴合金、钛合金、镍合金等。

医用不锈钢材料主要成分是铁和铬。根据元素比例不同可分为 2 系列、3 系列及 4 系列等。其中,在骨科植入材料中应用较多的是 Fe-18Cr-14Ni-3Mo。该材料机械性能好,是抗腐蚀性较弱,难以长期留置体内。

钴基合金材料是一类性能较好的骨科复合材料。它具有较好的化学稳定性和抗腐蚀性,植入体内后,可以适应体内复杂的生物环境以及较为苛刻的机械性能要求,不会与机体发生明显的组织反应,临床中多用作关节磨损器械材料。另外,也可通过表面改性,提高其抗腐蚀能力以及生物相容性等,以拓展其功能。

钛基合金材料密度小并具备较好的生物相容性。其中,最为常用的是 Ti-6Al-4V 合金。它不仅具有与人体骨组织相近的密度,还具有较低的弹性模量和较好的抗腐蚀性能,已作为性能优异的骨科材料广泛用于临床,如人工关节、医用螺钉等。但是该材料在物理性能上也有不足之处,如硬度低、易磨损,作为骨缺损修复材料不具备诱导骨再生的能力,因而需要开发综合性能更佳的新型钛合金来促进骨组织再生。例如采用等离子喷涂在钛合金表面羟基磷灰石,可赋予钛合金表面优异的生物活性,促进新骨的生长[24]。

2. 骨修复无机非金属复合材料

在纳米尺度上,松质骨和密质骨均是由羟基磷灰石沿胶原纤维高度有序排列形成矿化纤维束状并按一定的方式排列而成。骨组织中有机成分主要是提供弹性和韧性的骨胶原纤维束;无机成分主要是决定骨骼的硬度和强度的纳米羟基磷灰石。目前,依据仿生学原理制备有机-无机复合人工骨材料是无机非金属骨修复复合材料研究的热点。以羟基磷灰石为代表的钙磷类无机非金属复合材料具有金属和陶瓷无法比拟的骨组织的力学匹配性。杨等[25]制备了用于股骨大段骨缺损修复的纳米羟基磷灰石/多元氨基酸复合引导性骨再生膜管。其具有较好的稳定性,并能有效引导成骨细胞优先向缺损处迁移和生长,促进骨愈合,且再生骨的力学强度大于同种异体骨移植修复体。刘等制备了矿化的聚(丙烯腈-共- 1-乙烯基咪唑)水凝胶复合材料[26]。此材料不仅具有较高的机械强度,同时能够作为大尺寸骨缺损的高效修复材料。四川大学张兴栋院士等[27]于20世纪80年代就在国内率先研发生物活性陶瓷及涂层,在国际上首创骨诱导人工骨并应用于临床。华东理工大学刘昌胜院士等[28]研发的"自固化磷酸钙人工骨"经过一系列严格的生物安全评价,在国内第一个获得临床批件并已广泛应用于临床骨缺损修复。

随着分子生物学和基因技术水平的提高以及材料科学、化学和纳米技术的不断发展,细胞-材料相互作用在蛋白和基因方面的研究得到了突飞猛进的发展,骨修复无机非金属复合材料正呈现出多元化的发展趋势。

3. 骨修复高分子复合材料

高分子材料按来源可分为合成高分子材料和天然高分子材料。超高分子量聚乙烯、聚乳酸、聚羟基乙酸、聚羟基戊酸、聚乳酸与聚羟基乙酸共聚物等是广泛应用于骨修复的合成高分子材料。可通过不同合成方式调整聚合物分子量及其分布以及加工成型工艺,控制材料的力学性能和降解速率。

除超高分子量聚乙烯外,上述材料的优点是具有良好的可塑性、生物可降解性、生物相容性以及可控的降解速度;缺点是缺乏生物活性,过快的体内降解导致降解产物周围酸性过高而抑制了细胞在支架上的生长,并且可能引起周围组织炎症反应。

目前应用于骨组织工程支架的天然高分子材料主要有胶原、透明质酸、纤维蛋白等细胞外基质材料和壳聚糖、海藻酸盐、纤维素、丝素蛋白等。这些材料的优点是具有天然的孔隙结构,并且具有良好的生物相容性,原料造价低廉,来源广泛;缺点是降解速度过慢,机械稳定性差,限制了它们在临床负重骨缺损的修复和治疗的应用。

由于存在"应力屏蔽"、抗腐蚀性能差、易感染和需二次手术的弊端,金属内固技术在骨科的应用受到一定限制。而可降解高分子复合生物材料则可解决上述问题。沈等[29]以聚-L-乳酸(SR-PLLA)作为增强剂,调节PLA基体的分子量及其分布制得体内降解速率与损骨修复速率、乳酸代谢速率相匹配的接骨板和螺钉,有效克服了上述弊端。目前常用于骨折内固定的复合材料主要有自身增强聚-L-乳酸(SR-PLLA)、左旋聚乳酸(PLLA)和聚-DL-乳酸(PDLLA)等。杨等选用传统金属拉力钉和聚乳酸可吸收螺钉(见表1.2)对在踝关节骨折中的对比治疗结果表明:高分子可吸收螺钉固定后不仅恢复较快,而且未发生螺钉断裂,是一类十分理想的内固定材料[30]。

表 1.2   选用不同材料的患者治疗优良率

组　别	总数量	优	良	可	差	优良率(%)
金属拉力钉组	31	13	12	4	2	81
可吸收螺钉组	32	20	9	2	1	91

组织工程已成为骨缺损修复的新途径。目前,国内外主要研究方向是将具有诱导成骨(osteoinduction)能力的物质和具有传导成骨(osteoconduction)能力的物质相结合,制成复合人工骨,以达到骨缺损有效的修复[31]。刘等选用两性离子水凝胶以及两性离子水凝胶的钙磷矿化物作为骨形貌发生蛋白BMP-2的缓释载体,能够在超低剂量条件下(纳克级)实现

大鼠临界骨缺损功能性地修复[32,33]。另外，超高分子量聚乙烯[34]、改性聚醚醚酮（PEEK）[35]等高分子复合材料在髋关节、膝关节[36]等置换中具有较大的应用前景。

形状记忆聚合物（SMP）是一类具有刺激-响应的新型智能高分子材料，可对外界环境的变化做出响应，然后通过自发的调节恢复到初始状态（如图 1.5 所示）。这类复合材料较多选用可降解的聚酯类材料，如聚乳酸、聚乳酸共聚物以及聚己内酯等作为主体材料，广泛应用在微创手术、血栓移除以及骨组织固定等领域。

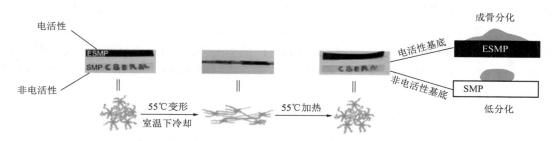

图 1.5 基于星型聚乳酸和苯胺二聚体导电 SMP 恢复图解[37]

肌腱断裂缝合术后容易发生粘连，尤其是鞘内屈肌腱损伤粘连的发生率更高。常用的硅橡胶薄膜虽可有效防止吻合部位肌腱粘连，但需要再次手术取出。而高分子可降解薄膜在体内无毒、可降解，且具有很好的术后防粘连效果[38]。椎板切除术后硬膜外纤维瘢痕粘易连是骨科领域亟待解决的难题之一。硬膜纤维瘢痕是来自椎板外损伤肌肉的粗糙面向椎管内再生的结果。如果将隔离物放在椎板切开处阻断其纤维组织的延伸，则可避免硬膜外瘢痕的产生[39]。以聚乳酸、聚乙二醇、羧甲基纤维素及壳聚糖等高分子复合材料制备的脊椎在这方面具有较好的应用前景[40]。

在骨科治疗中，植入体/骨界面处往往容易引起生物被膜的形成而导致细菌引起的感染。图 1.6 所示为致病菌在医疗器械表面的黏附过程。为减少植入体/骨界面细菌的滋生并降低由此带来的感染问题，已开发出多种预防或保护技术。如将抗菌肽、阳离子聚合物、抗生素等与可降解高分子材料结合，使复合材料兼具修复和抗感染的功能。

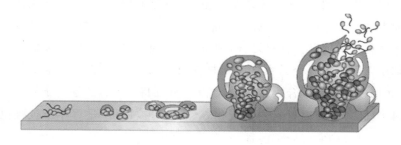

图 1.6 病菌在医疗器械表面的粘附过程[37]

1.2.3 生物医用复合材料在心血管中的应用

根据世界卫生组织进行的调查统计，心脑血管疾病已成为威胁人类健康的"头号杀手"，成为人类因疾病死亡的首因[41]。心脑血管疾病包括冠心病、脑血管疾病、高血压、风湿性心脏病等。根据国家心血管病中心组织编撰的《中国心血管病报告 2018》概要推算：我国心血管病患人数已达 2.9 亿，其导致的死亡率在各种疾病所引起的死亡率中居首位，占国民疾病死亡总数的 40% 以上[42]。

迄今为止，临床中已有多种用于心血管疾病的诊疗技术，这些技术可分为药物治疗和介入手术治疗两类。自从 1986 年 Jacques Puel 和 Ulrich Sigwar 医师成功实施了第一例冠状动脉支架植入手术之后，基于血管内壁支撑器（简称血管支架）的介入手术因创伤小、治疗效果显著等优点已经成为治疗心脏病的重要手段。它可以有效抑制血管尤其是冠状脉管系统的狭窄。根据 2017 年 Evaluate MedTech 的统计（图 1.7），心血管类产品的需求量占据全球生物医用材料需求总量的 36.1%。我国血管支架进出口贸易总额在 2017 年就已达到 4.97 亿美元[43]。

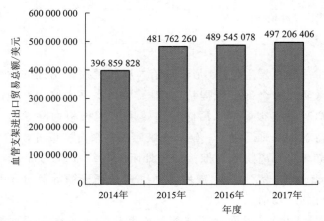

图 1.7　2014～2018 年第一季度我国血管支架进出口贸易总额走势图[43]

血管支架发展至今大体经历了三个阶段：裸支架时代、覆膜支架时代以及药物洗脱支架时代。天然血管的组成、结构及功能非常复杂，因此，对血管支架的要求也是多方面的，既需要材料具有良好的生物相容性（尤其是血液相容性）和生物活性（如诱导快速内皮化），又需要具有一定的力学性能。单一组分材料制备的支架往往难以同时满足上述要求。通过物理或化学方法将两种或两种以上材料复合，制备兼具良好生物学特性和优良机械性能的复合材料以满足临床实际需求是今后血管支架材料研究的重点。沈等[44]基于"维持自然状态"学说，采用表面接枝聚合和聚合物涂层技术[45-50]，分别将四类含两性离子结构的材料构建在各种生物材料表面，显著提高材料的血液相容性[51-55]，被评价"是近年来抗凝血领域内的重要研究成果，具有良好的实际应用前景[56]。"

1. 金属裸支架

作为在体内应用并和血液接触的生物材料，支架需要具备优良的生物相容性以及良好的物理机械性能。PTCA（经皮冠状动脉腔内血管成形术）中最早采用的是金属裸支架，例如 316L 不锈钢支架、钴铬合金支架以及镍钛合金支架等。20 世纪 60 年代，经美国材料与试验协会委员会认定,316L医用不锈钢可以作为体内植入物的标准化材料。不锈钢支架每年使用量超过100万个,多用于制作球囊扩张式血管支架,是全球使用最多的一类支架,主要用于治疗冠状动脉、大动脉、外周血管、颅内血管等狭窄性病变[57]。钴合金具有良好的生物相容性和抗腐蚀性能。1937年钴合金首次用于临床治疗血管疾病,现在仍被广泛使用,如治疗动脉血管瘤的覆膜自扩张支架和外周血管狭窄的新型Wallstent自扩张支架(如图1.8所示)。目前抗拉强度更高的钴铬合金(L605)制作的精细网丝支架已经在临床上得到应用,L605支架的网丝直径降低了30%左右,从结构层面减少了血管再狭窄的潜在诱因,已经成为新型冠脉支架发展的趋势[58]。值得注意的是,L605合金中含有10%左右的镍,有研究表明,镍有致敏、致癌和诱发血栓等毒副作用[59]。

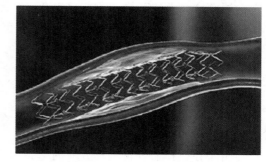

图1.8 Firebird 2支架[60]

镍钛合金具有良好的形状记忆效应和超弹性,记忆效应主要依靠温度的变化来实现马氏体与奥氏体的塑性变形,因此它能够满足人体植入物的要求。由于镍钛合金具有良好的生物相容性和抗腐蚀性,因此其常被制作成自膨式金属支架,用于治疗颅内动脉、颈动脉、胸腹主动脉、下肢动脉等狭窄性病变。

尽管金属裸支架在临床上取得令人瞩目的疗效,但经过多年临床应用也暴露出许多不足:如传统金属支架面临长期留置血管内引起的慢性炎症、支架内血栓等问题,且患者术后需要长期口服抗凝血药物以维持疗效。经统计发现,金属支架置入后血管再狭窄的发生率为20%~30%。虽然现在生物可吸收支架和可降解金属支架取得了一定的研究进展,如镁基合金支架具有良好的可操作性和较低的并发症概率,但长期生物安全性及有效性尚需进一步验证[61]。

2. 覆膜支架

治疗动脉瘤、长段闭塞性病变以及外伤型血管病变通常需要覆膜支架。覆膜支架是在金属支架的基础上,通过缝制或其他特殊工艺固定一层组织相容的高分子薄膜,能够将病变血管隔绝于血流之外,建立起人工的血流通道。覆膜材料有可降解材料和不可降解材料两种,目前临床上多用不可降解材料,如聚四氟乙烯(PTFE)、聚酯(PET)、尼龙(Nylon)、涤纶(Dacron)或真丝织物等[62]。

与金属裸支架相比,覆膜支架不仅保留了金属的支撑功能,还可以通过在裸支架表面进行覆膜以改变病变血管的异常血流动力学。1991年血管覆膜支架首次在国际上用于治疗腹主动脉瘤并迅速被推广应用。1997年国内开始用覆膜支架治疗腹主动脉瘤,现已广泛使用。2015年刘[63]对国内覆膜支架治疗腹主动脉瘤的有效性和安全性进行探讨,发现手术成功率最低为91.35%,多数接近100%。

血管覆膜支架相比于金属裸支架虽然有一定的优势,但也存在一些缺陷,例如覆膜支架系统的柔顺性较差,容易对弯曲的血管造成损伤,同时也存在覆盖重要侧支的风险。这些缺陷在一定程度上限制了覆膜支架在外周血管的广泛应用。

3. 药物洗脱支架

内皮层被破坏导致内膜过度增生是血管再狭窄产生的主要原因[64]。为解决这一问题，药物洗脱支架通过在金属支架表面包被的聚合物负载抑制平滑肌细胞生长的药物，植入血管内的病变部位后可控释放，来抑制新生内膜的过度生长。

通常意义上的药物洗脱支架包括三个部分：支架基底、药物和载药涂层。根据药物载体性质的不同，可分为永久性聚合物涂层和可降解聚合物涂层。其中永久性聚合物涂层材料主要有聚乙烯-乙酸乙烯酯共聚物（PEVA）、对二甲苯（PC）、聚甲基丙烯酸正丁酯（PBMA）、聚偏二氟乙烯（PVDF）等。可降解聚合物涂层材料主要有聚乳酸（PLA）、聚乳酸/聚羟基乙酸（PLGA）、聚丁二酸丁二酯（PBS）和聚己内酯（PCL）等。所负载的药物主要包含免疫抑制剂类、细胞增殖抑制剂类和抗炎症药物。目前通过美国食品药品监督管理局（FDA）认证的药物主要有雷帕霉素[65]和紫杉醇[66]等。

由于在治疗血管再狭窄方面的卓越表现，药物洗脱支架迅速在冠状血管再生领域占据了主要市场，在一些国家甚至达到了90%以上。目前临床上使用的药物洗脱支架主要以强生公司生产的 Cypher 支架和波士顿科技公司生产的 Taxus 支架为主，两者分别于2003年和2004年被美国 FDA 批准用于临床。为了实现更好的药物控释，Cypher 支架采用多涂层载药的方式，研究表明：Cypher 支架可以在体内为期90 d的缓慢可控释放[67]。Taxus 支架则是以不可降解的苯乙烯类聚合物为涂层负载紫杉醇，体内研究结果表明紫杉醇在最初2 d内以暴释的方式释放，随后缓慢释放，直至30 d释放完毕[68]。

药物洗脱支架在应用中也逐渐显露出一些问题。由于其负载的药物多为抗肿瘤药物，在抑制平滑肌细胞增殖的同时也会延缓血管内皮细胞的修复愈合，引起支架周围血管壁发生病变，出现内皮细胞减少、血小板粘附聚集等现象。药物在支架表面的分布以及药物释放速率直接受到支架类型和载药涂层的影响。因此，主要通过支架基材和载药涂层这两个方面对药物洗脱支架进行优化。

目前对于支架材料的优化仍然以金属支架为主。而对载药涂层的设计，人们将研究重点由传统的稳定涂层转向了可降解涂层材料，如聚乳酸及其共聚物等。可降解的聚合物载药涂层的优点是药物释放、聚合物降解均可控，从而避免了长期留置期的异物排斥反应。此外，模仿细胞膜结构的磷酸胆碱仿生聚合物涂层由于其良好的生物相容性，也在药物洗脱支架方面得到了很好的应用，如 Biodiv Ysio 支架就是以甲基丙烯酰基磷酸胆碱和甲基丙烯酸月桂醇酯的共聚物作为支架涂层，临床表现优异[69]。美敦力公司（Medtroninc）研制的 PC-zotarolimu 钴铬合金支架[70]及雅培公司（Abbott）研制的 PC-zotarolimu 钽/不锈钢支架[71]等在临床上均表现良好。

1.2.4 生物医用复合材料在皮肤中的应用

皮肤是人体面积最大的组织，一个成年人的皮肤展开后面积可达 2 m²，占人体总重量的 16%。皮肤由表皮、真皮和皮下组织构成，并且包含附属器官以及血管、神经等结构，是人类重要的天然保障器官,对人体起到重要的屏障作用:保护人体内各种组织和器官免受物理性、机械性、化学性、病原微生物性以及外界有害物质的侵袭[72]。此外,皮肤还参与人体的新陈代谢,对维持人体正常的生理功能具有十分重要的意义。皮肤一旦受损,会引起许多局部甚至全身性问题,如新陈代谢加剧,水分、离子和蛋白质等有效成分过度流失及免疫系统失调等,严重的甚至会危及生命[73]。由于皮肤结构(如图 1.9 所示)和功能的复杂性,目前还没有一种材料达到与皮肤完全相同的功能。虽然可以采用自体皮肤或者异体皮肤进行移植,但自体皮肤来源有限,异体皮肤存在免疫排斥反应。在皮肤出现大面积缺损或自愈困难的情况下,普遍使用皮肤敷料修复破损皮肤和促进愈合。

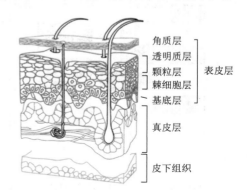

图 1.9 皮肤结构

皮肤损伤再生修复一直是临床外科具有重要意义的课题[74]。当人体的皮肤受到损伤时,敷料覆盖在组织缺损区起到防止体液和蛋白质流失以及阻止细菌侵入引起炎症的作用。敷料还可以作为皮肤生长因子的载体,促进伤口愈合[75]。目前市场上主要的皮肤敷料有 Alloderm、Apligraft、Biobrane™、Dermagraft、Integra™、Pelanac™、Transcyte 等。

作为人体皮肤的替代物,皮肤敷料应该具有与人体皮肤类似的物化性质和机械性能,应具备良好的生物相容性、无毒副作用;在干湿状况下均能保持一定的机械性能;必要的通透性(透水及透气功能);能够适度吸收创面的渗出液,抑制细菌生长;价格低廉,使用简便方便,易于移除和更换,具有广泛的适用性[76]。

按照结构和成分的不同,皮肤敷料可以分为四种类型(如图 1.10 所示):传统型、生物型、合成型、复合型。早期,传统型的皮肤敷料主要组成成分为棉花、亚麻等天然植物材料。这类皮肤敷料虽然透气性好,价格低廉,但对创面渗出液的吸收能力强,不利于细胞生长和组织再生。生物型皮肤敷料是由天然高分子以及一些低分子天然生物构成,包括蛋白类、多糖类等。如骨胶原、壳聚糖材料就属于此类。其生物相容性好且毒副作用低,对水具有一定的渗透性,有一定的应用价值。近年来也有含高分子材料的合成型皮肤敷料,如用有机硅、聚氨酯、聚乳酸等合成高分子制备的合成型皮肤敷料,虽然该类皮肤敷料价格低廉,但其生物学性能并不能达到皮肤修复所需要的要求。相较于以上三种类型的皮肤敷料,复合型皮肤敷料成为当前研究的热点,期望该类敷料可以模仿人类皮肤的特点,能够适应皮肤缺损修复的生理要求,临床效果也优于单一成分类型的人工皮肤。

复合型皮肤敷料包括复合物和复合膜,外层材料为复合膜,大多采用硅橡胶、聚氨酯、聚乙烯醇等薄膜。这类薄膜表面空隙较小,可以防止蛋白质、体液的流失以及外界细菌的侵袭,起到保护作用;而内层材料主要为天然或经过化学修饰的生物高分子材料。复合人工皮肤可调节透水透气性、吸收性和柔软性,也便于引入一些活性因子或抗菌物质,如聚氨酯-胶原纤维、硅橡胶-胶原纤维、牛皮骨胶原与聚乙烯醇的复合膜。其中部分已进入临床应用。

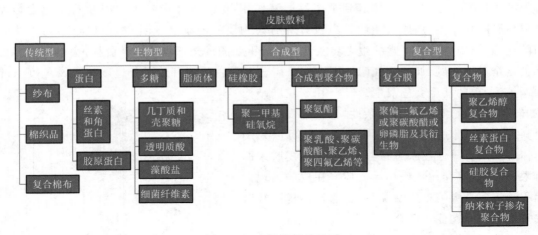

图 1.10　皮肤敷料分类图

根据成分的不同,复合型皮肤敷料可分为聚乙烯醇复合物、丝素蛋白复合物、有机硅复合膜、聚(N-乙烯基吡咯烷酮)以及纳米颗粒复合物等。聚乙烯醇(PVA)是以醋酸乙烯为原料,经溶液聚合,再水解而得到的长链高聚物,是一种非常安全的高分子有机物,具有良好的水溶性和优异的组织相容性、安全、无毒副作用、对皮肤无刺激、环境污染低等优点,已被广泛应用。一些天然高分子如壳聚糖[77]、藻酸盐[78]、蛋白质、有机硅、细菌纤维素等都可与PVA复合。该复合材料可以促进细胞粘附和细胞增殖,促进创面的愈合[79]。

丝素蛋白是蚕绢丝腺内壁上内皮细胞分泌产生的蛋白质,具有良好的生物相容性。丝素蛋白可降解,降解产物可被人体吸收且无毒副作用[80]。作为皮肤的创面敷料,丝素蛋白膜柔韧性好,与皮肤亲和性佳,但其稳定性和强度欠缺。Chen 等[81]将丝素和聚乙烯醇、海藻酸钠或壳聚糖共混制成丝素共混膜以提高丝素膜的吸水性、力学性能和抗菌性能。

与有机硅复合的高分子主要为多糖类、蛋白类、聚氨酯等。硅橡胶与胶原蛋白不能直接共混制成均匀的混合材料,目前,主要采用先分别制备硅橡胶薄膜和胶原蛋白膜,再将两者贴合在一起,制备硅橡胶-胶原复合材料。硅橡胶层的引入不仅可以保持原支架的微观结构、酶解稳定性及细胞活性,还可以提高膜的力学性能。近年来壳聚糖胶原复合膜研究报导较多。由胶原蛋白与壳聚糖共混制成膜后再与硅橡胶薄膜制成双层膜。该双层膜具有较好的细胞相容性和细胞活性,少量的壳聚糖就可以使胶原纤维分散,与原始胶原膜相比,共混膜的膨胀率低,吸湿性高,力学性能好[82]。已商品化的人工皮肤(bio-brane),其下层材料是胶原包被的尼龙,上层是硅氧烷做的表皮。

聚 N-乙烯基吡咯烷酮(PVP)是一种亲水的合成高分子,具有良好的生物相容性,较低的毒副作用,可以透过水蒸气,但能隔绝细菌,在皮肤敷料领域具有广阔的应用前景[83]。

在皮肤敷料中掺入纳米颗粒,可以增强敷料的力学性能和热稳定性,提高其溶胀能力和透湿率。因此,诸如粘土(蒙脱石、膨润土)、金属氧化物(ZnO、TiO_2)、碳基材料(石墨烯、氧化石墨烯)和其他(生物活性玻璃、$AgNO_3$纳米颗粒、羟基磷灰石)等无机纳米粒子,在生物医用材料中已经得到应用。但是,由于其很难生物降解,只能用于浅表的伤口。例如,黏土可用于伤口敷料,黏土的掺入可以提高敷料的溶胀能力,为创面愈合提供局部微湿润环境,但黏土的加入使其难以制备成均匀的敷料。氧化锌具有一定的杀菌性能和抗炎能力,常被调制成软膏使用,低浓度的纳米氧化锌可以有效地抑制致病菌如大肠杆菌和金黄色葡萄球菌的生长繁殖,除此之外,纳米氧化锌的加入也可以增强人工皮肤的力学性能和热稳定性。碳基材料复合膜如复合水凝胶因石墨烯或氧化石墨烯的掺入提高了水凝胶的力学性能,同时促进创面的愈合。

随着皮肤敷料的发展,各种类型的皮肤敷料也不断出现,但仍存在一些不足之处。例如,为赋予皮肤敷料一定的抗菌性能,通常加入一些具有抗菌活性的成分,但某些抗菌剂具有一定的毒性。虽然现在 3D 生物打印技术在皮肤敷料方面取得了不错的研究进展,但仍然局限于皮肤表层[84]。

1.2.5 生物医用复合材料在人造器官中的应用

人造器官用生物医用材料从功能学角度可以定义为具有天然器官组织功能或天然器官部件功能的材料。由于器官移植的供需矛盾突出,近年来,人造器官的研究和应用得到迅速发展。根据所需器官的功能要求,选用不同种类的生物材料制成部分或全部代替人体自然器官功能的骨架,经体外培育完成后植入患者体内,实现人造器官的功能化。个性化人造器官将是 21 世纪具有巨大潜力的高技术产业,必将产生巨大社会效益和经济效益。本节依据移植器官种类不同,对人造器官按照人工心脏、人工肺、人工肝脏三个方面归类,并从科学研究、临床需求和市场价值等方面进行简要总结和分析。

1. 人工心脏

心衰是目前心血管疾病中患病率、发病率和死亡率均逐年增长的唯一疾病。据统计,全球有 2 200 万心脏衰竭患者,而全世界每年捐献的可供移植的心脏数量还不足 2 000 例[85]。随着全球人口老龄化程度日益加剧,需要通过心脏移植手术救治的患者数量仍在逐年攀升,心脏移植的供需矛盾极为突出。因此,人工心脏的研发和应用已成为当务之急。

人工心脏的构建需要各种生物医用复合材料,譬如比强度和比模量高、抗生理腐蚀性和抑菌性能好、力学相容性和血液相容性佳的材料[86]。2001 年 7 月,美国科学家将医用塑料和金属钛复合制成只有葡萄柚大小的人工心脏成功植入到一名生命垂危的心脏病患者的胸腔内,延长了患者的生命,被认为是人工心脏移植的划时代重大进步。2013 年 12 月,法国一家医院,将一颗 Carmat 新型心脏成功移植到一位 75 岁老人身上,老人的各项身体指标均显示正常,预示着全世界完全代替性心脏时代的到来。目前,国外人工心脏产品技术比较成熟,但价格昂贵。2019 年 9 月,我国开发的植入式左心室辅助系统 EVAHEART I(简称"永仁心"人工心脏)获得国家药品监督管理局批准上市,成为国内首款人工心脏,大幅降低了临床中的人工心脏价格,较大程度地减轻了患者的经济负担。

相比于结构和功能复杂的人工心脏,心脏部件(譬如人工瓣膜)的研发和应用相对容易实现。心脏瓣膜是一种生物瓣膜,它在心脏的血液循环活动中发挥关键作用,阻止血液向刚刚离开的心房(房室瓣)或心室(半月瓣)回流。在中国,心脏瓣膜病是临床常见的心脏病,心脏瓣膜患者约占心脏病患者的30％。心脏瓣膜病变影响人类正常的血液循环,多数患者还伴有心功能衰退,甚至危及生命[87]。从20世纪50年代起,就尝试用人造瓣膜治疗瓣膜病。机械瓣膜是最早的人造瓣膜,有四种类型:球笼瓣、笼碟瓣、斜碟瓣以及双叶瓣(如图1.11所示)。其植入心脏内代替天然心脏瓣膜,可实现血液单向流动,并具有天然心脏瓣膜的功能[88]。机械瓣膜通常由钴铬合金或者高分子(聚缩醛树脂或超低密度聚乙烯和聚丙烯等)为原料,采用浇铸工艺与聚四氟乙烯等具有良好弹性的材料复合,达到与天然组织匹配的软硬度[89]。为解决患者植入机械瓣膜后必须长期服用抗凝药物辅助治疗的问题,相继出现了人工柔性瓣叶心脏瓣膜。这种瓣膜采用血液相容性良好的柔性高分子材料(如聚氨酯),瓣口流道具有中心流结构,具备良好的血液动力学特性;并通过三个钛合金的支架固定支持瓣叶,使人工心脏瓣膜植入后只需少量甚至不需辅以抗凝治疗[88]。此外,低温各向同性的热解碳[89,90](LTIC)也具有良好的抗血栓性能性和耐磨性,是目前制造人造心脏瓣膜最理想的生物医用复合材料之一。

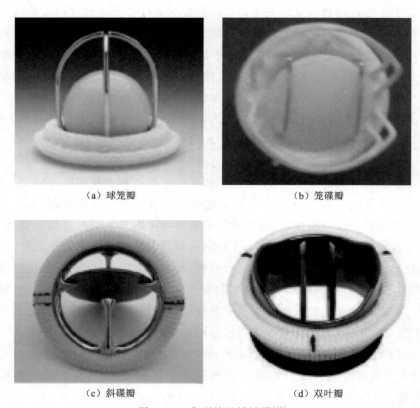

(a) 球笼瓣 　　　　　　　　　　　　(b) 笼碟瓣

(c) 斜碟瓣 　　　　　　　　　　　　(d) 双叶瓣

图1.11　典型的机械瓣膜[88]

2. 人工肺

1953年,Gibbon发明了人工心肺机,将体外循环技术首次用于临床心脏手术并获得成功,实现了人工心肺机系统长时间的心肺辅助治疗。经历了半个多世纪的发展,人工肺技术愈发成熟,应用日益广泛。体外膜肺氧合(ECMO)的核心部分是膜肺(人工肺)和血泵(人工心脏),可以对重症心肺功能衰竭患者进行长时间心肺支持,为危重症的抢救赢得宝贵的时间。人工肺相关的材料开发主要集中在管壁内壁肝素化、新型膜材料等方面。肝素是一种多糖,具有优异的抗凝血性能[91]。对管壁内壁进行适当的肝素化改性,不但可以防止在体外膜肺氧合过程中血栓的形成,还可以有效降低患者肝素的使用量。Ichinose 等[92]将涂有肝素涂层的膜肺和未处理的膜肺在羊身体上进行了对比实验,实验结果表明:含有肝素涂层膜肺在将 ACT 控制在 150 s 以下即可有效防止动物体内血栓形成;而没有肝素涂层膜肺的羊彦实验组需要将 ACT 控制在 200 s 左右才能达到同样的效果。在长达一周的实验中,使用普通膜肺的实验组有两只羊死亡(2/5),而使用含有肝素涂层膜肺的实验组的羊均存活。近年来,一种新型芳香族氟化聚酰亚胺的膜材料也被应用于人工肺的制造。实验表明:与传统的膜材料相比,在其表面吸附的血液白蛋白、纤维蛋白的量明显减少;在血小板悬浮液中浸泡 2 h 后,膜表面粘附的血小板数量也显著减少,这为寻求制造具有良好血液相容性的人工肺材料提供了新的途径。

3. 人工肝脏

据统计,我国每年新发肝衰竭患者已达 30 万,病死亡率则高达 80%。国家疾控中心在 2017 年的报道数据显示,我国乙肝病毒年发病率已达 100 万例[93]。临床上对肝衰竭患者的治疗主要有人工肝支持系统与肝移植。

人工肝支持系统是暂时替代肝脏部分功能的体外支持系统,可以为肝衰竭患者肝细胞再生争取时间或延长肝移植等待时间。人工肝支持系统主要包括血液灌流、血浆置换等。1970 年加拿大学者曾使用蛋白火棉胶半透膜包裹活性炭,提高了活性炭的血液相容性,制成的微胶囊并进行血液灌流,有效避免因炭微粒脱落引起血栓的危险[94]。在肝移植方面,除了传统的同种异体肝移植以外,近年来通过组织工程手段制备人工肝脏或肝样组织方面也取得了重要进展。1997 年 Kawase 最早将壳聚糖支架应用于人工肝脏的制备[95]。Yama-da[96]则采用一种凝胶纤维制成"三明治"式的结构,并利用微流体输注技术,将肝细胞以及 3T3 细胞与水凝胶混合后分别输入到凝胶管道,经培养后获得了一种肝样组织。Rohit 等[97]报导了一种经壳聚糖改性的中空纤维膜,该膜在室温下性质稳定,而且可促进 HepG2 细胞的附着和增殖,具有应用于人工肝脏的潜力。

1.2.6 生物医用复合材料在药物载体中的应用

药物控制释放是指将一些药物活性分子与天然的或合成的载体材料结合后,进入到生物活体体内,在保持药物原来药效、控制副作用的情况下,利用扩散和渗透等方式,实现药物活性分子以合适的浓度在一段时间内的持续释放,从而实现疗效的目的[98]。作为药物载体应该具备以下特点:无毒、良好的生物相容性、易生物降解、高载药量、成本低廉、易于大规模生产等。药物载体种类繁多,常见的主要有 O/W(水包油型)乳状液、聚合物微粒或纳米粒子、固体脂质纳米粒等[99]。

O/W(水包油型)乳状液复合体系具有热力学稳定、易调和保存等优点。水包油型结构的药物载体,对脂溶性药物有增溶的作用[100];对易于水解的药物不仅能起到保护的作用,还可显著延长水溶性药物的缓释时间[100]，因此，O/W（水包油型）乳状液作为药物载体有很大的应用前景。

聚合物粒子由于尺寸小（通常粒径分布在 50～200 nm 之间）且粒度分布窄，可使药物顺利穿过生物膜到达人体特定部位实现有效靶向给药。在此基础之上，通过对聚合物进行表面修饰，可使其具有与天然蛋白质或病毒相类似的核壳结构，不仅能够有效降低药物被网状内皮细胞所吞噬，提高药效，而且能够显著延长药物在血液里的循环时间，提高药物的利用率。

固体脂质纳米粒子是一种新型的给药系统，它由两亲磷脂双分子层在水中自组装而成，具有一层或多层的球形囊泡结构，其尺寸从几纳米到几微米不等[101]。它不仅能克服一般脂质体在体内外不稳定的缺点，还能提升药物溶解度。与此同时，脂质纳米粒子载体的耐受性好，可采用高压乳匀法进行工业化生产[101]。

1. 高分子基生物医用复合材料在药物载体中的应用

高分子材料最早在 20 世纪 60 年代被应用于生物药物领域[102]。天然高分子材料具有无毒、稳定和成膜性较好等优点，因此常被用作药物的载体。近年来研究较多的天然高分子材料主要包括纤维素、阿拉伯树胶、海藻酸盐、胶原、淀粉衍生物、壳聚糖、海藻酸盐以及丝素蛋白等[102]。目前，众多合成高分子材料[如聚乙二醇（PEG）、N-(2-羟丙基)甲基丙烯酰胺（HP-MA）、乳酸-羟基乙酸共聚物（PLGA）等]也被广泛用作药物载体[103]。此外，利用具有生物活性的高分子（糖类、缩氨酸、蛋白质等）作为载体与药物复合能显著提高药物的传输效率。

纤维素是自然界含量最丰富的天然可再生多糖，具有生物相容性好、来源广泛、易于修饰和易于被体内的各种酶所降解等特点，因此非常适合用作药物载体。然而，强度有限、耐化学腐蚀能力差等缺陷一定程度上限制了它的应用范围。将其与无机材料或其他有机材料复合，赋予其新的性能。近年来，纤维素功能复合材料因其具有良好的生物相容性、生物可降解性、低毒、磁/光学/力学性能等受到广泛关注，在纤维、催化、纺织、水处理、生物医用等领域都具有广泛的应用[104]。此外，经理化处理获得的纳米级纤维素（如图 1.12 所示），还因形成纳米尺度晶体状（透明、浑浊、凝胶、固态）而呈现一些特殊的性能。例如，它能明显改变材料的电、磁和光等特性，是一种理想的新型环境响应型药物载体，具有广阔的应用前景。已有纤维素基纳米递送系统用作喜树碱[105]、阿霉素、紫杉醇的药物载体的报导[106]。此外，基于阿拉伯树胶、海藻酸盐、胶原、淀粉衍生物、壳聚糖、海藻酸盐以及丝素蛋白等天然高分子材料以及合成高分子材料的生物医用复合材料作为药物载体在伤口敷料、基因载体、组织工程等领域广泛应用。

2. 金属基生物医用复合材料在药物载体上的应用

与其他药用材料相比，金属基生物医用复合材料因力学强度高、易于成型等特点已被广泛应用于各个领域[108]。金属基生物医用复合材料作为药物载体（非甾体类抗炎药载体、抗肿瘤药物载体）展现出许多突出的优势，其中金属-有机框架材料具有结构稳定、比表面积大、生物相容性好以及可通过改变配体官能团灵活调控结构内部特性等优点，在疾病的治疗过程中不仅可以改善药物在人体内的吸收释放、代谢和排泄过程，还可以降低药物对正常细胞的毒副作用。

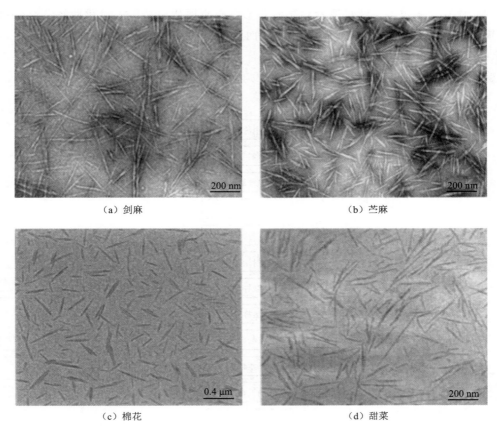

（a）剑麻 　　　　　　　　　　　　　　（b）苎麻

（c）棉花 　　　　　　　　　　　　　　（d）甜菜

图 1.12　不同原料制备的纳米纤维素晶体透射电镜图[107]

3. 陶瓷基复合材料在药物载体中的应用

陶瓷基复合材料是以陶瓷、玻璃或玻璃陶瓷为基体，通过不同方式引入颗粒、晶片、晶须或纤维等形状的增强体而获得的一类复合材料[109]。羟基磷灰石（HA）作为药物载体系统可以提高药物在生物膜中的透过性，有利于药物透皮吸收并发挥在细胞内的药效。通过调控形貌制备具有多孔、中空的纳米羟基磷灰石。其比表面积大，吸附和承载能力强，与人或者动物的牙齿、骨骼成分相同，不会被胃液和肠液溶解，在释放完药物后可被降解吸收或随粪便排出体外。纳米羟基磷灰石在生成过程中可引入放射性元素，可用于癌细胞的灭活[110]。

1.2.7　生物医用复合材料在介入诊疗中的应用

介入诊疗是近年迅速发展起来的一种将影像诊断和临床治疗融为一体的新技术，在数字显影血管造影机、CT、超声和磁共振等造影设备的引导和监视下，利用穿刺针、导管及其他介入器械，通过人体自然孔道或微小的创口将特定的器械导入人体病变部位进行微创治疗[111]。目前已与传统的内科和外科并列为临床诊治三大技术之一。

介入诊疗技术所涉及的应用领域非常广泛（如图 1.13 所示），但总体上可分为血管介入技术和非血管介入技术。针对患者心绞痛和急性心肌梗死而采取的冠状动脉造影、溶栓和支架置入就是典型的血管性介入诊疗技术。而肝癌、肺癌等肿瘤相关的经皮穿刺活检、射频消融、氩氦刀、放射性粒子植入等则属于非血管介入技术。介入诊疗具有一下特点：第一，能够准确地直接到达病变部位；第二，对人体没有大的创伤；第三，安全、高效、适应广、并发症少[57]。

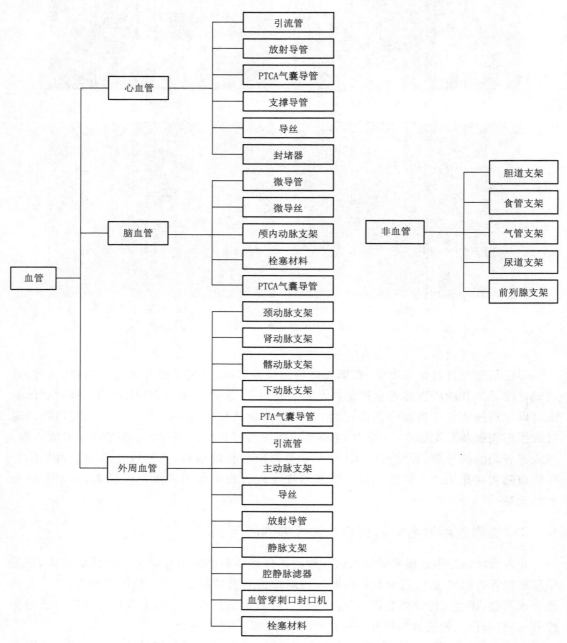

图 1.13　介入诊疗器械、材料种类及应用领域[57]

常用的介入诊疗设备有穿刺针、导丝、导管(标准导管、微导管)。穿刺针的主要材质为不锈钢,属于金属类生物医用复合材料。导管的材料主要有聚氯乙烯、聚乙烯、聚尿酯、聚酰胺、聚氨酯、聚四氟乙烯、硅氧烷弹性体及新兴的水凝胶生物材料[112]。成分单一的导管往往功能单一,如缺乏良好的生物相容性、润滑功能以及抗菌性能,因此对导管表面改性显得尤为重要。常用的导管表面处理材料有抗凝血材料(肝素固化、蛋白覆盖)、抗细菌吸附材料和表面润滑材料(聚氧化乙烯、聚乙烯基吡咯烷酮等)。

1. 输送器用高分子复合材料

微创植/介入医疗器械通常由治疗器械(如支架、堵闭器、弹簧圈覆膜支架等)和将植/介入医疗器械送入体内指定部位的输送器两部分构成[113]。输送器在诊疗器械被送到指定病变部位完成放置后即被撤离体内。

(1)氟类高分子材料

在所有高分子材料中,含氟类高分子材料的摩擦系数最低,并且具有良好的生物相容性。其中聚四氟乙烯(PTFE)的摩擦系数最低,可以直接用作导管材料,在微创介入诊疗器械中用途最广[113]。但是由于其固有的一些缺点,也常需与其他材料一起制成复合材料以满足临床的实际需求。聚偏氟乙烯(PVDF)和聚全氟乙丙烯(EFP)熔点低,是含氟类高分子材料中最容易进行胶粘接或热焊接加工的一类。当对材料摩擦系数、加工性能均有较高的要求的情况下可优先考虑 PVDF 和 EFP。高分子材料中硬度最大、强度与模量最高的是聚醚醚酮(PEEK),但 PEEK 受热只能软化并不能熔融,因此不能进行热焊接加工。若导管需要有一定的硬度且要求壁薄可以考虑使用 PEEK 材料。含氟类高分子材料不仅可以用作塑料鞘管,也可用作金属表面涂层材料,如许多导丝等均采用了 PTFE 作为导丝的涂层用于微创介入诊疗器械中,以减小金属导丝在介入过程中与人体自然腔道之间的摩擦。

(2)聚醚酰胺嵌段共聚物(pebax)

微创介入诊疗用的导管和输送器通常都比较长,前段要求柔软,以便能穿越人体弯曲的血管到达病变部位,而后段要求有一定硬度,以保证在导管插入人体过程中有足够的支撑力[113]。为了保证导管在使用过程中不断裂,导管的各个过渡部位需要有一定的硬度。为了减少导管对血管的刺激与压力,同时需要保证导管的光滑,可以选用不同硬度牌号的 pebax 复合制作微创介入诊疗器械的导管,实现硬度渐变的导管。

2. 心血管介入诊疗

近年来,我国心脑血管疾病发病率逐年升高,据《中国心血管病报告 2018》概要显示,我国心血管疾病发病人数已达 2.9 亿,其导致的死亡率在各种疾病引起的死亡率中居首位,占居民疾病死亡总数的 40% 以上[114]。目前,腔内支架植入是治疗心脑血管疾病最常用的方法。复合材料被广泛应用于腔内支架的制备。

血管支架依照材料的不同可分为金属钽、医用不锈钢、镍钛合金等金属复合材料[115]。血管支架按照表面处理情况可分为裸露型、涂层型和覆膜型。裸露型支架表面仅简单抛光处理;涂层型支架一般在金属表面涂覆肝素、氧化钛等血液相容性材料或抑制平滑肌细胞再生的药物;覆膜支架即在金属支架外表覆以可降解或不可降解的聚合物薄膜(如图 1.14 所示),实现病变自然腔道内的流体与腔道管壁之间的物理隔离。

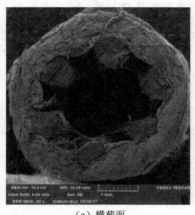

(a) 横截面　　　　　　　　　　(b) 表面

图 1.14　PLA 涂层后支架横截面和表面形貌图[116]

血管支架按照功能可分为单纯支撑型支架和治疗型支架。治疗型包括在支架表面涂覆药物或利用覆膜携带治疗物质的支架和放射性支架[116]。在这些支架制备过程中广泛使用了多种复合材料,这些在前述内容中已简要概述,在这里就不再赘述。

3. 肿瘤介入诊疗

手术、化学药物治疗与放射治疗是当前治疗肿瘤的主要手段。化学药物治疗是利用化学药物阻止癌细胞的增殖、浸润、转移,直至最终杀灭癌细胞的一种治疗方式。而放射治疗是利用放射线治疗肿瘤的一种局部治疗方法。它是通过诱导氧化应激和破坏肿瘤细胞的 DNA 来杀灭肿瘤细胞,已成为治疗恶性肿瘤的主要手段之一。然而,放射治疗存在一些技术瓶颈,包括反复高剂量 X 线照射导致的全身副作用和恶性肿瘤产生的耐辐照性。

肿瘤介入诊疗又称为肿瘤微创介入疗法。它是指在 X 线透视、数字减影下,将导管插入肿瘤血管,向肿瘤内注入化疗药物,同时将肿瘤的血管堵塞,形成肿瘤部位局部高浓度化学药物进而杀灭肿瘤细胞。这种疗法具有全身副作用少、病人能耐受、恢复快等优点,大肿瘤缩小后,再二期手术切除,因此广泛应用于肺癌、食管癌、肝癌、肝转移癌、胃癌、肾癌、结肠癌、胰及十二指肠肿瘤、宫颈癌、卵巢癌、膀胱癌、肢体肿瘤等治疗。

栓塞剂是肿瘤介入诊疗中至关重要的材料。如今临床上常用的栓塞剂有明胶海绵、聚乙烯醇(PVA)微球、碘油、超液化碘油、凝血块、无水乙醇等。为了克服单一栓塞剂功能的不足,进一步提高栓塞的效果,出现了多种基于微球、药物洗脱微球、放射性微球等复合纳米材料的新型栓塞剂。与碘油相比,微球稳定性更好,载体效应更高,能显著提高治疗效果。近年来,已开发出多种纳米粒子药物传递系统,可以选择性地定位肿瘤位置并进行靶向治疗。随着科技的持续发展,具有不同功能的改性复合栓塞剂的研究已成为热点,如金复合纳米粒子、热敏复合栓塞剂、磁热剂与兼具生物相容性的高分子聚合物栓塞磁性微球等。

1.2.8 生物医用复合材料在其他医用领域的应用

基于聚丙烯、聚乙烯、聚苯乙烯、聚酯、聚氯乙烯、有机硅聚合物、含氟聚合物等诸多传统合成高分子及其复合材料和通用医用金属复合材料已被广泛用于各种医疗器械和设备的制造。除了这些传统基础材料之外，一些高性能的复合材料（如碳纤维复合材料）也得到了广泛使用。

碳纤维是一种高强度、高模量、含碳量超过 90% 的新型纤维材料，它的微观结构类似人造石墨，在沿纤维轴方向表现出很高的强度[117]。碳纤维及其复合材料已显现出许多优点：优越的力学性能、良好的 X 射线透射性能、良好的生物相容性、优越的耐高低温性能、良好的耐腐蚀性能及一定的导电导热性。

1. 在 X 光检测设备中的应用

X 光平板探测器是一种可用于医疗无损检测的多功能高分辨率 X 射线平板成像设备。碳纤维是一种微电流传导材料，对射线吸收少，透过度高，可以降低电压减少射线的辐射能量从而获得清晰的造影。而且电压的降低，不仅可节约能源，射线辐射能量减少，降低对病人有害的副作用。目前用碳纤维复合材料制作的面板正在逐步代替设备中传统的铝板。

2. 超导磁体构件

核磁共振成像（MRI）是目前常用的成像检查方式。核磁共振成像设备主要由磁铁、射频发射器、检测器、放大器和记录仪组成。磁铁用来产生磁场，目前主要用永久磁铁、电磁铁以及超导磁铁等。而为了得到较高磁场，必须使用超导磁铁。而超导必须要在极低温度下才可实现。目前主要采用液氦满足温度要求，因此周围的力学支撑部件就需要使用特殊的材料。碳纤维复合材料即便在极低温度下，仍能保持优异的低温性能，因此，目前越来越多核磁共振厂家开始使用碳纤维复合材料制备核磁共振仪低温部位的力学元件。

3. 医疗床板

医用 X 射线断层扫描（CT）设备是计算机技术与 X 射线断层摄影技术交融的成果，现已普遍用于临床疾病的诊断。它可对疾病进行精确的定量和临床分析诊断，极大提高诸多疾病的早期发现率[118]。CT 诊断床板是 CT 扫描仪的重要部件，在扫描患者时作为承载患者体重的主要载体，其承载的机械强度不仅直接关系到患者的生命安全，而且会影响到临床诊断的图像质量。为保证临床患者的安全，医疗行业安全法规对支撑患者床板的强度要求很高（规定其安全系数一般不小于 4）[118]。传统床板是木质和塑料结构，不但重，对射线的透波性差，木质和塑料结构还有产生较大折射的趋向。为了达到准确诊断治疗的目的，必须提高电压，增强射线辐射能量，但却增加对病人身体的副作用。

碳纤维复合材料制成的面板（如图 1.15 所示）可以让光线从任何角度照射到面板上却能有效避免产生投射和折射射线方面的偏差，

图 1.15　碳纤维复合材料医疗床板制品[119]

并且少量使用即可达到所需强度、刚度,减轻整体床板重量。近年来,由于碳纤维成本的连续降低和世界范围内的环保要求的提高,采用碳纤维复合材料加工制作的床面板在将越来越受到市场的青睐。

4. 假肢

由于基础材料性能不足以及生产工艺技术条件欠缺等原因,早期的假肢在美观及功能上均欠佳。随着科学技术的进步,假肢不断由低级简单向高级复杂方向发展。碳纤维复合材料因具有密度小、比强度/比刚度高等特点,用其制备的人工脚板不仅质量轻,使用者行走更加轻便快捷,还能有效抵抗弯曲不断裂,满足对人体重量的支撑,如图 1.16 所示。由于碳纤维复合材料具有良好的抗疲劳性能,在长期负载作用下,碳纤维脚板即使出现了裂纹,其塑形形变也能使裂纹尖端锐化,从而减缓其扩展。即使碳纤维复合材料在受到负载时有纤维丝断裂,载荷会迅速分布到未断裂的纤维丝上,不会在短时间内造成整体形变或断裂。

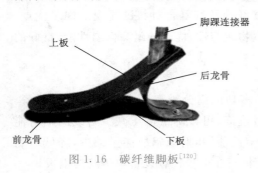

图 1.16　碳纤维脚板[120]

1.3　生物医用复合材料发展前景展望

随着材料科学、生命科学和临床医学的不断发展,人类对自身健康需求的不断提高以及全球人口的老龄化程度的日益加剧,人们对生物医用材料的需求呈迅猛增长的态势。到 2020 年,全球生物医用材料和医疗器械的市场分别达到 4 726 亿和 8 207 亿美元[121](如图 1.17 所示)。

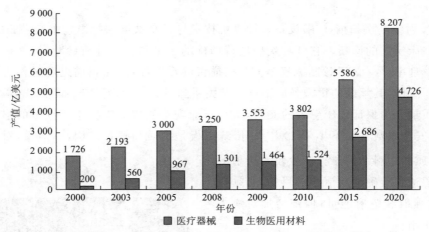

图 1.17　世界医疗器械及生物医用材料市场及发展趋势[121]

生物医用复合材料是我国"十一五"以来新材料领域重点发展的方向之一。《国家中长期科学和技术发展规划纲要(2006—2020 年)》和《国家"十二五"科学和技术发展规划》均把生物产业列为将要大力培育和发展的战略性新兴产业的第三位。《国务院关于加快培育和发展战略性新兴产业的决定》，将生物产业列入未来重点发展的七大方向之一。《十三五"国家科技创新规划》将发展新材料、先进高效生物技术作为关系国家全局和长远的重大科技项目。多年来，在国家科技政策和计划，包括国家 973 计划、863 计划、国家重点研发计划、国家自然科学基金等在内的大力支持下，我国生物医用复合材料已获得了长足的发展，如图 1.18 所示。近 20 年生物医用器械的年均增长速率为 22%～25%，生物医用材料的年均增长速率为 30%，其增长速率都远远超过国民生产总值的年均增长率，其市场前景因为生命健康的价值而极其广阔。生物医用复合材料作为多功能的生物医用材料，其发展必将伴随着整个生物医用材料的迅猛发展而飞速发展。

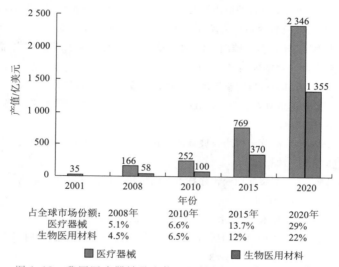

占全球市场份额:	2008年	2010年	2015年	2020年
医疗器械	5.1%	6.6%	13.7%	29%
生物医用材料	4.5%	6.5%	12%	22%

图 1.18　我国医疗器械及生物医用材料市场及发展趋势[121]

据统计，我国在组织工程支架材料、药物缓释材料、纳米材料、血液相容与净化材料、非病毒性基因治疗载体等领域已缩小了与国际先进水平的差距，已取得了一批具有自主知识产权的技术项目[122]。随着我国经济的飞速发展以及人民群众对自身健康需求的不断提高，在国家、地方政府相关科技政策和计划持续的支持下，我国生物医用复合材料的发展必将取得更大的成就，并逐渐缩小与国际先进水平的差距。

参考文献

［1］　师昌绪. 材料科学技术[J]. 百科知识,1995(10):22-23.

［2］　李宏运,李小刚. 先进复合材料[C].中国新材料产业发展报告:24-36.

［3］　金梦,王学金,马宗民. 口腔医用生物材料及其安全性检测[J].全科口腔医学电子杂志,2018,5(11):11-14.

［4］　张晓玲,刘剑. 钴离子与人体健康和微生物的关系[J].国际口腔医学杂志,2008,35(1):29-31.

［5］　张丽丽,吴丽霞,王远勤,等. 4 种修复金属材料对炎性牙周组织炎症因子表达的影响[J].口腔疾病防治,2016,24(8):449-453.

［6］　杜娟,张信岳. 镍铬合金烤瓷修复体的生物安全性研究进展[J].医学综述,2010,6(10):1512-1514.

［7］ 李大鹏,赵颖,韩石磊,等. 口腔种植的新型钛材料生物安全性研究[J]. 现代生物医学进展,2017,17(31):6024-6027.

［8］ GU Y X,DU J,SI M S,et al. The roles of PI3K/Akt signaling pathway in regulating MC3T3-E1 preosteoblast proliferation and differentiation on SLA and SLActive titanium surfaces[J]. J Biomed Mater Res A,2013,101(3):748-754.

［9］ LIU P,DOMINGUE E,AYERS D C,et al. Modification of Ti6Al4V substrates with well-defined zwitteri-onic polysulfobetaine brushes for improved surface mineralization[J]. ACS Appl Mater Inter,2014,6(10):7141-7152.

［10］ DAYAN C M,PANICKER V. Hypothyroidism and depression[J]. Eur Thyroid J,2013,2(3):168-179.

［11］ 陈德敏. 生物陶瓷材料[J]. 口腔材料器械杂志,2005,14(3):157-158.

［12］ 崔福斋,郭牧遥. 生物陶瓷材料的应用及其发展前景[J]. 药物分析杂志,2010,7:1343-1347.

［13］ 孟玉坤. 全瓷冠桥修复材料的临床选择[J]. 国际口腔医学杂志,2010,37(1):7-12.

［14］ 赵宝红,白薇,冯海兰,等. 多孔磷酸三钙-羟基磷灰石对人牙龈成纤维细胞黏附行为的影响[J]. 中华口腔医学杂志,2004,39(6):501-504.

［15］ 许乾慰,王薇. 高分子口腔材料的新进展[J]. 材料导报,2010,24(19):79-83.

［16］ 陈温霞,林捷. 陶瓷还是复合树脂? CAD/CAM 树脂基陶瓷材料的研究进展[J]. 口腔医学研究,2018,34(10):1042-1044.

［17］ 施乐,冯希平,吕进,等. 高分子树脂与玻璃离子在儿童恒磨牙窝沟封闭中的效果比较[J]. 中国临床医学,2012,19(3):122-123.

［18］ 李韩仪,董妮,冯格,等. 双层硅橡胶转移技术对间接粘结托槽准确性的影响[J]. 西安交通大学学报(医学版),2016,37(6):901-905.

［19］ 姜婷,实用口腔粘接修复技术[M]. 北京:人民军医出版社,2009.

［20］ 安钰,朱智敏,党平,等. 四种粘接剂粘固不同材料核与镍铬合金全冠时粘接效果的实验研究[J]. 口腔颌面修复学杂志,2015,16(1):44-48.

［21］ 李娜,韩冰,张乾. 无机纳米抗菌材料抗菌性能在口腔正畸中的作用[J]. 中国组织工程研究,2015,19(12):1953-1957.

［22］ SZCZUPAKOWSKI A,REIMANN S,DIRK C,et al. Friction behavior of self-ligating and conventional brackets with different ligature systems[J]. J Orofac Orthop,2016,77(4):287-295.

［23］ 唐卫忠,王婷婷,汪大林. 正畸托槽定位方法的研究进展[J]. 第二军医大学学报,2016,37(5):613-617.

［24］ MARTINI D,FINI M,FRANCHI M,et al. Detachment of titanium and fluorohydroxyapatite particles in unloaded endosseous implants[J]. Biomaterials,2003,24(7):1309-1316.

［25］ 杨红胜,曹宗锐,严小虎,等. 纳米羟基磷灰石/多元氨基酸共聚复合材料引导性骨再生膜管修复股骨大段骨缺损[J]. 中国组织工程研究,2017,21(10):1495-1500.

［26］ XU B,ZHENG P,GAO F,et al. A Mineralized High Strength and Tough Hydrogel for Skull Bone Regeneration[J]. Adv Funct Mater,2017,27(4):1604327.

［27］ 包崇云,张兴栋. 磷酸钙生物材料固有骨诱导性的研究现状与展望[J]. 生物医学工程学杂志,2006,23(2):442-445.

［28］ 闵若良,苏昌祺,付阳,等. 自固化磷酸钙人工骨修复小儿局部骨缺损的临床应用[J]. 生物医学工程学进展,2002,23(1):11-15.

［29］ 王伟,邱蔚六,袁文化,等. 国产消旋聚乳酸接骨板固定犬下颌骨骨折愈合过程观察[M]. 上海医学,

1999,22(5)：279-281.

[30] 杨宁,窦群立,杨进. 传统金属拉力钉和高分子可吸收螺钉固定不稳定踝关节骨折的比较[J]. 中国组织工程研究,2015,19(48)：7801-7805.

[31] 赵建华,廖维宏. 聚乳酸类骨科材料的应用研究[J]. 中华创伤杂志,2002,18(6)：379-381.

[32] LIU P,SKELLY J D,SONG J. Three-dimensionally presented anti-fouling zwitterionic motifs sequester and enable high-efficiency delivery of therapeutic proteins[J]. Acta Biomater,2014,10(10)：4296-4303.

[33] LIU P,EMMONS E,SONG J. A comparative study of zwitterionic ligands-mediated mineralization and the potential of mineralized zwitterionic matrices for bone tissue engineering[J]. J Mater Chem B,2014,2(43)：7524-7533.

[34] 艾承冲,蒋佳,陈世益. 超高分子量聚乙烯在骨科领域的应用及基础研究进展[J]. 复旦学报(医学版),2016,43(6)：717-723.

[35] 张德坤 张欣悦,陈凯. 聚醚醚酮与髌骨软骨间的生物摩擦学特性[J]. 材料工程,2019,47(2)：133-141.

[36] 何本祥,吴骁,檀亚军. 髋关节假体材料的分类及应用进展[J]. 中国骨伤,2016,29(3)：283-288.

[37] 孙昭艳,门永锋,刘俊. 高性能高分子材料:从基础走向应用[J]. 科技导报,2017,35(11)：60-68.

[38] 李纪伟,贺金梅,尉枫,等. 壳聚糖基防粘连材料的构建及应用进展[J]. 高分子通报,2016,202(2)：88-95.

[39] 宋跃明,吕超亮. 生物材料预防椎板切除术后硬膜外瘢痕粘连的研究进展[J]. 华西医学,2017,32(1)：139-144.

[40] 鞠传广. 脊髓防粘连膜的生物相容性与可降解性[J]. 中国组织工程研究与临床康复,2010,14(42)：7919-7922.

[41] 罗日方,杨立,雷洋. 微创介入全降解血管支架和心脏瓣膜国内外研发现状与研究前沿[J]. 材料导报,2019,33(1)：40-47.

[42] 胡盛寿,杨跃进,郑哲,等. 《中国心血管病报告2018》概要[J]. 中国循环杂志,2019,34(3)：209-220.

[43] 陈温霞,林捷. 陶瓷还是复合树脂? CAD/CAM树脂基陶瓷材料的研究进展[J]. 口腔医学研究,2018,34(10)：15-17.

[44] 沈健. 复合材料新进展[M]. 南京:南京师范大学出版社,2006：4-12.

[45] 沈健,陈强,刘平生,等. 一种高抗凝血纤维素膜材料及其制备方法:中国,200810243071.9 [P].2011-04-13.

[46] 沈健,黄晓华,刘红科,等. 一种表面磷酸改性的聚氨酯纳米粉体及其制备方法:中国,2009100325411[P].2011-08-17.

[47] 周宁琳,陆春燕,徐东,等. 一种表面可控聚合修饰的生物材料及其制备方法:中国,201110246393.0[P].2013-06-19.

[48] 毛春,沈健,王晓波,等. 一种表面化学键合巯基化聚乙二醇-磷铵两性离子复合物的金属材料及其制备方法和应用:中国,2011100438169 [P].2012-08-15.

[49] 李利,沈健,陈小娟. 一种玻璃表面接枝聚磺酸铵内盐的方法:中国,2014105513973[P].2017-01-18.

[50] 陈强,袁勃,丁文全,等. 一种抗凝血涂料及其制法和应用:中国,201110245856.1 [P].2013-06-19.

[51] 沈健,胡柏星,冉宁庆. 一种三元共聚物及其制备方法和用途:中国,97107094.6 [P].2003-05-14.

[52] 沈健,陈强. 含富活性羟基的聚天冬酰胺衍生物:中国,01134166.1 [P].2004-08-04.

[53] 沈健,章峻,黄晓华. 一种含磷酸基三元共聚物及其制备方法和用途:中国,2014102601084 [P].2015-06-24.

[54] 沈健,章峻,黄晓华. 一种多羧基三元共聚物及其制备方法和用途:中国,2014102601012 [P].2015-06-24.

[55] 许利娜,马培培,陈强,等. 含双键的两性离子化合物与偶联剂 KH-570 共聚物及其制法和用途:中国,201310134973. X [P]. 2013-07-24.

[56] RATNER B D, The catastrophe revisited:Blood compatibility in the 21st Century [J]. Biomaterials, 2007,28:5144-5147.

[57] 郑玉峰,奚廷斐. 介入医学工程现状和发展趋势[J]. 中国材料进展,2010,29:17-34.

[58] 任伊宾,杨柯. 一种新型血管支架用无镍钴基合金[J]. 稀有金属材料与工程,2014(S1):101-104.

[59] 张炳春,陈姗姗,杨柯. 医用无镍不锈钢在血管支架领域的研究进展[J]. 中国医疗设备,2018,33(5):23-26,36.

[60] 李猛,金慧. 新型生物可降解单面刻槽载药靶向支架对冠状动脉内膜增生的影响[J]. 中国组织工程研究与临床康复,2017,21(26):4222-4344.

[61] 杨广鑫,栾景源. 生物可降解金属血管支架研究进展[J]. 中国微创外科杂志,2018,(8):753-757,760.

[62] 宋文静,马巧,冀慧雁,等. 血管支架材料的应用及研究现状[J]. 临床医药实践,2018,27(11):855-860.

[63] 刘威. 国内覆膜支架治疗腹主动脉瘤的有效性和安全性探讨[J]. 中国药物警戒,2015,12(5):305-307.

[64] CAO J,CHEN J,WANG J,et al. Biofunctionalization of titanium with PEG and anti-CD34 for hemocompatibility and stimulated endothelialization[J]. J Colloid Interf Sci,2012,368(1):636-647.

[65] HSIEH M J,LEE C H,CHANG S H,et al. Biodegradable cable-tie rapamycin-eluting stents[J]. Sci Rep,2017,7(1):1-12.

[66] CHANG W T,LIN Z Z,CHIANG C Y,et al. IVUS-guided implantation of bioresorbable vascular scaffolds for very late paclitaxel stent thrombosis[J]. Acta Cardio Sin,2017,33(1):92-95.

[67] KADOTA K,MURAMATSU T,IWABUCHI M,et al. Randomized comparison of the nobori biolimus A9-eluting stent with the sirolimus-eluting stent in patients with stenosis in native coronary[J]. Catheter Cardiovasc Interv,2012,80(5):789-796.

[68] MURASE S,SUZUKI Y,YAMAGUCHI T,et al. The relationship between re-endothelialization and endothelial function after DES implantation:Comparison between paclitaxcel eluting stent and zotarolims eluting stent[J]. Catheter Cardiovasc Interv,2014,83(3):412-417.

[69] TAN A,FARHATNIA Y,DE MEL A,et al. Inception to actualization:Next generation coronary stent coatings incorporating nanotechnology[J]. J Biotechnol,2013,164(1):151-170.

[70] VON BIRGELEN C,SEN H,LAM M. K,et al. Third-generation zotarolimus-eluting and everolimus-eluting stents in all-comer patients requiring a percutaneous coronary intervention(DUTCH PEERS):a randomised,single-blind,multicentre,non-inferiority trial[J]. The Lancet,2014,383(9915):413-423.

[71] KLEINER L W,WRIGHT J C,WANG Y. Evolution of implantable andinsertable drug delivery systems[J]. J Control Release,2014,181(1):1-10.

[72] WELLS A,NUSCHKE A,YATES C C. Skin tissue repair:Matrix microenvironmental influences [J]. Matrix Biology,2016,49:25-36.

[73] 赵广建,赵耀. 人工皮肤替代物的材料种类及其特征[J]. 中国组织工程研究与临床康复,2010,14(29):5467-5470.

[74] 何泽亮,唐勇,姚宗江,等. 创面愈合及瘢痕形成中的结缔组织生长因子[J]. 中国组织工程研究,2015,19(7):1042-1046.

[75] 刘彤,李海航,盛嘉隽,等. 促进创面愈合的生长因子及其基因的递呈系统的研究进展[J]. 中华烧伤杂志,2018,34(8):566-569.

[76] 林琳,陈景民,王会,等. 皮肤敷料的研究进展[J]. 材料导报,2019,33(1):65-72.

[77] SHARMA S,BATRA S. Recent advances of chitosan composites in artificial skin:the next era for potential biomedical application[M]. Amstedam:Elsevier,2019:97-119.

[78] LQBAL B,MUHAMMAD N,JAMAL A,et al. An application of ionic liquid for preparation of homogeneous collagen and alginate hydrogels for skin dressing[J]. J mol Liq,2017,243:720-725.

[79] VASHISTH P,NIKHIL K,ROY P,et al. A novel gellan-pVA nanofibrous scaffold for skin tissue regeneration:Fabrication and characterization[J]. Carbohyd Polym,2015,136:851-889.

[80] 徐保来,曹丽楠. 医用丝素蛋白皮肤再生膜的生物相容性评价[J]. 中国组织工程研究,2016,20(25):3653-3658.

[81] CHEN Z G,WANG P W,WEI B,et al. Electrospun collagen-chitosan nanofiber:a biomimetic extracellular matrix for endothelial cell and smooth muscle cell[J]. Acta Biomater,2010,6(2):372-382.

[82] 黄爱宾. 胶原-磺化羧甲基壳聚糖/硅橡胶皮肤再生材料的制备及其对小型猪烫伤创面全层皮肤缺损的修复研究[J]. 高分子学报,2009,(2):17-23.

[83] 曹宽,刘勇. 静电纺丝制备血竭伤口敷料[C]. 中国第四届静电纺丝大会. 北京:中关村科创纳米技术创新研究会,2016.

[84] 沈婷婷. 3D生物打印技术在皮肤科的应用研究进展[J]. 中国美容医学,2018,258(6):159-161.

[85] 王祥慧. 2019 ATC 器官移植国际前沿热点及新进展概述[J]. 器官移植,2020,11(2):222-233.

[86] 李亚儒,陈康. 聚乳酸基生物医用复合材料研究进展[J]. 山东化工,2018,47(16):60-61.

[87] 林莹. 人工瓣膜置换治疗重症心脏瓣膜病的效果观察[J]. 实用临床护理学电子杂志,2016,1(10):96-97.

[88] 苏健,郝凤阳,孙璐,等. 人工心脏瓣膜的发展[J]. 医疗装备,2017,30(13):186-193.

[89] 崔永春,刘晓鹏,张宏,等. 不同种类人工心脏瓣膜的比较及其生物学评价[J]. 生物医学工程学杂志,2016,14(1):2-7.

[90] 冯浩宇,陈梓山,李彦波,等. 原位生长碳纳米管增强碳/碳复合材料的研究进展[J]. 新技术新工艺,2018,12:61-65.

[91] 马莹,权悦,周峰,等. 多糖偶联细胞毒性药物治疗恶性肿瘤的研究进展[J]. 癌变·畸变·突变,2016,28(1):77-80.

[92] 孙昕,梅早仙,吴琦. 人工肺的现状和发展[J]. 生物医学工程学杂志,2010,27(6):1141-1143.

[93] 崔富强. 中国建国以来病毒性肝炎的防控成就[J]. 国际病毒学杂志,2019,26(5):289-292.

[94] 段钟平. 常用人工肝支持方法的原理、临床应用和展望[J]. 医疗设备信息,2002,10:1-4,19.

[95] KAWAKAMI T,ANTOH M,HASEGAWA H,et al. Experimental study on osteoconductive properties of a chitosan-bonded hydroxyapatite self-hardening paste[J]. Biomaterials,1992,13(11):759-763.

[96] MASUMI Y,RIE U,KAZUO O,et al. Controlled formation of heterotypic hepatic micro-organoids in anisotropic hydrogel microfibers for long-term preservation of liver-specific functions[J]. Biomaterials,2012,33(33):8304-8315.

[97] ROHIT S T,DHRUBAJYOTI K,ATUL K S,et al. Bifunctional polysulfone-chitosan composite hollow fiber membrane for bioartificial liver[J]. ACS Biomater Sci Eng,2015,1(6):372-381.

[98] 闫丽丽. 高分子药用控释材料研究进展[J]. 上海生物医学工程,2000,21(3):44-46.

[99] 于坤,韩晓东,何丽华,等. 用于药物载体系统的多糖材料的修饰方法[J]. 材料学报,2019,33(2):510-516.

[100] 王惠娟,王荣刚,李鹏. 二元表面活性剂 O/W 微乳液作为农药药物载体的应用概析[J].科技资讯,2011,24:166.

[101] 史占萍,申世刚,岳志莲. 靶向可控抗肿瘤药物递送体研究进展[J].中国新药杂志,2017,26(4):410-419.

[102] 吴承尧,权静,李树白,等. 高分子药物载体的应用及研究趋势[J].化学世界,2009,9:562-563.

[103] KHANDARE J,MINKO T. Polymer-drug conjugates:Progress in polymeric prodrugs[J]. Prog Polym Sci,2006,31(4):359-397.

[104] 马明国,付连花,李亚瑜,等. 纤维素基复合材料及其在医用方面的研究进展[J].林业工程学报,2017,2(6):1-9.

[105] 赵美玲,弓韬,李丹,等. 环糊精聚合物功能化的 Fe3O4 磁性纳米粒子作为药物载体的研究[J].山西大学学报,2018,41(1):182-188.

[106] MENG J,AGRAHARI V,YOUM I. Advances in targeted drug delivery approaches for the central nervous system tumors:the inspiration of nanobiotechnology[J]. J Neuroimmune Pharm,2017,12(1):84-98.

[107] 张思航,付润芳,董立琴,等. 纳米纤维素的制备及其复合材料的应用研究进展[J].中国造纸,2017,36(1):67-74.

[108] 罗小莉,胡德辉,朱陈斌. 金属-有机框架材料作为药物载体的研究进展[J].大众科技,2019,21(1):9-19.

[109] 于成,赵卫生,贾伟. 生物医用复合材料的研究进展[J].玻璃钢/复合材料,2012(2):78-81.

[110] 廖洪斐,肖卫,陈蔷娟. 羟基磷灰石及其聚合物复合材料在眼科的应用[J].中国组织工程研究与临床康复,2008,12(45):8905-8908.

[111] 吴佳坤. 小儿房间隔缺损介入治疗临床护理路径的研究[D].北京:北京协和医学院研究院,2017.

[112] 田秋菊,何晋胜,张志清. 介入治疗材料的应用发展[J].医疗卫生装备,2003(7):20-21.

[113] 郭俊敏,刘道志. 高分子材料在微创介入领域中的应用[C].第一届全国介入医学工程学术会议论文汇编. 山东:中国生物医学工程学会,2007.

[114] 马巧,宋文静,冀慧雁,等. 血管支架材料的应用及研究现状[J].临床医药实践,2018,27(11):57-62.

[115] 吕海燕,葛红珊. 正畸温控型镍钛合金弓丝的实验研究进展[J].南昌大学学报(医学版),2009,49(8):119-121.

[116] BORHANI S,HASSANAJILI S,TAFTI S H A,et al. Cardiovascular stents:overview,evolution,and next generation[J]. Progress in Biomaterials,2018,7(3):175-205.

[117] 曹其平,周景辉. 木质素基碳纤维研究进展[J].中国造纸,2019,38(6):78-83.

[118] 谭先健,姚国庆,李怡勇,等. 医用 CT 机主要性能指标检测结果分析[J].华南国防医学杂志,2017,31(3):198-200.

[119] 张瑞荣,戴文正,吴丰宇,等. 复合材料医疗床板之设计与制作[J].中华科技大学学报,2014,59:1-28.

[120] 崔海坡,王双情,张阿龙. 碳纤维复合材料假脚工艺参数对其冲击后疲劳性能的影响[J].材料科学与工程学报,2017,6:872-920.

[121] 奚廷斐. 我国生物医用材料现状和发展趋势[J].中国医疗器械信息,2013,19(8):1-5.

[122] 王俊. 生物医用复合材料研究现状及发展趋势[J].新材料产业,2007(3):50-53.

第 2 章 组织相容性复合材料

随着人的年龄增加或创伤及组织器官退变,由慢病导致的骨质疏松性骨缺损、骨折、椎间盘退变、软骨退变、血管组织病变等疾病已成为社会重大民生问题。目前,针对慢病导致的组织与器官功能退变尚无有效的修复技术与材料。生物材料介导组织功能重建与修复已成为医学发展的重要方向。这对于新型组织再生功能材料和生物技术的发展需求非常迫切,以期实现病损/缺损组织功能的恢复和替代。然而,传统生物材料在硬/软组织修复中尚不足以满足临床需求,新型生物医用复合材料可避免单一组成材料的缺陷,提供组织再生所必要的微环境,并通过生物技术、材料学和集成技术,使无生命的材料在植入体内后重塑组织与器官功能,最终实现组织与器官的功能重建。

2.1 骨组织修复重建用生物医用复合材料

2.1.1 组分选择和通用设计考量

原材料生物安全性好、非免疫原性、无毒以及可被合适的方式灭菌是构建生物医用复合材料的基本考量。同时,生产成本、制造工艺能否规模化以及设备的尺寸和精度能否与制造工艺相匹配等也很重要。此外,构建生物医用复合材料所用的高分子材料也必须具有热加工性能和良好的力学适配性,其热加工性能是后续复杂深加工的基础,而其与骨组织的力学适配性则有益于骨组织在植入物内和周围生长。

用于骨组织修复重建的生物医用高分子材料可分为天然高分子材料和合成生物医用高分子材料。天然生物医用高分子材料(如多糖和多肽等)虽然具有较好的生物相容性,但是大多数天然生物医用高分子材料在体液环境下力学性能相对较差,且在人体内降解较快。而聚羟基脂肪酸[poly(β-hydroxyalkanoates)]作为一种天然生物医用高分子材料则是例外。它的生物相容性好,力学性能合适,降解速度相对缓慢,因此其在骨组织修复重建方面极具应用潜力。与天然生物医用高分子材料相比,合成生物医用高分子材料具有更好的性能可设计性和均一性,且通常无免疫原性问题。而许多天然生物医用高分子材料如细菌合成的聚羟基丁酸酯[PHB,poly(hydroxybutyrate)]和聚羟基丁酸戊酯[PHBV,poly(hydroxybutyrateco-hydroxyvalerate)]等,则有免疫原性这一共性问题。合成生物医用高分子材料没有免疫原性,但其往往含有少量/微量的化学杂质,例如微量催化剂或单体,这些化学杂质虽然含量低,但临床使用时仍存在一定安全性隐患。表 2.1 所列的生物医用高分子材料包括生物稳定型(不能在体内降解)和生物降解型(体内可降解)。生物稳定型生物医用高分子材料在体内能够长期稳定存在,不会有物理化学性能的明显变化,可避免植入体内后降解速度与组织再生匹配的问题。生物降解型生物医用高分子材料在体内会被逐渐降解/吸收,并逐渐被新生组织替代。

目前,骨组织工程修复领域被研究最多的生物降解型生物医用高分子材料是聚乳酸(PLA)、聚乙醇酸(PGA)、聚乳酸-羟基乙酸共聚物(lactic-co-glycolic)(PLGA)和聚己内酯(PCL)。

表 2.1 列出了生物医用领域被研究最多的高分子。

表 2.1　用于骨修复重建的常见生物医用高分子材料[1]

生物医用高分子材料种类	力学性能	降解速率	优缺点
高密度聚乙烯(HDPE, high-density polyethylene)	$E=0.88$ GPa, UTS$=35$ MPa	不可降解	生物惰性、柔韧性好,基体允许高含量无机生物活性填料引入
聚羟基丁酸酯[PHB, poly(hydroxy butyrate)]	$E=2.5$ GPa, UTS$=36$ MPa 高结晶度	可生物溶蚀	高强度,性脆,降解速率
聚羟基丁酸戊酯[PHBV, poly(hydroxy butyrate-co-hydroxy valerate)]	$E=2.5\sim0.5$ GPa, UTS$=20\sim70$ MPa	可生物溶蚀	结晶度低于 PHB,柔韧性好于 PHB,降解慢
聚乳酸[PLA, poly(lactic acid)]	P_LLA 或无定形 P_{DL}LA: $E=2.7$ GPa(P_LLA),1.9 GPa(P_{DL}LA) UTS$=50$ MPa(P_LLA),29 MPa(P_{DL}LA)	可降解,降解时间大于 24 个月	半结晶态,降解慢
聚乙醇酸[PGA, poly(glycolic acid)]		可降解,降解时间 6~12 个月	高结晶度,在体内稳定存在时间短
聚乳酸-羟基乙酸共聚物[PLGA, poly(lactic-co-glycolic acid)]	$E=1.4\sim2.8$ GPa, UTS$=40\sim55$ MPa (取决于组成)	可降解,降解时间短于均聚物	降解性能可调控,降解时间为 1~12 个月
聚己内酯[PCL, poly(caprolactone)]	$E=0.4$ GPa, UTS$=10$ MPa	Bio-erodible,降解速度慢,大于 24 个月	半结晶态,组织相容性好

注:E 为杨氏模量(Young's modulus);UTS 为极限抗拉强度(ultimate tensile strength)

2.1.2　用于骨组织修复重建的无机/有机生物医用复合材料

磷酸钙类生物活性陶瓷是构建生物医用复合材料的常用无机成分[1,2]。Bonfield 等在20 世纪 80 年代早期就率先将羟基磷灰石(HAP)引入高密度聚乙烯(HDPE)基体,研发出了 HAP/HDPE 生物医用复合颗粒[1,3]。得益于 HDPE 的延展性,采用复合、粉化和模压成型工艺,可以生产出 HAP 填料体积分数高达 45%(质量分数达 73%)的 HAP/HDPE 生物医用复合材料,同时 HAP 能均匀地分散于 HDPE 基体。Wang 研究发现,复合过程中产生的高剪切力可有效避免 HAP/HDPE 生物医用复合材料中 HAP 颗粒的团聚。HAP/HDPE 生物医用复合材料的杨氏模量和拉伸强度随着 HAP 添加量的增加而增加,当 HAP 添加量的体积分数为 45%,杨氏模量和拉伸强度分别为 5.5 GPa 和 19 MPa[1,4]。体外细胞研究显示成骨细胞首先倾向黏附于 HAP 颗粒处,随后扩散并迁移到整个 HAP/HDPE 生物医用复合材料表面[1,5]。HAP 能赋予 HAP/HDPE 生物医用复合材料生物活性,能调控 HAP/HDPE 生物医用复合材料的力学性能,使其更能匹配骨组织的再生和力学微环境。因此植入体内后,HAP/HDPE 生物医用复合材料能与宿主骨形成骨性结合界面,即 HAP/HDPE 生物医用复合材料具有良好的骨整合性[1,6]。

生物降解型高分子材料,如聚羟基脂肪酸类高分子材料(polyhydroxyalkanoates, PHAs)也是构建生物医用复合材料中常用的有机成分,包括 PHB 和 PHBV 以及合成聚酯。基于不同的制备加工工艺可利用 HAP 增强 PHB 和 PHBV,构建生物医用复合材料[1,7]。SBF 浸泡液的体外矿化研究表明,随着 HAP 体积分数的增加(10%~30%),生物医用复合材料表面形成类骨磷灰石层明显增多,表明生物医用复合材料的生物活性明显提高[8]。Coskun 等[9] 将棒状 HAP(直径 2~4 μm,长度 20~30 μm)引入 PHB 和 PHBV 基体,并利用混合和注塑法制备了生物医用复合材料。生物医用复合材料的微观结构分析显示,棒状 HAP 均匀地分散于聚合物基体,且无机/有机界面嵌合良好。HAP/PHBV 或 β-TCP/PHBV 生物医用复合材料植入体内后能在植入体周边界面形成一层类骨羟基磷灰石,证明其有良好的骨整合性[10,11]。

生物活性玻璃也是构建生物医用复合材料的常用无机生物活性成分之一。生物活性玻璃具有优异的骨修复性能,植入体内后能够通过基体离子的释放营造碱性微环境,调控骨再生。其主要机理为:生物活性玻璃植入体内后会降解并释放出有效功能离子(例如 SiO_4^{4-}、Ca、BO_3^{3-}、Sr^{2+} 等),可产生碱性微环境,从而抑制过度活跃的破骨细胞;同时,这些离子能激活 BMP-Smad、MAPK、Wnt/β-catenin 等骨代谢相关信号通路,调控间充质干细胞定向成骨和成血管分化,最终恢复成骨/破骨稳态,实现骨组织的再生修复。目前应用和研究最多的生物活性玻璃是 Hench 教授等共同开发的硅酸盐生物活性玻璃——45S5[12,13]。基于 45S5 生物活性玻璃,后续也开发出了系列生物活性微孔材料、三维多孔支架、可切削生物活性微晶玻璃、牙科生物活性玻璃填充粉材料等,用于骨组织的修复重建、脊柱椎体融合和牙周骨与牙本质缺损的填充修复。同时,45S5 生物活性玻璃相关制品已经获得美国食品药品监督管理局(FDA)的认证,能在市场中销售并应用于骨科疾病的临床治疗。

为了治疗骨髓炎,张欣等[14] 利用壳聚糖的药物缓释性能,结合硼酸盐生物活性玻璃,开发了生物活性玻璃复合药物载体,并探讨了其对骨髓炎的治疗效果。在含磷溶液中浸泡后,复合药物载体基体中的硼酸盐生物活性玻璃会逐渐降解转化为羟基磷灰石,并缓慢释放骨髓炎治疗药物。体外抗菌性能也表明,生物活性玻璃复合药物载体缓慢释放的骨髓炎治疗药物,能够有效地杀菌和抑菌。植入兔子胫骨骨髓炎缺损后,骨髓炎治疗药物会逐渐被降解,并促进新生血管和新骨形成。降解同时,骨髓炎治疗药物局部高浓度释放,可有效控制感染并治愈炎症。与空白对照组相比,植入生物活性玻璃复合药物载体后,兔子胫骨骨空腔有明显的新生骨形成,显示出优异的骨髓炎治疗和骨修复重建的双重性能。

为了能够微创修复重建骨缺损,崔旭等[15]结合硼酸盐生物活性玻璃和改性壳聚糖溶液,开发了可注射且能够原位自固化的生物活性玻璃/壳聚糖复合材料。生物活性玻璃/壳聚糖复合材料能够通过医用注射器顺利植入体内,且不会发生压滤效应导致的固液分离。通过设计硼酸盐生物活性玻璃含量,可调控生物活性玻璃/壳聚糖复合材料凝固时间和抗压强度等理化性能。浸泡于含磷溶液后,复合材料基体的生物活性玻璃能够降解并转化为羟基磷灰石,显示出优异的生物活性和降解性。

2.1.3 纳米基生物医用复合材料

近年来,研究重点已逐渐转向通过无机纳米颗粒的高活性和尺寸效应调控生物医用复合材料性能。以微米颗粒为无机生物活性成分构建生物医用复合材料时,通过共混、溶剂处理、挤压和/或超声波处理,就可以在很大程度上避免颗粒团聚。然而,上述方法在处理纳米颗粒时通常行不通。纳米颗粒的比表面积大,团聚倾向强。纳米颗粒团聚会显著减少无机/有机界面面积,从而弱化其纳米效应。在最终生物医用复合材料中形成的团聚体可能是应力引发剂和应力集中剂,最终导致生物医用复合材料的破坏。因此,基于纳米颗粒构建生物医用复合材料的主要挑战之一是实现单个纳米尺寸颗粒的良好分散。

利用注塑成型法,Wilberforce等将纳米羟基磷灰石(nHAP)和微米羟基磷灰石(mHAP)引入聚乳酸,分别构建了纳米和微米生物医用复合材料。后续的研究发现纳米生物医用复合材料的玻璃化转变温度显著降低,存储模量显著提高[16]。Costa等基于溶剂铸造技术将线状的HAP(纳米线,nHAP,长径比为100)掺入PCL(HAP含量的质量分数为10%~50%),制备生物医用复合薄膜。研究表明,纳米线HAP显著提高了生物医用复合薄膜的力学性能[17]。同时SEM-EDX观察也表明纳米线HAP均匀地分散于PCL基体。当纳米线HAP含量的质量分数为50%时,纳米生物医用复合薄膜的杨氏模量为665 MPa、压缩模量为487 MPa,明显高于单纯PCL薄膜的杨氏模量和压缩模量。

在利用纳米颗粒构建生物医用复合材料过程中,基于先进的材料制备加工技术实现纳米颗粒的均匀分散,可以显著增强纳米颗粒与聚合物之间的界面结合。而更均匀的纳米颗粒分散和更好的界面结合使得纳米基生物医用复合材料被施加拉应力时,高分子基体中的链被迫定向和伸长,而不是导致高分子/无机纳米颗粒界面的脱湿和空化,因此纳米基生物医用复合材料具有更高的韧性和延展性。上述先进的材料制备加工技术就包括在构建生物医用复合材料之前对nHAP粒子进行表面修饰,所使用的表面修饰方法包括表面活性剂或聚电解质吸附、表面接枝技术以及使用连接分子将高分子量分子黏附在无机活性材料表面,如图2.1所示。

Kim等的研究发现,油酸改性后nHAP在氯仿悬浮液中的胶体稳定性相对更好,证实了表面活性剂吸附于nHAP的可行性[18]。与未用油酸表面改性的nHAP相比,油酸改性的

nHAP/PCL 生物医用复合材料拉伸应力和弹性模量均有所增加。后续研究也发现，油酸改性的 nHAP/PCL 生物医用复合材料有着更好的细胞增殖结果。

图 2.1　羟基磷灰石（HAP）表面改性方法（中心为 HAP 透射电镜显微图）

Misra 等将聚丙烯酸（PAA）、肝素等聚电解质吸附于 nHAP 粒子表面，并开发了系列生物医用复合材料[19,20]。系统性研究证实了改性后可以增强 nHAP 的胶体稳定性[19-22]。Cool 等用 PAA 包覆 nHAP，并引入 PHBV 制备生物医用复合粉体[23]。后续通过压缩成型或溶剂浇注法，构建了 nHAP/PHBV 生物医用复合材料。与微米级 HAP 颗粒制备的生物医用复合材料相比，PAA 包覆的 nHAP 构建的生物医用复合材料有着更好的表面呈现性，也有更好的细胞应答反应。进一步的研究发现，PAA 改性的 nHAP 颗粒负载量的质量分数达到 15% 时，生物医用复合材料的力学性能得到了提高，不过所观察到的力学性能改善水平远低于理论预测值。

众多纳米基生物医用复合材料的研究表明，基于纳米颗粒的调控可以在一定范围内改善纳米基生物医用复合材料的力学性能。但当纳米级无机成分引入量较高时，力学性能不一定能得到改善，还有可能会降低。越来越多的研究表明，调控无机成分的表面拓扑结构，有望更好地改善生物医用复合材料的力学性能。同时，并没有明确的证据表明，无机生物活性成分的纳米效应可有效地改善生物医用复合材料的生物学性能。在所有研究中，生物学性能的改善得益于无机生物活性成分的次级效应，如其表面呈现或加工效应、表面粗糙度的改变。

2.1.4　生物医用复合多孔支架

组织工程支架的组成与结构均能够直接影响其理化性能和生物相容性。与无序多孔支架相比，基于有序而连通孔结构设计的组织工程支架（即有序多孔支架）具有更好的力学可设计性和更优的力学性能表现，并可以有效调控细胞的功能表达与组织的修复重建。目前，常用生物医用复合多孔支架的制备加工技术主要有定向冷冻干燥技术、静电纺丝技术以及3D 打印成型技术（增材制造）。得益于 3D 打印成型设备和原材料的优化，基于 3D 打印成型技术构建的生物医用复合多孔支架逐渐成为组织工程修复重建的研究热点,也是重点攻关方向,并且在体外组织器官构建方面有着巨大的潜在应用前景。

定向冷冻干燥技术是指材料在成型过程中受到特定方向上的低温处理时,材料基体中的液相会缓慢沿着特定方向有序凝固,后期冷冻干燥直接将凝固相直接升华成气体,最终构建出有序连通的生物医用复合多孔支架。静电纺丝技术常用于生物医用复合薄膜支架的制备。传统静电纺丝技术构建的薄膜支架,结构杂乱无序,无特定的取向性。近年来,通过工艺优化与调控,具有特定有序取向的静电纺丝生物医用复合支架逐渐成为研究热点,并展示了良好的组织修复重建性能。结合计算机辅助软件(CAD),增材制造技术可快速成型并可实现结构的精密控制增材制造技术,已经广泛地应用于航天航空、医疗、汽车、建筑等领域,近年来更是广泛地用于骨组织修复重建支架的构建。目前增材制造和 3D 打印平台多种多样,例如溶液和细胞悬浮液的喷墨沉积、光敏介质立体光刻(SLA)、聚合物和金属粉末的选择性激光烧结(SLS)以及直接挤出溶液/凝胶以及胶体和非胶体悬浮液等。

相比于定向冷冻干燥技术和静电纺丝技术,3D 打印成型技术的优势在于:(1)通过计算机软件的设计,可以精确调控多孔支架的尺寸、形貌、孔道大小和连通性,有望更好地满足个性化组织工程修复重建需要;(2)多孔支架的三维孔道结构提供了一个有利于细胞黏附、增殖、分化的三维细胞外环境,同时有利于氧气、营养物质的输运,进而促进成骨和成血管;(3)3D 打印技术依托于程序化设计,可以实现高效、快速、可重复性制备,有效避免人为误差。

具有有序孔结构的生物医用复合支架相比于传统无序生物医用复合支架具有较好的机械性能以及生物相容性,通过对孔道结构的个性化设计,可以更好地调控细胞的黏附和增殖,获得更理想的骨修复重建效果。

2.1.5 复合材料力学性能增强机制

将无机生物活性成分引入高分子材料基体,可以调控生物医用复合材料的力学性能。而纳米尺度的无机生物活性成分的引入,更能显著改善生物医用复合材料的力学性能。但是,无机成分的引入也不是越多越好,而是存在一个临界的浓度范围。该浓度范围取决于无机成分本身的理化性能,如微观形貌、尺寸大小、物相以及团聚倾向等。

针对无机成分添加后,生物医用复合材料的机械性能得到增强的情况,有少部分学者认为其主要原因在于高分子材料结晶度的提高,而与无机成分的性质无太大关联。为使高分子材料基体从非晶相转化为结晶相,无机成分的添加量需要足够高。尽管无机成分分散于高分子材料基体的无定形区域,就可能会产生结晶现象,但是当高分子材料基体中无机成分引入量低于某个特定阈值(与无机成分本身的性质以及高分子材料基体固有的结晶度有关)时,产生的结晶现象可忽略不计且无法检测。而当无机成分引入量超过特定阈值时,就会改变高分子材料晶体的结晶度,并会进一步影响生物医用复合材料整体的力学性能。原因是进一步增加无机成分的浓度会导致颗粒团聚,而过量的无机成分会进入高分子材料的结晶区,干扰甚至破坏高分子材料原有的晶体结构,最终导致材料整体性能变差。Wang 和 Bonfield 研究认为,生物医用复合材料失效会经历以下几个步骤:首先拉应力过程中发生的应力集中,会引起界面滑脱,并在无机成分位置处形成空腔;随着应力进一步增大,内部形成的空腔会沿着应力的方向进一步增大,从而逐渐导致高分子材料基体的变形以及材料性能失效;随着无机成分引入体积的增加,空腔生长和聚结所需的应力减小,导致生物医用复合材料的失效行为由韧性断裂转变为脆性断裂[24]。

2.2　软骨修复用生物医用复合支架

软骨是人体内的一种结缔组织。在胚胎初期,人的大部分骨骼是由软骨组成,随着个体逐渐成长发育,则逐渐被骨组织替代。成年后,软骨主要存在于关节面、肋软骨、气管、耳郭、鼻尖、椎间盘等处。软骨组织主要由胶原、少许细胞以及 $60\%\sim80\%$ 的水分等组成。成人的软骨组织中并没有血管或神经,因此软骨组织损伤后自我修复再生能力差。目前,临床治疗关节软骨缺损的方法主要包括关节镜技术、软骨移植、软骨细胞移植和组织工程技术等。其中,组织工程技术被认为是最有前途的软骨组织修复手段。

组织工程包括支架、种子细胞和生长因子三大要素。其基本原理是:将种子细胞在体外进行扩增培养;将细胞种植于生物活性良好、体内可降解吸收的生物材料(支架),在合适培养环境下,体外构建类器官的细胞/材料复合物;将其植入人体病损组织/器官,支架能够支撑种子细胞的活性、促进种子细胞的增殖和分化,刺激其分泌细胞外基质(ECM),与此同时,生物材料被逐渐降解吸收,诱导新生组织长入,最终形成类比于相应组织/器官形态和功能的新生组织/器官,从而实现理想病损组织/器官的修复和功能重建。

作为组织工程的重要组成部分,支架材料可为细胞黏附、增殖、分化、分泌细胞/生长因子及最终形成新生组织提供支持,是组织工程的基础。理想的软骨组织工程支架应具有以下几种特点:

(1)具有良好的生物相容性,能够支撑细胞在其内外表面的黏附、增殖、分化和成熟。

(2)具有合适的孔隙率和孔径大小,从而有利于细胞长入以及营养物质的运输和代谢产物的排出。

(3)具有优异的吸水保水性能,仿生软骨细胞高水分的生长微环境。

(4)能仿生天然软骨细胞外基质结构,如纳米纤维组成的三维多孔结构等。

(5)具有合适的力学性能,仿生天然软骨的压缩弹性性质,能一定程度上缓冲压力。

(6)可加工性能好,适合各种成型方式和制造技术,能完美适配填充各种形状和尺寸的软骨缺损。

因此,构建理想的软骨组织工程支架,需要着重考虑两个因素,即软骨支架材料本身的性质及其采用的加工成型技术。

2.2.1　软骨组织工程支架

目前,构建软骨组织工程支架的常用材料还是各种生物医用高分子材料,包括合成生物医用高分子材料以及各种天然生物医用高分子材料等。

1. 合成生物医用高分子材料

目前，应用于软骨组织工程修复且被 FDA 批准的合成生物医用高分子材料主要有聚乳酸(PLA)、聚乙交酯(PGA)、聚乳酸-羟基乙酸共聚物(PLGA)和聚己内酯(PCL)等[25]。这几种生物医用高分子材料在体内均可被降解吸收，具有生物相容性好、力学性能优异、易成型加工等特点。研究表明，基于上述生物医用高分子材料构建的软骨组织工程支架可以促进软骨细胞和干细胞的黏附、增殖和分化。

需要指出的是，虽然合成生物医用高分子材料在软骨支架领域展现出了显著的优势，但其酸性降解产物有可能对细胞的活性产生不利影响，同时其亲水性、细胞相容性等均尚待改进。近年来，出现了多起因生物医用高分子材料降解产物导致的重大医疗事故。因此，需要将可降解的生物医用高分子和各种天然生物医用高分子材料进行复合。比如由 ECM 制造的支架含有有助于细胞生长的表面结构，与单纯合成的生物医用高分子相比，包含了合成生物医用高分子材料和 ECM 衍生物的生物医用复合支架兼具两者优点，可能是更加适宜的软骨组织工程材料。

2. 天然生物医用高分子材料

与合成生物医用高分子材料相比，天然材料来源广泛、绿色环保、与组织微环境的适配性更好，因此备受青睐。目前用于软骨组织工程的天然生物医用高分子材料包括胶原、透明质酸、硫酸软骨素、脱细胞 ECM 和细菌纤维素等。

（1）胶原

胶原是构成人体结缔组织的主要蛋白，在细胞外基质中含量最高。软骨胶原主要以 II 型胶原为主，也是软骨中含量最多的有机成分。

作为天然细胞外基质主要成分，胶原具有生物相容性优异、可被降解吸收以及便于加工等特色，已被广泛应用于各种组织工程修复重建领域。但是力学性能差、体内降解吸收过快等缺点限制了胶原的生物医学应用。而通过相关改性技术有望一定程度上改善胶原的这些缺陷。例如，通过壳聚糖交联的胶原基复合支架材料具有更好的力学性能。目前，用于配合胶原构建复合支架材料主要包括聚乳酸(PLA)、聚乳酸-羟基乙酸共聚物(PLGA)和聚己内酯(PCL)、聚乙烯醇(PVA)、聚乙二醇(PEG)、壳聚糖、琼脂糖、海藻酸盐、弹性蛋白、丝素蛋白等。

（2）透明质酸

透明质酸(HA)又名玻璃酸，是由 $\beta(1\text{-}4)$-D-葡萄糖醛酸和 $\beta(1\text{-}3)$-N-乙酰-D-葡糖胺的双糖反复交替连接而成的一种酸性黏多糖，是软骨细胞外基质中的重要成分。关节组织中的 HA 担负着吸收和缓冲关节冲击、为关节滑液提供弹性和黏度的功能。

HA 应用于软骨组织工程具有诸多优势，例如：其可以降解且生物相容性优异；作为结缔组织和滑液的重要组成成分，在润滑、调控软骨细胞生长和分化方面扮演重要角色；含有羧基等基团，便于交联和接枝；具有促进伤口愈合的作用等。HA 较脆，单纯 HA 构建的支架力学性能差，因此一般基于交联和共混技术，复合其他生物医用材料构建生物医用复合支架。其中，利用化学交联构建透明质酸水凝胶是最常见手段。甲基丙烯酸化是用于修饰 HA 水凝胶的常用技术之一。通过改变甲基丙烯酸化比率可影响交联密度从而调节 HA 水凝胶的力学性能[26]。此外,基于 HA 构建的生物医用复合支架更能满足多元化的软骨组织工程修复重建需求。PLGA、PVA、PEG、壳聚糖、纤维蛋白、琼脂糖、海藻酸盐和葡聚糖等和 HA 复合均能获得综合性能优异的软骨组织工程支架。

（3）硫酸软骨素

硫酸软骨素(CS)是由氨基糖和糖酸构成的无支链极性多糖,具有优异的生物相容性。CS 在软骨中作为 ECM 的重要组成部分,可以促进软骨细胞的黏附和增殖。

CS 是制备软骨组织工程支架的理想材料。CS 能够保护软骨、缓解关节炎疼痛,能促进软骨细胞合成氨基葡聚糖和 II 型胶原,也能诱导骨髓间充质干细胞向软骨细胞分化。与其他生物医用天然高分子材料一样,CS 也存在降解过快及力学性能差等缺点,因此也需要与其他生物医用材料复合才能更好地应用于软骨组织工程修复。Agrawal 等[27]将硫酸软骨素和丝素蛋白、壳聚糖复合,获得了具有可控溶胀和降解速率的复合软骨组织工程支架。进一步的细胞实验表明,这种软骨组织工程支架能促进细胞黏附和增殖。此外,PCL、聚-3-羟基丁酸酯(P3HB)、胶原和葡萄糖等,也是与硫酸软骨素构建复合软骨组织工程支架的常用材料。

（4）脱细胞 ECM

脱细胞 ECM 在组织工程领域的应用得到了迅速发展。ECM 基材料的最大优势在于其保留了诸如转化生长因子 β1(TGF-β1)、成纤维细胞生长因子(FGF)和胰岛素样生长因子(IGF)等各种生长因子,因此无须添加任何其他生长/细胞因子就能促进干细胞募集、浸润和分化。但是,力学性能差也是限制脱细胞 ECM 支架生物医用的主要缺点。因此,研究人员也以 ECM 为基础原料,构建了多种复合软骨组织工程支架。Ghassemi 等[28]将单分散的单壁碳纳米管(CNT)掺入化学脱细胞的牛关节软骨样品中,构建了脱细胞 ECM/CNT 复合支架。与脱细胞 ECM 支架[杨氏模量为(0.43±0.06)MPa]相比,ECM/CNT 复合软骨组织工程支架的杨氏模量[(0.67±0.09)MPa]明显更高,且具有更高的细胞增殖活性。PLGA、PLA、PCL、聚羟基链烷酸酯(PHAs)、丝素蛋白和明胶等,也是与脱细胞 ECM 构建复合软骨组织工程支架的常用材料。

（5）细菌纤维素

细菌纤维素(BC)是一类由微生物合成的胞外多糖类高分子材料。BC 于 1886 年被英国科学家 Brown[29]发现。在静置培养木葡糖醋杆菌时,Brown 发现在培养基的表面形成了一层白色凝胶状的薄膜物质,经过化学分析后确定其成分为纤维素,因其主要由细菌合成而被命名为细菌纤维素。

细菌纤维素是酿造业的副产品,成本低廉。其基本化学成分与植物纤维素相同,但二者的力学性能差别较大。与植物纤维素相比,细菌纤维素具备许多独特的性质。它是一种公认的安全多糖,是一种“纯纤维素”,化学纯度和结晶度高,从结构上看,组成细菌纤维素的基本单元——原微纤维(直径为 1.5 nm)是由若干个 β-1,4-葡聚糖结合而成,并进一步形成三重螺旋结构。原微纤维聚集形成微纤维(3～6 nm),微纤维进一步聚集成带状结构的束状组装纤维(40～60 nm,与胶原纤维束尺寸相当)。原微纤维为非结晶状态,细菌纤维素的结晶在原微纤维的聚集过程中形成。细菌纤维素的弹性模量为一般植物纤维素的几倍至十倍以上,且抗拉强度高。此外,细菌纤维素持水能力强、生物降解性良好。细菌纤维素的微孔径以及丰富的纳米孔隙,赋予其较好的渗透性,有益于营养物质、生物因子扩散及血管的长入等,是理想的组织工程修复重建材料。

与其他天然生物医用高分子材料(如胶原、明胶等)相比,细菌纤维素也显示出许多优点:来源广泛,提取工艺简单,无交叉感染,无免疫原性;易于深加工成不同形态,含水率高;三维网状结构独特[如图 2.2(a)所示],使其干态及湿态强度高(其微纤维的杨氏模量可达到 138 GPa,拉伸强度可超过 2 GPa,与 Kevlar 纤维相当[30])。Guhados 等利用原子力显微镜测得细菌纤维素单丝的杨氏模量为(78±17)GPa[31]而 Hsieh 等用拉曼技术测得细菌纤维素单丝的弹性模量为 114 GPa[32]。细菌纤维素纤维直径均匀,重复性好。与静电纺丝获得的纤维相似,细菌纤维素是一种连续的纳米纤维,其微纤直径可小于 10 nm[如图 2.2(b)所示],从纳米纤维的制造到三维结构的获得可一步完成,因此,细菌纤维素在组织工程和再生医学等领域有着巨大的应用前景。

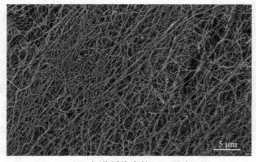
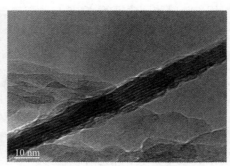

(a) 细菌纤维素的SEM照片　　　　　　(b) 单根细菌纤维素纤维的TEM照片

图 2.2　细菌纤维素的微观结构[30]

2.2.2　软骨组织工程支架制备技术

软骨组织工程支架要想发挥预期的作用,除了原材料本身的生物学性能要满足需求外,还需要将原材料构建成特定的形貌结构,以满足软骨细胞的黏附和攀爬。当前用来构建软骨组织工程支架的主要技术手段包括静电纺丝、3D 打印成型、冷冻干燥/颗粒浸出以及生物纳米技术等。

1. 静电纺丝

静电纺丝技术是一种借助于静电场作用对高分子材料溶液或熔体进行拉伸纺丝的技术,它所形成的纤维直径为亚微米级(如图 2.3 所示),纤维与纤维之间互相搭接,构成了三维网络结构。静电纺丝制成的超细纤维膜具有多孔结构,有较高的比表面积,在过滤颗粒、生物医用复合材料构建、组织工程支架等方面具有许多潜在的用途。利用静电纺丝技术已可实现上百种高分子及其复合材料的超细纤维组织工程支架的构建,纤维直径大多在数百纳米到几微米的范围内,静电纺丝技术用到的高分子材料主要包括合成可降解生物医用高分子材料(如 PGA、PLGA、PCL 和合成多肽等)和各种天然高分子材料(如胶原)等。

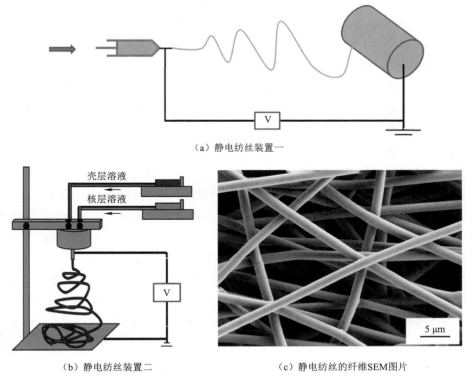

（a）静电纺丝装置一

（b）静电纺丝装置二　　　　　　　（c）静电纺丝的纤维SEM图片

图 2.3 静电仿丝装置及其构建纤维的微观结构

　　通过静电纺丝技术可以构建各种由合成和/或天然生物医用高分子材料复合的软骨组织工程支架。静电纺丝构建的软骨组织工程支架具有连续纤维网络多孔结构，能有效增加细胞在材料基体的黏附。Ho 等利用静电纺丝技术构建了 PCL/COL 复合软骨组织工程支架。后续研究发现，PCL/COL 复合软骨组织工程支架能很好地支撑骨髓间充质干细胞在其纤维网络上黏附，且能有效诱导骨髓间充质干细胞向软骨细胞分化，并抑制细胞肥大反应[33]。在类似的研究中，Liu 等通过动态液体静电纺丝技术，制备出了取向的 PLLA-co-PCL/COL I 纳米纤维束，并进一步和冻干的 COL I/HA 软骨支架相复合，获得了力学性能更好的复合软骨组织工程支架。体外和体内研究证明，该 PCL/COL 软骨组织工程支架允许软骨细胞浸润，能够修复兔骨软骨缺损，并显著改善了新生软骨的力学性能[34]。在另一项研究中，Abedi 等制备了静电纺丝纳米纤维 COL/PVA 复合软骨组织工程支架，并接种自体骨髓间充质干细胞以修复兔关节的骨软骨缺损。与对照组相比，COL/PVA 复合软骨组织工程支架能够诱导形态更加完整软骨细胞的形成并生成新的软骨。组织学结果进一步表明，与对照组相比，COL/PVA 复合软骨组织工程支架具有更好的软骨修复效果，生成了更多的软骨新基质以及形成了连续的软骨下骨[35]。

　　上述研究成果证实，由静电纺丝技术制备的复合软骨组织工程支架材料具有良好的生物活性。此外，静电纺丝构建的复合软骨组织工程支架还具有更好的力学性能。Bas 等通过熔融静电纺丝直写技术制备了取向 PCL 纤维，然后和甲基丙烯酰胺改性明胶（GelMA）/

甲基丙烯酰胺改性透明质酸（HAMA）复合以制备纤维增强的 GelMA/HAMA 复合软骨组织工程支架材料，研究结果表明其力学性能明显增强[36]。

2. 3D 生物打印技术

3D 生物打印技术（3D bioprinting）是一种基于数字模型的快速成型技术，其最大优势在于借助于计算机辅助设计获得高度复杂的结构，可以应用于各种组织工程领域。合成的天然生物医用高分子，通常为疏水性且缺乏生物位点，因此只能为细胞附着和生长提供有限的环境。若将活体细胞与天然生物医用高分子混合后 3D 生物打印，且若能保证生物打印后细胞仍然具有一定的活性和功能，就可以实现组织体外构建。但天然生物医用高分子相对较差的力学性能仍限制了其在生物打印方面的应用。为了克服这一问题，研究人员开发了具有多喷头沉积系统的 3D 生物打印技术，可以同时打印合成天然生物医用高分子和各种天然生物医用材料、细胞等。Xu 等结合细胞喷墨打印和静电纺丝技术，研发了力学性能相对较好的复合支架材料。他们首先通过静电纺丝制备出 PCL 纤维，然后在其上通过喷墨打印将兔软骨细胞/纤维蛋白/胶原溶液沉积在电纺丝 PCL 纤维层上，再在兔软骨细胞/纤维蛋白/胶原溶液上层沉积 PCL 纤维。不断重复上述过程，直至形成 1 mm 厚的 5 层复合支架。复合支架的细胞实验表明，在该复合支架上细胞培养一周后，细胞活力仍然超过 80%[37]。Visser 等将熔融静电纺丝直写技术制备的高度取向多孔 PCL 微纤维网络复合进甲基丙烯酰胺改性的胶原基体中，构建了复合软骨组织工程支架。该复合软骨组织工程支架的力学性能与单独的微纤维支架或水凝胶相比均有明显提高；植入其中的软骨细胞保持了较高活性，具有软骨所特有的圆形形态和体外生理活性[38]。

尽管 3D 生物打印技术已经在软骨组织工程应用中显示出了巨大的潜力。但其构建的软骨组织工程支架仍然存在不少问题，如孔隙率较低、需要技术改进和生产标准化、需要更合适生物墨水配方以及力学性能更加接近天然软骨等。

3. 冷冻干燥和颗粒浸出技术

冷冻干燥和颗粒浸出技术是构建多孔软骨组织工程的有效途径。冷冻干燥技术通常是针对水凝胶而言。在冷冻干燥过程中，水凝胶首先被整体冻结，这样水就在整个材料基质中形成微小冰晶。将微小冰晶升华并在真空下移除后就会产生多孔网络结构。水凝胶孔径的大小可以通过冷冻温度来控制，而水凝胶基体传热系数不同会产生具有不同孔径的贯穿多孔结构。

总的来说，水凝胶状态的软骨组织工程支架基本上都要进行冷冻干燥处理，以保证其在干态时也具有和湿态一致的贯穿三维多孔网络结构。然而冷冻干燥技术获得的孔隙一般较小，且孔结构和尺寸不均匀，因此往往需要颗粒浸出技术辅助以获得尺寸均一和/或尺寸较大的多孔结构。

颗粒浸出技术，顾名思义是一种通过颗粒来占据空间，然后通过洗脱等方式获得多孔结构的一种技术。在颗粒浸出技术中，支架材料的孔径大小和孔隙率受造孔剂材料本身的尺寸和含量控制。目前，基于各种合成和天然生物医用材料，结合冷冻干燥和颗粒浸出技术已经可以实现孔径和孔隙率等参数的调控，从而实现更优异的软骨组织工程修复重建。

4. 生物纳米技术

静电纺丝所得到的纤维直径一般均在数百纳米。尽管已有制备出纤维直径为 3～5 nm 的报道[39]，但当需要制备直径小于50 nm 的纤维时，常用的制备工艺（如静电纺丝技术以及相分离、模板合成、界面聚合等）难以实现，且制备工艺更加复杂、重复性不好。虽然一些研究者基于自组装技术也能够构建直径小于 10 nm 且与 ECM 纤维直径的下限相当的纳米纤维[40,41]，但是上述方法获得的纳米纤维仅能以水凝胶的形式存在，且制备成本高，力学性能相对较差，也存在纤维不连续、孔隙的控制困难等缺陷。因此，研究人员仍然一直在努力探究新的纳米纤维及其支架的制备技术。

生物纳米技术有望成为一种极具前景的三维纳米纤维支架制备技术。基于生物纳米技术制备的细菌纤维素单纤维（BC）很可能成为构建纳米纤维支架的理想材料。华东交通大学/天津大学万怡灶团队发明的膜液培养技术，可以获得各种分布均匀的 BC 及其复合材料[42]，从而为复合软骨组织工程支架的设计奠定了原材料基础。他们将氧化石墨烯（GO）悬浮液加入细菌纤维素的培养基中，通过层层组装（LBLA）制备了细菌纤维素/氧化石墨烯（BC/GO）纳米复合水凝胶。BC/GO 纳米复合水凝胶具有三维多孔结构，GO 纳米片均匀分散在细菌纤维素基体中且与细菌纤维素基体结合良好（如图 2.4 所示）。

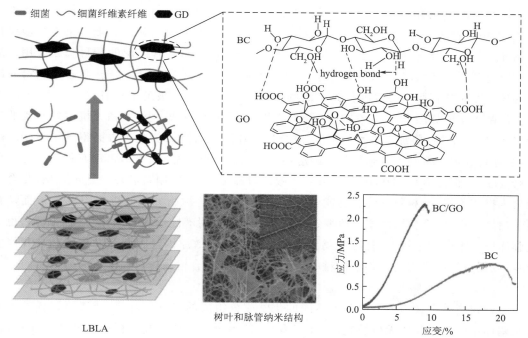

图 2.4　华东交通大学万怡灶团队采用层层组装（LBLA）技术制备的 BC/GO
生物医用复合材料的结果示意图、微观结构及力学性能图[43]

目前，软骨组织工程支架材料研究虽然取得了丰硕的成果，但仍面临一系列的问题，例如如何做好材料孔隙率与力学强度的兼顾，如何提高材料植入体内后与软骨组织的有效结合等。在软骨组织工程支架的研究中，研究者更多地将多种材料复合，构建新型生物医用复合材料。这些新型生物医用复合材料，在保留原有材料优点的基础上，具有更好的力学强度和生物相容性等，有望在软骨组织工程材料领域发挥更大的作用。

2.3 牙科修复用生物医用复合材料

随着人口老龄化以及市民对口腔健康的高质量需求,口腔医学领域发展迅猛。而作为口腔材料的重要组成部分,牙科修复材料在口腔医学领域的应用十分广泛,是维护人类口腔健康的基础。牙科修复材料种类繁多,按材料性质可分为有机高分子牙科修复材料、无机非金属牙科修复材料、金属牙科修复材料三类,按用途可分为义齿材料、充填材料、黏接材料、种植材料、包埋材料等,按材料与口腔组织接触方式可分为直接与口腔组织接触材料、间接与口腔组织接触材料,按材料的应用部位可分为非植入人体的口腔材料、植入人体的口腔材料。以上分类方法各有优缺点,本章着重介绍用于牙科修复的复合材料,包括复合树脂、水门汀、陶瓷-金属复合材料。

2.3.1 复合树脂

基于其美观和使用方便(直接充填)的优点,越来越多的临床医生首选复合树脂作为患者牙体修复的填充材料。牙科复合树脂克服了传统的牙体修复材料(如汞合金)的一些不足之处,能与牙釉质和牙本质形成有效黏接,且采用树脂类材料进行修复有助于最大限度保护天然牙齿组织。复合树脂作为最常见的牙体充填材料之一,有着广泛的牙科临床应用。复合树脂是基于丙烯酸酯发展和演变而来。20世纪50年代末和60年代初,复合树脂第一次进入牙科医生的视野中并逐渐得到广泛的应用。Bowen首次报道了一种基于双酚A-二缩水甘油基甲基丙烯酸酯(2,2-双[4-(2-羟基-3-甲基丙氧基)苯基]丙烷)和无机填料开发的复合树脂[44]。随着材料加工技术的发展,复合树脂在配方、性能、美观等方面得到了不断的改善,在牙科领域也得到了越来越广泛的应用。一项医学调查显示,美国每年有将近2亿例牙齿修复手术,但是有一半在10年内宣告失败。口腔卫生不良、制备腔体设计不正确、复合树脂植入操作不完善、材料学综合性能不佳等都是导致复合树脂失效的重要因素[45]。而从材料学角度来讲,复合树脂的聚合收缩、高热膨胀系数、低耐磨性等固有的理化性能缺陷,也是其临床应用长期耐久性差、易继发龋齿和块体骨折的失效原因。因此开发抗菌和自我修复材料,或促进组织再生的生物活性材料,将为优化牙科复合树脂材料提供新的途径。

1. 牙科复合树脂的化学成分

复合树脂被定义为由至少两种不同的化学成分组成的三维化合物,或者可以描述为在树脂基体中引入了硬质无机填料(如无机颗粒)的混合物。牙科复合树脂包括树脂基体、偶联剂,表面处理后的无机填料以及引发剂和催化剂体系(见表2.2)[45]。

表2.2 复合树脂的组成

组 分	主要成分和实例	功 能
树脂基体	丙烯酸甲酯单体,如 bis-GMA、UDMA、HEMA、TEGDMA 等	具有一定的强度、塑性和固化特性
无机填料	无机填充颗粒:胶态二氧化硅、石英、含钡二氧化硅玻璃、锶、锆、陶瓷粉等	提高材料的抗压强度、弹性模量、硬度和耐磨性等

续上表

组 分	主要成分和实例	功 能
偶联剂体系	有机硅烷,如 MPTS 等	化学连接填料和树脂基体以实现这两相的黏接
引发剂体系	光引发剂体系,如 CQ,PPD,BPO 等	聚合促进体系,引发聚合反应
其他	金属氧化物着色剂、稳定剂、催化剂、促凝剂等	辅助增强效应

树脂基体通常由 bis-GMA、羟乙基甲基丙烯酸酯（HEMA）、三甘醇二甲基丙烯酸酯（TEGDMA）和氨基甲酸乙酯（UDMA）组成。无机填料通常包括二氧化硅粉（SiO$_2$）、其他玻璃粉末、陶瓷粉料等,它们可以提高复合树脂的硬度、耐磨性和透明度。偶联剂体系通常由有机硅烷组成,如 3-(甲基丙烯酰氧)丙基三甲氧基硅烷和 10-甲基丙烯酰氧基癸基二氢磷酸（10-MDP）,其化学官能团可以增强无机填料与树脂基体之间的黏接强度。当施加外部刺激（光或热）时,复合树脂的聚合由引发剂体系引发,例如樟脑醌（CQ）、苯基丙二酮（PPD）。不同类型的复合树脂需要不同的光能水平才能进行适当的固化,加入的催化剂可以控制聚合速度,而其他成分如二甲基乙二肟可改善复合树脂的某些物理性质,例如流动性[46,47]。

2. 复合树脂系统分类

临床使用的复合树脂产品种类繁多,牙科复合树脂根据其不同的组成和性能特点分类如图 2.5 所示。

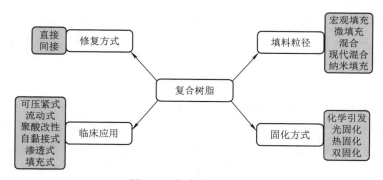

图 2.5 复合树脂的分类

3. 临床应用和功能要求

（1）可压紧式复合树脂

可压紧式复合树脂是一种常用的牙科复合树脂,作为银汞合金的替代材料,广泛应用于后牙体修复。可压紧复合树脂于 20 世纪 90 年代末问世,与传统复合树脂相比,可压紧复合树脂更硬、黏性更低;更易成型且操作方便,当用仪器压紧时,它们可以形成良好的近端接触点。然而,一些研究表明,其力学性能并不优于传统复合树脂,仍需要对可压紧复合树脂进行长期的临床性能评估[48]。

（2）流动式复合树脂

自 1996 年首次用于牙科领域以来,流动式复合树脂就一直备受关注。流动式复合树脂是基于传统复合树脂,将其无机填料含量从 50%（体积）减少到 37%（体积）而制得。无机填料含量的减少降低了流动式复合树脂的黏度,并同步提高了其流动性。因此流动式复合树脂可以通过注射器注入腔体的小裂缝或角落,从而简便了操作过程,缩短了操作时间。然而,流动式复合树脂的收缩率普遍高于传统的非流动复合树脂,而牙科复合树脂的收缩性能是影响其临床应用的关键性能之一。

第一代流动式复合树脂由于填充量低、弹性模量低,仅能作为空腔衬砌剂和坑缝密封胶使用。随着树脂基体和无机填料体系的改进,新一代流动式复合树脂具有更广泛的应用,包括预防性树脂修复、微创Ⅱ类修复、Ⅴ类短节段损伤等。然而,由于无机填料的,力学性能和耐磨性相对较差,流动式复合树脂只能用于低应力承载区域的修复,而临床医生不推荐将流动式复合树脂用于咬合面的后端修复。对流动式复合树脂的抗弯强度、磨损等综合力学性能的研究表明,流动式复合树脂的力学强度低于传统牙科复合树脂[49]。

(3)复合体(聚酸改性复合树脂)

复合体是指聚酸改性复合树脂,它是复合树脂与玻璃离子体水门汀(聚烯酸和玻璃组分)的组合。由于易于操作和可释放氟化物,复合体迅速被牙科行业所接受。但脆性大、强度低、固化时间长以及水敏等问题,却也限制了复合体在牙科修复领域的进一步使用。与流动式复合树脂相比,复合体的收缩率更低或相近(复合体体系的总收缩应变为 $2.59\%\sim3.34\%$,而流动式复合树脂的收缩应变值为 3.50%)。因此,牙科临床通常使用复合体作为内衬或基体。复合体具有双重固化机理,其中主要的固化反应是树脂光聚合反应,材料基体吸收人体内的水之后发生的酸碱中和反应也对复合体的固化起着重要作用。临床性能评价研究表明,在植入口腔 24 个月后,复合体在边缘变色、解剖形态、继发龋等性能上均表现出可适用的临床转化[50]。

(4)自黏接复合树脂

自黏接复合树脂结合了胶黏剂和复合技术的优点,为牙科修复带来了新的视野。自黏接复合树脂不需要单独的黏合剂就能黏在牙齿组织上。自黏接复合树脂包含自酸蚀和/或自黏单体,如 4-甲基丙烯酸甲酯、磷酸甘油二甲基丙烯酸酯单体、10-MDP 单体等,因此能酸蚀牙釉质和牙本质表面或与羟基磷灰石化学键合。虽然关于自黏接复合树脂相关的物理性能、黏接强度和边缘密封性等已经获得卓有成效的体外研究结果,但目前针对自黏接复合树脂产品的临床研究仍然有限。此外,对于自黏接复合树脂的黏接效果和力学性能仍存在许多争议。一些研究表明,自黏接复合树脂与牙本质或牙釉质的相互作用有限。因此,需要对自黏接复合树脂进行更加深入的研究和系统的临床评估(图 2.6)[51]。

(5)渗透树脂

近年来,随着低黏度光固化渗透树脂的出现,一种新型的龋病渗透技术应运而生。使用渗透树脂已被认为是一种很有前景的方法,渗透树脂能有效治疗未空化的龋病,如龋样病变、白斑病变以及釉质脱矿。渗透树脂是基于病变牙齿表面被盐酸侵蚀后,黏度树脂能向低钙化或脱矿质牙釉质的晶间空间的渗透,从而可以有效改变多孔釉质的折射率。基于低黏度和高渗透性需求,渗透树脂无机填料相对较少,因此这种渗透树脂耐磨性相对较差。研究表明,渗透树脂用于龋病组织可以抑制龋病组织体外脱矿,防止龋病组织原位进展。应用渗透树脂治疗近端龋病也是一种新的治疗方法,然而该技术临床转化推荐的证据并不充分,需要进行进一步的实验研究。

（a）SEM照片

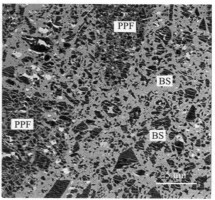
（b）TEM照片

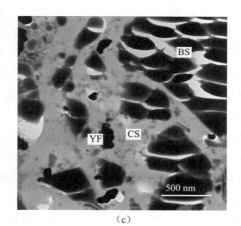
（c）

图 2.6　自黏接复合树脂的微观结构[172]

（6）填充复合树脂

通常来说,牙科复合树脂应分层固化,每层应小于 4 mm,因此实现完全的牙科复合树脂填充,费时费力。为了改进费时的增量式气穴充填工艺,体积填充复合树脂应运而生。填充复合树脂具有高的颜色透明度,增加的固化深度。而且更新颖的引发剂体系缩短了填充复合树脂光固化时间。因此新的填充复合树脂允许单层厚度增加至 4 mm,从而保证了在这个深度有足够的聚合。填充复合树脂的组成取决于填充方法,填充量越低,树脂流动性越好。除了促进深层复合材料修复体的安置,填充复合树脂也被发现在填充和增量填充Ⅱ类复合材料修复体中能够提供更好的颈椎界面质量和类似的边缘性能。随着对填充复合材料的进一步研究,探索填充复合材料的临床应用价值显得尤为重要。

综上所述,通过了解复合树脂发展的历史沿革和挑战,临床医生可以更好地理解牙科复合树脂在实验室研究和临床应用之间的联系和差距,从而指导开发具有长期耐久性的增强复合树脂,最终取得更好的牙科临床修复效果。

2.3.2　玻璃离子体水门汀

牙科水门汀通常是指各组分混合后可硬化形成塑性团块,能用于衬层、粘固、充填和暂时性或永久性修复的非金属复合材料。牙科水门汀种类繁多,其中最具有代表性的当属开发于 20 世纪 70 年代的玻璃离子体水门汀。由于其独特的美观性能和黏接性能,它一经问世便引起广泛注意,并在随后的 30 多年间得到迅速发展。

1. 组成

玻璃离子体水门汀是一类酸碱性水门汀,由聚合物弱酸与过量的玻璃粉末在水中反应形成的,而固化反应产物中残余的未反应玻璃粉末可以充当无机填料,从而强化固化后的力学性能。严格来说,"玻璃离子体水门汀"的命名是不准确的。国际标准化组织(ISO)的规范名称是"玻璃聚烯酸酯水门汀",但"玻璃离子体水门汀"已成为约定俗成的术语,并被广泛用于牙科领域,故沿用至今。

玻璃离子体水门汀含有三种基本成分,包括聚合物水溶性酸、碱性(可离子浸出)玻璃粉和水。使用前,它们以聚合物酸水溶液和玻璃粉末分别保存。使用时,只需要通过适当的方法混合,便会快速凝固,形成黏性糊状物。某些情况下,聚合物酸和玻璃离子体以粉末形式预先调配好,使用时直接加入纯水便可反应凝固。还有些情况下,部分聚合物酸与玻璃粉预先混合,而其余部分以水溶液的形式保存,作为用于凝固的糊剂使用。

2. 玻璃离子体水门汀遵循的行业标准

玻璃离子体水门汀的物理性质受制备方式的影响,包括其玻璃粉末与液体比例、聚合物水溶性酸的浓度、玻璃粉末的粒度和样品的成形时间。表 2.3 给出了临床在用的商业化玻璃离子体水门汀的最低 ISO 标准。需要注意的是,临床上使用的水门汀,其要求的性能往往远高于此。

表 2.3　临床用玻璃离子体水门汀的 ISO 标准

性　能	封胶水门汀	修复水门汀
固化时间/min	2.5～8	2～6
抗压强度/MPa	≥70	≥100
酸腐蚀/(mm·h^{-1})	—	0.05
浑浊度(C_{70})	—	0.35～0.90
酸溶性砷/(mg·kg^{-1})	2	2
酸溶性铅/(mg·kg^{-1})	100	100

3. 玻璃离子体水门汀的固化

玻璃离子体水门汀混合后通过酸碱反应能在 2～3 min 内实现固化。首先,玻璃粉体表面上的碱性位点可以与来自聚合物水溶性酸的水合质子反应。在这一过程中,Na^+、Ca^{2+}、Sr^{2+}、Al^{3+} 等离子会从玻璃粉体释放到聚合物水溶性酸溶液中。然后这些离子与聚合物水溶性酸能相互作用发生离子交联,进而形成不溶的多晶盐。而形成的不溶多晶盐就成了固化玻璃水门汀的刚性框架。当发生上述固化反应时,所有的水都能掺入到水门汀中,并且不发生相分离。整个反应分两步进行，第一步形成离子交联，是形成即时硬化过程的机制。随后，有一个涉及 Al^{3+} 很慢的交联过程，大约持续一天[52]。

在这种初始硬化之后，存在进一步缓慢发生的反应，称为熟化。最终固化的玻璃水门汀的理化性质与这一过程密切相关。经历了这一过程后，水门汀的力学强度通常会增加，半透明度也会增加。此外，结构内结合水的比例也会增加。这些过程中的具体细节尚不清楚，相关的研究也在继续。

4. 新型玻璃离子体水门汀

（1）树脂改性的玻璃离子体水门汀

树脂改性的玻璃离子体水门汀指除了含有与玻璃离子体水门汀（碱性玻璃粉，水，多元酸）相同的必要组分外，还含有单体组分和相关的引发剂的成分。单体通常是甲基丙烯酸2-羟乙酯和 HEMA，引发剂是樟脑醌。通过中和（酸碱反应）和加成聚合的双过程使得固化的树脂改性玻璃离子体水门汀具有复杂结构。此外，这两种反应也存在相互交织、相互平衡。固化反应中的混合物可能会影响固化材料的性能，因此，为了得到材料的最佳性能，必须严格遵守制造商关于辐照步骤持续时间的建议。

与传统的玻璃离子体水门汀一样，树脂改性的玻璃离子体水门汀也是通过两步法释放氟化物。在中性条件下，它们可以释放少量的钠、铝、磷酸盐和硅酸盐；在酸性条件下，释放出更多量的钠、铝、磷酸盐和硅酸盐以及钙（或锶）。在酸性条件下释放离子与缓冲效果有关，即介质的 pH 随着储存时间的增加而逐渐增加。

与玻璃离子体水门汀相比，树脂改性的玻璃离子体水门汀的生物相容性较差。这主要是由于最初的 24 小时内 HEMA 单体能从材料基体大量释放。而大量释放的 HEMA 能够通过人类牙本质扩散并对牙髓细胞具有细胞毒性。此外，HEMA 为接触性过敏源且具有挥发特性，因此牙科从业人员吸收后也可能会造成一定的身体伤害。尽管如此，除了偶有过敏反应外，似乎没有充足的证据证明，患者或牙科从业人员对树脂改性的玻璃离子体水门汀有其他的不良反应。

（2）玻璃卡波姆

玻璃卡波姆是由荷兰的 GCP Denta 公司开发的一种新型的玻璃离子体水门汀商业产品。与传统的玻璃离子体水门汀相比，它具有更高的生物活性。"玻璃卡波姆"最初作为一个品牌名称，现已被科学文献采用，指代一类新型的玻璃离子体水门汀。它还含有传统玻璃离子体水门汀所不具有的物质。例如，一种用强酸洗过的缺钙玻璃粉末，这种颗粒的表面层基本上会发生脱钙；一种包含具有线性结构的含有羟基的聚二甲基硅氧烷的硅油，它可以与水门汀的其他组分形成氢键，凝固后保留在其内部；一种可作为二次填料的生物活性成分，它包括羟基磷灰石及促进其与牙齿界面处形成釉质样材料的物质。

用于玻璃卡波姆的玻璃粉不仅含有锶，还含有大量的硅和少量的钙。由于酸洗过程，基体中的玻璃粉难以与聚（丙烯酸）或丙烯酸/马来酸共聚物反应。掺入玻璃粉末中的硅油被吸附到玻璃表面上，这也干扰了玻璃粉与聚合物酸的反应。因此，玻璃卡波姆在使用时需以高的粉末液体比混合，且反应活性不高。混合后，需要运用牙科治疗灯照射 20 s 以上，使温度升高，以加速反应、使其在合理的时间内固化。玻璃卡波姆的固化涉及两个平行反应：一个是聚合物酸与玻璃粉的反应,另一个是聚合物酸与羟基磷灰石的反应。两者都是酸碱反应并产生含有嵌入填料的离子交联的多酸基质。然而,在这种情况下,无机填料不仅是离子化的玻璃,而且是部分反应的羟基磷灰石。所得到的基质类似于玻璃离子体水门汀反应后的基质,但不同之处在于它还包括聚二甲基硅氧烷油。与常规玻璃离子体水门汀相比,玻璃卡波姆含有更高比例的玻璃粉体,并且还含有羟基磷灰石填料,因此固化的玻璃卡波姆非常脆。添加硅油,能够与其内部结构形成氢键,改善其力学性能。到目前为止,临床上仅有关于使用玻璃卡波姆的初步报告,并且尚未公布长期研究。因此,尚不知道患者口腔中材料的耐久性。

5. 临床应用

玻璃离子体水门汀可以用作完全修复材料、衬垫和基底,也可作为裂缝密封剂,还可用作正畸托槽的黏合剂。根据预期的临床用途,它们可分为如下三种类型:

(1)黏接水门汀

特点为:①用于牙冠、牙桥、嵌体、高嵌体和正畸矫治器的黏接;②使用相对较低的粉末液体比(1.5∶1～3.8∶1),力学强度一般;③快速固化,具有良好的早期耐水性;④射线穿透不了。

(2)修复水门汀

根据外观的重要性,又可分为Ⅰ型、Ⅱ型两类。Ⅰ型可用于外观重要的前部修复,其特点为:①粉末液体比高(3∶1～6.8∶1);②具有良好的色彩搭配和半透明度;③需要用清漆或凡士林防潮至少24 h;④通常是射线穿透不了。Ⅱ型可用于外观不重要的用途(后部修复),其特点为:①粉末液体比高(3∶1～4∶1);②快速固化和早期抗吸水;③射线不透过性。

(3)衬里或碱基水门汀

①衬里水门汀,往往具有低的粉末液体比(1.5∶1),以便很好地适应腔壁;②基底水门汀往往具有较高的粉末液体比(3∶1～6.8∶1),其中碱作为牙本质替代品;③射线不透过性。

总之,玻璃离子体水门汀是一类多功能的基于酸碱反应的复合材料,在现代牙科中具有多种用途。它们在凝固时显示出一定程度的生物活性,能与牙齿形成界面离子交换层,从而能够长时间且牢固地黏附在牙齿表面,并且可以在相当长的一段时间内缓慢释放氟化物。

2.3.3　陶瓷-金属复合材料

在口腔医学的临床修复过程中,考虑到单纯陶瓷材料的脆性问题,通常将陶瓷材料利用烤瓷熔附金属工艺熔附在金属冠核的表面,构建金属烤瓷复合材料,即金属烤瓷修复体。由于金属烤瓷修复体兼具金属和陶瓷材料两者的性能优点,因此有着广泛的牙缺损和牙修复等临床用[53,54]。

2.4　心血管修复用生物医用复合材料

血管壁包含三层结构,分别为内膜、中膜和外膜。

血管壁内膜层主要由单层内皮细胞和内皮下层构成。内皮细胞扁平而细长,厚度0.2~0.5 μm,其长轴平行于血管。所有与血液直接接触的血管内表面都由内皮覆盖。血液流动引起壁面剪应力的改变和血管壁变形引起的应变分布变化很大程度上调控了动脉的再生和生长。内皮下层由少量胶原束和弹性纤维组成。

中膜层是血管壁中最厚的一层,主要由弹性膜和平滑肌细胞组成。中膜层的组成和结构会因血管的类型变化有所区别。在人体主动脉和大动脉中,约有40~60个弹性膜存在,但几乎没有平滑肌细胞。因此这些动脉被称为弹性动脉。随着向外围方向的延伸,弹性膜数量逐渐减少而平滑肌细胞(肌性动脉)逐渐增加。弹性膜(平均厚度3 μm)同心且间距相等,通过弹性纤维网络相互连接。基于上述结构,中膜具有较大的强度和弹性。平滑肌细胞位于弹性纤维网内,形状细长但不规则。

血管外膜主要由弹性蛋白和胶原纤维排列组成的松散结缔组织构成。弹性动脉的外膜一般仅占血管壁厚的10%,且不同动脉的外膜厚度差异很大,甚至可能和中膜一样厚。血管外膜的作用是将血管与其周围组织连接起来。在某些大动脉中,血管外膜含有营养血管(小动脉、毛细血管、小静脉和淋巴管)的血管滋养层。

2.4.1 心血管修复用生物医用复合材料所需的力学性能

血管壁主要由弹性纤维(弹性蛋白)、胶原纤维(胶原蛋白)和平滑肌细胞组成。弹性蛋白是一种几乎具有线性应力-应变关系的生物材料,在其应力-应变曲线中,几乎不存在滞后现象。弹性蛋白的杨氏模量约为0.5 MPa,在拉伸比为小于1.6的范围内能始终保持弹性[55]。胶原蛋白是动物体内的一种基本结构蛋白,几乎存在于所有组织、器官当中,可提供正常组织所需的强度和稳定性。胶原蛋白分子由三部分螺旋缠绕的氨基酸链组成,这些螺旋缠绕的氨基酸链聚集在一起形成微纤维,微纤维又进一步形成亚纤维和原纤维。原纤维直径在20~40 nm范围,不同组织的原纤维直径也有所不同。成束的原纤维最终会形成胶原纤维。胶原纤维直径范围为0.2~12 μm,通常呈波浪状排列。胶原纤维的波纹结构,使其在应力-应变曲线的低拉伸比区域会出现一个低刚性阶段。而当胶原纤维被拉直之后,刚度则会迅速上升。此时胶原纤维的刚度会达到0.5 GPa,其沿长度方向的强度极限在50~100 MPa。平滑肌细胞出现在血管中膜的内部,并会沿着长度方向、周向或螺旋向取向排列。平滑肌层的杨氏模量与弹性蛋白相似(为0.5 MPa左右)。当其放松时约为0.1 MPa,而绷紧时可以增加到2 MPa。在小动脉中,平滑肌层主导了动脉壁的力学性能,并能调节局部血流[55]。

由于特殊的成分、形态和几何结构,动脉壁对循环压力负载呈现出各向异性和非线性响应。基于应力-应变曲线可知,血管壁沿长度方向的刚度高于沿周向的刚度,尤其是在较大拉伸比的情况下,会产生不同的有效增量杨氏模量(effective incremental Young's modulus)。但是由于胶原纤维呈波浪状,这种关系是非线性的,只有在较高的拉伸比时才会产生刚性。

血管组织通常是黏弹性的。在循环压力负载实验中,加载和卸载的过程呈现出不同的载荷-位移曲线,这是黏弹性所引起的滞后现象。而在重复进行几次加载/卸载循环后,其曲线会发生变化。当经过一定次数的循环加载后,加载-卸载曲线就不再改变了,并且两者基本是在同时发生[55,56]。

2.4.2 心血管修复用生物医用复合材料

纤维大分子是维持血管力学稳定性的生理成分,可以通过对细胞的力学刺激调控并影响其表型表达。胶原与弹性蛋白、纤维连接蛋白和层粘连蛋白一起构成了细胞外基质(ECM)的纤维结构。纤维使 ECM 取向并使细胞有序排列,从而保持组织的各向异性。在血管等软组织中,相关蛋白/因子从细胞中扩散出来,并进入具有水溶胀(water swollen)特性的 ECM,再继续通过一定的扩散机制进行迁移。上述过程形成了一种由基体和分散相共同决定的非均相微环境。蛋白多糖和透明质酸的存在使得血管壁等软组织的 ECM 具有水凝胶特性,进而可调节水分含量。通过调节水分含量、基质网孔大小及其化学成分,可进一步影响生长因子、细胞因子、酶和其他一些物质的扩散。基于与 ECM 类似的理化特性,天然水凝胶已成为心血管等软组织修复重建生物医用复合材料的首选。水凝胶能给细胞提供类似体内的三维结构、高含水量、可调节的机械性能以及协助向气相和营养物质扩散的能力。复合水凝胶可以仿生 ECM。其中水凝胶基体是调节扩散的基础。通过将外力传到水凝胶基体,可引导机械细胞刺激。

除了维持结构完整性外,ECM 的复合特性还影响其生物活性、力学信号转导性(mechanotransduction)以及信号分子、新城代谢和分解代谢的扩散机制。这种多相结构是调控细胞募集和增殖以及组织其自身降解和重建的关键,因此 ECM 的结构与其功能(如生化信号)息息相关。此外,心脏和骨骼肌肌原纤维以及皮肤、韧带和肌腱中的胶原纤维均具有典型的排列形貌,调控纤维的微纳结构形貌在不同组织工程修复与重建中均具有较为重要的作用。三维形貌特征,包括微纳拓扑结构、尺寸大小以及化学组成等都能影响干细胞表型表达。

不同器官/系统之间的生物通讯对于机体正常功能来说至关重要。生物通讯主要通过生物信号在细胞与细胞之间传递实现,生物信号主要包括如电、磁和压电等一系列生物体内的物理和化学信号。与生物化学信号相比,生物物理信号的持续时间更长、再现性更高,也更容易被表征。人体生物电场已经是一种公认现象,人体不同部位的电位范围为 $10\sim60$ mV[57]。电信号能促进离子渗透并穿过细胞膜,进而影响细胞膜的电位和传导通路,最终影响细胞行为。比如心肌细胞所需的动态微环境,就需要生物化学和生物力学信号以及适当的电场刺激。压电效应也是一种与许多 ECM 构成蛋白(如胶原蛋白、角蛋白、弹性蛋白、肌球蛋白和肌动蛋白等)有关的生物物理信号。压电效应可以在 DNA、角蛋白所构成的毛发以及韧带、肌肉、血管壁和肠等软组织中观察到。尽管压电效应对组织重塑、DNA 复制和葡萄糖转化有着正面影响,但心血管修复生物医用复合材料中对压电现象的研究还远远不够。因此,如果能更进一步研究细胞将物理刺激转化为生化信号的方式,将可以使生物医用复合材料的研究更上一个台阶。

在用于调控细胞和/或组织功能表达的外部生物信号中,最为常见的主要有 pH、热变形、电刺激和磁场。近些年,将生物物理作用与支架材料相结合,用于组织修复重建,逐渐成为研究热点。该方法已被证实了可以通过保持干细胞干性或诱导其分化成特定谱系等来影响干细胞行为[58]。生物医用复合材料的生物物理特性可以通过分散在水凝胶网络中的颗粒或材料进行调控。碳纳米管（CNTs）具有一定的弹性，且分散在水凝胶基体中，不会影响其初始性能。同时碳纳米管固有的导电性能刺激细胞黏附和心肌组织再生。Shin 等[59]以甲基丙烯酸明胶（GelMA）和碳纳米管为载体，构建了水凝胶复合材料，并将其加工成超薄心肌组织补片，用于心肌组织再生修复。水凝胶复合材料中的碳纳米管不仅不会影响 GelMA 水凝胶的孔隙和孔径分布，而且碳纳米管均匀分散还能显著提高水凝胶复合材料的弹性模量，纯 GeIMA 水凝胶增加了三倍，相近于成年大鼠心室肌的弹性特性。与纯 GelMA 水凝胶相比，除了优异的电生理功能外，构建的水凝胶复合材料还有更好地诱导心肌细胞的黏附、成活和排列特性。在电刺激下，培养于水凝胶复合材料的心肌细胞比在纯 GelMA 水凝胶上培养的心肌细胞具有更稳定的自主搏动和搏动速率。在电刺激下，培养于纯 GelMA 水凝胶的心肌细胞完整性出现下降，而培养于水凝胶复合材料的心肌细胞没有观察到这一现象。此外水凝胶复合材料还促进了心肌细胞的机械完整性和细胞的抵抗力。

通过调控天然纤维的形貌和取向，纤维增强复合材料可以仿生出血管组织的各向异性，从而与天然组织（即高度取向的软组织：血管、心肌、肌肉、脂肪组织和软骨等）更加适配。同时利用纤维和颗粒增强水凝胶还可模拟软组织分散相基质间的相互作用，并且不会影响水凝胶的注射性和化学特性。

为匹配天然组织的力学性能，生物医用复合材料设计时，应考虑软组织的非线性和各向异性，以模拟其弹性特性。血管壁由胶原纤维层构成，这些胶原纤维层相对于中心轴线具有不同取向角度。Sharabi 等[60]制备了由胶原纤维嵌入海藻酸钠基质制成的多层复合材料。使用不同的顺序层层堆叠起来，该多层复合材料可以仿生人体主动脉相似的高度弹性和各向异性特性。利用该多层复合材料构建的人工血管，其力学性能可接近天然血管。植入动物体内后，上述人工血管与健康组织间界面处的应力集中可降至最低。为了获得所需的机械性能，可以将合成材料制备多层结构，然后将各层相叠加，并且相对于基准轴具有不同取向方向。为了使生物医用复合材料的拉伸性能与组织微环境相匹配，还可在变形基体中嵌入具有手性几何结构的二维结构。例如，调控蜂窝状几何结构可使其获得类似于血管组织的非线性及各向异性特性[61]。有研究也指出，材料刚度这一力学特性，有时会比可溶性因子更有效，材料刚度可以控制细胞进行特定分化[62]。

具有自修复性能的材料（大部分是聚合物）也常用来制备心血管等软组织修复重建材料。这类材料利用氢键、π 键叠加或金属配位等实现可逆的分子相互作用而具有自修复性能。同时也可以通过自修复材料片层与普通材料片层相叠加，而赋予不具有自修复性能的材料自修复能力，从而构建具有多层结构的可自修复生物医用复合材料[63]。尽管其自修复的过程与真实组织的修复过程不同，但同样值得进一步研究。

2.4.3 纳米纤维生物医用复合材料在心血管修复研究中的应用

胶原蛋白是人体内最丰富的蛋白质之一，常见于血管壁、皮肤、骨骼和体内的结缔组织中。胶原蛋白是构成细胞外基质（ECM）的关键，为组织提供了结构支撑、强度和一定程度的弹性（与弹性蛋白结合）。胶原蛋白类型众多，但大约 90% 的胶原蛋白属于Ⅰ型、Ⅱ型和Ⅲ型。弹性蛋白主要存在于动脉壁的内膜和中膜，主要作用是维持组织在外力作用下的形状和弹性。Wise 等[64] 开发了一种合成弹性蛋白/PCL 复合材料，以模拟动脉血管的力学性能。该支架具有良好的力学性能，并且在体外不易形成血栓，同时能促进人血管内皮细胞的存活和增殖。植入兔颈动脉模型的研究显示，体内 1 个月移植后，该支架仍保持合适的力学性能，且功能良好。Sell 等[65] 制备了不同组分的聚二氧六环酮（PDO，polydioxanone）/弹性蛋白生物医用复合支架，并测试其在体外和动态条件下的力学性能。作者观察到 50∶50 比例的生物医用复合支架，其力学性能与股动脉类似。此外，与人真皮成纤维细胞共培养 24 h 后，细胞可迁移进入比例为 90∶10、70∶30 和 50∶50 的生物医用复合支架纤维网络中，而纯 PDO 支架材料并无这一现象。研究结果表明，这一生物医用复合支架具有与原生血管相似的力学性能，且可以促进细胞的生长和迁移。此外也体外评估了这种生物医用复合支架先天的和获得的免疫反应，并观察到 PDO/弹性蛋白混合物对免疫系统的多种成分有着明显的影响，其对获得性免疫反应的影响高于对先天性免疫反应的影响[66]。Thomas 等[67] 基于次序复合和静电纺丝技术，构建了由明胶/弹性蛋白（内膜）、明胶/弹性蛋白/Maxon（中膜）和明胶/Maxon（外膜）复合材料组装的三层复合管状支架，可模拟天然动脉血管结构。该三层复合管状支架具有互相连通的孔结构，且与天然股动脉力学性能相似，具有血管修复重建的潜在应用。

明胶生物相容性好，且可降解，是一种无免疫原性、低成本的生物医用材料。目前基于明胶构建的复合纤维已经广泛应用于血管修复重建的研究。Han 等[68] 使用 PELCL、PL-GA、PCL 和明胶制备力学性能良好的多层管状复合材料。其内层由 PELCL 纤维制成，中间层由 PLGA 制成，外层由 PCL 制成。三层中都加入了明胶，以改善细胞黏附并增加外层孔径。研究表明，该多层管状复合材料具有良好的力学性能，爆破压力与天然血管相似。该多层管状复合材料能很好地支撑血管内皮细胞和 SMC 的生长和增殖。植入兔左颈总动脉 8 周后，多层管状复合材料血流通畅。4 周后 SMC 在多层管状复合材料上开始增殖并迁移到中膜层，形成具有一定厚度的 SMC 层内皮细胞；8 周后能在内膜管腔表面形成致密层。丝素蛋白是一种天然蛋白质，主要应用于医用级缝合线中。丝素蛋白生物相容性好、降解缓慢、力学性能优良。Bonani 等[69] 基于静电纺丝技术，研发了多层结构的复合人工血管。该多层结构的人工血管，内层由一层超薄的丝素蛋白纳米纤维组成，中层是丝素蛋白和 PCL 构成的复合材料纳米纤维，外层是一层较厚实的 PCL 纳米纤维。研究表明，该复合人工血管具有良好的纳米纤维结构、各向异性的力学性能，且有利于血管内皮细胞的生长。Liu 等[70] 设计了丝素蛋白/肝素的复合双层支架，用于血管的修复再生。复合双层支架由纳米纤维丝素蛋白外层组成，SMC 和成纤维细胞能在外层生长；内层由含肝素的丝纤维增强膜组成，可减轻血栓在内层表面的形成。纳米纤维构建的复合材料在结构上能模仿天然 ECM 的形貌，从而可显著改变细胞行为。静电纺丝、自组装或相分离法是构建纳米纤维复合材料的三种主要方法。尽管许多研究已经证明复合纤维支架在体外具有巨大的潜力，但进行体内心血管修复再生的研究却相对较少。纳米纤维复合支架在心血管修复方面已经引起了科研工作者们的浓厚兴趣，随着研究的不断深入，使用纳米纤维复合支架修复或替换受损心血管组织也将越来越可行。

2.5 其他组织工程修复用生物医用复合材料

2.5.1 生物医用复合涂层改性金属植入体的综合性能

由于优异的机械性能，金属材料往往是牙科和骨科植入物的优先选择。其中，医用钛（Ti）及其合金因其杨氏弹性模量较低且耐腐蚀性较好，被认为是金属植入体的首选。但医用钛及其合金缺乏骨整合性，导致在植入体和骨组织之间会形成纤维囊包，进而降低骨和植入体的界面结合强度，使植入体早期失效。此外，医用钛及其合金的耐腐蚀和耐磨损性能也不够理想，长期植入后会发生磨屑掉落、释放有害金属离子等现象，从而引起机体炎症和致敏反应，存在一定的安全隐患。金属植入体表面的功能化涂层构建，不仅可以保持金属植入体的机械性能，同时还能赋予金属植入体其他多重功能（比如骨整合性和骨诱导性等），是提高金属植入体综合性能的有效手段。此外，单一表面涂层往往无法满足对植入体功能的多重需求，而两种或两种以上表面复合涂层则有望实现多重功能植入体的构建。

复合涂层可显著提高金属植入体的诸多表面性能，这在骨科和牙科领域具有重要意义。在构建复合涂层时，第二相材料加入在赋予植入体所需功能的同时，也会一定程度降低另外某些性能。例如，在 HA 中加入适量 ZrO_2 虽能一定程度提高复合涂层的力学以及与基体的结合强度，但复合涂层的生物活性也会一定程度地下降。因此，实现综合性能的平衡至关重要。此外，基于可降解材料构建的复合涂层，其降解行为、降解对复合涂层的力学和结构完整性的影响也需要深入探索。上述科学问题的深入探讨有望极大地促进复合涂层改性金属植入体的临床应用。

2.5.2 生物医用复合材料用于椎间盘修复

椎间盘（Intervertebral disc，IVD）作为脊柱的减震系统，可保护椎体（Vertebral body，VB）、脊髓和其他结构，并同时提供人体活动时所需灵活性和负荷支持。椎间盘（IVD）是软骨样组织，由髓核（Nucleus pulposus，NP）、纤维环（Annulus fibrosus，AF）和软骨终板（Cartilage endplate，CEP）三部分构成。一个椎间盘（IVD）和两节椎体（VB）组成了一个脊柱运动节段（Spinal motion segment，SMS），也称为功能脊柱单元。人体脊柱是复杂的系统，由高级神经肌肉系统控制。脊柱主要由四个区域组成，分别为颈椎（C1 至 C7）、胸椎（T1 至 T12）、腰椎（L1 至 L5）和骶椎（S1）。脊柱是高度运动而稳定的结构，各组成部分相互依赖。在实现躯干上部与骨盆之间的运动和负重的同时，脊柱能保护脊髓和神经根[71-73]。健康椎间盘（IVD）是高度水合组织，能通过脊柱传递体重和肌肉活动的负荷。作为缓冲负载的中心轴向结构，每个椎间盘（IVD）为相应的脊柱运动节段（SMS）提供不同维度自由度。椎间盘（IVD）退变与脊柱疾病密切相关。已有大量的关于椎间盘（IVD）替代和再生的研究工作，研究内容涵盖解剖学、生理学和生物力学等领域。

1. 用于椎间盘置换的生物医用复合材料

用于椎间盘（IVD）置换的生物医用复合材料主要包括聚合物（如 PVA、PEEK、PU、记忆卷绕型聚碳酸酯氨酯）、基于白蛋白和戊二醛交联形成的水凝胶、编织 Ti 长丝等。Iatridis 等[74]认为原位成型的水凝胶，作为椎间盘置换的可注射材料，有望取代髓核（Nucleus pulposus，NP）的功能。用于椎间盘置换的生物医用材料主要包括海藻酸盐、琼脂糖、透明质酸、胶原、壳聚糖和羧甲基纤维素（CMC）等生物相容性较好的材料。上述材料可单独或组合构建椎间盘置换装置。临床通常用支架代替纤维环（annulus Fibrosus，AF）结构，同时利用水凝胶复合物代替 NP 结构。Nerurkar 等[74]研究了支架结构与水凝胶的结合以获得完全的 IVD 替代。研究采用包覆琼脂糖水凝胶的 PCL 支架，能够较好地恢复 IVD 功能。IVD 替换所面临的挑战来自材料本身和所利用的数字模拟程序。Iatridis 等[76]指出，采用分层组织工程（tissue engineering，TE）结构完全替代 IVD，即同时替代 AF 和 NP 的功能，尽管仍然伴随着生物相容性和组织整合的问题，但相对于可能比将生物材料与原生 IVD 组合模式，具有更好的组织整合性。然而，由于完全替代椎间盘需要进行开放手术和移除受损组织，因此，临床诊断如果原生 AF 仍能承受 IVD 内部压力时，还是倾向将水凝胶注入 NP 核，与 AF 密封剂相结合，实现 IVD 功能恢复和创伤最小化。目前，数字模拟作为材料功能研究的重要手段正在不断发展中。有限元（finite element，FE）模型可用于模拟 IVD 替代结构在生理和极端条件下的反应。另一方面，FE 模型对于评估材料剪裁的不同可能性也是必不可少的，尤其是在流体交换和营养途径方面。其中所面临的挑战包括整合 IVD 的各项功能，应用数字模拟来评估 AF、NP 和 CEP 结构在生理条件下的行为，并考虑手术过程中所涉及的形态学变化及 IVD 置换术的生存期等。这意味着模拟过程应该从手术过程开始，包括切除组织（开放式手术）或 AF 膜切口和 AF 本身（微创）。剩余 NP 材料之间的融合过程也应作为模拟的一部分，以预测新形成的 IVD 结构的生物力学行为。

2. 用于椎间盘再生的生物医用复合材料

椎间盘（IVD）再生必然涉及 IVD 定向组织的最小破坏，即将复合材料通过微创手术注入 IVD。注射部位可以是 AF 或 CEP-VEP 屏障，通常以 NP 组织作为再生目标。

壳聚糖和弹性多肽是常见的 IVD 再生材料，此外还包括琼脂糖、胶原蛋白、纤维蛋白、藻酸盐和聚乙醇酸等。支架材料与基质材料的结合程度在 NP 的再生过程中起着关键作用，支架材料随时间发生降解，而基质材料（通常是水凝胶）将与原始 NP 组织发生相互作用。AF 具有密集的纤维网络特征，往往也是通过植入 TE 结构实现其结构的再生。

IVD 组织的修复旨在减轻疼痛和恢复运动功能。IVD 再生是一个广义的概念，这一概念涵盖从 IVD 组织的修复到 IVD 与脊柱邻近结构相互作用的功能重建[76]。通过最小限度的介入治疗（如臭氧治疗），可能有助于 IVD 的再生，但这只是治疗的一部分，另外还需将其纳入 IVD 再生的综合治疗过程中。干预的结果（如臭氧疗法或其他局部治疗）可以影响到整个 IVD 的机械生物学。目前迫切需要研究的是注射复合材料如何与原始 IVD 组织相互作用，即根据机械生物学的相互作用评估注射到 NP 或 AF 的化合物的治疗效果，包括修复和再生效果。IVD 内的静水压力平衡是其维持正常功能的决定因素,同时也决定了脊柱节段的平衡。维持内压在健康水平不仅是一个生物力学的挑战,也是一个生物化学和生物物理的挑战。评估作为细胞底物或水凝胶载体的支架的脱根率也很重要,因为它们会改变已经具有自然低细胞增殖的培养基的营养和生化平衡[77,78]。

数字模拟方法用于 IVD 的替代分析,内容涵盖植入物的制备到植入后与人体间的相互作用,但在 IVD 再生方面还需要进一步的发展。将骨再生和机械调节模型的经验应用于 IVD 再生是一个即将到来的挑战。特别地,FE 模型可用于预测微创注射过程和注射后治疗效果。多相和营养调节模型是了解 IVD 再生策略的下一步,同时还需要进行 IVD 生物化学和脊柱内营养调节途径的研究。

2.5.3 生物医用复合材料用于关节置换

老龄化的加速使得世界范围内对全关节置换(total joint arthroplasty,TJA)的需求正以前所未有的速度增长。美国每年原发性全膝关节置换(total knee arthroplasty,TKA)手术量预计将从 2010 年的 71.9 万例增加到 2030 年的 348 万例[79-81]。此外,美国首次全髋关节置换术(total hip arthroplasty,THA)的数量预计将从 2012 年的 47 万例增加到 2030 年的 70 万例[79,80]。

1. PMMA 骨水泥在关节成形术中的应用现状

全关节置换手术中,需要用到关节假体。由于关节假体无法完美匹配宿主骨的髓腔结构,因此假体和骨关节之间不可避免地会存在一定的孔隙。而骨水泥基于其可塑性和原位自固化特性,能填充假体-骨关节之间的孔隙,能增加假体与宿主骨界面的稳定性,因此是实现理想假体固定的基础。骨水泥一般由固相粉剂和液相组成。其中,固相粉剂主要成分为聚甲基丙烯酸甲酯(PMMA)共聚物,液相主要成分为甲基丙烯酸甲酯(MMA)单体。在混合、等待、使用和固化的四阶段程序之后,骨水泥可实现假体的即刻固定。但是骨水泥混合和使用不当也可能会导致全关节置换手术早期并发症如无菌松动和植入失败等的发病率提高。

(1)全髋关节置换术(THA)

PMMA 骨水泥在全髋关节置换(THA)中的应用研究已经不胜枚举。瑞典一项超过 17 万例的 THA 分析研究显示,与非骨水泥型全髋关节假体置换相比,PMMA 骨水泥型全髋关节假体置换,术后假体松动和植入失败概率更低[82]。也有研究指出,非骨水泥髋臼杯的翻修风险更高[82]。Morshed 等[83,84]的研究结果也证实 PMMA 骨水泥用于 THA,假体长期和短期的失败率更低。Weiss 等的研究表明,关节置换手术三四年后,非骨水泥假体的平均翻修率为 5%[85]。英格兰国家关节置换登记系统的数据显示,非骨水泥型 THA 的 5 年翻修率是骨水泥型 THA 的两倍[85]。Gromov 及其同事提出[86],首次髋关节置换使用非骨水泥关节置换手术可能导致第一次 THA 翻修后的生存率较低。研究表明,不使用骨水泥固定的关节杯臼假体更易发生聚乙烯磨损和骨质溶解,尤其是配套了螺钉孔(但未插入螺钉)和低质量衬垫的关节杯臼[87]。半髋关节置换也报道了类似的结果[88]。PMMA 骨水泥用于半髋关节置换术,患者术后的关节功能恢复更佳,残余疼痛更轻,且长期使用后的手术翻修率更低[88]。PMMA 骨水泥股骨假体组件可获得即刻的术后稳定性,骨与假体间整合性更好。而更好的整合性有助于减轻关节置换术后疼痛并有助于恢复关节承重[89]。此外,与非骨水泥型髋关节置换手术相比,骨水泥型髋关节置换手术的平均成本降低了 300 美元[90]。

（2）全膝关节置换术（TKA）

与非骨水泥型 TKA 相比,骨水泥型 TKA 假体固定效果更佳、假体的功能持续时间更长[91,92]。而早期植入失败与非骨水泥 TKA 关联更大[93,94]。Robertsson[91] 等的研究指出,膝关节置换手术中,胫骨假体组件未经 PMMA 固定时,TKA 翻修风险增加了 1.6 倍。而怀亚特等认为,非骨水泥膝关节置换的高翻修率与胫骨假体组件的松动有关[95]。大约 8% 的患者平均在 18 个月时表现出非骨水泥胫骨假体组件的植入失败[93]。与非骨水泥假体相比,骨水泥胫骨假体组件 1 年随访后的迁移更低[94]。此外,基于更高手术精度非骨水泥型 TKA 进行适当的固定后也能获得更好的临床治疗结果[93]。

目前,缺乏关于骨水泥型或非骨水泥型 TKA 适应证的实践指南。骨水泥型 TKA 可实现即刻固定;而对于非骨水泥型 TKA,至少在 6 个月有了新骨长入后,临床才认为实现了假体固定[96]。因此,需要根据患者个体差异来确定是否适合行骨水泥或非骨水泥 TKA。有研究认为,年轻患者更适合行非骨水泥 TKA,因为无论固定技术如何,他们将来必然需要进行假体翻修[97,98]。因此,需要更深入的前瞻性研究来比较骨水泥和非骨水泥型 TKA 结果,以阐明骨科患者行 TKA 的最佳实践标准。

（3）全肩关节置换术（TSA）和全踝关节置换术（TAA）

早期研究表明,非骨水泥全肩关节置换（TSA）的治疗效果与骨水泥型全肩关节置换（TSA）具有可比性;而后续文献又报道了使用骨水泥型关节盂部件的优异疗效[99-103]。一项两年随访的研究报告显示,骨水泥和非骨水泥型反向 TSA 的患者,在术后功能评分、主动内旋、主动向前屈曲、假体松动以及肩胛骨缺口表现等临床疗效指征方面缺乏显著差异[104]。关于 PMMA 骨水泥在全踝关节置换术（TAA）中疗效的文献相对较少。目前,非骨水泥型踝关节假体占据了 TAA 市场。由于高故障率和并发症,早期踝关节假体设计基本摒弃了高黏度 PMMA 骨水泥的辅助[105]。

2. PMMA 骨水泥用于关节置换的相关并发症

（1）无菌性松动

关节置换术后的 X 射线显示,几乎所有患者的骨水泥-骨界面之间都存在一条可被 X 射线透过的细线。深入的研究显示,这一细线实际为含有巨噬细胞和巨细胞等的纤维软组织层。而 John Charnley 爵士认为上述现象是 PMMA 骨水泥基体中 MMA 单体释放导致的。PMMA 骨水泥植入体内后,会有部分液相单体 MMA 残留。残留的 MMA 单体被释放出来后,可在体内羧酸酯酶的作用下,被水解成甲基丙烯酸,并在代谢转化作用下最终形成纤维组织[106]。此外,PMMA 聚合过程中热释放导致的局部高温环境也有助于形成围绕假体的软组织层。临床上一般认为,当可被 X 射线透过的细线宽度大于 2 mm 时,既是关节假体无菌性松动的客观标志[107]。

（2）骨水泥植入综合征（BCIS）

骨水泥植入综合征（BCIS）是指 PMMA 骨水泥用于关节置换手术中，发生的严重并发症。BCIS 可能导致术中患者心脏骤停，甚至死亡。与 BCIS 相关的风险因素包括心肺合并症、老年骨质疏松症和肿瘤转移[108]。据报道，髋关节置换手术（THA）中最易发生 BCIS[109]，THA 中 BCIS 发生率约 0.11%，且实际发病率可能更高[108]。BCIS 的临床症状包括低血压、缺氧、心律失常和心脏骤停[98,110-112]。BCIS 的病因尚未明确，因此有必要对其因果关系进行深入研究[112]。

2.5.4　生物医用复合材料用于韧带和肌腱替换

韧带和肌腱只有少量的血管，这影响了它们代谢和损伤后的再生修复，因此韧带和肌腱的愈合过程往往十分漫长。目前临床针对韧带和肌腱组织损伤的治疗和管理方案常伴有争议。临床结果显示，使用人工假体修复和稳定膝关节韧带或肌腱优于自体置换。人工假体既可以避免牺牲患者自身组织，又可以显著缩短康复时间。近些年，各种各样的膝关节韧带人工假体被研发并应用于临床。膝关节韧带人工假体大多是由生物相容优异的多聚体编织而成，具有高度交错的宏观结构。但到目前为止，还没有任何一种人工假体的机械性能可与天然组织相匹配。人工合成的韧带和肌腱替代物往往存在磨损、材料退化、慢性炎症和疲劳强度低等缺点。利用复合材料仿生天然组织复杂的层次结构和力学性能仍然是一个巨大挑战。尽管在组织工程方面的研究已经取得了较大进展，但针对韧带和肌腱等病变组织的再生修复效果还远远不够理想。

1. 韧带和肌腱的组织生物学及解剖学研究

肌腱和韧带是由蛋白质（胶原蛋白和弹性蛋白）和多糖相（蛋白聚糖）组成的致密结缔组织。两相的相对量、几何因素、构象以及各组分的取向都会影响整体力学性能。肌腱的主要功能是将肌肉收缩产生的力传递给骨骼，从而使关节运动。而韧带起到稳定关节、防止异常运动的作用。近些年，由于组织（如前交叉韧带 anterior cruciate ligament，ACL）损伤的增加，设计和制造用于修复或替换韧带或肌腱以防损伤的人工假体变得非常重要。

仔细分析韧带和肌腱的结构和内部组织可以解释观察到的这些组织的生物力学行为。与此同时，对需要修复或替换的器官的结构和功能的深刻理解有助于肌腱和韧带相关人工假体或支架的设计。而生物力学的研究可分析使用假体韧带和设计替代结构治疗失败的原因等临床问题。在肌腱中，胶原纤维沿轴向排列，赋予其各向异性，使其在纤维方向上更加坚硬。另一方面，在韧带中，胶原蛋白纤维具有波状组织，只有它们在加载方向对准后的较高变形值时才会对其性能做出贡献[114]。其中，前交叉韧带（ACL）是由胶原蛋白（Ⅰ型、Ⅲ型和Ⅳ型）、弹性蛋白、蛋白聚糖、水和细胞组成的高度密集且高度组织化的线状组织。韧带为多级结构，包含不同层次的组织，包括胶原分子、小纤维以及平行于组织长轴的纤维束和纤维簇。胶原分子是构成韧带的主要成分，为三螺旋结构，富含甘氨酸。胶原分子可有序组装成微纤维（microfibril）、亚纤维（subfibril）和原纤（fibril）（直径 20～150 nm），之后则进一步形成纤维（直径 1～20 μm），而纤维相互交联构成亚束单元（subfascicular unit）（直径 100～250 μm）。亚束单元被结缔组织形成的松散带即腱内膜围绕。韧带中的胶原纤维会呈现出周期性的方向变化,这一现象称为卷曲模式(crimp pattern)。在 ACL 中,这种卷曲模式每 $45\sim60$ μm 重复一次[115]。ACL 中存在另一层结构,胶原网络在股骨和胫骨附着部位之间被扭曲约 $180°$。ACL 包括前内侧带和后外侧带。而整个连续胶原纤维束则被腱旁组织围绕。腱旁组织是种结缔组织覆盖物,与腱鞘相似,但比腱鞘厚得多[116]。腱旁组织的细胞成分主要是成纤维细胞,不仅合成纤维状胶原蛋白,而且作为组织自我更新过程的一部分,酶解和去除旧胶原蛋白。人类 ACL 的平均长度为 $27\sim32$ mm,横截面积为 $44.4\sim57.5$ mm^2[117]。

2. 生物医用复合材料应用于韧带和肌腱替换

临床统计表明,前交叉韧带损伤的发病率较高且逐年增加。其临床治疗主要方式是前交叉韧带(ACL)重建。用于修复或替换受损韧带/肌腱的材料主要有三类:自体移植(如带骨附着物的髌腱或大腿肌腱)、同种异体移植(如带骨连接的冷冻韧带)和异种移植(如牛组织与戊二醛交联的异体韧带)。其中,自体移植有着最令人满意的长期效果,是 ACL 重建的"金标准"。但自体移植常常引发疼痛、肌肉萎缩和肌腱炎,导致康复期延长和免疫反应,极大地阻碍了组织重建。因此,使用合成材料来代替韧带和肌腱逐渐成为研究热点。目前用于 ACL 重建的合成材料主要包括聚对苯二甲酸乙二酯(PET)(Stryker-Dacron,韧带强化系统 LARS 和 Leeds-Keio 韧带)、聚丙烯(Kennedy 韧带增强装置)和聚四氟乙烯(Gore-Tex)。其中某些合成的韧带移植材料(Gore-Tex,Stryker-Dacron 韧带假体,Kennedy 韧带强化装置)已经被美国 FDA 批准应用于特定疾病条件下的测试和韧带修复。基于人工合成韧带移植材料无法达到自然组织的机械强度和表面复杂性质,因此仍旧不推荐为 ACL 重建首选材料。当然,某些人工韧带(如 LARS 和 Leed-Keio 人工韧带假体)仍然在欧洲和亚洲被大规模的使用。2015 年来,一种新型人工韧带(品牌为"Neoligaments")逐渐被用于临床 ACL 重建[118]。"Neoligaments"假体由涤纶制成,可用于膝盖、脚踝和肩膀的肌腱或韧带损伤的临床修复。与 Leed-Keio 韧带类似,该韧带假体系统包括一组植入物和固定装置[118],而 Stryker-Dacron 韧带假体是用涤纶带包裹在涤纶套管中制成[119,120]。LARS 人工韧带假体的形状和大小多种多样,可以确保受损伤或断裂影响的解剖单位的结构和功能性。LARS 人工韧带假体是由工业级强度的聚对苯二甲酸乙二醇酯(PET)纤维特制而成。所有 PET 纤维都经过严格的化学处理,有着最优的生物相容性和适合软组织生长环境。Leeds-Keio 人工韧带假体是由 PET 制成的编织多孔管,并附着在编织带上[121]。Kennedy 韧带增强装置由聚丙烯圆柱状假体和菱形编织结构组成,通常与自体组织(如髌骨肌腱)一起植入[115]。Gore-Tex 假体由膨胀的聚四氟乙烯纤维构成,该纤维缠绕成环状并连接在一起形成辫状[122,123]。

虽然人工合成韧带假体在植入初始阶段能够行使韧带的功能,可替代或保护自然韧带,但随着植入时间的延长,人工假体会出现不同程度的失效,原因在于它们无法重现自然组织的机械行为。重复伸缩会导致人工假体在应力点永久变形。与骨通道的尖锐边缘接触会造成磨损,从而弱化人工假体功能;而磨损产生的碎片会导致关节滑膜炎。聚合物织物假体还面临轴向劈裂、组织浸润率低、延展性差、磨料磨损等问题。最终,这些植入物由于碎裂、新组织的应力屏蔽、疲劳、蠕变和产生磨损碎片而导致 ACL 重建失败[120,124,125]。

较早的观点认为，人工生物材料必须设计成在低应变水平下具有高弹性模量的高强度材料，并试图通过使用金属、陶瓷和强度相对较高的塑料等作为生物材料来实现这种性能的组合。然而，与大多数人工材料相比，软生物组织在破坏前具有大量应变的特征，它们灵活而坚韧，显示出高强度[126,127]。因此，利用复合材料技术，提出了一种新型高性能假体的设计方法。例如 PHEMA/PET 和 HydroThane/PET 的强度和顺应性就能够较好的匹配天然韧带和肌腱的力学性能。组织工程方法是除多功能纤维增强假体之外治疗韧带和肌腱损伤的另一条思路。应用组织工程方法，纤维增强 HYAFF11/PLLA 支架在其第二代和第三代中结合了生物材料的特点，同时具有生物活性、可降解性，并且最终能够结合生物分子[128,129]。然而，组织工程技术的应用仍然存在一些限制，例如与成熟组织间的相互作用、组织修复的困难性以及可弯曲的纤维软骨组织在体内长期处于复杂的动态加载过程中可能面临的考验[126]。此外，考虑在宿主肌腱附着点处（即肌腱或韧带与骨骼之间的结缔组织）两个不同的组织之间是通过细胞外基质的结构梯度来保证界面间的结合力，这个界面需要在实验室阶段就构建完成。因此，在过去的几年里，骨科组织工程领域的重点已经转向再生这些关键的组织过渡梯度，包括胶原三维纤维结构和蛋白聚糖和矿物组成的进展变化。为了模拟组织的分隔特性，成功地设计和开发了几种双相、三相和多层支架。此外，D'amora 等[130]的工作也证明了为界面组织工程制备具有连续梯度生物分子信号的 3D 添加人工支架的可能性。除此以外，Ge 等[131]提出了一种"双"复合结构，以更好地满足韧带和肌腱修复对支架的基本要求。此双重结构的两端能够成骨，并在植入后与宿主骨整合，而其中部使宿主组织向内生长，并及时实现功能性。在横截面上，它由多层组成，每一层具有不同的功能，并以不同的速率降解。这种结构的外层应阻止来自膝关节的炎症细胞因子和其他大分子，同时允许营养离子自由交换，而中间层应为组织生长发育提供良好的微环境。在适当的时候，储存在中间层的生长因子将被释放，以促进组织更快地生长。此复合结构的核心包括完整的多层结构，提供 ACL 重建所需的机械强度，并通过纤维增强矩阵来增强。在退化过程中，结构的整体力学性能将保持稳定，并始终与 ACL 的力学性能相匹配[131]。另外，储存在复合结构核心内的生长因子，其功能主要是为了促进血液供应和组织功能，期望在后期以稳定的速度释放。Paxton 等[132]开发了一种嵌有羟基磷灰石的 PEGDA 复合材料，用于工程骨寡聚界面以生成完整的工程韧带。类似的，Soo-Kim 等[133]制备出一种肌腱-骨复合修复假体，其具有四层结构：胶原蛋白构成的肌腱层，由硫酸软骨素交联的胶原蛋白构成的纤维软骨层，由胶原蛋白和低钙羟基磷灰石构成的纤维软骨层和由胶原蛋白和高钙羟基磷灰石构成的骨层。

2.5.5　3D 打印软骨组织工程复合材料

1. 软骨及软骨损伤

软骨可分为弹性软骨、纤维软骨和透明软骨三种。弹性软骨弹性较大，主要分布于耳朵和喉咙等部位。纤维软骨较坚韧，主要分布于椎间盘、半月板和韧带等部位。透明软骨主要分布在关节表面（即关节软骨）、肋骨和胸骨端等部位。关节软骨由上至下可进一步分为四个区域:表层、中间层、深层和钙化层[134],如图 2.7 所示。软骨深层与钙化层之间有一条线,称之为潮线,是关节软骨成熟的标志。钙化层以下则是软骨下骨。软骨(尤其是关节软骨)损伤是常见的骨科疾病。关节软骨作为人体重要的承重组织,急性损伤、慢性损伤以及骨关节炎(osteoarthritis,OA)等均会导致关节软骨损伤。基于我国人口基数以及老龄化趋势,软骨损伤治疗的各项支出给患者及整个社会带来显著经济负担。

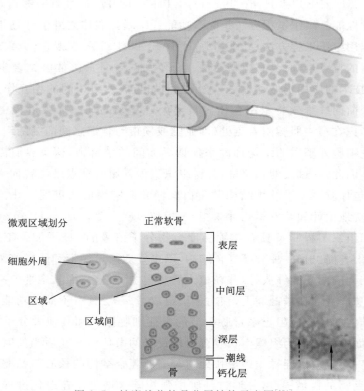

图 2.7　健康关节软骨分层结构示意图[134]

由于缺乏血管和神经等组织,软骨的自我修复能力十分有限,一旦损伤后很难自行修复重建[135]。而修复不完整的关节软骨损伤,则可能导致骨关节炎发生,因此软骨损伤患者骨关节炎发病率高。目前关节软骨损伤的临床治疗主要有药物治疗和手术治疗。药物治疗通常只能缓解患者疼痛症状,对关节软骨的再生治疗效果有限。手术治疗主要包括关节镜手术、软骨移植、软骨细胞移植等。受自体软骨移植取材限制,软骨移植无法大规模使用且可能需要二次手术。其他手术方法也只能部分修复软骨损伤,难以实现完整的软骨修复。组织工程涵盖材料学、细胞生物学、工程学等多学科领域,主要研究可以维持、修复或改善组织或器官生理功能的人工替代物。软骨组织工程的发展,也为解决软骨修复难题带来曙光[135,136]。

2. 3D 打印软骨组织工程生物医用复合支架

3D 打印(也称增材制造)是一种计算机辅助成型技术,其优势在于能够精准、快速地实现支架宏观外形与微观结构的精确构建,同时个性化制造可实现复杂和多种组织缺损的修复与再生。3D 打印技术在软骨组织工程领域的应用逐渐普及和不断深入。目前 3D 打印技术可细分成熔融沉积制造(FDM)、选择性激光烧结(SLS)、立体光固化成型(SLA)、低温沉积制造(LDM)以及喷墨打印技术(或称三维印刷技术,3DP)等,每种方法均有其优缺点和适用的材料选择[137]。理想的软骨修复重建支架应当具备良好的生物相容性、合适的力学强度、良好的打印性、可降解和组织诱导性等特性[138]。目前构建软骨修复重建支架的原材料主要有天然材料以及合成材料[139]。天然材料包括藻酸盐、壳聚糖、胶原、明胶、透明质酸、硫酸软骨素、结冷胶等。这些材料多属于水凝胶类,通常具备良好的生物相容性,但力学性能弱、材料性能稳定性差。其中 Ⅱ 型胶原(collagen Ⅱ)、透明质酸(hyaluronic acid)、蛋白聚糖(aggrecan)以及硫酸软骨素(chondroitin sulfate)等是天然软骨基质中重要成分,极具促软骨修复潜力。合成材料包括聚乳酸(PLA)、聚乳酸-羟基乙酸共聚物(PLGA)、聚己内酯(PCL)、聚乙二醇(PEG)、聚乙烯醇(PVA)、泊咯沙姆(F127)等,其性能可控且稳定性好,但细胞亲和性弱于天然材料。其中 PLA、PLGA、PCL 等具备较好的力学性能。由于单一材料往往存在难以克服的缺陷,因此基于 3D 打印技术构建生物医用复合支架逐渐成为软骨组织工程领域的首选。

在软骨组织工程领域,3D 打印生物医用复合支架依据组成可大致分为"天然材料＋合成材料"以及"天然材料＋天然材料"。天然材料＋合成材料体系中,天然材料主要提供细胞亲和性,合成材料主要提供力学性能。例如研究人员首先通过 FDM 打印含氨基的 PLCL/PLGA 支架,之后在支架表面共价接枝蛋白聚糖[140]。有研究将合成的聚氨酯弹性体纳米粒子与透明质酸在水相中共混,利用 LDM 方式打印[141],从而获得具备应变恢复性能的软骨修复复合支架。天然材料＋天然材料的复合体系,主要由水凝胶共混打印获得。未改性的天然水凝胶打印性能和稳定性欠佳,通常需要对天然水凝胶进行改性(如丙烯酰化)。例如对明胶(Gel)和透明质酸(HA)进行甲基丙烯酸基团(MA)接枝改性,获得可光交联的 Gel-MA 和 HAMA[142],并由此衍生出其他复合体系[143]。

关节软骨与软骨下骨之间结合紧密,因此严重关节损伤往往伴随软骨下骨同时受损。而基于 3D 打印技术,可构建多级结构的复合支架,有望为骨/软骨一体化修复提供强有力的保障[144]。研究人员首先制备了 PCL-羟基磷灰石微球(成骨部分)和纯 PCL 微球(成软骨部分),然后结合 SLS 打印技术构建了骨/软骨一体化复合支架[145]。Antonios Mikos 等则采用 FDM 打印技术构建了兼具结构梯度以及组分梯度的 PCL-羟基磷灰石/PCL 骨/软骨一体化复合支架,该支架展现了独特的力学特征[146]。

此外,基于高强度水凝胶构建骨/软骨一体化支架,用于关节软骨的修复重建的研究和应用也不断增多。基于丙烯酰基甘氨酰胺,可合成具备溶胶-凝胶热转变性质的高强度水凝胶(PNT)。后续用高强度水凝胶分别复合 TCP 以及 TGF-β1,通过 FDM 打印技术,可构建骨/软骨复合支架,实现骨/软骨一体化修复[147]。此外,含 GelMA 的可光交联高强度水凝胶(PAGG-GelMA)也可制备含生物玻璃骨修复墨水和含 Mn 软骨修复墨水,通过 3D 打印构建骨/软骨复合支架[143]。

3. 生物打印软骨组织工程复合材料

传统 3D 打印修复软骨,需要支架材料构建完成后再接种细胞,难以实现细胞分布的精确调控。3D生物打印可以实现活细胞与材料同步打印,甚至可以实现细胞和材料在体同步打印,因此3D生物打印在软骨组织工程领域发展迅速,且应用前景广阔。目前常用的3D生物打印技术包括喷墨生物打印、微挤出生物打印以及激光辅助生物打印[149],如图2.8所示。由于水凝胶十分接近天然细胞外基质,细胞可以在水凝胶内部微环境存活,因此目前生物打印中细胞载体(即生物墨水)普遍采用如海藻酸、明胶、透明质酸等水凝胶材料。由于单一水凝胶往往难以兼具打印性能和细胞活性,越来越多的研究采用复合体系进行软骨修复的生物打印,如GelMA/HAMA/MSCs生物墨水[150]、结冷胶(gellan)/GelMA/软骨细胞生物墨水[151]、PEG/GelMA/MSCs生物墨水[152]等。除了可以通过光交联实现生物打印外,生物墨水体系也可基于其他交联机理实现生物打印。比如海藻酸/结冷胶生物墨水体系可以通过钙离子简单、快速地交联,且软骨细胞在其间也可以保持较高的存活率[153]。比如蚕丝蛋白/明胶生物墨水体系基于酶交联机理可以实现快速交联并保持较高的软骨细胞存活率[154]。

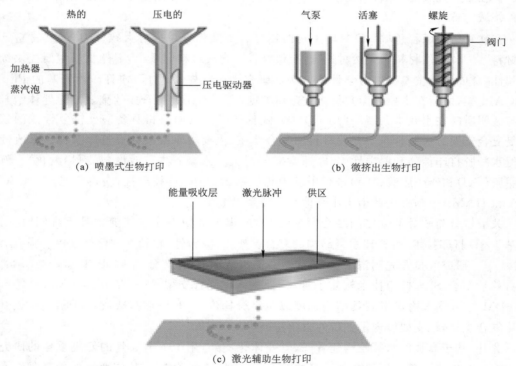

(a) 喷墨式生物打印 (b) 微挤出生物打印

(c) 激光辅助生物打印

图2.8 3D生物打印技术常见方法[149]

多喷头、多原材料的打印方式(多喷头打印)可以实现更灵活和多样的材料设计,因此通过多喷头打印在支架中分别构建含细胞的水凝胶框架以及不含细胞的力学增强框架,有望实现力学增强的生物打印。例如,有学者采用PCL与载软骨细胞和TGF-β的海藻酸交替打印获得复合支架[155]。也有利用FDM打印表面修饰可光交联基团的增强框架,可与载软骨细胞的GelMA形成更强的共价结合的界面[156]。多喷头打印也是构建骨/软骨一体支架以及实现多细胞打印的有效方式。例如,通过海藻酸与 PCL 交替打印方式构建骨/软骨复合支架,PCL 作为力学增强框架,框架当中载成骨细胞海藻酸和载软骨细胞海藻酸分别作为成骨和成软骨的功能区[157];还可以在 PCL 框架不同部位打印载 MSCs 和 BMP-2 的胶原凝胶(用于成骨)以及载 MSCs 和 TGF-β 的透明质酸凝胶(用于成软骨)[158]。有学者基于不同细胞对不同基质的亲和性不同,分别用 I 型胶原打印成骨细胞、透明质酸打印软骨细胞,形成骨/软骨复合体系,两种细胞在不同的水凝胶中都能保持较好的存活率以及各自功能[159]。

目前,3D 打印技术在软骨组织工程研究领域已经实现广泛应用,并取得一些鼓舞人心的进展,为实现软骨完整修复提供了强有力的支撑。虽然 3D 打印软骨组织工程实现临床应用仍有许多困难需要克服(如复制软骨精细的梯度结构,实现细胞活性、结构成型性以及支架生物力学的综合平衡等),相信随着 3D 打印材料、尤其是复合材料体系的发展,以及工程制造、细胞技术等方面的突破,3D 打印软骨组织工程在不久将来即可实现临床价值。

人体结构的复杂性决定了组织修复的难度。生物材料在组织功能修复与重建中发挥了重要作用。然而,单一材料的性能往往无法满足复杂组织精准构建所需的特定生理及理化特性。生物复合基材料有效避免了单一组成材料的缺点,是新型功能化构建复杂组织与器官的基础。随着生物技术的迅猛发展,材料学研究也进入到了新纪元。从生物信号及基因表达去探求多组成材料的构建,通过材料基因组等新型科学方法去探索材料组成及结构设计,把生物信息学研究、微流控技术、基因编辑技术、合成生物学技术引入到生物复合材料中,通过多组学研究手段,突破传统材料研究的局限性,把生命科学与材料科学有机结合起来,将是引导生物材料在多组织器官修复、重建、发育等临床需求的潜在方向。

参考文献

[1] AMBROSIO L. Biomedical composites[M]. 2nd ed. Duxford:Woodhead Publishing,2017.

[2] LEGEROS R Z. Calcium phosphate-based osteoinductive materials[J]. Chemical reviews,2008,108(11):4742-4753.

[3] BONFIELD W,GRYNPAS M,TULLY A,et al. Hydroxyapatite reinforced polyethylene--a mechanically compatible implant material for bone replacement[J]. Biomaterials,1981,2(3):185-186.

[4] WANG M,BERRY C,BRADEN M,et al. Young's and shear moduli of ceramic particle filled polyethylene[J]. Journal of Materials Science:Materials in Medicine,1998,9(11):621-624.

[5] NOOHOM W,JACK K S,MARTIN D,et al. Understanding the roles of nanoparticle dispersion and polymer crystallinity in controlling the mechanical properties of HA/PHBV nanocomposites[J]. Biomedical Materials,2009,4(1):015003.

[6] BONFIELD W,LUKLINSKA Z. High-resolution electron microscopy of a bone implant interface[M]//The bone-biomaterial interface. Toronto:University of Toronto Press,c1991:89-93.

[7] GALEGO N,ROZSA C,SANCHEZ R,et al. Characterization and application of poly(β-hydroxyalkanoates)family as composite biomaterials[J]. Polymer Testing,2000,19(5):485-492.

[8] NI J,WANG M. In vitro evaluation of hydroxyapatite reinforced polyhydroxybutyrate composite[J]. Materials Science & Engineering C,2002,20(1):101-109.

[9] COSKUN S,KORKUSUZ F,HASIRCI V. Hydroxyapatite reinforced poly(3-hydroxybutyrate)and poly (3-hydroxybutyrate-co-3-hydroxyvalerate)based degradable composite bone plate[J]. Journal of Biomaterials Science Polymer Edition,2005,16(12):1485-1502.

[10] LUKLINSKA Z,BONFIELD W. Morphology and ultrastructure of the interface between hydroxyapatite-polyhydroxybutyrate composite implant and bone[J]. Journal of Materials Science:Materials in Medicine,1997,8(6):379-383.

[11] LUKLINSKA Z,SCHLUCKWERDER H. In vivo response to HA-polyhydroxybutyrate/polyhydroxyvalerate composite[J]. Journal of microscopy,2003,211(2):121-129.

[12] RAHAMAN M N,DAY D E,BAL B S,et al. Bioactive glass in tissue engineering[J]. Acta biomaterialia,2011,7:2355-2373.

[13] HENCH L L. The story of Bioglass? [J]. Journal of Materials Science:Materials in Medicine,2006, 17:967-978.

[14] ZHANG X,JIA W,GU Y,et al. Teicoplanin-loaded borate bioactive glass implants for treating chronic bone infection in a rabbit tibia osteomyelitis model[J]. Biomaterials,2010,31(22):5865-5874.

[15] CUI X,ZHANG Y,WANG H,et al. An injectable borate bioactive glass cement for bone repair:Preparation,bioactivity and setting mechanism[J]. Journal of Non-Crystalline Solids,2016,432:150-157.

[16] WILBERFORCE S I,FINLAYSON C E,BEST S M,et al. The influence of hydroxyapatite(HA)microparticles(m)and nanoparticles(n)on the thermal and dynamic mechanical properties of poly-L-lactide[J]. Polymer,2011,52(13):2883-2890.

[17] COSTA D O, DIXON S J, RIZKALLA A S. One-and three-dimensional growth of hydroxyapatite nanowires during sol-gel-hydrothermal synthesis[J]. ACS Applied Materials & interfaces,2012,4 (3):1490-1499.

[18] KIM K,FISHER J P. Nanoparticle technology in bone tissue engineering[J]. Journal of Drug Targeting,2007,15(4):241-252.

[19] REES S G,WASSELL D T H,EMBERY G. Interaction of glucuronic acid and iduronic acid-rich glycosaminoglycans and their modified forms with hydroxyapatite [J]. Biomaterials, 2002, 23 (2): 481-489.

[20] MISRA D N. Adsorption of polyacrylic acids and their sodium salts on hydroxyapatite:effect of relative molar mass[J]. Journal of Colloid and Interface Science,1996,181(1):289-296.

[21] RAI B,GRONDAHL L,TRAU M. Combining chemistry and biology to create colloidally stable bionanohydroxyapatite particles:toward load-bearing bone applications[J]. Langmuir,2008,24(15): 7744-7749.

[22] NOOHOM W,JACK K S,MARTIN D,et al. Understanding the roles of nanoparticle dispersion and polymer crystallinity in controlling the mechanical properties of HA/PHBV nanocomposites[J]. Biomedical Materials,2008,4(1):015003.

[23] COOL S,KENNY B,WU A,et al. Poly(3-hydroxybutyrate-co-3-hydroxyvalerate)composite biomaterials for bone tissue regeneration:In vitro performance assessed by osteoblast proliferation,osteoclast adhesion and resorption,and macrophage proinflammatory response[J]. Journal of Biomedical Materials Research Part A:An Official Journal of The Society for Biomaterials,The Japanese Society for Biomaterials,and The Australian Society for Biomaterials and the Korean Society for Biomaterials,

2007,82(3):599-610.

[24] WANG M,BONFIELD W. Chemically coupled hydroxyapatite-polyethylene composites:structure and properties[J]. Biomaterials,2001,22(11):1311-1320.

[25] GETGOOD A,BROOKS R,FORTIER L,et al. Articular cartilage tissue engineering:today's research,tomorrow's practice? [J]. Journal of Bone & Joint Surgery British Volume,2009,91(5):565-576.

[26] TEONG B,WU S C,CHANG C M,et al. The stiffness of a crosslinked hyaluronan hydrogel affects its chondro-induction activity on hADSCs[J]. Journal of Biomedical Materials Research Part B Applied Biomaterials,2017,106(2):808-816.

[27] AGRAWAL P,PRAMANIK K,VISHWANATH V,et al. Enhanced chondrogenesis of mesenchymal stem cells over silk fibroin/chitosan-chondroitin sulfate three dimensional scaffold in dynamic culture condition[J]. Journal of Biomedical Materials Research Part B Applied Biomaterials,2018,106(7): 2576-2587.

[28] GHASSEMI T,SAGHATOLSLAMI N,MATIN M M,et al. CNT-decellularized cartilage hybrids for tissue engineering applications[J],Biomedical Materials,2017,12(6):065008.

[29] BROWN A J. On an acetic ferment which forms cellulose[J]. Journal of the Chemical Society Transactions,1886,49:8701-8702.

[30] YANO H,SUGIYAMA J,NAKAGAITO A N,et al. Optically Transparent Composites Reinforced with Networks of Bacterial Nanofibers[J]. Advanced Materials,2010 17(2):153-155.

[31] GUHADOS G,WAN W K,HUTTER J L. Measurement of the elastic modulus of single bacterial cellulose fibers using atomic force microscopy[J]. Langmuir,2005,21(14):6642-6646.

[32] HSIEH Y C,YANO H,NOGI M,et al. An estimation of the Young's modulus of bacterial cellulose filaments[J]. Cellulose,2008,15(4):507-513.

[33] HO S T B,EKAPUTRA A K,HUI J H,et al. An electrospun polycaprolactone-collagen membrane for the resurfacing of cartilage defects[J]. Polymer International,2010,59(6):808-817.

[34] LIU S,WU J,LIU X,et al. Osteochondral regeneration using an oriented nanofiber yarn-collagen type I/hyaluronate hybrid/TCP biphasic scaffold[J]. Journal of Biomedical Materials Research Part A, 2015,103(2):581-592.

[35] ABEDI G,SOTOUDEH A,SOLEYMANI M,et al. A Collagen-Poly(Vinyl Alcohol)Nanofiber Scaffold for Cartilage Repair [J]. Journal of Biomaterials Science Polymer Edition, 2011, 22 (18): 2445-2455.

[36] BAS O,DE-JUAN-PARDO E M,CHHAYA M P,et al. Enhancing structural integrity of hydrogels by using highly organised melt electrospun fibre constructs[J]. European Polymer Journal,2015,72: 451-463.

[37] XU T,BINDER K W,ALBANNA M Z,et al. Hybrid printing of mechanically and biologically improved constructs for cartilage tissue engineering applications[J]. Biofabrication,2013,5(1):015001.

[38] VISSER J,MELCHELS F P W,JEON J E,et al. Reinforcement of hydrogels using three-dimensionally printed microfibres[J]. Nature Communications,2015,6:6933.

[39] ZHOU Y,XU Y,TAN Y,et al. Sorcin,an important gene associated with multidrug-resistance in human leukemia cells[J]. Leukemia Research,2006,30(4):469-476.

[40] GAO X,MATSUI H. Peptide-Based Nanotubes and Their Applications in Bionanotechnology[J]. Ad-

vanced Materials,2010,17(17):2037-2050.

[41] GULER O M,SOUKASENE S,HULVAT F J,et al. Presentation and Recognition of Biotin on Nanofibers Formed by Branched Peptide Amphiphiles[J]. Nano Letters,2005,5(2):249-252.

[42] WAN Y Z,HUANG Y,YUAN C D,et al. Biomimetic synthesis of hydroxyapatite/bacterial cellulose nanocomposites for biomedical applications[J]. Materials Science & Engineering C, 2007, 27 (4): 855-864.

[43] LUO H,XIONG P,XIE J,et al. Uniformly Dispersed Freestanding Carbon Nanofiber/Graphene Electrodes Made by a Scalable Biological Method for High-Performance Flexible Supercapacitors[J]. Advanced Functional Materials,2018,28(48):1803075.

[44] VISHWANATH V,PRAMANIK K,BISWAS A. Development of a novel glucosamine/silk fibroinchitosan blend porous scaffold for cartilage tissue engineering applications[J]. Iranian Polymer Journal,2016,26(1):1-9.

[45] SHAHALI Z,KARBASI S,AVADI M R,et al. Evaluation of Structural,Mechanical and Cellular Behavior of Electrospunpoly3-hydroxybutyrate Scaffolds Loaded with Glucosamine Sulfate to Develop Cartilage Tissue Engineering[J]. International Journal of Polymeric Materials & Polymeric Biomaterials,2017:00914037.

[46] KIM S,JI E J,JU H L,et al. Composite scaffold of micronized porcine cartilage/poly(lactic-co-glycolic acid)enhances anti-inflammatory effect[J]. Materials Science & Engineering C Materials for Biological Applications,2018,88(JUL.):46-52.

[47] GHOSH P,SMS G,LIN C Y,et al. Microspheres containing decellularized cartilage induce chondrogenesis in vitro and remain functional after incorporation within a poly(caprolactone)filament useful for fabricating a 3D scaffold[J]. Biofabrication,2018,10(2):025007.

[48] Yip K,Poon B,Chu F,Poon E,Kong F,Smales R. Clinical evaluation of packable and conventional hybrid resin-based composites for posterior restorations in permanent teeth:Results at 12 Months[J]. J Am Dent Assoc,2003,134(12):1581-1589.

[49] RAJWADE J M,PAKNIKAR K M,KUMBHAR J V. Applications of bacterial cellulose and its composites in biomedicine[J]. Appllied Microbiological Biotechnology,2015,99(6):2491-2511.

[50] ULLAH H,WAHID F,SANTOS H A,et al. Advances in Biomedical and Pharmaceutical Applications of Functional Bacterial Cellulose-Based Nanocomposites [J]. Carbohydrate Polymers, 2016:S0144861716305513.

[51] SULAEVA I,HENNIGES U,ROSENAU T,et al. Bacterial cellulose as a material for wound treatment: Properties and modifications:A Review. [J].Biotechnology Advances,2015,33(8):S0734975015300227.

[52] ABEDI G,SOTOUDEH A,SOLEYMANI M,et al. A Collagen-Poly(Vinyl Alcohol)Nanofiber Scaffold for Cartilage Repair[J]. Journal of Biomaterials Science Polymer Edition,2011:128-134.

[53] WANG Y,YUAN X,YU K,et al. Fabrication of nanofibrous microcarriers mimicking extracellular matrix for functional microtissue formation and cartilage regeneration[J]. Biomaterials,2018,171: 118-132.

[54] AKARAONYE E,FILIP J,SAFARIKOVA M,et al. Composite scaffolds for cartilage tissue engineering based on natural polymers of bacterial origin,thermoplastic poly(3-hydroxybutyrate)and micro-fibrillated bacterial cellulose[J]. Polymer International,2016,65(7):780-791.

［55］　FUNG Y C. Mechanical properties and active remodeling of blood vessels［J］. Biomechanics,1993:
321-391.

［56］　FUNG Y,FRONEK K,PATITUCCI P. Pseudoelasticity of arteries and the choice of its mathematical
expression［J］. American Journal of Physiology-Heart and Circulatory Physiology, 1979, 237(5):
H620-H631.

［57］　FOULDS I,BARKER A. Human skin battery potentials and their possible role in wound healing［J］.
British Journal of Dermatology,1983,109(5):515-522.

［58］　DING S,KINGSHOTT P,THISSEN H,et al. Modulation of human mesenchymal and pluripotent
stem cell behavior using biophysical and biochemical cues: A review［J］. Biotechnology and bioengi-
neering,2017,114(2):260-280.

［59］　SHIN S R,JUNG S M,ZALABANY M,et al. Carbon-nanotube-embedded hydrogel sheets for engi-
neering cardiac constructs and bioactuators［J］. ACS Nano,2013,7(3):2369-2380.

［60］　SHARABI M,BENAYAHU D,BENAYAHU Y,et al. Laminated collagen-fiber bio-composites for
soft-tissue bio-mimetics［J］. Composites Science and Technology,2015,117:268-276.

［61］　JANG K I,CHUNG H U,XU S,et al. Soft network composite materials with deterministic and bio-
inspired designs［J］. Nature communications,2015,6:6566.

［62］　ENGLER A J,SEN S,SWEENEY H L,et al. Matrix elasticity directs stem cell lineage specification
［J］. Cell,2006,126(4):677-689.

［63］　HUYNH T P,HAICK H. Self-healing,fully functional,and multiparametric flexible sensing platform
［J］. Advanced Materials,2016,28(1):138-143.

［64］　WISE S G,BYROM M J,WATERHOUSE A,et al. A multilayered synthetic human elastin/polycap-
rolactone hybrid vascular graft with tailored mechanical properties［J］. Acta biomaterialia,2011,7(1):
295-303.

［65］　SELL S,MCCLURE MJ,BARNES C P,et al. Electrospun polydioxanone-elastin blends:potential for
bioresorbable vascular grafts［J］. Biomedical Materials,2006,1(2):72-80.

［66］　SMITH M J,WHITE J K L,SMITH D C,et al. In vitro evaluations of innate and acquired immune
responses to electrospun polydioxanone-elastin blends［J］. Biomaterials,2009,30(2):149-159.

［67］　THOMAS V,ZHANG X,CATLEDGE S A,et al. Functionally graded electrospun scaffolds with tun-
able mechanical properties for vascular tissue regeneration［J］. Biomedical Materials,2007,2(4):224.

［68］　HAN F,JIA X,DAI D,et al. Performance of a multilayered small-diameter vascular scaffold dual-
loaded with VEGF and PDGF［J］. Biomaterials,2013,34(30):7302-7313.

［69］　BONANI W,MANIGLIO D,MOTTA A,et al. Biohybrid nanofiber constructs with anisotropic bio-
mechanical properties［J］. Journal of Biomedical Materials Research Part B: Applied Biomaterials,
2011,96(2):276-286.

［70］　LIU S,DONG C,LU G,et al. Bilayered vascular grafts based on silk proteins［J］. Acta biomaterialia,
2013,9(11):8991-9003.

［71］　EBRAHEIM N A,HASSAN A,MING L,et al. Functional anatomy of the lumbar spine［J］. Orthope-
dics,2004:2(3):131-137.

［72］　NIOSI C A,OXLAND T R. Degenerative mechanics of the lumbar spine［J］. Spine Journal,2004,4(6-
supp-S):S202-S8.

[73] DOLAN P,ADAMS M A. Recent advances in lumbar spinal mechanics and their significance for modelling[J]. Clinical Biomechanics,2001,16(1):S8-S16.

[74] IATRIDIS J C,NICOLL S B,MICHALEK A J,et al. Role of biomechanics in intervertebral disc degeneration and regenerative therapies:What needs repairing in the disc and what are promising biomaterials for its repair? [J]. Spine Journal,2013,13(3):243-262.

[75] NERURKAR N L,ELLIOTT D M,MAUCK R L. Mechanics of oriented electrospun nanofibrous scaffolds for annulus fibrosus tissue engineering. Journal of Orthopaedic Research[J]. 2010,25(8):1018-1028.

[76] WHATLEY B R,WEN X. Intervertebral disc(IVD):Structure,degeneration,repair and regeneration [J]. Materials Science & Engineering C,2012,32(2):61-77.

[77] EDER F,SERAFIMOVICH A,FOKEN T. Coherent Structures at a Forest Edge:Properties,Coupling and Impact of Secondary Circulations[J]. Boundary-Layer Meteorology,2013,148(2):285-308.

[78] NEIDLINGER-WILKE C,GALBUSERA F,PRATSINIS H,et al. Mechanical loading of the intervertebral disc:from the macroscopic to the cellular level[J]. European Spine Journal, 2014, 23(3):333-343.

[79] LEHIL M S,BOZIC K J. Trends in total hip arthroplasty implant utilization in the United States[J]. The Journal of arthroplasty,2014,29(10):1915-1918.

[80] KURTZ S M,ONG K L,LAU E,et al. Impact of the economic downturn on total joint replacement demand in the United States:updated projections to 2021[J]. The Journal of Bone and Joint Surgery, 2014,96(8):624-630.

[81] KURTZ S,ONG K,LAU E,et al. Projections of primary and revision hip and knee arthroplasty in the United States from 2005 to 2030[J]. The Journal of Bone and Joint Surgery,2007,89(4):780-785.

[82] HAILER N P,GARELLICK G,KARRHOLM J. Uncemented and cemented primary total hip arthroplasty in the Swedish Hip Arthroplasty Register:evaluation of 170,413 operations[J]. Acta orthopaedica,2010,81(1):34-41.

[83] WEISS R J,STARK A,KARRHOLM J. A modular cementless stem vs. cemented long-stem prostheses in revision surgery of the hip:a population-based study from the Swedish Hip Arthroplasty Register[J]. Acta orthopaedica,2011,82(2):136-142.

[84] MORSHED S,BOZIC K J,RIES M D,et al. Comparison of cemented and uncemented fixation in total hip replacement:a meta-analysis[J]. Acta orthopaedica,2007,78(3):315-326.

[85] SMITH A J,DIEPPE P,HOWARD P W,et al. Failure rates of metal-on-metal hip resurfacings:analysis of data from the national joint registry for England and Wales[J]. The Lancet,2012,380(9855):1759-1766.

[86] GROMOVR K,PEDERSEN A B,OVERGAARD S,et al. Do rerevision rates differ after first-time revision of primary THA with a cemented and cementless femoral component? [J]. Clinical Orthopaedics and Related Research,2015,473(11):3391-3398.

[87] MAKELA K T,ESKELINEN A,PAAVOLAINEN P,et al. Cementless total hip arthroplasty for primary osteoarthritis in patients aged 55 years and older:Results of the 8 most common cementless designs compared to cemented reference implants in the Finnish Arthroplasty Register[J]. Acta orthopaedica,2010,81(1):42-52.

［88］ LI T,ZHUANG Q,WENG X,et al. Cemented versus uncemented hemiarthroplasty for femoral neck fractures in elderly patients:a meta-analysis[J]. PloS Nne,2013,8(7):e68903.

［89］ ABDULKARIM A,ELLANTI P,MOTTERLINI N,et al. Cemented versus uncemented fixation in total hip replacement:a systematic review and meta-analysis of randomized controlled trials[J]. Orthopedic reviews,2013,5(e8):34-44.

［90］ UNNANUNTANA A,DIMITROULIAS A,BOLOGNESI M P,et al. Cementless femoral prostheses cost more to implant than cemented femoral prostheses[J]. Clinical Orthopaedics and Related Research,2009,467(6):1546-1551.

［91］ ROBERTSSON O,RANSTAM J,SUNDBERG M,et al. The Swedish knee arthroplasty register:a review[J]. Bone & joint research,2014,3(7):217-222.

［92］ RANAWAT C,MEFTAH M,WINDSOR E,et al. Cementless fixation in total knee arthroplasty: down the boulevard of broken dreams-affirms[J]. The Journal of bone and joint surgery British volume,2012,94(11_Supple_A):82-84.

［93］ MENEGHINI R M,DE BEAUBIEN B C. Early failure of cementless porous tantalum monoblock tibial components[J]. The Journal of Arthroplasty,2013,28(9):1505-1508.

［94］ ALBREKTSSON B,CARLSSON L,FREEMAN M,et al. Proximally cemented versus uncemented Freeman-Samuelson knee arthroplasty. A prospective randomised study[J]. The Journal of Bone and Joint Surgery British Volume,1992,74(2):233-238.

［95］ WYATT M,HOOPER G,FRAMPTON C,et al. Survival outcomes of cemented compared to uncemented stems in primary total hip replacement[J]. World Journal of Orthopedics,2014,5(5):591-596.

［96］ GIRARD J. Is it time for cementless hip resurfacing? [J]. HSS Journal,2012,8(3):245-250.

［97］ MATASSI F,CARULLI C,CIVININI R,et al. Cemented versus cementless fixation in total knee arthroplasty[J]. Joints,2013,1(3):121-125.

［98］ FRANCESCHETTI E,TORRE G,PALUMBO A,et al. No difference between cemented and cementless total knee arthroplasty in young patients:a review of the evidence[J]. Knee Surgery,Sports Traumatology,Arthroscopy,2017,25(6):1749-1756.

［99］ SCHNETZKE M,PREIS A,CODA S,et al. Anatomical and reverse shoulder replacement with a convertible,uncemented short-stem shoulder prosthesis:first clinical and radiological results[J]. Archives of Orthopaedic And Trauma Surgery,2017,137(5):679-684.

［100］ MARTIN S D,ZURAKOWSKI D,THORNHILL T S. Uncemented glenoid component in total shoulder arthroplasty:survivorship and outcomes[J]. The Journal of Bone & Joint Surgery,2005,87(6):1284-1292.

［101］ COFIELD R H. Uncemented total shoulder arthroplasty:a review[J]. Clinical Orthopaedics and Related Research,1994,307:86-93.

［102］ BOILEAU P,AVIDOR C,KRISHNAN S G,et al. Cemented polyethylene versus uncemented metal-backed glenoid components in total shoulder arthroplasty:a prospective,double-blind,randomized study[J]. Journal of Shoulder and Elbow Surgery,2002,11(4):351-359.

［103］ WALLACE A L,PHILLIPS R L,MACDOUGAL G A,et al. Resurfacing of the glenoid in total shoulder arthroplasty. A comparison,at a mean of five years,of prostheses inserted with and without cement[J]. The Journal of Bone & Joint Surgery,1999,81(4):510-518.

[104] WIATER J M,MORAVEK JR J E,BUDGE M D,et al. Clinical and radiographic results of cementless reverse total shoulder arthroplasty:a comparative study with 2 to 5 years of follow-up[J]. Journal of Shoulder and Elbow Surgery,2014,23(8):1208-1214.

[105] PARK J S,MROCZEK K J. Total ankle arthroplasty[J]. Bulletin of the NYU Hospital for Joint Diseases,2011,69(1):27-35.

[106] CHARNLEY J. The Classic:the bonding of prostheses to bone by cement[J]. Clinical Orthopaedics and Related Research,2010,468(12):3149-3159.

[107] FREEMAN M,BRADLEY G,REVELL P. Observations upon the interface between bone and polymethylmethacrylate cement[J]. The Journal of Bone and Joint Surgery British Volume,1982,64(4):489-493.

[108] DONALDSON A,THOMSON H,HARPER N,et al. Bone cement implantation syndrome[J]. British Journal of Anaesthesia,2009,102(1):12-22.

[109] RUTTER P D,PANESAR S S,DARZI A,et al. What is the risk of death or severe harm due to bone cement implantation syndrome among patients undergoing hip hemiarthroplasty for fractured neck of femur? A patient safety surveillance study[J]. BMJ Open,2014,4(6):e004853.

[110] PARRY G. Sudden deaths during hip hemi-arthroplasty[J]. Anaesthesia,2003,58(9):922-923.

[111] LIDGREN L,BODELIND B,MOLLER J. Bone cement improved by vacuum mixing and chilling[J]. Acta Orthopaedica Scandinavica,1987,58(1):27-32.

[112] SCHLEGEL U J,BISHOP N E,PUSCHEL K,et al. Comparison of different cement application techniques for tibial component fixation in TKA[J]. International Orthopaedics,2015,39(1):47-54.

[113] PANESAR S S,CLEARY K,BHANDARI M,et al. To cement or not in hip fracture surgery? [J]. The Lancet,2009,374(9695):1047-1049.

[114] AMIEL M,MASERI A,PETITIER H,et al. Coronary Artery Diseases Diagnostic and Therapeutic Imaging Approaches[M]//Berlin. Heidelberg:Springer,c1984:73.

[115] SILVER M R. The eosinophilia-myalgia syndrome[J]. Clinics in Dermatology,1994,12(3):457-465.

[116] AMIEL M,SEKA R,BOISSEL J P,et al. An attempt to quantify myocardial ischemia by selective coronary arteriography:determination of a new score. An initial study[J]. Archives Des Maladies Du Coeur Et Des Vaisseaux,1990,83(1):69-75.

[117] VUNJAK-NOVAKOVIC G,RADISIC M. Cell Seeding of Polymer Scaffolds[J]. Methods Molecular Biology,2004,238(238):131-146.

[118] LIN T,CHEN J,CHEN Y,et al. The efficacy of ultrasound-guided extracorporeal shockwave therapy in patients with cervical spondylosis and nuchal ligament calcification[J]. Kaohsiung Journal of Medical Sciences,2015,31(7):337-343.

[119] MCCARTHY M R,YATES C K,ANDERSON M A,et al. The Effects of Immediate Continuous Passive Motion on Pain during the Inflammatory Phase of Soft Tissue Healing following Anterior Cruciate Ligament Reconstruction[J]. Journal of Orthopaedic & Sports Physical Therapy,1993,17(2):96-101.

[120] LAURENCIN C T,AMBROSIO A M A,BORDEN M D,et al. Tissue Engineering:Orthopedic Applications[J]. Annual Review of Biomedical Engineering,1999,1(1):19-46.

[121] FUJIKAWA K. Clinical Study on Anterior Cruciate Ligament Reconstruction with the Scaffold Type

Artificial Ligament(Leeds-Keio)[J]. Nihon Seikeigeka Gakkai Zasshi,1989,63(8):774-788.

[122] BOLTON C W,BRUCHMAN W C. The GORE-TEX expanded polytetrafluoroethylene prosthetic ligament. An in vitro and in vivo evaluation[J]. Clinical Orthopaedics & Related Research,1985,196 (196):202-213.

[123] Olson P. Fate of subducted lithosphere[J]. Nature,1988,331(6152):113-114.

[124] SMITH D K. Dorsal carpal ligaments of the wrist:normal appearance on multiplanar reconstructions of three-dimensional Fourier transform MR imaging[J]. Ajr American Journal of Roentgenology, 1993,161(1):119-125.

[125] LAURENCIN C T,FREEMAN J W. Ligament tissue engineering:An evolutionary materials science approach[J]. Biomaterials,2005,26(36):7530-7506.

[126] SHIKINAMI Y,KOTANI Y,CUNNINGHAM B W,et al. A Biomimetic Artificial Disc with Improved Mechanical Properties Compared to Biological Intervertebral Discs[J]. Advanced Functional Materials,2010,14(11):1039-1046.

[127] GLORIA A,CAUSA F,SANTIS R D,et al. Dynamic-mechanical properties of a novel composite intervertebral disc prosthesis[J]. Journal of Materials Science Materials in Medicine,2007,18(11):2159-2165.

[128] GUARINO A,POBERAJ G,REZZONICO D,et al. Electro-optically tunable microring resonators in lithium niobate,Nature Photonics,2007,1(7):407-410.

[129] CAUSA F,NETTI P A,AMBROSIO L,et al. Poly-epsilon-caprolactone/hydroxyapatite composites for bone regeneration:in vitro characterization and human osteoblast response[J]. Journal of Biomedical Materials Research Part A,2010,76A(1):151-162.

[130] TRINCHILLO M,BELANZONI P,BELPASSI L,et al. Extensive Experimental and Computational Study of Counterion Effect in the Reaction Mechanism of NHC-Gold(I)-Catalyzed Alkoxylation of Alkynes[J]. Organometallics,2016,35(5):641-654.

[131] GE Z,YANG F,GOH J C H,et al. Biomaterials and scaffolds for ligament tissue engineering[J]. Journal of Biomedical Materials Research Part A,2010,77A(3):639-652.

[132] PAXTON J Z,DONNELLY K,KEATCH R P,et al. Engineering the Bone-Ligament Interface Using Polyethylene Glycol Diacrylate Incorporated with Hydroxyapatite[J]. Tissue Eng Part A,2009,15 (6):1201-1209.

[133] SEO Y-K,KIM J-H,EO S-R. Co-effect of silk and amniotic membrane for tendon repair[J]. Journal of Biomaterials Science Polymer Edition,2016,27(12):1232-1247.

[134] HEINEGARD D,SAXNE T. The role of the cartilage matrix in osteoarthritis[J.]Nature Reviews Rheumatology,2011,7(1):50-56.

[135] DALY A C,FREEMAN F E,GONZALEZ-FERNANDEZ T,et al. 3D Bioprinting for cartilage and osteochondral tissue engineering [J]. Advanced Healthcare Materials, 2017, 6 (22): 10. 1002/ adhm. 201700298.

[136] TEMENOFF J S,MIKOS A G. Tissue engineering for regeneration of articular cartilage[J]. Biomaterials,2000,21(5):431-440.

[137] NGO T D,KASHANI A,IMBALZANO G,et al. Additive manufacturing(3D printing):A review of materials,methods,applications and challenges[J]. Composites Part B:Engineering,2018,143:172-196.

[138] 马钢,肖云峰,刘晓民,等.组织工程支架在骨软骨修复中的应用进展[J].医学综述,2019,25(3):

453-458.

[139]　YOU F,EAMES B F,CHEN X. Application of extrusion-based hydrogel bioprinting for cartilage tissue engineering[J]. International Journal of Molecular Science,2017,18(7):1597.

[140]　GUO T,NOSHIN M,BAKER H B,et al. 3D printed biofunctionalized scaffolds for microfracture repair of cartilage defects[J]. Biomaterials,2018,185:219-231.

[141]　HUNG K C,TSENG C S,DAI L G,et al. Water-based polyurethane 3D printed scaffolds with controlled release function for customized cartilage tissue engineering[J]. Biomaterials,2016,83:156-168.

[142]　XIA H T,ZHAO D D,ZHU H L,et al. Lyophilized Scaffolds Fabricated from 3D-Printed Photocurable Natural Hydrogel for Cartilage Regeneration[J]. ACS Applied Materials & Interfaces,2018,10 (37):31704-31715.

[143]　CHEN P,ZHENG L,WANG Y,et al. Desktop-stereolithography 3D printing of a radially oriented extracellular matrix/mesenchymal stem cell exosome bioink for osteochondral defect regeneration[J]. Theranostics,2019,9(9):2439-2459.

[144]　YOUSEFI A M,HOQUE M E,PRASAD R G,et al. Current strategies in multiphasic scaffold design for osteochondral tissue engineering:A review[J]. Journal of Biomedical Materials Research Part A,2015,103(7):2460-2481.

[145]　DU Y Y,LIU H M,YANG Q,et al. Selective laser sintering scaffold with hierarchical architecture and gradient composition for osteochondral repair in rabbits[J]. Biomaterials,2017,137:37-48.

[146]　BITTNER S M,SMITH B T,DIAZ-GOMEZ L,et al. Fabrication and mechanical characterization of 3D printed vertical uniform and gradient scaffolds for bone and osteochondral tissue engineering[J]. Acta Biomaterialia,2019,90:37-48.

[147]　GAO F,XU Z Y,LIANG Q F,et al. Direct 3D printing of high strength biohybrid gradient hydrogel scaffolds for efficient repair of osteochondral defect[J]. Advanced Functional Materials,2018,28 (13):1706644.

[148]　GAO F,XU Z,LIANG Q,et al. Osteochondral regeneration with 3D-printed biodegradable high-strength supramolecular polymer reinforced-gelatin hydrogel scaffolds[J]. Advanced Science,2019:1900867.

[149]　MURPHY S V,ATALA A. 3D bioprinting of tissues and organs[J]. Nature Biotechnology,2014,32 (8):773-785.

[150]　DUCHI S,ONOFRILLO C,O'CONNELL C D,et al. Handheld co-axial bioprinting:application to in situ surgical cartilage repair[J]. Science Report,2017,7(1):5837.

[151]　MOUSER V H M,MELCHELS F P W,VISSER J,et al. Yield stress determines bioprintability of hydrogels based on gelatin-methacryloyl and gellan gum for cartilage bioprinting[J]. Biofabrication,2016,8(3):035003.

[152]　ZHU W,CUI H T,BOUALAM B,et al. 3D bioprinting mesenchymal stem cell-laden construct with core-shell nanospheres for cartilage tissue engineering[J]. Nanotechnology,2018,29(18).

[153]　KESTI M,EBERHARDT C,PAGLICCIA G,et al. Bioprinting complex cartilaginous structures with clinically compliant biomaterials[J]. Advanced Functional Materials,2015,25(48):7406-7417.

[154]　CHAMEETTACHAL S,MIDHA S,GHOSH S. Regulation of chondrogenesis and hypertrophy in silk fibroin-gelatin-based 3D bioprinted constructs[J]. ACS Biomaterials Science and Engineering,

2016,2(9):1450-1463.

[155] KUNDU J,SHIM J H,JANG J,et al. An additive manufacturing-based PCL-alginate-chondrocyte bioprinted scaffold for cartilage tissue engineering[J]. Journal of Tissue Engineering and Regenerative Medicine,2015,9(11):1286-1297.

[156] BOERE K W,VISSER J,SEYEDNEJAD H,et al. Covalent attachment of a three-dimensionally printed thermoplast to a gelatin hydrogel for mechanically enhanced cartilage constructs[J]. Acta Biomaterialia,2014,10(6):2602-2611.

[157] SHIM J-H,LEE J-S,KIM JY,et al. Bioprinting of a mechanically enhanced three-dimensional dual cell-laden construct for osteochondral tissue engineering using a multi-head tissue/organ building system[J]. Journal of Micromechanics and Microengineering,2012,22(8):085014.

[158] SHIM J-H,JANG K-M,HAHN S-K,et al. Three-dimensional bioprinting of multilayered constructs containing human mesenchymal stromal cells for osteochondral tissue regeneration in the rabbit knee joint[J]. Biofabrication,2016,8(1):014102.

[159] PARK J-Y,CHOI J-C,SHIM J-H,et al. A comparative study on collagen type I and hyaluronic acid dependent cell behavior for osteochondral tissue bioprinting[J]. Biofabrication,2014,6(3):035004.

第3章 血液相容性复合材料

3.1 血液相容性研究的重大意义

血液接触类医疗器械已被广泛用于临床,包括静脉导管、植入式冠状动脉支架、人工心脏瓣膜或心室辅助装置、血液透析以及体外循环器械、膜式氧合器等体外装置。在使用这类医疗器械时,通常向循环系统中注入肝素以防止血栓形成,避免出现并发症而导致死亡。然而,肝素的使用量不当会造成凝血因子损耗以及血小板减少等副作用,在手术中和手术后发生大出血。另外,肝素的利用率低,消耗快,必须不断补充,这增加了手术的难度和费用。解决这一难题的根本途径是改善这类医疗器械材料的血液相容性。

生物相容性是生物材料区别于其他材料的最根本特征,主要包括血液相容性和组织相容性,其中血液相容性是制备血液接触类医疗器械材料的特殊要求,其相应的表面分子结构则是长期悬而未决的基本科学问题。因此,血液相容性生物材料(又称为"抗凝血材料")的研究和发展不仅对血液接触类医疗器械材料的发展是必不可少的,而且对消除无生命材料对生命有机体的作用与影响,实现两者的统一,加速材料-生命科学的发展也有着重要的科学意义和巨大的应用价值。

1984年,日本高分子学会公布了之后50年高分子科学与技术50个重大课题中,其中抗凝血材料研发课题的科学意义和经济效益得分最高。随后,国际上许多著名的生物医用材料研究中心都不约而同地以抗凝血材料作为研发的重要内容与目标。1999年8月,在美国华盛顿大学召开的关于生物材料血液相容性问题的国际会议上,会议主持人B. D. Ratner教授再次强调抗凝血材料研发的重要性和紧迫性,呼吁加快研发进度。近年召开的Bloodsurf系列会议(Bloodsurf 2015,Bloodsurf 2017),汇集了医学、化学、生物学、材料科学与工程等多学科专家,对血液相容性生物材料的研究和发展起到了积极推动作用。

心血管疾病(CVD)是指影响心脏或血管的疾病,包括冠状动脉疾病、心肌病、高血压等。根据2019年美国心脏协会(AHA)期刊 *Circulation* 上发表的《心脏病和卒中统计数据》报告,2016年,48%的美国成年人患有多种心血管疾病[1]。心血管疾病仍然是美国人的头号致死病因,其次才是癌症。面对严重的死亡威胁,各种各样的心血管医疗器械应运而生,并已成为预防、诊断和治疗心血管疾病有效且重要的手段。心血管医疗器械的种类繁多,但其抗凝血性都亟待提高。随着消费者对医疗处置、健康管理的意识增强与要求提高,以及计算机运算、数字化、人工智能等新技术的跨领域整合,全球医疗器械市场稳健成长。据 Evaluate MedTech 发布的 *World Preview* 2018,*Outlook to* 2024 显示,2017 年全球医疗器械市场销售额为 4 050 亿美元,同比增长 4.6%;预计 2024 年销售额将达到 5 945 亿美元,2017~2024 年间复合增长率为 5.6%。

3.2　血液相容性研究的主要内容

毋庸置疑,血液相容性复合材料是生物医用复合材料中极为重要、研发难度最大的一类材料。研发和应用时,既要考虑使之具备一般材料应具有的机械性能和生物医用材料应具有的组织相容性,还要具备特殊的血液相容性。由于现有的理论、试验方法的局限和跨学科协同的欠缺,血液相容性复合材料研究基础有限,但理论意义重大、应用前景广阔。

血液相容性的最初定义是血液对外源性物质或材料产生合乎要求的反应。一般是指材料与血液各成分之间的相容性。血液相容性研究内容主要包括:

(1)生物材料与血浆蛋白的相互作用。当材料与血液接触后,首先发生的是蛋白分子在材料表面的非特异性吸附。血液中含有多种蛋白质,包括纤维蛋白原、血清白蛋白、免疫球蛋白、补体蛋白等,分别在凝血和免疫响应过程中发挥着重要的作用。生物材料与血浆蛋白吸附对其后续的细胞效应产生的影响,是血液相容性的重要研究内容。

(2)生物材料与血细胞的相互作用。血液的主要成分是血细胞,包括红细胞、白细胞和血小板,分别在维持营养、氧气供给、炎症控制和凝血过程中发挥重要作用。生物材料引起的溶血、白细胞活化及血小板黏附和活化情况是血液相容性的主要研究内容。

(3)生物材料对血管内皮细胞的影响。血管内皮细胞排布于血管的内壁,是血管壁与血液之间的分界细胞。血管内皮细胞是血液与组织物质转运的重要屏障,能够合成和分泌多种活性物质,参与物质的代谢,与血液中的细胞相互作用,维持凝血和抗凝血平衡,保证血液正常流动。材料植入后,与内皮细胞接触,会使血液复杂的生理过程发生改变。

血液与血液接触类生物材料接触后凝固是人工器官研发和应用的一个重要障碍。自 20 世纪 40 年代兴起人工器官研究与发展的热潮以来,抗凝血材料就一直是生物医学材料研发的主要内容之一,如何提高材料的血液相容性也一直是血液接触类生物材料研究的主要任务和中心内容。

3.3　血液相容性研究的理论基础

血液凝固是指血液由流动状态转变为胶冻状态的过程。血液在材料表面上的凝固是材料与血液相互作用的结果。植入式血液接触类材料作为外来异物与血液接触后产生的凝血现象与血浆蛋白质、凝血因子、血小板等多种血液成分以及材料表面组成、结构有关。血液与材料接触会发生一系列复杂的生物反应。首先在几秒钟内血浆蛋白质在材料表面发生竞争性吸附,随之凝血系统被激活,凝血因子活化,发生级联反应,使纤维蛋白原集聚,导致纤维蛋白凝胶形成。同时材料的介入引起血小板的黏附、激活和聚集,导致血小板血栓的形成。血液中的补体也会被激活,参与凝血反应。各种因素相互影响,共同作用,最终导致血栓的形成[2]。迄今为止,血液与材料相互作用机理的研究已进行了几十年,但血栓形成机制的研究仍未完全明确。血液在材料表面凝血过程的复杂性,在很大程度上限制了很多生物材料和治疗手段在心血管系统中的应用。

对于血液凝固,体内存在两个对立的系统,如图 3.1 所示。血液凝固是一系列复杂的化学连锁反应过程,参与各连锁反应的多种物质组成的系统称为凝血系统。凝血系统主要包括血小板以及把纤维蛋白原转变为纤维蛋白凝胶的所有凝血因子。抗凝血系统主要是由肝素、抗凝血酶以及使纤维蛋白凝胶降解的纤溶系统[3,4]。

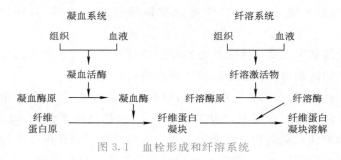

图 3.1　血栓形成和纤溶系统

3.3.1　凝血系统

生物材料的血栓形成过程是涉及凝血因子、血小板、白细胞、红细胞、血浆蛋白、细胞因子、基质蛋白、免疫系统和血液动力学在内的复杂过程。各种因素相互联系、相互作用、相互制约,形成了一个有机的网络系统,任何一种因素的异常都有可能成为引发凝血反应。

通常血液发生凝固的途径有两种,即内源性凝血和外源性凝血,如图 3.2 所示。表 3.1 显示了两种凝血途径的区别。内源性凝血是指存在于血液中的凝血因子与受损的血管接触后,在血小板因子与 Ca^{2+} 的作用下生成血浆凝血酶原激活物,从而造成凝血酶活化引起的凝血。外源性凝血是由受损组织产生的组织因子在凝血因子和 Ca^{2+} 的作用下生成组织凝血酶原激活物从而造成凝血的过程。凝血酶原激活物形成后,在 Ca^{2+} 的作用下激活血浆中存在的凝血酶,凝血酶又与 Ca^{2+} 作用,将血浆中溶解状态的纤维蛋白原转变成为不溶性的纤维蛋白,进而网罗血细胞形成血块。生物材料植入体内与血液接触发生的凝血以内源性凝血为主。首先,各种蛋白质及脂类物在材料表面发生吸附,形成复杂的吸附层,同时血小板受到凝血酶、胶原、免疫复合物、二磷酸腺苷等的激活,产生形成复合体的倾向。如果材料表面吸附的是纤维蛋白原和球蛋白,则易于使血小板黏附在材料表面,发生形变,生出伪足,在凝聚的同时释放出大量物质,进一步诱发血栓形成;如果吸附的是白蛋白,则不易发生血小板的黏附,抵制凝血的发生。与此同时,还存在补体系统的变化。

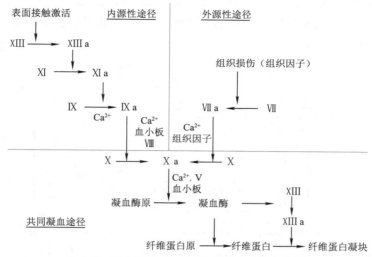

图 3.2　凝血因子相互作用、形成血栓的机制[2]

表 3.1　两种凝血途径的区别

比较项目	内源性凝血	外源性凝血
凝血过程启动	血管内膜下胶原纤维或异物激活因子Ⅻ开始	损伤组织释放出因子Ⅲ开始
凝血因子存在部位	全部存在于血浆中	存在于组织和血浆中
参与凝血酶数量	多	少
凝血过程时间长短和速度	约需数分钟，较慢	约需数秒钟，较快

血液凝固是一个复杂的生物化学变化的过程，大体上可分为三个阶段：即因子 X 激活成 X a；因子Ⅱ（凝血酶原）激活成Ⅱa（凝血酶）；因子Ⅰ（纤维蛋白原）转变成（纤维蛋白）。因子 X 的激活有两种途径：

（1）凝血因子的活化，最后导致纤维蛋白凝胶形成。

（2）血小板的黏附、释放和聚集，导致血栓的形成。

一般认为，材料表面与血液接触后，血浆中的蛋白质在几秒钟内就会被吸附沉积在材料表面，形成厚度约 20 nm 的蛋白质吸附层（如图 3.3 所示）。吸附层中蛋白质的类型和数量对后续的凝血过程和程度起着决定性的作用。这些发生结构变化蛋白质分子导致血液中各种成分发生相互作用：一方面触发以凝血因子活化为起点的内源性凝血反应，在该途径中凝血因子Ⅻ是中介，它可被生物材料或已活化的血小板激活；另一方面是外源性凝血反应，血液中的血小板和红细胞等细胞成分附着于蛋白质吸附层中的纤维蛋白原分子上并被激活。

血液和材料接触时会导致血浆蛋白（如活化因子Ⅶ和Ⅵ）被激活，并黏附在材料表面。被激活的血浆蛋白会与血小板糖膜受体 GPⅡb/Ⅲa 发生相互作用。这些受体可以与纤维蛋白原、血管性血友病因子（vWF）、纤连蛋白、玻连蛋白结合，最终导致血小板构象变化，随后释放细胞内成分（如活化因子Ⅴ、Ⅷ和 Ca^{2+} 等），并使血小板激活和聚集（内源性凝血途径）。此外，外科手术设备有可能损伤血管壁，破坏血液稳态和释放组织因子，也会导致血小板活化和构象变化(外源性凝血途径)。当被激活的血小板与纤维蛋白原或其他活化因子结合时,两种途径交汇并触发共同凝血机制。纤维蛋白原形成不溶性纤维蛋白,并网入红细胞,最终在几小时内形成血栓。

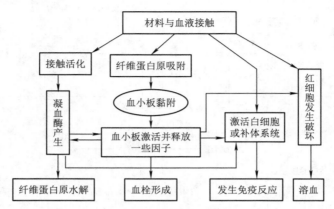

图 3.3　材料对血液的作用

人体的每一个凝血因子都以无活性的形式存在于血浆和组织中,一旦植入材料与血液接触或损伤组织及血管壁,则内源性凝固系统激活,各种凝血因子被活化,即变成有催化活性的酶,进而活化下一个相应的凝血因子。这样,一个因子既受上一个因子的激活,又可激活相应下一个因子。再加上有的凝血因子有加速凝血反应的作用,于是就产生了凝血的瀑布效应(clotting cascade)。

凝血过程中,蛋白质的吸附和血小板的黏附值得注意[5]。二者与材料表面组成、结构和性质密切相关,且对血栓形成起着极其重要的作用。血小板黏附是蛋白质吸附后最早观察到的现象之一[6],它在很大程度上受到材料表面组成、结构和性质影响。血小板黏附导致血小板的不同成分从材料表面释放,释放的促凝血酶以及被血小板释放激活的凝血因子Ⅻ分别从外源性途径和内源性途径引起血栓的形成[7]。血栓的形成又促进血小板进一步黏附和聚集。血小板直接或间接沉积在材料表面的数量、血小板的形态学,以及血小板释放的 β-抗凝血酶原等因子都是值得研究的对象[8]。血小板黏附量受剪切速率和接触时间的影响,剪切速率越高,接触时间越长,血小板黏附量越大。蛋白质吸附层是血液材料进一步反应的主要场所[9]。吸附的蛋白质的类型和构象,决定着血小板黏附和其他所有与血栓形成有关的其他反应[10]。

3.3.2　抗凝血系统

阻止血液凝固和消除血栓的抗凝血系统,主要由肝素、抗凝血酶以及使纤维蛋白凝胶降解的纤溶系统组成[3,4]。当血栓形成之后,机体会自发启动纤溶系统来溶解纤维蛋白凝块。纤溶系统包括前体、激活剂、辅助因子和抑制剂。纤溶是由组织纤溶酶原激活剂启动的,也可以通过 FXⅡα 活化激肽释放酶(属于丝氨酸蛋白酶的一种),再由激肽释放酶活化尿激酶型纤溶酶原激活剂。研究表明,肝素对上述两种纤溶启动途径都有明显的促进作用,这就表明肝素对已经形成的血栓具有一定的溶解作用[11,12]。

研究最多的纤溶酶是血纤维蛋白溶酶（plasmin），它以血纤维蛋白溶酶原非激活状态在体内循环。血纤维蛋白溶酶原（plasminogen，Plg）黏附在纤维蛋白凝块上，在链式凝血过程中被裹入。血纤维蛋白溶酶原通过人体内天然存在的纤溶酶原激活物［如组织纤溶酶原激活剂（t-PA）和尿激酶激活剂（u-PA）］激活后，血纤维蛋白溶酶会消化纤维蛋白凝块，释放可溶性的纤维蛋白——纤维蛋白原消化产物到血液循环中。纤溶作用可由纤溶酶原激活剂抑制剂和血栓素激活纤溶抑制剂抑制，后者还能促进纤维蛋白和纤维蛋白凝块的稳定。

因此，如果在血液环境中材料表面能够选择性吸附人体纤溶系统中的核心蛋白（如 Plg）及其激活剂（如 t-PA），这一类表面就能够模拟发生在生物体内纤维蛋白表面的天然溶栓过程[13]。Brash 教授及其合作者首先提出了通过表面固定赖氨酸分子以捕获 Plg 来构建纤溶表面的策略[14-17]。纤溶系统能够去除纤维蛋白沉积以改善血流量，并促进损伤和炎症后的愈合过程。

3.3.3　血液相容性的理论与假说

材料血液相容性的改善首先要有正确的理论指导。几十年来，科学家们对材料表面与抗凝血性的关系进行了大量研究，从表面化学、仿生学和分子工程学/分子生物学/细胞生物学的角度，提出了很多假说。表 3.2 综合了抗凝血材料研究和发展中的主要假说。

深入认识材料表面结构触发血液凝固机制对抗凝血材料的研究与发展极为重要。但是由于血液的成分以及凝血过程极为复杂（血浆蛋白虽然主要为清蛋白、纤维蛋白原和球蛋白三种，但蛋白质种类多达 10^5），而且目前用于表征植入材料和血液接触形成的界面组成、结构的方法十分有限，特别是由于植入材料与血液相互作用，导致血浆蛋白的组成、结构和构象发生凝血性变化的动态分析的困难，要彻底弄清材料触发血液凝固的机理并建立材料表面结构与凝血过程的关系还需做许多工作。近几十年来，这方面的研究虽然取得了一定进展，但对材料触发血液凝固的过程仅仅是有了大致的了解。

表 3.2　抗凝血材料的各种理论和假说

思想渊源	名称/内容
表面化学	低润湿性低表面张力
	最低临界表面张力最宜临界表面张力
	最小界面自由能最宜界面张力
	高色散力，低极性力色散力/极性力均衡
	微细粗糙结构微相分离结构
	分子"纤毛"假说、"弥散结构"假说
仿生学	负离子/负电荷
	肝素、血纤蛋白溶解酶等的表面固定
	仿磷酰胆碱结构
血液生理学	纤溶和溶栓
分子工程学	"主链-侧基协同作用"说
分子生物学	"维持正常构象"说
细胞生物学	"维持自然状态"说

已经提出的各种学术思想都有合理的一面，但也存在着不足之处。例如，仿生的研究思想是可取的，但仅从基团、电荷或表面不均匀性等方面直观的模仿，还缺乏深度，不能揭示其结构与功能的关系及其分子结构的内在本质。对材料种类及其组成的筛选和优化，固然不

失为提高材料抗凝血性的一种常用途径,但也仅仅只能做到在一定范围内的优化而已,工作量庞大,作用有限。研究材料表面理化性质与抗凝血性的关系,固然可以得到一些规律性的结果,但是由于材料表面的理化性质仅是材料表面化学和物理结构的宏观反映,而且材料与血液的作用过程极为复杂,因此这些规律性的结果对材料抗凝血性的提高很难有广泛的指导意义。材料与血液作用机理的研究对提高材料的抗凝性能具有指导意义。

为了解决抗凝血材料界面分子结构的设计问题,林思聪、沈健等在化学及分子生物学的基础上提出了相关的"主链—侧基协同作用"说[18]和"维持正常构象"假说[19,20],作为分子设计的理论基础。前者是在分子水平上回答为什么与合成高分子不同,生物大分子都具有其独特的构象和相应的生物学功能这个基本科学问题。而"维持正常构象"说则希望在分子水平上回答抗凝血材料、血液相容性材料和生物相容性材料等应具有什么样界面分子结构的问题,其内容有三点:

(1)血液与材料接触而引发的一系列生化反应,包括血液的凝固在内,在分子水平上都是起因于血蛋白/血细胞正常(天然)构象的改变。因此,作为抗凝血性生物材料,其表面的分子结构应能维持与其相接触的血蛋白/血细胞的正常构象。

(2)材料表面致使血蛋白/血细胞正常构象变化的力,主要有 3 类:①由于材料—血液界面的存在而产生的材料表面对它们的吸附力;②无界面存在时,材料表面分子与它们之间的分子间作用力,包括氢键、疏水键、色散力和静电力(离子间和偶极间)等;③心脏收缩时,血液对材料表面冲击而产生的反冲力。所以,作为抗凝血性材料,其表面的分子结构应能消除或减轻这三类力对血蛋白/血细胞正常构象的影响。

(3)抗凝血性生物材料表面的分子结构必须是海藻状的链结构,这种链结构是水溶性的,与蛋白质等生物大分子间的作用力小,有足够的链长,从而能在血液相中漂动。

鉴于血液环境的复杂性以及研究的深入,沈健等又进一步提出"维持自然状态学"说,其要点是:材料表面结构决定了材料的生物相容性;当材料与生命系统接触时,能够维持生命系统自然状态不变(例如蛋白质的结构、构象不变)的材料是生物相容性材料;表面带有两性离子结构的材料可以维持血液中蛋白质构象或自然状态不变,可以成为生物相容性材料,特别是血液相容性材料[21]。

因此,聚乙二醇链结构和带有环状(五元环或六元环)内盐结构的水溶性海藻状高分子链结构是血液相容结构。两性离子内盐型结构的血液相容性,已经得到广泛验证[22-32]。北京大学冯新德院士在《我国高分子化学研究 20 年来的进展概要》中评述,"提出设计抗凝血材料的表面结构的'维持正常构象假说',并发展了聚氨酯、聚硅氧烷、聚烯烃的表面接枝反应,合成了多种表面抗凝血性能良好的新材料。这些研究成果不仅在国际上产生了重要影响,而且对于我国生物医用高分子领域的发展奠定了基础"[33]。美国华盛顿大学生物工程系 Ratner 教授指出,PEG 及两性离子结构显示了与血液良好的相互作用,因而具有实际应用前景,是近年来抗凝血领域研究的重要进展[34]。国际生物材料科学与工程学会主席、中国工程院院士、美国工程院外籍院士、四川大学教授张兴栋评价"此假说对生物医用材料研究有重要意义"。

3.4　改善血液相容性的策略

如何提高材料的血液相容性一直是血液接触类生物材料研究的主要任务和中心内容。血液接触类医疗器械与血液接触时易形成血栓,出现并发症甚至导致死亡等问题,解决这一难题的根本途径便是改善这类医疗器械材料的血液相容性。表3.3列出了临床上常用于阻止凝血的药物的分类、作用机制及一些药物示例。

表3.3　临床用于阻止凝血的药物

药物分类	作用机制	药物示例
抗凝血药物	直接或间接抑制凝血酶活性	肝素,香豆素类抗凝剂,包括苄丙酮香豆素(华法林)、双香豆素、醋硝香豆素、双香豆素乙酸乙酯等,水蛭素,比伐卢定,阿加曲班等
纤维蛋白溶解药物	激活纤溶酶原转化成纤溶酶,从而对纤维蛋白凝块裂解	链激酶,尿激酶,蛇毒溶栓剂,阿尼普酶,组织性纤溶酶原激活剂(t-PA)等
抗血小板药物	抑制血小板的黏附与激活	阿司匹林,双嘧达莫(潘生丁),前列环素,噻氯吡啶,氯吡格雷,一氧化氮药物等

随着科技的发展,血液相容性的改善策略也在逐步发展和完善,目前的改善策略总体上分为生物活性(bioactive)、生物惰性(bioinert)和生物仿生(biomimic)策略[35](见表3.4)。

表3.4　改善材料血液相容性的策略

策　略	具　体　实　施
生物活性(bioactive)	肝素、水蛭素、尿激酶、溶栓剂、类肝素等表面固定或包埋;NO信号分子的产生(供体释放或催化释放)。
生物仿生(biomimic)	仿生血管内皮细胞层结构和功能
生物惰性(bioinert)	生物惰性无机涂层表面、白蛋白涂层表面、两性离子表面、超疏水表面、光滑表面、亲水性表面等

3.4.1　生物活性策略

生物活性策略是指将生物活性分子(例如抗凝剂、血小板抑制剂、纤溶试剂)引入到材料表面,以获得优异的抗凝血功能。

传统抗凝血理论认为材料表面和血液接触时首先是蛋白质和脂质的表面吸附。这些分子发生构象上的变化,导致血液中各成分发生相互作用。材料表面引起血栓生成主要有两种途径:凝血因子活化,导致纤维蛋白凝胶形成;血小板的黏附、释放和聚集,结果导致血小板血栓的形成。材料表面负载生物活性物质,如肝素、类肝素、白蛋白、一氧化氮供体和水蛭素等,不会引起凝血因子的活化,从而也不会引起纤维蛋白凝胶的形成。肝素结构中的三硫酸二

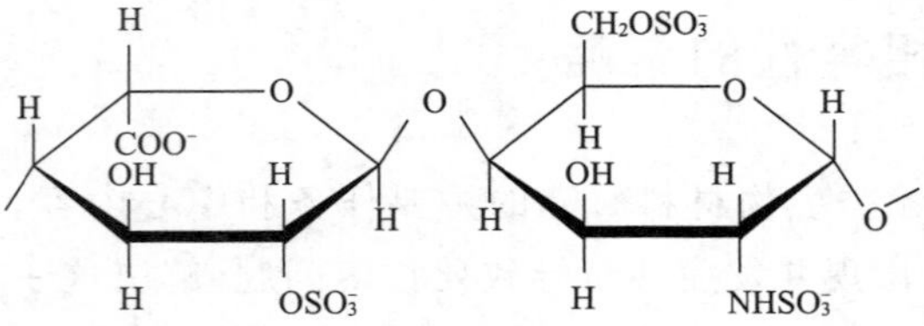

图 3.4　肝素结构中的三硫酸二糖单元

糖单元如图 3.4 所示。

1. 肝素

肝素是一类糖胺聚糖,由糖醛酸和葡萄糖胺以 1→4 键连接起来的重复二糖单位组成的多糖链的混合物,具有独特的五糖序列。肝素能够与抗凝血酶Ⅲ(AT-Ⅲ,又称肝素协同因子)结合,使 AT-Ⅲ构象发生变化,暴露出精氨酸中心,使其易与Ⅱα 的丝氨酸中心结合,从而抑制凝血的发生。目前,肝素是临床上使用最广泛的抗凝血、抑制血栓形成的药物。肝素可用于预防急性心肌梗死患者发生静脉血栓栓塞病,预防前壁透壁性心肌梗死病人发生动脉栓塞,也可用于妊娠者的抗凝治疗以及外科手术中预防血栓形成[36,37]。使用肝素虽然可以防止血栓的生成,但也只是权宜之计。因为全身注射肝素至少存在三个重要问题,即可能引起难以控制的出血、多器官功能障碍、不能防止材料对血液的其他反应,如免疫系统的反应等。

肝素化材料表面(负载肝素以缓慢释放或化学固定肝素)可以缓慢释放肝素或材料表面发挥肝素作用,达到抗凝血目的。肝素除了经典的抗凝血功能以外,还可以通过自身的结合位点与多种细胞生长因子(血管内皮细胞生长因子—VEGF、碱性成纤维细胞生长因子—bFGF 及转化生长因子—TGF)结合,从而具有调节细胞分化、黏附和增殖等多种生物功能。Hoshi RA 及其合作者将肝素共价接枝到膨体聚四氟乙烯(ePTFE)人造血管管腔表面,以调控其与血液及血管细胞之间的相互作用,经肝素修饰后的表面不仅能够显著抑制凝血反应的发生及血小板的黏附,还能促进内皮细胞的黏附、生长和增殖,并能抑制平滑肌细胞的增殖[38]。黄楠等通过将肝素共价键结合至具有丰富氨基的聚多巴胺/己二胺(PDAM/HD)涂层上,制备了一种多功能涂层 Hep-PDAM/HD。经过这种涂层改性的 316L 不锈钢材料表面血液相容性显著改善。人脐静脉血管内皮细胞(HUVEC)在表面的黏附、增殖、迁移及释放一氧化氮能力也大大提高,同时还能较大程度抑制人脐动脉平滑肌细胞(HUASMC)在材料表面的黏附及增殖[39]。黄楠等还通过静电作用将肝素固定至正电荷功能化后的 316L 不锈钢表面。研究表明,通过肝素的修饰,不仅能够改善材料表面的血液相容性,还能够抑制平滑肌细胞增殖及促进表面快速内皮化。与共价键结合的方法相比,通过非共价键结合至材料表面的肝素不仅保持了其原有的生物活性,还保持了其多功能性[40]。

2. 抗凝血酶-肝素复合物(antithrombin-heparin complex)

由于肝素的半衰期很短,结构不均一且具有一定的毒副作用,因此限制了纯肝素涂层材料的长期应用。Chan 等[41]利用蛋白非酶糖基化反应合成出了一种新型抗凝血酶—肝素共价复合物(antithrombin-heparin complex,ATH),它具有强大的直、间接抑制凝血酶活性和血液相容性优异等特性[42],是一种较理想的可用于体外循环管道表面改性的生物活性物质。ATH 还能抑制纤维蛋白结合的凝血酶活性,使结合有凝血酶的纤维蛋白血栓具有抗凝血活性[43],从而能有效抑制手术创面所介导的血液激活。Chan 等分别成功将 ATH 构建到PU 和金表面,取得了满意的抗凝血效果[44,45]。

3. 类肝素

从化学结构上看,肝素的抗凝血作用来源于肝素中磺酸基、羧酸基等功能基团。这些基团可使材料表面在血液中呈电负性,并表现出与肝素类似的抗凝血效果。类肝素化采用较多的功能基团是磺酸基。Ito. Y 等[46]曾用辉光放电技术在聚氨酯表面接枝聚乙烯基磺酸钠,随后他们又通过另一种方法将羧基和氨基磺酸基同时引入不饱和聚醚氨酯中。Silver 等[47]证明磺酸化的确能提高聚醚氨酯抗凝血性能。Hasdai 等[48]和 Weler 等[49]认为磺酸化的程度和分子质量大小可影响聚醚氨酯抗凝血性。刘海峰等通过化学固定磺酸化丝素蛋白来改善蛋白自身的凝血本性,促进内皮化[50]。Breitwieser 等磺酸化改性壳聚糖,达到改善抗凝血性能及抗菌性能的联合[51]。赵长生等首先分别利用肝素及对苯乙烯磺酸钠和甲基丙烯酸钠共聚物(类肝素物质)修饰氧化碳纳米管,再通过静电层层组装的方式将功能化的碳纳米管改性聚偏氟乙烯(PVDF)表面,所得到的肝素及类肝素修饰的材料表面不仅具有优异的抗凝血性质,还能够促进材料表面内皮化。虽然类肝素表面所黏附的内皮细胞数量略低于肝素化表面,但远高于未改性材料表面[52,53]。

4. NO 释放材料

NO 是一种血小板抑制剂,是由血管内皮细胞通过一氧化氮合成酶(NOS)氧化 L-精氨酸生成的,具有舒张血管、抑制血小板黏附和激活、促进内皮细胞生长、抑制平滑肌细胞扩散、调节免疫应答及促进伤口愈合等生理作用[54-56]。血管内壁中健康的内皮细胞层所产生的 NO 速率约为 $0.5 \sim 4.0 \ mol \cdot cm^{-2} \cdot min^{-1}$,从而保证血液流动顺畅[57-59]。亲核 NO 供体 N-偶氮烯二醇类(N-diazeniumdiolate,NONOate)和 S-亚硝基硫醇(RSNO)是目前常用的两类 NO 供体分子。NONOate 供体在酸性及加热条件下可以催化这一类 NO 供体分解产生 NO,而 RSNO 供体则通过亚铜离子催化、抗坏血酸催化或光照以产生 NO。袁江等通过原位还原法在电纺血管组织工程支架表面固定纳米金,从而催化血液中内源性 NO 供体释放 NO[60]。角蛋白中的双硫键可以在谷胱甘肽(GSH)的作用下断裂成巯基,从而催化内源性 NO 供体释放 NO。袁江等还电纺角蛋白复合血管组织工程支架并负载肝素,既可以防止凝血发生,又可以通过肝素和催化产生 NO 的协同作用,调控血管细胞的生长[61]。仿生血管内皮细胞层,可以将一些通过化学/生化反应能够产生 NO 的小分子化合物/药物与聚合物材料共混/掺杂或共价结合,赋予聚合物释放 NO 功能,使聚合物材料呈现良好的抗血小板黏附性能和抗菌性能,从而可用作与血液接触医用装置的抗血栓涂层、矫形装置的抗菌涂层等[62-65]。Smith 等于 1996 年首次将 NONOate 通过非共价键的方式分散在聚合物材料中,成功制备了具有 NO 释放功能的 PEG 及聚己内酯(PCL)膜材料[66]。Reynolds 等人将 NONOate 利用共价键结合的方式固定至 PU 的主链上[67]。Shishido 等将亚硝基谷胱甘肽(GSNO)及亚硝基-N-乙酰半胱氨酸(SNAC)共混于 PEG 和聚氧丙烯(PPO)的共聚物中,制备了一种具有释放 NO 功能的聚合物材料[68]。Handa 等[69]将 N-diazeniumdiolate 引入聚氯乙烯(PVC)导管,发现 NO 从导管中的释放速率与正常生理状态下 NO 释放速率相似并且能持续释放几天,且改性后的导管通畅率也有明显提高。Meyerhoff 等合成了一系列 NO 供体并修饰到不同基材表面[70-73],所得表面均显示出长期的抗凝血效果。West 等[74]将 NO

供体混入 PU 制备成膜,此膜可以显著促进内皮细胞的生长,抑制血小板的黏附和平滑肌细胞的增殖。Meyerhoff 等[57]利用亚硝基-N-乙酰青霉胺(SNAP)掺杂改性 CarboSil 聚合物,SNAP 能够在聚合物中稳定存在长达 8 个月(含量大于 88.5%),利用 SNAP 掺杂改性后的 CarboSil® 聚合物涂层改性 PVC 人造血管,植入兔静脉血管中 7 h 后相较于未改性聚合物材料具有更优异的稳定性及生物相容性。虽然这一系列材料具有良好的抑制血小板黏附的功能,但是供体在材料表面的储备量有限,这就限制了聚合物材料的长期应用。

5. 液晶态表面

几乎所有生物膜都具有典型的液晶结构。胆甾醇油烯基碳酸酯液晶与人体内各种组织和器官里与大多数液晶类型一致,而且在空间结构上与人体内的蛋白质和核酸的结构相似,均为螺旋结构。将液晶与其他材料共混,使材料表面形成液晶态,降低材料表面与血液之间的界面张力,可能有利于血液相容性的提高,以期获得具有抗凝血活性的生物材料[75]。周长忍等[76,77]将小分子亲水性胆甾醇液晶化合物氯甲酸酯(CC)引入聚醚氨酯基材料中,制备出 PEU/液晶复合材料,通过对其结构进行表征发现胆甾醇液晶化合物有利于改善聚醚氨酯材料的抗凝血性能。

6. 纤溶-溶栓表面

异体材料在接触血液时,凝血反应是不可避免的。当血栓形成之后,机体会自发启动纤溶系统(图 3.4),以溶解纤维蛋白凝块。纤溶是由组织型纤溶酶原激活剂启动的,也可以通过 FXIIa 活化激肽释放酶,再由激肽释放酶活化尿激酶型纤溶酶原激活剂。如果材料在接触血液时能够调动人体纤溶系统,从而迅速溶解初步形成但尚未对人体造成危害的血栓,就可以达到血液相容的目的。这种纤溶表面的概念突破了传统抗血栓思路,是从"溶解纤维蛋白"的角度设计材料表面。构建表面纤溶系统的关键在于材料能够从血液中选择性结合纤溶系统核心蛋白质——血纤维蛋白溶酶原(Plg)及其激活剂[如组织型纤溶酶原激活剂(t-PA)],通过二者之间的相互作用产生具有降解纤维蛋白活性的纤维蛋白溶酶,实现对初生血栓的溶解。ε-氨基和羧基自由的赖氨酸(ε-赖氨酸)对 Plg 及 t-PA 具有特异性亲和力,因此,ε-赖氨酸在材料表面的固定将有可能实现表面纤溶系统的构建。Brash 教授及其合作者首先提出通过表面固定 ε-赖氨酸分子以捕获 Plg 来构建纤溶表面的策略。现已充分证实纤溶表面这一概念的可行性,并发展了多种构建纤溶表面的方法[14-17,78]。陈红等将乙烯基赖氨酸单体(LysMA)与亲水性单体 HEMA 共聚至乙烯基功能化表面,从而实现表面赖氨酸的高密度固定[79]。

除了组织型纤溶酶原激活剂(t-PA)外,血纤维蛋白溶酶原还可被尿激型纤溶酶原激活剂(u-PA)、链激酶和葡激酶等激活。链激酶和尿激酶作为纤维蛋白溶解剂广泛用于临床。Sugitachi 和 Takagi[80]在各种材料上固定尿激酶以作用于纤溶酶原。Blattle 等将尿激酶固定在高分子材料表面,可以显著地改善材料的血液相容性[81]。用尿激酶修饰材料表面的缺点是它只能溶解已形成的血栓,而不能防止血栓的生成,且只能供短期用。显然,固定化酶的长期稳定性也值得关注。用尿激酶固定的材料在临床上已应用于淋巴导出线、血管缝合线以及排液用排泄管等。

7. 水蛭素等凝血酶抑制剂

表面固定抑制血栓形成的生理活性物质（如水蛭素，前列腺素等）在材料表面也可以改善抗凝血功能。水蛭素是一种小分子蛋白质，其分子量约为 6.9 kDa，发现于医用水蛭的唾液之中。与肝素相类似，水蛭素也具有极强的抗凝血功能，它是一种凝血酶的直接抑制剂，含有结合凝血酶的位点，能够通过直接与酶活性区域结合来抑制凝血酶的活性[82]。Berceli 等研究发现，涂覆了水蛭素的聚酯血管材料表面，在体外实验中有效降低了凝血酶的浓度[83]。Seifert 等利用水蛭素改性聚（乳酸-羟基乙酸）材料表面，改性后的材料表面不仅具有与肝素修饰表面相当的凝血时间，还能够抑制血小板在材料表面的黏附和激活[84]。此外，Alibeik 等研究表明，同时修饰有 PEG 与水蛭素的金表面可兼具抗污和抑制凝血酶的性质[85]。Phaneuf 等将重组水蛭素以共价结合的方式引入涤纶表面，经测试发现，水蛭素可以提高材料表面的抗血栓性、减缓血小板黏附和激活[86]。

3.4.2 生物惰性策略

生物惰性策略主要目的是阻止血液与材料表面之间的相互作用，尤其是非特异性蛋白质吸附，以阻止血小板的吸附从而实现抗凝血。生物惰性表面主要包括生物惰性无机涂层表面、白蛋白涂层表面、亲水性表面、超疏水表面、负电荷表面和两性离子表面等。

1. 生物惰性无机涂层表面

生物惰性无机涂层主要有金、碳化硅、陶瓷和类金刚石等。虽然生物惰性无机涂层在一定程度上可以削弱血小板的活化和炎症反应的发生，但是其质地较脆。作为心血管直接涂层，支架撑开时会发生局部断裂脱落，而且无机涂层大多数较硬，容易引起血管壁的损伤。

2. 白蛋白涂层表面

白蛋白是血浆中含量最丰富的蛋白质，具有高度的稳定性和水溶性。它的多肽链不会与血小板、白细胞或凝血系统中的酶受体发生相互作用，能够相对牢固地吸附于疏水性表面。Andrade 等[87]首先发现白蛋白涂层表面能够抑制蛋白吸附和血小板黏附。此后，研究者进行了白蛋白涂层和增加人工材料表面对白蛋白亲和力的研究，并开发出了商品化的重组白蛋白涂层[88]。但是，白蛋白涂层表面最大缺陷是结合的白蛋白会逐渐变性或被其他更高亲和力的蛋白所取代。

3. 亲水性表面

亲水性表面本身界面自由能较高，但材料与血液间的亲和力使得界面自由能大大降低，从而减少了材料表面与血液中各成分的吸附及其相互作用。目前主要的亲水性表面有接枝聚氧乙烯（PEO）、聚丙烯酸（PAA）、聚甲基丙烯酸（PMAA）、聚甲基丙烯酸羟乙酯（PHEMA）、聚丙烯酸羟乙酯（PHEA）、甲基丙烯酸缩水甘油酯（PGMA）、聚乙烯吡咯烷酮（PVP）以及聚甲基丙烯酸丁酯（PBMA）等。PEO 具有亲水性，易与水结合形成水合 PEO，水合 PEO 可以通过空间位阻排斥血浆蛋白；由于 PEO 的柔顺性，水合 PEO 可在材料表面运动，从而阻碍了蛋白质的黏附。用 PEO 接枝改性后的生物材料血液相容性有很大提高，但是接枝链密度、链长、链和蛋白质间的相互作用、蛋白的大小等因素都会影响 PEO 链对蛋白质的排斥作用。Kim 等[89]和 Woo 等[90]较早通过在材料表面接枝亲水性强的化合物(如 PEO)来实现较好的亲水表面。

4. 超疏水表面

超疏水表面本身界面自由能低,与血液中各组分相互作用较小,从而显示出较好的抗凝血性。江雷等[91]通过人工构筑的方法,将具有含氟侧链的聚氨酯高分子修饰到碳纳米管阵列表面,使得表面具有了极高的疏水性(水接触角>150°)。结果证明,这种具有碳纳米管阵列结构的表面能够极大地减少血小板的黏附与激活,从而有望成为潜在的新型生物医用材料。在材料中加入氟也是一种降低血栓形成性的策略,因为氟基的低表面能抑制蛋白质吸附和血小板黏附与活化。在制备过程中,含氟官能团倾向于集中在聚合物表面,这有利于氟表面的制备。作为扩链剂,氟烷基被用于制备抗凝血聚氨酯[92]。Tang 等开发了一些可用于聚氨酯的氟化表面改性添加剂[93]。有学者提出当材料表面亲水性和疏水性达到平衡时,两亲表面材料能够降低非特异性蛋白的吸附,显示出较好的血液相容性[94,95]。

5. 负电荷表面

血液中的红细胞、白细胞、血小板及部分血浆蛋白质等在血液环境中呈电负性,而血管内壁也带有负电荷,所以通常认为带负电性的血管内壁和负电性的血液组分的静电排斥作用是有利于抗凝血的。因此,使抗凝血生物材料表面也带上负电,则可以减少血栓的形成。

6. 两性离子表面

两性离子聚合物是指大分子链上同时带有阴阳离子基团的高分子。通常把正负电荷基团处于同一链节上的称为内盐型两性离子聚合物。常见的内盐型两性离子有磷铵、磺铵和羧铵三大类(如图 3.5 所示)。

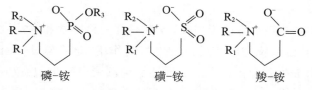

磷-铵　　　　　　　磺-铵　　　　　　　羧-铵

图 3.5　三种内盐型两性离子结构示意图

两性离子聚合物表面含有两性离子基团或阴阳离子端基基团混合物。带电端基官能团的溶剂化作用和氢键作用能使两性离子聚合物表面形成水合层[96],这种基于静电作用形成的水合层表面可有效阻抗非特异蛋白质吸附[97]。在血液接触材料表面接枝两性离子聚合物可大大提高材料的抗凝血性能。1978 年 Kadoma 等首次合成了 2-甲基丙烯酰氧基乙基磷酰胆碱(MPC),但合成路线长、产率低,未被广泛应用[98]。1982 年,Umeda 等改用新路线合成了 MPC 单体,但其熔点与之前报道的相差较大[99]。1990 年,Ishihara 等对 Umeda 等的方法进行改进并沿用至今[100]。Chapman 等合成了一系列带有活性端基的磷酰胆碱,可以通过材料表面的羟基或酰基氯固定[101]。研究表明,用磷酰胆碱对生物材料表面进行仿细胞膜外层结构的修饰,可显著增加材料的生物相容性。磷酰胆碱是磷脂所具有的一种双亲结构,极性头部既带有正电荷又带有负电荷,对水分子间的作用力扰动小,可与水分子形成牢固的水合层,减弱了与蛋白的相互作用。同时,由于磷酰胆碱(磷铵两性离子)具有柔性的疏水尾部,因此对于蛋白的吸附基本上为可逆吸附,被吸附的蛋白能保持天然构象。在"维持蛋白质正常构象学说"指导下,林思聪、沈健等在国际上率先开展羧铵及磺铵两性离子血液相容性研究[29,30,102]。实现两性离子功能化的方法主要包括涂层法、化学接枝法等。Wei等[103]合成了多巴胺端基的两性离子涂层,之后吴凌翔等[104]、邱勇智等[105]、闵斗勇[106]等分别合成了含有机硅的两性离子涂层,并将上述涂层应用到聚氨酯等生物材料表面。两性离子还可通过化学键合、表面接枝聚合(铈盐引发、臭氧活化引发等)构建到聚合物表面。随着可控聚合技术的发展,两性离子被可控构建到聚合物的表面。Matsuura等[107]首先用ATRP合成了巯基封端的聚羧铵两性离子,接着将其键合到纳米金粒子的表面。Zhang等[108]分别将羧铵和磺铵两性离子通过SI-ATRP构建到金表面,并比较了血液相容性。结果表明羧铵两性离子有更优异的抗蛋白质吸附功能和更长的抗凝血时间。Emmenegger等[109]分别将羧铵和磺铵两性离子通过SI-ATRP构建到金表面,并比较了表面对血浆的吸附。Sakur-agi等[110]发现羧铵型两性离子不仅能抑制蛋白质的吸附,还能抑制细胞的吸附和伸展变形。Tada等[111]指出羧铵两性离子共聚物能抑制蛋白质的吸附,大大降低表面对血小板和成纤细胞的吸附,并且会随着羧铵两性离子含量的增加而降低。沈健等在纤维素表面采用活性可控聚合(原子转移自由基聚合和可逆加成-断裂链转移聚合),构建了高密度、规整的两性离子聚合物,显著提升材料的生物相容性和抗生物沾污性能[112-115];通过在有机高分子或金属支架表面固定聚多巴胺,引入活性位点,再通过SI-ATRP将磺铵两性离子聚合物刷接枝到表面,提高生物相容性[116,117];较早将传统两性离子扩展到氨基酸型,并通过多巴胺方法固定到材料表面[118,119];较早设计并合成反向型磷铵两性离子并构建到材料表面,结果表明材料表面具有良好的血液相容性[120];还设计制备了超支化型两性离子聚合物刷修饰的金属支架,改性后的支架展示了优异的生物相容性[121]。鉴于两性离子的生物惰性,沈健等还率先提出协同两性离子的理念,并以此指导构建抗菌抗污表面[122,123]。

3.4.3 生物仿生策略

血管内皮层是目前唯——种能够真正意义上实现无血栓形成的表面。内皮化表面策略是基于仿生血管内皮细胞层,从而达到抗凝血的终极目标。此策略理论上最具有前景,因而引起持续的关注[124-126]。血管分为三层,分别为内皮细胞层内层、平滑肌细胞层中层和成纤维细胞层外层。血液与血管内皮细胞层直接接触,从仿生学出发,内皮化是最理想的状态。这是因为生物活体内的生物材料或器械所处生理环境(接触与浸润在有机大分子、自由基、酶、细胞、体液氛围里)极其复杂,而基于仿生化理念在材料表面培养人体内皮细胞使其内皮化,可能更有利于生物材料在体内长期留存。改善抗凝血性乃至血液相容性最理想的途径应是在生物材料的表面种植、培养血管内皮细胞。表面内皮化的途径一般可分为三种类型:(1)通过在基材上种植及培养内皮细胞,形成内皮细胞融合层后植入体内。(2)设计一种基材能够促进内皮细胞从附近的组织中迁移,并促进其黏附及增殖,主要应用于血管移植。(3)设计一种基材能够于血液中捕获内皮祖细胞(EPC)并促进其分化为具有功能的内皮细胞。直接在材料表面种植内皮细胞不仅繁殖慢,而且容易脱落。在材料表面先固定上细胞黏合蛋白(如纤连蛋白,FN)或特定多肽(如精氨酸-甘氨酸-天冬氨酸三肽,RGD),然后再在其上种植和培养内皮细胞,可以增加细胞层的牢固度。然而,固定纤连蛋白等生物大分子或通过 RGD 固定内皮细胞,也都存在如何提高固定化生物大分子和固定化内皮细胞的活性和抗凝血效果问题,这些问题的解决有赖于建立一个正确的材料表面分子结构模型以及在其指导下的分子工程研究。在材料表面固定某些选择性多肽,如酪氨酸-异亮氨酸-甘氨酸-丝氨酸-精氨酸(Tyr-Ile-Gly-Ser-Arg,YIGSR)、五肽及精氨酸-甘氨酸-天冬氨酸(Arg-Gly-Asp,RGD)三肽和精氨酸-谷氨酸-天冬氨酸-缬氨酸(Arg-Glu-Asp-Val,REDV)多肽,可以捕获血管内皮祖细胞 EPC[127],从而进一步分化为血管内皮细胞。

基因治疗技术在快速内皮化方面展现出巨大的应用前景。基因技术能够促进内皮细胞生长和增殖,有效加速内皮化进程[128]。Walter 等在心血管支架表面构建了含有 VEGF-2 基因质粒 DNA 的磷酰胆碱聚合物涂层,体内研究发现血管壁上有 VEGFR-2 的表达,并且该类支架可以显著促进支架表面的内皮修复[129]。冯亚凯等开展了基因工程化内皮细胞系统研究,并在国内率先将其应用于人工血管移植物表面的快速内皮化。他们设计并制备了一系列生物可降解的阳离子聚合物微球用作载体以压缩、负载目的基因,并转染血管内皮细胞。通过优化组成和构效关系,筛选出了高生物相容性同时高转染效率的载体,将目的基因安全高效地递送至内皮细胞,显著提高了促血管生成型蛋白的表达,进而加速了内皮化过程[130-132]。此外,为了实现目的基因精准细胞定位,他们采取共价修饰内皮细胞特异性黏附多肽 REDV 和半胱氨酸-丙氨酸-甘氨酸(Cys-Ala-Gly)的方法,开发了具有内皮细胞靶向功能的基因载体。在内皮细胞与平滑肌细胞的共培养体系中,基因载体能够选择性地转染内皮细胞。同时,通过配体/受体作用增强了入胞过程,提高了内皮细胞转染的选择性,并且进一步增强了内皮化[131-136]。

随着分子生物学的发展和检测手段的进步,冯亚凯等为了实现精准细胞核定位[137],提出了逐级靶向的思路,设计和制备了三组分基因递送系统。该系统利用具有细胞核靶向功能(核定位信号肽,脯氨酸-赖氨酸-赖氨酸-赖氨酸-精氨酸-赖氨酸-缬氨酸,Pro-Lys-Lys-Lys-Arg-Lys-Val)的阳离子基因载体、目的基因和具有内皮细胞靶向功能的阴离子聚合物,经过顺序静电自组装而制得。该基因递送系统的内核为载体和基因组成的二组分复合物纳米粒,其表面静电包覆的阴离子聚合物作为壳层。该系统首先主动靶向内皮细胞,随即被内吞进入内涵体/溶酶体,在酸环境下触发系统的壳层自动脱离,促进内涵体/溶酶体逃逸,释放基因复合物至细胞质,利用其细胞核定位功能,将目的基因主动靶向递送至细胞核,大幅度提高了转染效率,促进了内皮化[138,139]。

3.5　血液接触类材料或制品

根据材料或制品与血液接触途径,材料或制品可分为外部接入接触血液和植入体内直接接触血液两大类。外部接入接触血液的医疗器械主要有血袋、输血器、输液器、血管内导管、临时性起搏电极、氧合器、白细胞过滤器、血液吸附剂和免疫吸附剂等。植入体内直接接触血液的医疗器械主要有心脏瓣膜、血管移植物、体内药物释放导管和心室辅助装置等。生物医用复合材料是指由两种或两种以上的不同生物医用材料复合而成的生物医用材料，主要用于人体组织的修复、替换和人工器官的制造。人体骨骼就是由胶原、蛋白质与无机矿物质构成的一种纤维增强复合材料。第一代血液接触材料主要有硅橡胶和聚四氟乙烯，至今还被广泛用作低表面能和低摩擦涂层。

3.5.1 植入体内直接接触血液类材料或制品

心血管疾病治疗中获得广泛应用的介入材料和器械主要包括心血管支架、球囊扩张导管、导引导管、造影导管、扩张导管、引导鞘管、导丝、远端保护器械、血管闭合器械和堵闭器等；植入材料和器械主要包括人工血管、血管补片、人工心脏瓣膜、心室辅助装置、心脏起搏器等。

人工血管是许多严重狭窄或闭塞性血管的替代品，在心血管疾病的治疗中有重要的应用价值。人工血管多是以尼龙、涤纶（dacron）、聚四氟乙烯（PTFE）等为材料人工制造的。应用于临床的中、大口径人工血管已取得满意的效果。小直径血管由于急性血栓形成及中远期内膜增生狭窄等原因，常导致血管通畅率较低，未能满足临床需要。除了高分子材质人工血管外，还有碳涂层血管和生物混合型人工血管等。碳涂层血管把均匀镶嵌于血管内壁的碳原子与血管壁有机地结合成一体，与组织无反应。碳涂层微弱的负电荷能够排斥血小板在管壁的沉积，有效减少血栓形成；碳涂层不利于平滑肌细胞生长和扩散，可以减少间质增生，显著提高血管通畅率。为提高合成材料编织的人工血管与生物机体的更适应性，在表面涂上一层生物材料，这就是生物混合型人工血管。涂层包括白蛋白（可提高人工血管的抗凝性能）、纤连蛋白（可促进内膜形成，进而抑制凝血的发生）、胶原蛋白（能促进内膜形成，防止凝血发生，提高人工血管的顺应性）和明胶（有促进细胞黏附和生长的功能，从而在植入后能诱导内膜形成，防止凝血）等。

血管补片是用来修补由于血管瘤、血管狭窄等原因造成的血管瘘口。血管补片要求易于缝合且止血，在主动脉大血管运用较多。制作血管补片的材料和人工血管的材料相同，有聚酯纤维涤纶、聚四氟乙烯（PTFE）等合成材料。

心脏补片可用于修补心脏的心室间隔缺损及室壁修复等心室疾病的修补手术，同时也常常应用于房间隔缺损等心房疾病的修补手术。心脏补片可根据缺损情况进行任意裁剪，也可裁剪后作为各种手术的缝合垫片使用，其原料一般为涤纶。

血管支架是指在管腔球囊扩张成形的基础上，在病变段置入内支架以达到支撑狭窄闭塞段血管、减少血管弹性回缩及再塑形、保持管腔血流通畅的目的。按照应用部位，血管支架分为冠脉支架、脑血管支架、肾动脉支架、大动脉支架等。血管支架按照在血管内展开的方式分可分为自展式和球囊扩张式两种。前者如 Z 形支架及网眼状的支架等，其可在血管内自行扩张。后者自身无弹性，依靠球囊扩张到一定径值而贴附于血管内。血管支架按照表面处理情况分可分为裸露型、涂层型和覆膜型。裸露型表面仅作抛光处理；涂层型在金属表面涂以肝素、氧化钛等物质；覆膜型即在金属支架外表覆以可降解或不可降解的聚合物薄膜。血管支架材质有金属钽、医用不锈钢及镍钛合金等。图 3.6 是支架的构造及其植入方式的示意图。血管支架依附在球囊的表面,经过一种特殊的导管被运送至血管中发生病变的地方,利用球囊的压力将血管支架支撑起来,然后血管支架发挥其力学作用将血管壁支撑起来,保证血液的流通,最后将球囊导管移除,手术完成。

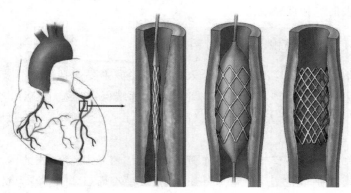

图 3.6 心血管支架的构造及其植入方式

金属支架应用临床治疗后取得了令人瞩目的疗效,但易形成血栓,再狭窄率高并且造成血管壁损伤等等。针对以上不足,目前已经研制开发出覆膜支架及生物可降解支架等。理想的金属血管支架应与血管功能的修复时间一致,镁基合金和铁基合金可降解,且具有较好的血管支撑力,可有效减少支架再狭窄。药物洗脱支架由金属支架、药物载体和药物组成。药物洗脱支架是在第一代金属裸支架的基础上采用浸涂法或者喷涂法将降低血液的凝固速率、抑制 SMCs 增殖功能的药物结合在支架表面。当支架植入人体后,药物以血管病变处为中心逐渐扩散,合理有效地控制病变部位的药物剂量,不仅可达到治疗的效果,而且合理的药物剂量不会对周围的血管和组织造成影响。该支架能够持续释放药物,抑制 SMCs 增殖或促进 HUVECs 生长,从而有效降低心肌梗死的发生可能。

血管导管主要为放置在大静脉中的中心静脉导管(CVC),包括放置在颈部颈内静脉、胸部锁骨下静脉和腋静脉、腹股沟股静脉以及手部深静脉上的一类导管。血管导管主要用于输送不能口服的药物或对细小外周静脉有损伤的液体、血液检测(特别是中心静脉血氧饱和度检测)以及中心静脉压测量。长期留置的血管导管极易出现血栓,会严重缩短血管导管的使用寿命。

心脏瓣膜病可导致患者血液循环异常,严重者可危及生命。人工心脏瓣膜是由机械或生物组织材料加工而成的人工装置(如图 3.7 所示),可用于替代具有病变的心脏瓣膜。它用来保障心脏正常工作,顺利推动血液单向循环流动。当心脏瓣膜病患者病情危急且无法恢复其心脏瓣膜的正常功能时,就必须通过手术为其更换人工心脏瓣膜。目前临床实践中使用的人工瓣膜

图 3.7 人工心脏瓣膜

可分为机械瓣膜和生物瓣膜两大类。前者机械强度高，但是缺乏血液相容性，后期可能会出现凝血的问题；生物瓣膜则可以保持自然瓣膜的原有外形，有较好的生物活性，术后不需要抗凝，但是其最大的问题是容易钙化、耐久性差，不能够在人体内长期服役。

静脉留置针可留置在人体静脉时间 2～7 d，利于对患者进行连续式、间歇式输液，减少反复穿刺而带来的血管损伤及精神痛苦。静脉留置针分开放式和密闭式，同时还可划分为普通型和安全型（即防针刺伤型）。留置针外周套管是留置针的关键部件，目前普遍采用的材料为氟化乙烯丙烯共聚物（FEP）和热塑性聚氨酯（TPU）。FEP 留置针套管具有较好的自润滑性、化学稳定性以及易加工性能，但存在易弯折（造成输液易堵）、对血管刺激性较大等不足；TPU 留置针套管具有温度致敏、对血管壁刺激性小、弹性好等优点，成为新一代留置针外周套管材料。当留置针外周套管导管留置于人体静脉时，与血液中成分发生一系列相互作用，包括蛋白质吸附、宿主细胞活化和细胞附着于套管表面，这些作用在套管表面易引发血栓及形成复杂的血栓肿块，血栓肿块甚至会导致静脉血流阻塞、血栓性静脉炎和栓塞等副反应。

组织工程血管支架主要包括脱细胞支架和其他技术方法制备的非生物支架。脱细胞血管骨架是应用生物或者化学的方法，将动物血管壁细胞成分脱去，保留血管壁基质纤维。这样既去除了异体血管的免疫原性，又保留了血管的基质纤维结构及强度、弹性等力学性能，植入受体体内时具有很好的生物相容性，能够更好地促进新生血管的形成，在动物实验中取得了比较好的效果。然而，脱细胞法中的血管支架来源于其他生物的血管，由于取材限制，其他生物相应口径的血管长度常常不足以支撑搭桥需要的长度，且限于伦理问题，因此应用前景有待考虑。静电纺织的方法生产小口径人工血管骨架是目前研究的热点。通过静电纺织技术生产的血管纤维骨架结构接近人体血管壁纤维结构，能够提供很好的新生血管生成条件。另外，还可用粒子沥滤技术、冷冻干燥技术、相分离技术、熔融纺丝技术和 3D 打印技术等方法制备血管支架。通过这些方法，可以使人工血管具有不同的微观结构，这对人工血管移植后的再生和重塑具有显著影响。其中，人工血管微孔结构至关重要，微孔过小会阻碍细胞浸润，而微孔过大又会产生血液渗漏等问题。

3.5.2 外部接入接触血液类材料或制品

外部接入接触血液类材料或制品主要包括储血袋及其导管、血液净化（血液透析）膜等。

储血袋用于血液及其成分的采集、分离、转移、储存和输注，主要包括全血袋、血小板袋和血浆袋等，它在一次性输血器具中占主导地位。储血袋的首要任务是在血液保存过程中保持血细胞的活力和功能。由于储血袋直接与血液接触，所以其性能要求较高，不仅对一般包装的卫生性、强度、柔韧性和密闭性等亚欧要求，而且要有良好的生物性能，如血液相容性、无溶血、无热源、血细胞存活率要达到规定要求，还应能耐高压蒸汽灭菌等。目前，储血袋基本上都是由医用聚氯乙烯（PVC）材料制成。然而，PVC 材料中残留的氯乙烯单体以及游离的邻苯二甲酸二（2-乙基己）酯（DEHP）增塑剂和热稳定剂会通过扩散、萃取进入血液或药液，进而进入人体，危害人体健康。因此，对医用 PVC 材料进行改性以及采用新材料替代

PVC 材料成为当前的研究热点之一,研究的领域可以分为:(1)在现有的 PVC 医用材料的基础上对配方进行改进,降低或消除增塑剂对血液产品的污染,同时提高血袋的力学性能;(2)研究开发新型非 PVC 医用材料用于血袋的生产。Courtney 等将环糊精与 PVC 共混,部分代替 DEHP 作为增塑剂。实验数据证明环糊精的结合可以降低纤维蛋白原的吸附,即血液相容性得到提高,并且具有降低 DEHP 迁移的潜力[140]。

真空采血管的原理是将有头盖的采血管试管预先抽成不同的真空度,利用其负压自动定量采集静脉血样,采血针一端刺入人体静脉后,另一端插入真空采血管的胶塞。通常试管材料有玻璃和聚苯二甲酸乙二醇酯(PET)两种。玻璃管以优质硼硅玻璃为材料,生产中进行酸洗、碱洗和内壁硅化处理,使其具有良好的化学惰性和生理惰性,以保证对血样分析的准确性。但其存在易碎、辐照变色等缺点。PET 管有良好的疏水性,耐辐照,且不易碎。个别采血管为了降低透水性及透气性,采用双层管设计,内层为聚丙烯(PP)管,外层为 PET 管。为了保证采集到采血管内血液样品能够满足预定的临床检验要求,需要在采血管内添加适于血液保存或能与血样反应的试剂,按添加剂的类别划分,主要分为促凝剂和抗凝剂两大类。促凝剂(SiO_2、凝血酶等)的加入可在临床检验中快速分离血清样本;不同种类的抗凝剂可与血中钙离子形成可溶性螯合物(EDTA 盐\柠檬酸钠)、草酸钙沉淀(草酸盐)或通过加强抗凝血酶活性(肝素)等阻止血液凝固。而对于特殊检验用途的采血管(游离 DNA/RNA、基因组 DNA/RNA 及单细胞如循环肿瘤细胞 CTC),还需额外加入不同功能的血样保存液。不同于添加剂的血样保存功能,某些种类采血管还需要加入小型塑料惰性球或分离胶类附加物(由疏水有机化合物和硅石粉组成),能够将血液中液体成分(血清)和固体成分(血细胞)彻底分离并积聚在试管中形成屏障,便于从血液中分离高质量的血清,分离胶可与促凝剂、肝素、EDTA 盐等搭配使用。此外,采血管内壁的涂层处理技术,具有减少血细胞破裂、加速血样凝结、不与血样或添加剂反应、协同提高血样保存功能等诸多优势。不同种类采血管的表面处理技术要求各异,行业上也缺少统一的技术标准要求,市场上采血管产品的功能实现与其真实的表面处理工艺并不一致。虽然采血管类产品对内部添加剂及附加物有严格的标准要求,可作为控制血液保存效果的先决条件,但其他相关要素(如试管表面处理技术、胶塞材料或涂覆表面与血样的接触分析等)至今尚未形成行业统一的标准要求,都是由制造商自行进行产品的性能验证。自动化仪器的大量使用及血液的保存对血样原始性状稳定性提出了更高的要求,使真空采血技术突破了仅仅只为安全的要求,其准确性、标本的原始性状、维持时间及管机配合、试管强度等性能指标都可以作为评价真空采血管品质的依据。

血液透析是急慢性肾功能衰竭患者肾脏替代治疗方式之一。它通过将体内血液引流至体外,在血液透析器中,血液与透析液通过弥散/对流进行物质交换,清除体内的代谢废物、维持电解质和酸碱平衡;同时清除体内过多的水分,并将经过净化的血液回输。透析膜与血液相接触,不可避免会引起机体的反应。将某些具有抗凝作用的物质固化在透析膜材料上,可抑制血液凝固,提高膜的生物相容性,还可降低肝素用量,并有可能实现无肝素化透析。研究结果显示,将肝素固定在聚丙烯腈-聚乙烯亚胺膜上,透析效果良好,并可减少透析期间的过敏反应；固化壳聚糖和肝素共价物的聚丙烯腈透析膜也显示了良好的血液相容性，并可抑制铜绿假单孢菌的活性，降低了细胞毒性反应。将肝素共价结合到聚醚砜表面，既保持了聚醚砜的力学性能，又能提高透析膜的抗凝血性能。

体外循环是利用一系列特殊人工装置将回心静脉血引流到体外，经人工方法进行气体交换、调节温度和过滤后输回体内动脉系统的生命支持技术。体外循环由血泵和人工肺构成。血泵的功能是在心脏停止跳动的时候替代心脏，维持血液的循环，将血从静脉引流回来再将血泵入动脉。人工肺（氧合器，Blood oxygenator）可替代肺的功能，在心脏停搏血液不流经肺脏时，排出二氧化碳吸入氧气，起到气体交换的功能。体外循环目前已经成为心脏直视手术的常规技术，然而由于体外循环系统人工材料的血液相容性欠佳，其与血液直接接触可引起术后的全身炎症反应，进而影响患者术后的临床转归。对体外循环管道进行表面改性，可以有效改善其血液相容性，减轻术后全身炎症反应。

3.6　血液相容性复合材料的复合技术

3.6.1　抗凝剂共混

共混复合是工业上普遍应用的一种方法，其特点为操作简单、应用范围广。抗凝血添加剂是指具有抗凝血功能的一些添加成分（如肝素、液晶、NO供体、两亲聚合物等）。将少量的抗凝血添加剂与基材进行共混，就可以得到性能较好的抗凝血材料。两亲共聚物作为抗凝血添加剂，进入基材本体后，为了减少界面自由能，有在基材表面富集的趋向。Ishihara 等[141,142]合成了一系列基于 MPC 的两亲共聚物，将其与聚砜共混，提高聚砜血液渗析膜的血液相容性。结果表明，少量的添加剂（质量分数为 1%）就可以显著提高聚砜的血液相容性，并且共混膜在 37 ℃的水中浸泡 7 d，添加剂的流失很少。他们还将 MPC-甲基丙烯酸异戊酯和 MPC-甲基丙烯酸环己酯的共聚物，加入 SPU 基材中，在很大程度上抑制了血小板黏附和蛋白质的吸附[143,144]。后将这种 SPU 共混物制成的 2 mm 人造血管移植入兔子的大动脉，七个月后仍工作正常，未发生凝血现象[145,146]。计剑等[147]将 ATRP法合成的 PLA-b-PMPC 共聚物与 PLGA 共混，发现材料表面血小板的黏附吸附量明显降低，血液相容性得到显著的提高。含 PEO 的嵌段共聚物也可作为抗凝血添加剂与材料共混来提高材料的抗凝血性[148-151]。为了防止抗凝血添加剂的渗出，Lee 等在共混中加入交联剂，成膜后加热使其交联，使添加剂链稳定地缠结在基材中[152]。Oh 等[153]利用 Cu^{2+} 在生物体内的氧化还原反应，先合成脂溶性的 Cu（Ⅱ）配合物，再将这些含 Cu（Ⅱ）配合物掺杂到增塑的 PVC 膜中，研究发现这种聚合物膜置于动物血浆或全血中时，膜表面释放 NO。

肝素与材料物理共混后，在材料与血液的接触面上持续缓慢地释放肝素，从而起到抗凝的目的。Moon HT 等[154]利用肝素-DOCA 共轭配合物与聚氨酯均匀混合成膜，然后肝素微粒会从膜中释放。肝素的释放速率可由肝素的量以及形成膜的厚度加以控制。Wang 等[155]首先制备了肝素化的壳聚糖，然后与大豆蛋白共混形成肝素化的壳聚糖/大豆蛋白分离复合膜,应用发现血小板黏附量降低、血浆复钙时间延长了 100 s,溶血率下降了 1%。Arica 等[156]将肝素与聚甲基丙烯酸羟乙酯水凝胶进行共混,溶血率下降 0.4%。黄楠等还将肝素和纤连蛋白(FN)联合固定,同时改善钛合金表面的血液相容性和内皮化性能[157]。

某些两亲聚合物或磺酸化离聚物也可以和聚合物共混,从而改善本体聚合物的血液相容性[158]。表 3.5 给出了部分与本体聚合物共混复合的齐聚物。聚丙烯-聚乙烯基吡咯烷酮-聚丙烯嵌段低聚物(PP-b-PVP)和 PP 共混制备 PP-b-PVP/PP 膜,和未添加膜相比,血小板黏附降低且凝血时间增长[159]。类似的,PU-b-PVP 低聚物可以和 PU 共混溶液浇注成膜[160]。类肝素聚合物可以和 PES 等共混成膜,材料的凝血时间显著延长,血小板黏附大大降低[161,162]。

表 3.5　部分与本体聚合物共混复合的齐聚物的结构

齐聚物	结　构
PP-b-PVP[159]	
PU-b-PVP[160]	
P(SSt-co-AA)-b--PVP-b--P(SSt-co-AA)[161,162]	

液晶化合物具有易膨胀性、低黏度和可流动性等优点,可与 PU 等高分子材料进行复合,制备新型的抗凝血材料。周长忍等[76,163]将小分子亲水性胆甾醇液晶化合物氯甲酸酯引入 PU 基材中,制备了 PU/液晶复合材料。结果表明,胆甾醇液晶化合物有利于改善聚醚氨酯材料的抗凝血性能。这主要是由于液晶在复合膜中是以液晶畴的形式均匀紧密地分散在聚合物中,且能形成连续的液晶相,在一定温度下,液晶相中的分子呈有序的流动,这与水、类脂(liposome)、磷脂(phorphatide)及特定的蛋白质组成的血管细胞中蛋白质能够在类脂中漂浮,类脂蛋白质可在膜中流动,流体、固体可在同一膜上存在的情况非常类似。屠美

等[164]将小分子亲水性胆甾醇液晶化合物引入 PU 基材中,制备了 PU/液晶复合材料。李立华等[165]用胆甾醇油烯基碳酸酯(COC)合成的液晶与聚硅氧烷共混,制成了聚硅氧烷/液晶膜。通过血液相容性实验表明,此材料具有较低的溶血率、较少的血小板黏附和优良的抗凝血性能。

静电纺丝技术能够制备直径从 50 nm 至 10 μm 的纤维,是目前最常用的人工血管制备方法。静电纺丝装置由注射泵、高压电源、接地金属棒和喷丝头组成。在高压电场中,喷丝头产生的纤维被收集到接地金属棒上,通过调节金属棒的转速、电压、喷丝头溶液流速和纺丝液浓度等参数,可以得到不同直径纤维的人工血管。通过改变纤维直径,得到较大孔隙率的人工血管支架,从而显著改善细胞浸润。通过调节纤维取向,能够诱导血管平滑肌细胞的再生及分布。通过同轴电纺,还可以制备包载细胞生长因子的多层管状血管支架[166]。Nakielski P 总结了电纺纤维和血液间的相互作用,指出纳米纤维在止血方面具有潜在应用[167]。

3.6.2 表面物理化学涂层(Coating)

用抗凝血涂层处理生物材料表面,具有操作简单、使用方便和表面均一的特点。常见的抗凝血涂层材料包括白蛋白、聚乙二醇、碳素、磷酰胆碱聚合物、血栓调节蛋白(thrombomodulin)、肝素、水蛭素、纤溶酶原激活剂(t-PA)等[168]。为了提高材料表面的抗凝血性,可以在生物材料表面涂覆抗凝血涂层,使生物材料表面钝化,即不让血液与材料表面直接接触。Campbell 等较早将 MPC 共聚物涂覆于材料表面,来提高抗凝血性能[169]。Ishihara 等[170-173]合成了多种 MPC 共聚物,将它们涂覆在基材表面,可以有效提高材料的抗凝血性能。基材对抗凝血涂层中磷脂基团的分布有重要作用,进而影响涂层的抗凝血性能[174]。表面涂覆一层血清蛋白,也能够显著的减少血小板的黏附和活化,提高材料的抗凝血性能[175,176]。

仅仅将涂层简单的物理吸附在基材表面,涂层的稳定性较差,在长期的使用过程中,涂层会从基材表面脱落。Lewis 等[177-179]合成了 MPC、甲基丙烯酸月桂醇酯、甲基丙烯酸羟丙酯和甲基丙烯酸三甲氧基硅丙酯的共聚物抗凝血涂层。这种涂层具有可交联性,交联后能够很好地维持其稳定性,并加强与基材表面的黏合力,可用于涂层易脱落或在使用过程中易发生形变的医疗器件。Wei 等[180]制备了基于甲基丙烯酸十八烷基酯和磷铵两性离子共聚物涂层。该涂层不仅可以在材料表面固定两性离子,还可以固定内皮生长选择性多肽,促进内皮化。Brynda 等[181-183]将肝素与血清蛋白共价结合,根据特定的设计,通过连续吸附技术,在生物材料表面形成共价交联的血清蛋白和肝素自组装体,制备了交互的多层次的抗凝血涂层。Lee 等[184,185]合成了含 PEO 的两亲嵌段和接枝共聚物,直接物理涂覆在生物材料表面。PEO 共聚物的涂层要比 PEO 均聚物的涂层稳定得多,因为共聚物中的疏水段与基材表面黏附力强,可以锚固定在基材表面。另外,还可以先将含有特征基团的涂层涂覆在基材表面,然后再进行紫外光照射或射线辐射对涂层进行交联或锚固定[186,187]。

肝素作为最常用的抗凝剂已被广泛用于各种医疗器械。表 3.6 给出了部分商业化肝素涂层技术。肝素固定化主要有两种策略：洗脱技术和化学固定技术。前者策略是利用物理包埋或静电作用固定肝素，然后使用时缓慢释放肝素，可以避免医疗器械导致的急性凝血。后者策略是利用化学方法将肝素永久固定在器械表面。

表 3.6　商业化肝素涂层技术列表[158]

技　术	公　司	技术描述	产　品
ASTUTE™ Advanced Heparin Coating(licensed to Medtronic plc as the TRILLIUM ® Biopassive Surface)	Biointeractions Ltd	肝素、聚环氧乙烷链和磺酸盐基团共价键合到亲水性基底层上	体外循环装置、血液透析导管
AMC THROMBOSHIELD® Treatment	Edwards Lifesciences, LLC	肝素与苯扎氯铵离子键合	医用导管
Atrium HYDRAGLIDE®	Atrium Medical（Maquet Getinge Group)	共价键结合肝素复合物	医用导管
BIOLINE® Coating	Maquet Cardiovascular, LLC(Maquet Getinge Group)	离子键/共价键固定肝素到白蛋白基底层	体外循环装置、血管移植物
CARMEDA® BioActive Surface（CBAS® Heparin Surface）(licensed to W. L. Gore & Associates, Inc. and Berlin Heart GmbH)	Carmeda AB(Carmeda AB is a wholly owned subsidiary of W. L. Gore & Associates, Inc.)	肝素通过末端连接与基质共价键合	体外循环设备（Medtronic plc)、心室辅助设备（Berlin Heart GmbH)、血管移植物、支架移植物、血管支架（W. L. Gore & Associates Inc.）
CORLINE® Heparin Surface(CHS®)	Corline Systems AB	肝素与多胺的大分子复合物	冠状动脉支架，肝素涂层试剂盒
DURAFLO II®	Edwards Lifesciences, LLC	肝素与苯扎氯铵离子键合	体外循环设备
Flowline BIPORE® Heparin	Jotec GmbH	肝素共价和离子键合	人造血管
Hepamed® Heparin Coating	Medtronic plc	肝素与基质共价结合	冠状动脉支架
PHOTOLINK® Heparin Coating	Surmodics, Inc.	肝素通过光化学键合	各种医疗器械
PM ® Flow Plus Heparin	Perouse Medical	肝素共价结合	人造血管

Gott[188]首次提出材料表面固定肝素的石墨-氯化苄铵盐肝素化（GBH 法）。这种方法采用离子键结合方式，先将带有大量正电荷的阳离子物质涂抹于与血液直接接触的人工

材料的内表面,通过正、负电荷的相互作用,将肝素固定在材料的内表面。但是当血液流经人造材料的内表面时,肝素易被血液中其他阴离子性的组分置换释放。尽管这种方法存在着不足,但这种结合方式能够维持肝素的天然构象,因此可以最大限度地优化抗凝效果。

Huang 等[189]设计制备了肝素/聚赖氨酸纳米粒子,然后将其固定到预先修饰多巴胺的不锈钢材料表面,通过肝素的缓慢释放,实现了不锈钢材料改性表面良好的血液相容性。Hong 等[190]则利用无机薄膜负载肝素/布洛芬,通过两种药物的可控缓释,获得了一类不溶血、可以抑制血小板黏附的生物相容性材料。罗鹏等[191]合成低分子肝素-抗凝血酶复合物,采用聚乙烯亚胺-戊二醛结合技术将其涂层到聚氯乙烯导管表面,稳定性和抗凝血性能效果明显。

碳是组成生物体的基本元素,具有优良的血液相容性。目前在心血管系统中的应用主要集中于低温热解碳、类金刚石碳沉积涂层[192-194]。这些碳涂层显示出优异的抗凝血性能,主要原因在于碳涂层可以使材料表面更容易吸附白蛋白和内皮细胞,减少血小板的黏附,从而提高材料表面的抗凝血性能[195]。以碳氢化合物热解生成的低温各相同性碳(LTIC)制成的人工心脏瓣膜拥有优异的血液相容性,在血泵和机械瓣膜表面获得了一定的应用。有研究认为[196],碳与血浆蛋白分子之间存在着独特的强相互作用,这种强相互作用会"钝化"其表面上吸附的纤维蛋白原分子,使它减少甚至失去进一步引发血小板黏附和活化的活性,由此降低材料表面对血小板的吸附,抑制凝血的发生。Lim 等利用石墨烯比表面积大的特点,吸附白蛋白制得两者偶联物,此涂层具有良好的抗凝血性能[197]。徐东等用羧基化改性方法增强氧化石墨烯血液相容性,可作为潜在的生物医用材料的填料[198]。

化学涂层本身与材料分子化合成键,因此稳定性相对物理涂层显著提高。最常见的化学涂层是利用硅烷化试剂进行桥连。吴凌翔等[104]和邱勇智等[105]合成了含有机硅的两性离子涂层,并将上述涂层应用到聚氨酯等生物材料表面。袁江等合成了 NCO 端基的两性离子聚合物涂层,适用于活性氢聚合物表面[199]。

多巴胺(Dopamine,DA)常被用作化学涂层材料。因为多巴胺在有氧化剂且弱碱性环境下会发生自聚合形成聚多巴胺,从而在多种基底材料表面实现黏附形成聚多巴胺涂层[200]。聚多巴胺不仅能黏附在几乎任何材料的表面,而且具有二次反应能力,改性后的表面还能进一步反应赋予其他功能[201]。多巴胺中邻苯二酚基团可通过配位与金属形成可逆的有机金属络合物,邻苯二酚被氧化成醌后增强其与憎水表面的相互作用,可自聚或与其他有机基团反应形成共价键。这种集配位作用、疏水作用、自聚合及共价键结合的多重黏附机理,赋予贻贝黏附蛋白及其衍生物水中黏附及"万能"黏附的能力[202,203]。Gong 等[204]将多巴胺接枝到 MPC-甲基丙烯酸酯聚乙二醇(PEG)共聚物的侧链上,多巴胺基团侧链摩尔含量可高达50%,能在水溶液中黏附固定在聚四氟乙烯、聚丙烯、聚碳酸酯、玻璃和不锈钢等材料表面,自动形成抗蛋白质吸附及血小板黏附性能优异、结构稳定的仿细胞膜结构涂层。

针对留置针套管凝血问题,可以将抗凝血物质通过疏水作用、范德华力作用、静电相互作用等物理作用涂覆于留置针套管表面。该方式制备简单、高效、无基底依赖性,但涂层稳定性略有不足。聚电解质复合物涂层为留置针套管抗凝血改性提供了较为切实可行的构建策略。抗凝血聚电解质复合物是通过负电荷的肝素钠与正电荷的表面活性剂电荷作用一步静电组装制备得到[205]。该复合物不溶于水、溶于有机溶剂,通过疏水或者范德华力作用在留置针外周套管表面及内腔构建抗凝血涂层,该过程简单高效,一步完成,并且涂层对基底材料的种类及形状无依赖性,具有优良的抗血栓形成性能和生物相容性。中科院长春应化所栾世方等对聚合物电荷复合物构建、结构性能和涂层构建进行了深入研究[206,207],利用一步静电组装分别制备了聚胍-硬脂酸钠、聚赖氨酸-双(2-乙己基)磺基丁二酸钠复合物,并成功将上述复合物作为涂层应用于制备抗菌型留置针外周套管中,研究复合物形成机制、涂层稳定性、抗菌性能、生物相容性,并将该涂层的留置针外周套管植入小鼠体内,与未涂层对比,该涂层具有优异的抗感染功能(图 3.8)。

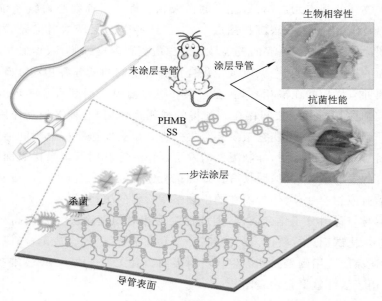

图 3.8　用于留置针抗菌、生物相容性涂层示意图[204]

3.6.3　表面处理和表面化学接枝

材料的表面处理和表面化学接枝,是指在物理力学性能适当的材料表面上构建特定的分子结构,提高材料的抗凝血性能或其他生物学功能,使得材料的物理力学性能与生物学功能相统一的一种重要的途径。常用的方法有化学试剂法、硅偶联剂法、等离子体法、辉光放电法、臭氧活化法等等,其中最常见的方法是硅烷偶联剂处理。Zhang 等先通过硅烷偶联剂处理硅橡胶膜片使负载仲胺基团,再置入高压 NO 中反应,制得可释放 NO 膜。兔子体外循环模型试验显示,处理后的硅橡胶膜能有效地抑制血小板的消耗和激活,防止血栓形成[64]。Frost 等[208]先用 3-氨丙基三甲氧基硅烷处理聚硅氧烷,再逐步与 N-乙酰-DL-青霉胺(NAP)和叔丁基亚硝酸酯反应,制得可光诱导控制释放 NO 的颗粒。Duan 和Gappa-Fahlenkamp 等[209,210]先用乙二胺表面处理 PET 和 PU 后,以戊二醛作交联剂分别固定 L-半胱氨酸(L-Cys)和 2-亚氨基四氢噻吩,获得了表面含有游离巯基改性 PET 和 PU。体外血小板黏附实验显示,在没有血浆蛋白存在时,含巯基的聚酯膜与 L-甘氨酸固定的膜有基本相似的血小板黏附性能;有血浆蛋白存在时,血小板在巯基固定的聚酯膜表面的黏附量比 L-甘氨酸固定的膜分别下降了 40%~50%。该结果表明聚酯表面的巯基可能会与贫血小板血浆中的一种或多种成分间相互作用,有助于防止血小板黏附到聚合物表面。

等离子体表面改性是一种改善生物材料血液及组织相容性的有效方法,该方法能有效保持生物材料的结构与性能[211]。等离子法沉积的聚合物薄膜的亲水性基团(如—OH、—COOH 等)往往暴露在外,因此薄膜表现出良好的亲水性,并且其不受血液浓度或黏度变化的影响。当血液流经聚合物薄膜表面时,会加快层流和湍流而减少涡流,因而大大减少出现凝血的机会。Perrenoud 等利用射频等离子体技术将肝素沉积在聚氯乙烯(PVC)和玻璃表面,在材料表面形成了肝素膜,与未改性的样品相比,表面含有肝素沉积膜的材料血浆凝固时间延长了 60%[212]。Kang 等首先通过等离子体处理,在聚氨酯表面引入羧基,然后通过活化的羧基与肝素的氨基偶合,制备了肝素改性聚氨酯[213]。徐志康等首先采用常压辉光放电的方法在聚砜(PSu)表面引入氨基(PSu-NH₂),然后将含有羧基的肝素通过共价键合的方式引入 PSu-NH₂ 表面。相较于未经肝素修饰表面,肝素化的 PSu 表面所黏附的血小板数量大幅下降,且呈未激活形态[214]。

环氧基团容易和肝素上的羧基、氨基和羟基反应。李刚等[215]和王安峰等[216]利用离子体在聚丙烯膜上产生自由基、引发甲基丙烯酸缩水甘油酯(GMA)接枝聚合,然后使肝素和 GMA 中的环氧基团反应,形成具有抗凝血性能的材料。

采用臭氧活化接枝所需设备简单,而且复杂的表面形状也可适用[217]。臭氧活化的化学本质是生成过氧化基团,进一步引发烯类单体进行接枝共聚。Ko Y G 等[218]用臭氧化法把含有丙烯酸酯端基的 PEG 和 PEG-SO₃⁻ 通过接枝共聚固定在聚合物(PMMA、PE、硅橡胶及 PU)表面。实验表明,臭氧化不仅发生在材料的表面,还可以渗透到基材内部,且臭氧化程度取决于聚合物的臭氧渗透性。血小板黏附实验结果表明,所有经过 PEG 修饰的表面与未处理表面相比所黏附的血小板更少。艾飞等[219]利用臭氧活化法在 PU 表面接枝 N,N-二甲基-N-(2-甲基丙烯酰氧基)乙基丙磺酸铵(DMAPS),表面基本不黏附血小板。

光化学固定法是指利用紫外或可见光将具有特定功能的分子或组分偶联到材料表面的方法。这种方法不需要复杂的仪器和苛刻的工艺条件,具有易于操作、反应迅速、成本较低、通用性广等优点[220]。有研究者研究发现,聚乙二醇(PEG)、聚乙烯吡咯烷酮以及聚磷铵两性离子聚合物等易于通过光引发固定到材料表面,有效改善了材料的血液相容性。

亲水性表面或表面接枝亲水性聚合物有利于提高材料的抗凝血性。亲水性聚合物尤其是聚氧乙烯(PEO),能够有效防止蛋白质吸附和血小板黏附。PEO 链的分子量和接枝密度是影响材料抗凝血性的关键因素,分子量越大其抗凝血性越好,但是当分子量超过 10 000 时,其抗凝血效果增加就不明显了。由于 PEO 的亲水性和独特的水溶解性,使得用 PEO 修饰的材料表面如同液体状态一样,聚合物的链表现出相当的柔顺性和活动性[221,222]。PEO链的快速运动可能会影响蛋白质和血小板与表面(界面)之间的微热动力学。PEO链在水中能够快速运动,具有较大的排斥体积,有利于对蛋白质和血小板的排斥,从而减少材料对它们的吸附[223,224]。具有海藻状PEO链的水溶性、柔顺性以及分子间作用力小等特点,还有利于材料表面对血蛋白和血细胞正常构象的维持。另外,PEO链与水之间的界面自由能很小,因此对蛋白质黏附和血小板吸附的驱动力较小[225,226]。

在材料表面引入生物活性物质可以抑制血液与外源材料的相互作用。多种生物活性物质都具有较高的抗凝血活性,可以通过吸附、离子键合、共价键合等方式在材料表面引入生物活性物质制成生物活性抗凝血材料。方法主要有两种:一种是制备具有抗凝(阻止血栓形成)功能的生物活性高分子材料,抗凝活性物质有凝血酶抑制剂(肝素、类肝素、水蛭素)、血小板抑制剂(双嘧达莫及NO)等;另一种是制备具有纤溶(溶解已形成的血栓)功能的生物活性高分子材料,纤溶活性物质有纤维蛋白溶酶、尿激酶和链激酶等。肝素可以通过与抗凝血酶的作用,间接抑制因子Ⅶa、Ⅳa、Ⅴa及Ⅱa(凝血酶)的活性[227]。对于提高表面抗血栓形成的能力来说,抑制血小板的黏附、激活及聚集与抑制凝血酶的活性同样重要。因此,除了凝血酶抑制剂以外,一些血小板抑制剂也被用于材料表面修饰以达到抗血栓的目的。屠湘同等[228]在聚氨酯链上导入活性氯甲基,再经三乙胺季铵化,以离子键固定肝素,抗凝血效果较佳。Han D K等[229]在聚氨酯表面共价间接接枝肝素,大大改善了材料抗凝血性能。共价结合提高了肝素的利用率,同时把材料原来的力学性能和肝素化的抗凝血性能的提高统一起来。为了克服由于共价键合而使材料的抗凝活性降低的缺点,林思聪等[230]结合聚氧乙烯间隔臂和化学放大原理将肝素固定到聚氨酯表面,这种策略不仅增加肝素的负载量,而且降低了由于共价结合肝素而造成的肝素天然构象发生改变的影响。Heyman等[231]以异丙醇为膨胀剂,将聚醚氨酯在碱液中水解,从而在聚醚氨酯表面引入了活性基团COO⁻和NH₄⁺。罗祥林等[232]也采用这种碱解方法对聚醚氨酯表面端基进行活化处理,然后接枝己二胺,最后进行肝素化,试验结果表明,抗凝血性显著提高。接枝(空间臂)的种类及长短,对改性材料的抗凝血性能有较大的影响。Aldenhoff等人将血小板抑制剂双嘧达莫修饰在PU表面,血小板在表面的黏附数量相较于未改性表面黏附数量显著降低,材料表面改性后能够有效抑制表面血栓的形成[233]。

水蛭素(Hirudin)是一种多肽,具有与凝血酶高度特异性结合、阻止凝血因子Ⅴ、Ⅷ、Ⅸ活化、阻断血小板释放和凝集、引起凝血酶原-血小板受体复合物的离解、从血管内皮转移活化的Ⅹ因子等生物功能,其抗血栓性优于肝素[234]。水蛭素被研究者广泛用于改性PET[235]、聚氨酯(PU)[236,237]、聚乙烯(PE)[238]、聚四氟乙烯(PTFE)[239]和镍钛合金[240]等材料表面,以提高材料的血液相容性。Berceli等研究发现,在体外实验中,涂覆了水蛭素的聚酯血管材料表面能够减少凝血酶的浓度[241]。

白蛋白、尿激酶等生物活性物质固定在高分子材料表面的方法也有报道,存在的问题与肝素化聚合物相似,即怎样能更好地使生物活性物质牢固地与高分子材料相结合,又能很好地保持原有的生物活性。Senatore等将尿激酶吸附在纤维胶原管的内表面,并利用戊二醛交联固定。将该材料作为动脉接枝植入狗体内，发现尿激酶修饰的血管接枝通畅率显著高于对照组，且在实验组动物体内检测到纤维蛋白降解产物[242]。Blattler W 等[81]研究表明，将尿激酶固定在高分子材料表面可以显著地改善材料的血液相容性。

纤溶酶原是一种含有赖氨酸结合位点的血浆蛋白，是人体血液纤溶系统的重要组分。具有纤溶功能的生物活性分子有纤维蛋白溶酶、尿激酶和链激酶等。纤溶酶原在人工材料表面结合能够改善材料血液相容性。研究表明，当材料表面结合较高密度的 ε-赖氨酸时，能够选择性结合血浆中的血纤维蛋白溶酶原(Pig)，在组织型纤溶酶原激活剂(t-PA)存在的情况下，表面所吸附的 Pig 能够被激活转变为血纤维蛋白溶酶，从而具有溶解初生血栓的能力[243-246]。McClung 等[247]利用光化学固定法将含有赖氨酸和二苯甲酮的聚丙烯酰胺涂层固定于聚氨酯表面，该表面能够大量结合血浆中的纤溶酶原，并且结合的纤溶酶原能够被组织型纤溶酶原激活剂(t-PA)激活为纤溶酶，从而能够溶解血凝块。研究还发现，该表面结合的纤溶酶原能够与血浆中的纤溶酶原自我交换，具有持续再生的能力，能够长期保持促纤维蛋白溶解活性。

阿加曲班是一种凝血酶抑制剂，对凝血酶具有高度选择性。阿加曲班通过抑制凝血酶催化或诱导的反应而发挥其抗凝血作用，具体包括抑制血纤维蛋白的形成、凝血因子 V、Ⅷ和 ⅩⅢ 的活化、蛋白酶 C 的活化及血小板聚集。Zhang Y 等[248]使用壳聚糖和透明质酸盐作为聚电解质，通过层-层自组装的方式，成功将阿加曲班加载到聚丙烯腈基膜上，从而完成透析膜的改良。

针对留置针套管凝血问题，可以在套管表面通过化学接枝方法引入抗凝血组分或抗污组分实现抗凝血性能。Smith 等[249]在导管表面通过氧化-还原聚合反应接枝磺铵两性离子，结果表明两性离子改性导管能有效地降低多种蛋白、细胞、细菌等在材料表面的黏附，同时具有优异的抗凝血性能。其抗菌机制是由于亲水性两性离子聚合物通过离子键与水分子发生水化作用，形成致密的水化层，此水化层可抑制蛋白、细菌、人体细胞等在导管表面的黏附和血栓的形成。该方法性能稳定、持久，但制备相对复杂；功能化过程通常会涉及多个步骤，制备成本较高以及很难在复杂形状材料/器械表面进行功能化。

3.6.4 表面内皮化

采用组织工程的途径促使材料表面内皮化是目前研究的热点之一。天然内皮细胞层是最佳的抗凝表面，并能降低免疫反应，抑制平滑肌细胞过度增殖，阻止内膜增生。因此，在心血管装置的血液接触表面上构建单层内皮细胞被认为是解决血栓形成风险的最有效手段。可以通过物理、化学和生物手段对材料表面修饰纤黏连蛋白、RGD 短肽序列、明胶、细胞生长因子等，以促进早期内皮细胞的黏附、迁移和增殖，最终在表面形成内皮层。最简单的方法是将材料浸入含有生物分子的溶液中，使生物分子附着于材料表面[250]。除物理吸附方法外，化学方法可以通过共价键将生物分子牢固地接枝或固定在表面上[251]。利用酸碱水解法，材料表面聚合物膜涂层中聚合物链之间的酯键可以被裂解和水解，从而形成羧基和羟基官能团，有利于生物分子的共价附着[252]。材料表面的羧基或羟基等化学活性基团可与生物分子中的氨基等其他官能团发生反应,形成共价键,固定生物分子[253]。巯基功能化的生物分子与含有丙烯酸衍生物的活性表面共价结合,可用于生物分子固定化[254]。生物分子固定在生物材料表面也可以通过点击化学进行[255]。利用聚合技术将两性离子共聚物应用于生物材料表面,提高表面的血液相容性,通过共价键为生物分子的黏附提供功能化位点[256]。在植入表面改性的心血管器械后,预计循环血液中的内皮祖细胞(EPCs)将在设备表面附着、迁移和增殖最终形成内皮层。然而,低浓度的EPCs可能会阻碍内皮化过程。静脉或冠状动脉内注入相关细胞可能是一种有效的方法,可以提高附着在器械表面所需细胞的数量。在动物模型中注入体外扩增的EPCs证实了植入支架内皮化的改善[257]。磁性诱导的EPCs的输注也显示了诱导的EPCs快速黏附在磁性支架上,导致支架表面迅速内皮化[258,259]。

3.7 与血液相互作用的评价与检测

3.7.1 评价与检测的意义、方法分类与比较

血液相容性是生物材料与血液接触时对血液破坏作用的量度,包括是否导致血栓、红细胞破坏、血小板减少或被激活,是否激活凝血因子和补体系统,是否影响血液中多种酶的活性和引起有害的免疫反应等[2]。血液相容性评价研究对于与血液接触类的医疗器械非常重要,而《医疗器械生物学评价 第4部分:与血液相互作用试验选择》(ISO 10993-4:2017)对医疗器械的血液相容性评价有重要的参考意义,它给出了评估器械和血液之间相互作用的一般要求和注意事项[260]。2017年4月发布的新批准代表了当前国际上医疗器械血液相容性最新理念和研究进展。山东省医疗器械产品质量检验中心侯丽等作了深入的解读[261]。以ISO 10993-4:2017为参考,我国正启动对现行国家标准(GB/T 16886.4—2003)的修订。但是,鉴于某些血液相容性的评价方法仍不成熟。采用不同的方法和不同的指标来评价,其结果可能相差甚远,甚至可能得出相反的结论。按照美国国立卫生研究院(NIH)的分类,目前评价材料抗凝血性的主要方法可分为体外的(in vitro)、体内的(in vivo)和半体内的(ex vivo)三大类。

体外法是指将被检测的材料与离开有机活体的血液直接接触后再进行评价的方法。其评价的内容包括血液主要成分(血浆蛋白、血小板、红细胞、白细胞等)的变化以及材料表面与血液接触后的情况。具体的方法如活化部分凝血酶时间(APTT)、凝血酶原时间(PT)和凝血酶时间(TT)测评,溶血率测评以及相应的红细胞形态观察,借助扫描电镜(SEM)观察被检测材料在与血液共同孵育一定时间后材料表面的血小板、蛋白及细胞的黏附团聚现象,通过试剂盒检测血小板激活以及免疫学方面的补体激活程度等。体外法比较容易受到检测环境的影响,并且因检测环境与活体内真实的血液环境差距较大,所以不可避免地导致检测结果的准确性不高。但因其具有简单快捷且经济的突出特点,所以体外法一般被用来进行新材料的初步筛选。

半体内法是指通过建立有机活体的体外血液循环,然后设置相应试验腔室,观察检测与血液接触的材料表面吸附血浆蛋白、血小板以及血细胞等的数量和形态变化。该法被认为在一定程度上兼顾了体外法的简单快捷和体内法努力营造的真实环境,所以在材料的血液

相容性评估中也被一些研究者所采用。半体内测定法是相对体内法而言的,它是从活体或在心脏外科手术时建立的体外循环中,从心血管系统直接使血液与材料接触。血液流经位于体外的受检材料管后的去向有两种:在分析血液充分变化后弃去;通过动静脉短路方式再回到体内循环。由于半体内法兼顾体外法快速、敏感及体内法较接近临床实际的优点,故被较多研究者采用。

　　体内法是指将与血液接触材料直接移植进入有机活体内,在基本接近未来实际使用状态的条件下来检测评估该材料的血液相容性。在该体系中,常规评价内容包括材料表面形成是否形成血栓及程度、活体内各脏器部位所产生微小血栓情况以及血液中主要成分的生理学变化等。这种评价方法因其将被检测材料设置于未来实际使用环境中,所以评测结果可信度很高,但其存在测评操作复杂、整个评估周期长、检测费用高昂的缺点。

　　体外法、半体内法和体内法各有其优势和不足,见表 3.7。

表 3.7　血液相容性的评价方法分类

名称	优点	不足
体外实验	方便、快捷、敏感、经济,可作为初筛实验	易受环境因素影响,准确性较差
半体内实验	方便、快捷,较为接近真实环境	实验手段(如分流导管等)的原因导致测定的结果产生偏差
体内实验	处于真实理想的测试环境,结果可信度高	周期长、费用高、操作复杂、差异较大

　　体外试验是用人或动物离体血液与受检的生物材料以某种方式接触一定时间后,观察血液成分变化或测定材料表面血液成分及数量,达到初筛目的。其中,溶血试验已被大量研究证实为敏感度很高的体外试验项目,我国标准已将其列为血液相容性评价诸多推荐方法中必须进行的试验。同时,动态凝血试验作为评价材料抗凝血性能的重要试验,已形成规范的标准方法,在标准中给出了具体详尽的试验步骤。相比较而言,半体内试验法因兼顾了体外法的方便、快捷及体内法较为接近真实环境的优点,而被许多研究者采用。因此,建立简单而有效的半体内评价模型是血液相容性评价中的一个重要问题。

3.7.2　与血液相互作用试验分类

　　ISO 10993-4:2017 按生物材料和器械与人体接触的性质进行分类,将其分为非接触器械、外部接触器械和植入器械三类。外部接触器械是指器械与循环血液间接和直接接触,作为通向血管系统的管路,又分为与血路间接接触(如输液器、输血器、注射器类)和循环血接触(如血管内导丝、导管、血液透析器等)两类。植入器械是指大部分或全部植入血管系统的器械,如心脏瓣膜、心室辅助装置等。

　　ISO 10993-4:2017 标准将血液相互作用试验类别由 2002 版的五类(血栓形成、凝血、血小板、血液学、补体系统)改为两大类:溶血试验(材料介导、机械介导)和血栓试验(体外试验和体内/半体内试验)(见表 3.8)。

表 3.8　与循环血液接触器械或器械部件和适用试验分类——外部接触器械和植入器械

器械举例	溶 血		血 栓				
	材料介导	机械力介导	凝血	血小板活性	补体	血液学	体内/半体内
外部接触器械 血液监测器	√		√	√		√	
血液贮存和输注设备(如输液器/输血器)、血液采集器械、延长器	√		√	√		√	
置入导管时间短于 24 h(如动脉粥样硬化切除术器械,血管内超声导管,冠状顺行/逆行灌注导管,导丝);插管	√		√	√		√	
置入导管时间长于 24 h(如肠外营养导管,中心静脉导管);插管	√		√	√		√	
细胞贮存器	√	√	√	√			
血液特异性物质吸附器械	√	√	√	√	√		
献血和机采治疗设备以及细胞分离系统	√	√	√	√			
心肺转流系统	√	√	√	√	√	√	√
血液透析/过滤器械	√	√	√	√	√	√	
白细胞分离器	√	√	√	√			
经皮循环支持器械	√	√	√	√	√	√	√
植入器械 瓣膜成形环、机械心脏瓣膜	√						√
栓塞器械	√						√
血管内植入物	√						√
植入式除颤器和复律器导线	√						√
主动脉内球囊泵	√	√					√
起搏器导线	√						√
(人工合成)血管移植物(片)、动静脉分流器	√						√
支架(血管的)	√						√
组织心脏瓣膜,血管植入物(片),动静脉分流器	√						√
人工心脏	√	√					√
腔静脉滤器	√						√
心室辅助器械	√	√					√

注:√表示新标准的项目选择。

3.7.3　血液相容性试验方法

为了方便使用者合理选择试验,ISO 10993-4:2017 标准中将与血液相互作用的试验进行分类(见表 3.9),同时还新增了一些新的血液相容性试验方法。此标准中推荐将试验结果与适当的对照(阴性对照)以及相同设计、材料和临床使用的已上市器械/材料的结果进行比较,来评价试验样品的血液相容性结果的可接受性。

表 3.9　医疗器械与血液相互作用

试验类型	常用试验	较不常用试验	不推荐试验
血栓试验	大体检测,阻塞百分比,光显微镜,扫描电子显微镜	流量减少,重量分析,通过器械后的压降,吸附蛋白质分析,成像技术	—
凝血试验	凝血酶(TAT,F1.2),纤维原(FPA),PTT	使用显色底物,纤维蛋白原和纤维蛋白降解产物(FDP),D-二聚体测定凝血酶的产生	APTT、PT 和 TT
补体系统试验	SC5b-9(C3a 可选)	Bb、C3bBb、C5a	CH-50、C3 转化酶、C5 转化酶
血小板试验	血小板计数和血小板激活产物(βTG、PF4、TxB2)以及 SEM(血小板形态学)	血小板黏附评估,血小板活化的流式细胞术分析,血小板微粒形成,放射性标记血小板的 γ 成像,血小板聚集测定	模板出血时间,血小板寿命(生存)
血液学试验	全血细胞计数、白细胞激活	流式细胞术测定白细胞激活,血细胞黏附评估,血小板白细胞复合物	网织红细胞计数

1. 体外试验

体外试验是评价医疗器械和材料的血液相容性有效的筛选工具。在进行动物试验和临床研究前,推荐接触血液的医疗器械从早期设计、材料选择及几何形状直到最终成品测试产品开发周期阶段中进行广泛的体外测试。体外试验需要考虑并规范的试验因素有试验系统中的全血体积、血液接触时间、血液温度、血流状况、抗凝剂类型和水平、试验系统本身接触血液的表面积以及与血液接触比例等。

ISO 10993-4:2017 将凝血、血小板、补体和血液学试验作为血栓试验的体外试验,即在某些情况下,凝血、血小板、血液和补体的组合测试可作为血栓形成试验的替代试验。但是,目前不同国家和地区监管部门对这方面的要求不同。

(1)凝血试验

通常采用 ELISA 试剂盒测定 TAT(凝血酶—抗凝血酶复合物)、F1.2(凝血酶原形成凝血酶时释放的蛋白质片段)和 FPA(形成纤维蛋白时从纤维蛋白原释放的蛋白质片段)、PTT(ASTM F2382)作为凝血指标(见表 3.9)。由于活化物质可掩盖由器械或其材料组分引起的任何活化,因此活化部分凝血活酶时间(APTT)在体外评估血液接触器械/材料的血栓形成时间中不推荐使用。此外,凝血酶原时间(PT)和凝血酶时间(TT)等指标通常也不推荐用于评估接触血液的医疗器械和/或材料。

(2)补体试验

补体激活通常在血液接触器械材料表面后不久的早期阶段发生。体外循环器械,特别是与血液大面积接触的器械(如血液透析器和心肺旁路系统等),补体激活是产生不良反应的重要因素之一。由于补体激活严格依赖表面接触,器械或材料的表面积对补体激活结果影响很大,样品制备时注意尽量不要选择浸提液法,而是选择直接接触法,并尽可能增大器械或材料与血液接触的表面积比例,以提高测试的反应灵敏度。但目前尚未得到与临床不良事件相关联的补体激活的器械与血液接触的表面积阈值。

（3）血小板试验

常用指标为血小板计数和血小板脱颗粒。一般可采用细胞分类计数仪测定血小板计数,酶联免疫吸附（ELISA）测定血小板脱颗粒。2019年我国发布27项医疗器械行业标准,其中包括《医疗器械与血小板相互作用试验　第1部分:体外血小板计数法》（YY/T 1649.1—2019）。

（4）血液学试验

血液学评价包含血细胞和血浆成分定量测定。常用的血液学评价方法为全血细胞计数和白细胞激活。全血细胞计数主要测定血液中白细胞和红细胞的数量或比例以及血小板数量,为器械/材料与血液成分相互作用提供基本信息。通过比较血小板和白细胞在与材料/器械接触前后的数量变化可推断激活的血小板和白细胞在血栓形成表面数量降低,为器械表面血栓形成提供依据。

（5）溶血试验

溶血被认为是一种重要的反映材料与血液相互作用的筛选试验。根据医疗器械的特性和使用方式,引起溶血反应的主要原因有以下三种:渗透压介导的溶血、机械介导的溶血、材料介导的溶血。2019年我国发布27项医疗器械行业标准,其中包括《医疗器械溶血试验　第1部分:材料介导的溶血试验》（YY/T 1651.1—2019）,可作为溶血试验的方法学参考。

2. 体内血栓形成试验

血栓主要发生在体内或半体内,在流动或静止的血管或器械区域由凝血、血小板和白细胞激活产生。

体内试验与体外试验相比,更能模拟临床最终用途,但由于与血液接触的医疗器械应用的多样性,决定了体内测试模型的多样性,因此选择合适的动物模型、种属差异性、试验成本、动物伦理以及缺乏相应的种属特异性的试剂盒等因素制约了体内试验的进行。对于体内植入的器械进行体内试验时,选择终产品或其部件,应尽可能地模拟临床实际使用条件,如植入部位、几何形状、接触周期、血流情况、无菌环境、抗凝过程等。另外,使用的抗凝剂类型与说明书中的类型和剂量也需要保持一致。

对于要在无抗凝或抗凝条件下静脉环境内植入的导管状器械,特别是评价新导管或新涂层、表征新材料、改变材料供应商、改变工艺的情况时,可选择非抗凝静脉植入模型和抗凝静脉植入模型,即在无或有抗凝剂的情况下,将植入物放置于大型动物（通常为2～3只）静脉至4 h。最常用犬股或颈静脉模型,测试材料/器械位于一侧静脉,对照材料或已上市对照器械放置在对侧部位。为防止器械—器械相互作用和/或血栓形成位置差异带来的偏差,通常采用交替试验和对照的植入位置。测试器械的结果宜等于或小于已上市对照产品的血栓形成。必要时可定制合适的器械样品以保证置入最多15 cm部件长度,同时保证与最终器械相同的材料比例。此版标准还特别指出,植入部位、植入技术、器械—血管壁接触程度、时间/接触期、材料表面状态、取出技术、植入物尺寸相对于血管直径的比例、抗凝剂等因素均对体内血栓试验有较大的影响,但由于器械种类的多样性、实验动物和操作者之间的差异以及当前认知水平的限制,目前还无法对植入模型建立标准化的方法。

试验完成后通过器械表面血栓情况(也可分析观察到的血栓重量和血管通畅性作为补充分析)、末端器官(如肺和肾)的血栓情况以及相关的血液分析进行评价,见表 3.9。

3.8　血液相容性材料的研究展望

过去数十年中,大量研究专注于开发优异的抗血栓表面改性,但直至目前也未能发展出一种完全有效抗血栓的策略。随着科学的发展和技术的进步以及各学科的融合,对血液相容性的理论和评价也会进一步深入,必将为血液相容性研究带来新的机遇。生物材料和器械在满足血液相容性的同时,还需要兼顾更多的生物功能。多学科融合、多功能协同是血液相容性材料的发展方向。

3.8.1　构建多功能抗血栓表面

随着研究的深入和应用实际,发现单一功能表面并不能真正意义上满足血液接触材料的要求。当血液接触设备植入体内时,除了要考虑到材料的抗凝血性能外,还需要考虑到材料的抗菌性能。在血液接触器械的植入过程中可能存在细菌、真菌和微生物的感染,这将会导致足以致命的炎症反应。因此,如何能够抑制细菌在血液接触材料的表面发生黏附及增殖,也是对材料性能非常重要的要求。Wang 等制备了基于丝素蛋白和壳聚糖的抗凝、抗菌双功能复合材料[262]。对于心血管植入材料,不仅需要抑制表面血栓的形成,还需要能够解决由平滑肌细胞增殖所造成的内膜增生的问题。Shen 等将内皮生长因子 VEGF 共价修饰到胶原支架表面,有效促进了内皮细胞的增殖及向支架内部迁移[263]。黄楠等先通过静电组装的方式将带有负电的肝素与带有正电的 Fn 先后固定钛表面,再固定 VEGF。所制备的 Hep/Fn/VEGF 生物功能涂层能够显著促进 EPC 及内皮细胞的黏附、铺展及增殖,并保持良好的生物活性[264]。黄楠等以植物多酚(单宁酸、没食子酸)和儿茶酚胺(多巴胺、去甲基肾上腺素)作为骨架材料,在温和的弱碱性水相条件下,通过一步分子/离子共自组装法,成功地在材料表面构建了以"铜-酚"和"铜-酚-胺"为网络结构的且具有界面一氧化氮催化功能的黏附涂层。该法巧妙地将铜离子的广谱强效抗菌性、铜离子的内源性一氧化氮供体催化活性和多酚的抗炎功能有机统一起来,实现了材料表面同步实现抗凝、抗菌和抗炎三重功能。研究表明,这种简单高效的结合不仅赋予了材料表面多重功能,相较于其他多功能血液接触材料表面改性所涉及的复杂工艺,该法不仅工艺简单、条件温和、友好,而且成本低廉[265,266]。

3.8.2　多种策略协同

鉴于血液环境的复杂性与对材料性能的多性能要求,要求多种策略协同构建血液相容性表面。在材料表面通过 PEG 间隔臂固定肝素,就是同时利用了生物活性和生物惰性两种策略。基于两性离子策略或亲水策略设计的表面,尽管能够显著降低血液中非特异性蛋白的吸附,但是同样会使细胞难以黏附于表面,难以进行材料表面的快速内皮化。如果能够协同其他策略,选择性吸附血液中白蛋白、抗凝血酶、纤溶酶原和组织纤溶酶原激活剂等"友好"蛋白将会更加完美。Ji 等将促内皮细胞黏附因子 REDV 共价固定到两性离子聚合物材料表面,将两性离子聚合物抗污性质与 REDV 对内皮细胞的特异性结合在一起,在排斥蛋白非特异性吸附的同时促进了内皮细胞在表面的黏附,抑制了平滑肌细胞的增殖[254]。血管内皮细胞依赖多种机制来维持血液流动性,包括抗污、抗凝血、抗血小板黏附和促纤溶(凝块破坏)。一些仿生策略包括超润滑液态氟碳[267]、血栓响应性纤溶水凝胶[268]和 NO 释放涂层[269]等,正在开发中。沈家骢、计剑提出,按照和血液接触时间的长短不同,可采用不同的策略改善血液相容性。对于和血液短期接触的材料,如介入医用球囊和导管,其和血液接触的时间通常小于 24 h,其抗凝血特性通常可通过对材料的生物惰性设计,通过聚氧乙烯或两性离子聚合物的表面抗污(non-fouling)处理实现;对于和血液接触时间大于 24 h,但并不永久植入体内的器件,如中心静脉导管,其抗凝血特性通常通过设计长效负载或控释抗凝血活性物质,如肝素、尿激酶等,通过抗凝血活性物质对凝血途径的抑制和阻断来实现;对于需永久植入人体的心血管医用材料,如心脏冠脉支架和外周血管支架等,其永久的抗凝血功能需要通过在材料界面复合具有正常生理功能的内皮细胞,通过血管内皮的原位愈合实现。相对前两类材料,第三类材料具有更重要的血管修复功能,但也面临更大的挑战,是近年来心血管医用材料研究的焦点内容[270]。

3.8.3 生物打印技术

生物打印技术的出现使生物复合抗凝血材料和制品的快速制造成为可能。3D 打印制造人造血管可以减少溶剂浇注成型工艺制造人造血管中构建支架所需的步骤。打印制造人造血管的关键是要找到合适的打印材料,要有与移植血管相似的物理特性以及生物相容性,必须与毛细血管周围细胞和内皮组织相容,以及具有可用于 3D 打印的可加工特性。早期 3D 打印制造人造血管是以聚氨酯为材料,随后出现了 3D 打印与静电纺丝相结合的技术。近年来,科学家们尝试以蛋白质或皮肤细胞为材料制作一种凝胶作为 3D 打印的"墨水"。这样,通过 3D 打印制造出来的人造血管除了具有和真实血管一样的结构外还充斥着细胞,进一步提高了人造血管的生物相容性。目前已有科学家使用 3D 打印技术制造出直径为 75 μm 的人造血管,但这与人体内负责输送营养与排出垃圾的毛细血管相比仍然较大。因此,人们希望将 3D 打印制造出来的人造血管构置到组织器官当中,这样细小的血管便会与组织器官一起生长[271]。通过 3D 打印制造人造血管可以选择不同的材料、大小,用于适配人体内的不同环境,未来在医学上的应用前景十分广阔。

参考文献

[1] BENJAMIN E J,MUNTNER P,ALONSO A,et al. Heart disease and stroke statistics-2019 update:a report from the american heart association[J]. Circulation,2019,139(10):56-528.

［2］ GORBET M B,SEFTON M V. Biomaterial-associated thrombosis:roles of coagulation factors,complement, platelets andleukocytes[J]. Biomaterials,2004,25:5681-5703.

［3］ GOOSEN M F A,SEFON M V. Properties of a heparin-poly(vinyl alcohol)hydrogel coating[J]. J Biomed Mater Res,1993,17:359-361.

［4］ BELANGER M C,MAROIS Y,ROY R,et al. Selection of a polyurethane membrance for the manufacture of ventricles for a totally implantable artificical heart:blood compatibility and biocompatibility studies[J]. ArtifOrgans,2000,24:879-888.

［5］ OTTLINGER M E,PUKAC L A,KARNOVSKY M J. Heparin inhibits mitogen-activated protein kinase activation in intact rat vascular smooth muscle cells[J]. J Biol Chem,1993,268:19173-19186.

［6］ HERBERT J M,CLOWES M,LEA H J,et al. Protein kinase C alpha expression is required for heparin inhibition of rat smooth muscle cell proliferation in vitro and in vivo[J]. J Biol Chem,1996,271: 25928-25933.

［7］ AU Y P,DOBROWOLSKA G,MORRIS D R,et al. Heparin decreases activator protein-1 binding to DNA in part by posttranslational modification of Jun[J]. Circ Res,1994,75:15-23.

［8］ NUGENT M A,KARNOVSKY M J,EDELMAN E R. Vascular cell-derived heparan sulfate shows coupled inhibition of basic fibroblast growth factor binding and mitogenesis in vascular smooth muscle cells[J]. Circ Res,1993,73:1051-1068.

［9］ DEWANJEE M K,PALATIANOS G N,KAPADVANJWALA M,et al. Neutrophil dynamics and retention in lung,oxygenator,and arterial filter during cardiopulmonary bypass in a pig model[J]. ASAIO J,1994,40:547-568.

［10］ SERRUYS P W,EMANUELSSON H,VAM DER GIESSEN W,et al. Heparin-coated palmaz-schatz stents in human coronary arteries. Early outcome of the benestent-II pilot study[J]. Circulation,1996, 93:412-432.

［11］ KWON J,KOH Y,YU S J,et al. Low-molecular-weight heparin treatment for portal vein thrombosis in liver cirrhosis:Efficacy and the risk of hemorrhagic complications[J]. Thromb Res,2018,163: 71-76.

［12］ IHADDADENE R,LE G G,DELLUC A,et al. Dose escalation of low molecular weight heparin in patients with recurrent cancer-associated thrombosis[J]. Thromb Res,2014,134(1):93-95.

［13］ ANGLESCANO E. Overview of fibrinolysis:plasminogen activation pathways on fibrin and cell surfaces[J]. Chem Phys Lipids,1994,67/68:353-362.

［14］ WOODHOUSE K A,BRASH J L. Adsorption of plasminogen from plasma to lysine-derivatized polyurethane surfaces[J]. Biomaterials,1992,13(15):1103-1108.

［15］ WOODHOUSE K A,BRASH J L. Plasminogen adsorption to sulfonated and lysine derivatized model silica glass materials[J]. J Colloid InterfSci,1994,164(1):40-47.

［16］ WOODHOUSE K A,WEITZ J I,BRASH J L. Interactions of plasminogen and fibrinogen with model silica glass surfaces:Adsorption from plasma and enzymatic activity studies[J]. J Biomed Mater Res, 1994,28:407-415.

［17］ WOODHOUSE K A,WEITZ J I,BRASH J L. Lysis of surface-localized fibrin clots by adsorbed plasminogen in the presence of tissue plasminogen activator[J]. Biomaterials,1996,17(1):75-77.

［18］ 林思聪. 蛋白质的天然构象与高分子生物材料的生物相容性[J]. 高分子通报,1998(1):2-11.

[19] 林思聪.高分子生物材料分子工程研究进展(上)[J].高分子通报,1997(1):1-7.

[20] 林思聪.高分子生物材料分子工程研究进展(下)[J].高分子通报,1997(2):12-17.

[21] 沈健,李利,崔益华.复合材料新进展[M].延吉:延边大学出版社,2006.

[22] 袁江,袁幼菱,沈健,等.聚氨酯表面构建磺铵两性离子结构及其抗血小板黏附性的研究[J].高等学校化学学报,2003,24(5):916-919.

[23] ZHANG J,YUAN J,YUAN Y L,et al. Platelet adhesive resistance of segmented polyurethane film surface-grafted with vinyl benzyl sulfo monomer of ammonium zwitterions[J]. Biomaterials,2003,24(23):4223-4231.

[24] YANG Z M,WANG L,YUAN J,et al. Synthetic studies on nonthrombogenic biomaterials 14:synthesis and characterization of poly(ether-urethane)bearing a zwitterionic structure of phosphorylcholine on the surface[J]. J Biomater Sci-Polym Ed,2003,14(7):707-718.

[25] YUAN Y L,ZHANG J,AI F,et al. Surface modification of SPEU films by ozone induced graft copolymerization to improve hemocompatibility[J]. Colloid Surf B-Biointerfaces,2003,29(4):247-256.

[26] 袁江,沈健,林思聪.苯乙烯型磺酸铵内盐单体的合成及其聚合物的抗血小板黏附性能[J].应用化学,2003,20(3):269-271.

[27] ZHOU J,YUAN J,ZANG X P,et al. Platelet adhesion and protein adsorption on silicone rubber surface by ozone-induced grafted polymerization with carboxybetaine monomer[J]. Colloid Surf B-Biointerfaces,2005,41(1):55-62.

[28] YUAN J,SHEN J,LIN S C. Blood compatibility of polyurethane surface grafted copolymerization with sulfobetaine monomer[J]. Colloid Surf B-Biointerfaces,2004,36(1):27-33.

[29] YUAN J,ZHANG J,ZHOU J,et al. Platelet adhesion onto segmented polyurethane surfaces modified by carboxybetaine[J]. J Biomater Sci-Polym Ed,2003,14(12):1339-1449.

[30] YUAN Y L,AL F,ZHANG J,et al. Grafting sulfobetaine monomer onto the segmented poly(ether-urethane)surface to improve hemocompatibility[J]. J Biomater Sci-Polym Ed,2002,13(10):1081-1092.

[31] YUAN Y L,AI F,ZANG X P,etal. Polyurethane vascular catheter surface grafted with zwitterionic sulfobetaine monomer activated by ozone[J]. Colloid Surf B-Biointerfaces,2004,35(1):1-5.

[32] YUAN J,ZHANG J,ZANG X P,et al. Improvement of blood compatibility on cellulose membrane surface by grafting betaines[J]. Colloid Surf B-Biointerfaces,2003,30(1-2):147-155.

[33] 冯新德.我国高分子化学研究 20 年来的进展概要[J].化学通报,1999(10):1-6.

[34] Ratner B D. The catastrophe revisited:Blood compatibility in the 21st Century[J]. Biomaterials,2007,28:5144-5147.

[35] QI P K,MAITZ M F,HUANG N. Surface modification of cardiovascular materials and implants[J]. Surf Coat Technol,2013,233:80-90.

[36] SKELLEY J W,KYE J A,ROBERTS R A. Novel oral anticoagulants for heparin-induced thrombocytopenia[J]. J Thromb Thrombolysis,2016,42(2):172-178.

[37] MA L,CHENG C,NIE C X. Anticoagulant sodium alginate sulfates and their mussel-inspired heparin-mimetic coatings[J]. J Mater Chem B,2016,4(19):3203-3215.

[38] HOSHI R A,LITH R V,JEN M C,et al. The blood and vascular cell compatibility of heparin-modified ePTFE vascular grafts[J]. Biomaterials,2013,34(1):30-41.

[39] YANG Y,QI P,WEN F,et al. Mussel-inspired one-step adherent coating rich in amine groups for co-

valent immobilization of heparin:hemocompatibility,growth behaviors of vascular cells,and tissue response[J]. Acs Appl Mater Interfaces,2014,6(16):14608-14620.

[40] YANG Z L,TU Q F,WANG J,et al. The role of heparin binding surfaces in the direction of endothelial and smooth muscle cell fate and re-endothelialization[J]. Biomaterials,2012,33(28):6615-6625.

[41] ANTHONY C,BERRY L R,O'BRODOVICH H,et al. Covalent antithrombin-heparin complexes with high anticoagulant activity. Intravenous,subcutaneous,and intratracheal administration[J]. J Biol Chem,1997,272(35):22111-22117.

[42] KLEMENT P,DU Y J,BERRY L,et al. Blood-compatible biomaterials by surface coating with a novel antithrombin-heparin covalent complex[J]. Biomaterials,2002,23(2):527-535.

[43] SMITH L J,MEWHORT-BUIST T A,BERRY L R,et al. An antithrombin-heparin complex increases the anticoagulant activity of fibrin clots[J]. Res Lett in Biochem,2008:639829.

[44] SASK K N,BERRY L R,CHAN A,et al. Modification of polyurethane surface with an antithrombin-heparin complex for blood contact:Influence of molecular weight of polyethylene oxide used as alinker/spacer[J]. Langmuir,2012,28(4):2099-2106.

[45] SASK K N,ZHITOMIRSKY I,Berry L R,et al. Surface modification with an antithrombin-heparin complex for anticoagulation[J]. Acta Biomater 2010,6:2911-2919.

[46] ITO Y,LIU L S,IMANISHI Y. Synthesis and antithrombogenicity of heparinized polyurethanes with intervening spacer chain of various kinds[J]. Biomaterials,1991,12(4):390-396.

[47] SILVER J H,MARCHANT J W,COOPER S L. Effect of polycol type on the physical properties and thrombogenicity of sulfonate containing polyurethanes[J]. J Biomed MaterRes,1993,27:1442-1457.

[48] DAVID H,NEHEMIA B,ALEXANDER B. The non-antithrombotic therapeutic potential of heparin and related heparinoids in cardiovascular diseases[J]. Coronary Artery Dis,1994,5(1):81-91.

[49] WEILER J M,EDENS R E,LINHARDT R J,et al. Heparin and modified heparin inhibit complement activation in vivo[J]. J Immunnol,1992,148:3210-3215.

[50] LIU H,LI X,NIU X,et al. Improved hemocompatibility and endothelialization of vascular grafts by covalent immobilization of sulfated silk fibroin on poly(Lactic-co-glycolic acid)scaffolds[J]. Biomacromolecules,2011,12(8):2914-2924.

[51] BREITWIESER D,SPIRK S,FASL H,et al. Design of simultaneous antimicrobial and anticoagulant surfaces based on nanoparticles and polysaccharides[J]. J Mater Chem B,2013,1(48):2022-2030.

[52] NIE C,MA L,CHENG C,et al. Nanofibrous heparin and heparin-mimicking multilayers as highly effective endothelialization and antithrombogenic coatings [J]. Biomacromolecules, 2015, 16 (3): 992-1001.

[53] 孙树东,赵长生. 血液接触高分子膜材料的"类肝素"改性[J]. 高分子材料科学与工程,2014,30(2): 210-214.

[54] MARLETTA M A. Nitric oxide synthase structure and mechanism[J]. J Biol Chem,1993,268(17): 12231-12234.

[55] ASLAN M,FREEMAN B A. Oxidases and oxygenases in regulation of vascular nitric oxide signaling and inflammatory responses[J]. Immunol Res,2002,26(1-3):107-118.

[56] EFTESTOL T,SUNDER K,STEEN P A. Effects of interrupting precordial compressions on the calculated probability of defibrillation success during out-of-hospital cardiac arrest[J]. Circulation,2002,

105(19):2270-2273.

[57] BRISBOIS E J,HANDA H,MAJOR T C,et al. Long-term nitric oxide release and elevated tempera-ture stability with S-nitroso-N-acetylpenicillamine(SNAP)-doped Elast-eon E2As polymer[J]. Bioma-terials,2013,34(28):6957-6966.

[58] HANDA H,MAJIOR T C,BRISBOIS E J,et al. Hemocompatibility comparison of biomedical grade polymers using rabbit thrombogenicity model for preparing nonthrombogenic nitric oxide releasing surfaces[J]. J Mater Chem B,2014,2(8):1059-1067.

[59] VAUGHN M W,KUO L,LIAO J C. Estimation of nitric oxide production and reactionrates in tissue by use of a mathematical model[J]. Am J Physiol-Heart Circul Physiol,1998,274(6):H2163-H2176.

[60] WAN X Z,LIU P C,JIN X X,et al. Electrospun PCL/Keratin/AuNPs mats with the catalytic genera-tion of nitric oxide for potential of vascular tissue engineering[J]. J Biomed Mater Res A,2018,106A:3239-3247.

[61] WAN X Z,WANG Y F,JIN X X,et al. Heparinized PCL/keratin mats for vascular tissue engineering scaffold with potential of catalytic nitric oxide generation. J Biomater Sci Polym Ed,2018,29(14):1785-1798.

[62] MOWERY K A,SCHOENFISCH M H,SAAVEDRA J E,et al. Preparation and characterization of hydrophobic polymeric films that are thromboresistant via nitric oxide release[J]. Biomaterials,2000,21(1):9-21.

[63] BOHL K S,WEST J L. Nitric oxide-generating polymers reduce platelet adhesion and smooth muscle cell proliferation[J]. Biomaterials,2000,21(22):2273-2278.

[64] ZHANG H,ANNICH G J,OSTERHOLZER K,et al. Nitric oxide releasing silicone rubbers with im-proved blood compatibility:preparation, characterization, and in vivo evaluation[J]. Biomaterials,2002,23(6):1485-1494.

[65] NABLO B J,ROTHROCK A R,SCHOENFISCH M H. Nitric oxide-releasing sol-gels as antibacterial coatings for orthopedic implants[J]. Biomaterials,2005,26(8):917-924.

[66] SMITH D J,CHAKRABARTHY D,PULFER S,et al. Nitric oxide-releasing polymers containing the [N(O)NO]-group[J]. J Med Chem,1996,39(5):1148-1156.

[67] REYNOLDS M M,HRABIE J A,OH B K,et al. Nitric oxide releasing polyurethanes with covalently linked diazeniumdiolated secondary amines[J]. Biomacromolecules,2006,7(3):987-994.

[68] SHISHIDO S M,SEABRA A B,LOH W,et al. Thermal and photochemical nitric oxide release from S-nitrosothiols incorporated in Pluronic F127 gel:potential uses for local and controlled nitric oxide release[J]. Biomaterials,2003,24(20):3543-3553.

[69] HANDA H,BRISBOIS E J,MAJOR T C,et al. In vitro and in vivo study of sustained nitric oxide re-lease coating using diazeniumdiolate-doped poly(vinyl chloride)matrix with poly(lactide-co-glycolide) additive[J]. J Mater Chem B,2013,1(29):3578-3587.

[70] BATCHELOR M M,REOMA S L,FLESER P S,et al. More lipophilic dialkyldiamine-based diazeni-umdiolates:synthesis,characterization, and application in preparing thromboresistant nitric oxide re-lease polymeric coatings[J]. J Med Chem,2003,46(24):5153-5161.

[71] FLESER P S,NUTHAKKI V K,MALINZAK L E,et al. Nitric oxide-releasing biopolymers inhibit thrombus formation in a sheep model of arteriovenous bridge grafts[J]. J Vasc Surg,2004,40(4):803-811.

[72] FROST M C,BATCHELOR M M,LEE Y,et al. Preparation and characterization of implantable sensors with nitric oxide release coatings[J]. Microchem J,2003,74(3):277-288.

[73] ZHOU Z,MEYERHOFF M E. Preparation and characterization of polymeric coatings with combined nitric oxide release and immobilized active heparin[J]. Biomaterials,2005,26(33):6506-6517.

[74] JUN H W,TAITE L J.,WEST J L. Nitric oxide-producing polyurethanes[J]. Biomacromolecules,2005,6(2),838-844.

[75] 易正戟. 聚氨酯/液晶(PU/EBBA)复合膜的血液相容性研究[J]. 上海生物医学工程,2001,22(4):53-54.

[76] ZHOU C,YI Z. Blood-compatibility of polyurethane/liquid crystal composite membranes[J]. Biomaterials,1999,20(22):2093-2099.

[77] 周长忍,牟善松,屠美,等. 聚氨酯/液晶复合膜的抗凝血性能研究[J]. 高分子材料科学与工程,2001,17(1):166-139.

[78] WOODHOUSE K A,WOJCIECHOWSKI P W,SANTERRE J P,et al. Adsorption of plasminogen to glass and polyurethane surfaces[J]. J Colloid Interf Sci,1992,152(1):60-69.

[79] TANG Z C,LIU X L,LUAN Y F,et al. Regulation of fibrinolytic protein adsorption on polyurethane surfaces by modification with lysine-containing copolymers[J]. Polym Chem,2013,4(22):5597-5602.

[80] SUGITACHI A,TAKAGI K. Antithrombogenicity of immobilized urokinase and its clinical application[J]. Int J Arti. Organs,1978,1(2):88-92.

[81] BLATTLER W, HELLER G, LARGIADER J, et al. Combined regional thrombolysis and surgical thrombectomy for treatment of iliofemoral vein thrombosis[J]. J Vasc Surg,2004,40(4):620-625.

[82] RYDEL T J,RAVICHANDRAN K,TULINSKU A,et al. The structure of a complex of recombinant hirudin and human alpha-thrombin[J]. Science,1990,249(4966):277-280.

[83] BERCELI S A,PHANEUF M D,LOGERFO P W. Evaluation of a novel hirudin-coated polyester graft to physiologic flow conditions:hirudinbioavailability and thrombin uptake[J]. J Vasc Surg,1998,27(6):1117-1127.

[84] SEIFERT B,ROMANIUK P,GROTH T. Covalent immobilization of hirudin improves the haemocompatibility of polylactide-polyglycolide in vitro[J]. Biomaterials,1997,18(22):1495-1502.

[85] ALIBEIK S,ZHU S P,BRASH J L. Surface modification with PEG and hirudin for protein resistance and thrombin neutralization in blood contact[J]. Colloid Surf B-Biointerfaces,2010,81(2):389-396.

[86] PHANEUF M D,BERCRLI S A,BIDE M J,et al. Covalent linkage of recombinant hirudin to poly(ethylene terephthalate)(Dacron):creation of a novel antithrombin surface[J]. Biomaterials,1997,18(10):755-765.

[87] ANDRADE J D,HLADY V. Protein adsorption and materials biocompatibility:a tutorial review and suggested hypotheses[J]. Adv Polym Sci,1986,79:1-63.

[88] MATSUDA T,INOUE K. Novel photoreactive surface modification technology for fabricateddevices[J]. ASAIO Trans,1990,36(3):M161-M164.

[89] KIM Y H,HAN D K,PARK K D,et al. Enhanced blood compatibility of polymers grafted bysulfonated PEO via a negative cilia concept[J]. Biomaterials,2003,24(13):2213-2223.

[90] YOO H J,KIM H D. Characteristics crosslinkedblends multiblockpolyurethanes containing phospholipid[J]. Biomaterials,2005,26:2877-2886.

［91］ SUN T L，TAN H，HAN D，et al. No platelet can adhere-largely improved blood compatibility on nanostructured superhydrophobic surfaces［J］. Small，2005，1(10)：959-963.

［92］ KASHIWAGI T，ITO Y，IMANISHI Y. Synthesis of non-thrombogenicity of fluorolkylpolyetherure-thanes［J］. J Biomater Sci-Polym Ed，1993，5：157-166.

［93］ TANG Y W，SANTERREJ P，LABOW R S，et al. Synthesis of surface-modifying macromolecules for use in segmented polyurethanes［J］. J Appl Polym Sci，1996，62：1133-1145.

［94］ ANDRADE J D，COLEMAN D L，DIDISHEIM P，et al. Blood-materials interactions-20 years of frustration ［J］. Trans Am Soc Artif Intern Organs，1981，27(1)：659-662.

［95］ CHEN Y B，THAYUMANAVAN S. Amphiphilicity in homopolymer surfaces reduces nonspecific protein adsorption［J］. Langmuir，2009，25(24)，13795-13799.

［96］ CHEN S，ZHENG J，LI L，et al. Strong resistance of phosphorylcholine self-assembled monolayers to protein adsorption：insights into nonfouling properties of zwitterionic materials［J］. J Am Chem Soc，2005，127(41)：14473-14478.

［97］ CHEN S，YU F，YU Q，et al. Strong resistance of a thin crystalline layer of balanced chargedgroups to protein adsorption［J］. Langmuir，2006，22(19)：8186-8191.

［98］ KADOMA Y，NAKABAYASHI N，MASUHARA E，et al. Synthesis and hemolysis test of the poly-mer containing phophorylcholine groups［J］. Kobunshi Ronbunshu，1978，35(7)：423-427.

［99］ UMEDA T，NAKAYA T，IMOTO M. The convenient preparation of a vinyl monomer containing a phospholipids analogue［J］. Makromol. Chem. 1982，3：457-459.

［100］ ISHIHARA K，UEDA T，NAKABAYASHI N. Preparation of phospholipid polylners and their properties as polymer hydrogel membranes［J］. Polym J，1990，22(5)：355-360.

［101］ DURRANI A A，HAYWARD J A，CHAPMAN D. Biomembrnanes as models for polymer surfaces：II. The syntheses of reactive species for covalent coupling of phosphorylcholine to polymer surfaces ［J］. Biomaterials，1986，7(2)：121-125.

［102］ 周静，沈健，林思聪. 血液相溶材料的合成研究(Ⅶ)——一类新的抗血小板黏附高分子材料［J］. 高等学校化学学报，2002，23(12)：2393-2395.

［103］ WEI H，INSIN N，LEE J，et al. Compact zwitterion-coated iron oxide nanoparticles for biological ap-plications［J］. Nano Lett，2012，12：22-25.

［104］ WU L X，GUO Z，MENG S，et al. Synthesis of a zwitterionic silane and is application in the surface modification of silicon-based material surfaces for improved hemocompatibility［J］. ACS Appl Mater Interfaces，2010，2(10)：2781-2788.

［105］ QIU Y Z，MIN D Y，BEN C，et al. A novel zitterionic silane coupling agent for nonthrombogenic bio-materials［J］. Colloid Surf B-Biointerfaces，2005，23(6)：611-617.

［106］ MIN D Y，LI Z Z，SHEN J，et al. Research and synthesis of organosilicon nonthrombogenic materials containing sulfobetaine group［J］. Colloid Surf B-Biointerfaces，2010，79(2)：415-420.

［107］ MATSUURA K，OHNO K，KAGAYA S，et al. Carboxybetaine polymer-protected gold nanoparti-cles：High dispersion stability and resistance against non-specific adsorption of proteins［J］. Macro-mol Chem Phys，2010，208(8)：862-873.

［108］ ZHANG Z，ZHANG M，CHEN S，et al. Blood compatibility of surfaces with superlow protein ad-sorption［J］. Biomaterials，2008，29(32)：4285-4291.

[109]　EMMENEGGER C R,BRYNDA E,RIEDEL T,et al. Interaction of blood plasma with antifouling surfaces[J]. Langmuir,2009,25(11):6328-6333.

[110]　SAKURAGI M,TSUZUKI S,HASUDA H,et al. Synthesis of a photoimmobilizable histidine polymer for surface modification[J]. J Appl Polym Sci,2010,112(1):315-319.

[111]　TADA S,INABA C,MIZUKAMI K,et al. Anti-biofouling properties of polymers with a carboxybetaine moiety[J]. Macromol Biosci,2009,9(1):63-70.

[112]　LIU P S,CHEN Q,LIU X,et al. Grafting of zwitterion from cellulose membranes via ATRP for improving blood compatibility[J]. Biomacromolecules,2009,10(10):2809-286.

[113]　LIU P S,CHEN Q,WU S S,et al. Surface modification of cellulose membranes with zwitterionic polymers for resistance to protein adsorption and platelet adhesion[J]. J Membr Sci,2010,350(1):387-394.

[114]　WANG M,YUAN J,HUANG X B,et al. Grafting of carboxybetaine brush onto cellulose membranes via surface-initiated ARGET-ATRP for improving blood compatibility[J]. Colloids Surfs B-Biointerfaces,2013,103:52-58.

[115]　YUAN J,HUANG X,LI P,et al. Surface-initiated RAFT polymerization of sulfobetaine from cellulose membranes to improve hemocompatibility and antibiofouling property[J]. Polym Chem,2013,4(19):5074-5085.

[116]　JIN X X,YUAN J,SHEN J. Zwitterionic polymer brushes via dopamine-initiated ATRP from PET sheets for improving hemocompatible and antifouling properties[J]. Colloid Surf B-Biointerfaces,2016,145:275-284.

[117]　WANG X B,CHEN X Q,XING L,et al. Blood compatibility of a new zwitterionic baremetal stent with hyperbranched polymer brushes[J]. J Mater Chem B,2013,1:5036-5044.

[118]　ZHI X L,LI P F,GAN X C,et al. Hemocompatibility and anti-biofouling property improvement of poly(ethylene terephthalate)via self-polymerization of dopamine and covalent graft of lysine[J]. J Biomater Sci-PolymEd,2014,25(14/15):1619-1628.

[119]　LI P F,CAI X M,WANG D,et al. Hemocompatibility and anti-biofouling property improvement of poly(ethylene terephthalate)via self-polymerization of dopamine and covalent graft of zwitterionic cysteine[J]. Colloid Surf B-Biointerfaces,2013,110:327-332.

[120]　YUAN J,TONG L,Yi H X,et al. Synthesis and one-pot tethering of hydroxyl-capped phosphorylcholine onto cellulose membrane for improving hemocompatibility and antibiofouling property[J]. Colloid Surf B-Biointerfaces,2013,111:432-438.

[121]　WANG X B,ZHOU M,ZHU Y Y,et al. Preparation of a novel immunosensor for tumor biomarker detection based on ATRP technique[J]. J Mater ChemB,2013,1(16):2132-2138.

[122]　WANG Y F,SHEN J,YUAN J. Design of hemocompatible and antifouling PET sheets with synergistic zwitterionic surfaces[J]. J Colloid Interf Sci,2016,480:205-217.

[123]　XIN X X,LI P F,ZHU Y Y,et al. Mussel-Inspired Surface Functionalization of PET with zwitterions and silver nanoparticles for the dual-enhanced antifouling and antibacterial properties[J]. Langmuir,2019,35:1788-1797.

[124]　HEATH D E. Promoting endothelialization of polymeric cardiovascular biomaterials[J]. Macromol Chem Phys,2017,218(8):1600574-1600584.

[125] REN X K,FENG Y K,GUO J T,et al. Surface modification and endothelialization of biomaterials as potential scaffolds for vascular tissue engineering applications [J]. Chem Soc Rev,2015,44: 5680-5742.

[126] PENG G,YAO D Y,NIU Y M,et al. Surface modifcation of multiple bioactive peptides to improve endothelialization of vascular grafts[J]. Macromol Biosci,2019,19(5):1800368-1800380.

[127] SEETO W J,TIAN Y,LIPKE E A. Peptide-grafted poly(ethylene glycol)hydrogels support dynamic adhesion of endothelial progenitor cells[J]. Acta Biomater,2013,9(9):8279-8289.

[128] 白凌闯,赵静,冯亚凯. 多功能基因递送系统促进内皮细胞增殖[J]. 化学进展,2019,31(Z1):300-310.

[129] WALTER D H,CEJNA M,DIAZ-SANDOVAL L,et al. Local gene transfer of phVEGF-2 plasmid by gene-eluting stents:an alternative strategy for inhibition of restenosis[J]. Circulation,2004,110(1):36-45.

[130] SHI C C,YAO F L,HUANG J W,et al. Proliferation and migration of human vascular endothelial cells mediated by ZNF580 gene complexed with mPEG-b-P(MMD-co-GA)-g-PEI microparticles[J]. J Mater Chem B,2014,2(13):1825-1837.

[131] SHI C C,YAO F L,LI Q,et al. Regulation of the endothelialization by human vascular endothelial cells by ZNF580 gene complexed with biodegradable microparticles[J]. Biomaterials,2014,35(25): 7133-7145.

[132] LV J,HAO X F,YANG J,et al. Self-Assembly of polyethylenimine-modified biodegradable complex micelles as gene transfer vector for proliferation of endothelial cells[J]. Macromol Chem Phys,2014, 215(24):2463-2472.

[133] HAO X F,LI Q,LV J,et al. CREDVW-linked polymeric micelles as a targeting gene transfer vector for selective transfection and proliferation of endothelial cells[J]. ACS Appl Mater Interfaces,2015,7(22):12128-12140.

[134] SHI C C,LI Q,ZHANG W C,et al. REDV peptide conjugated nanoparticles/pZNF580 complexes for actively targeting human vascular endothelial cells[J]. ACS Appl Mater Interfaces,2015,7(36): 20389-20399.

[135] LV J,YANG J,HAO X F,et al. Biodegradable PEI modified complex micelles as genecarriers with tunable gene transfection efficiency for ECs[J]. J Mater Chem B,2016,4(5):997-1008.

[136] YANG J,HAO X F,LI Q,et al. CAGW peptide-and PEG-modified gene carrier for selective gene delivery and promotion of angiogenesis in HUVECs in vivo[J]. ACS Appl Mater Interfaces,2017,9(5):4485-4497.

[137] HAO X F,LI Q,GUO J T,et al. Multifunctional gene carriers with enhanced specific penetration and nucleus accumulation to pomote neovascularization of HUVECs in vivo[J]. ACS Appl Mater Interfaces,2017,9(41):35613-35627.

[138] ZHANG Q P,GAO B,MUHAMMAD K,et al. Multifunctional gene delivery systems with targeting ligand CAGW and charge reversal function for enhanced angiogenesis[J]. J Mater Chem B,2019,7(11):1906-1919.

[139] GAO B,ZHANG Q P,MUHAMMAD K,et al. A progressively targeted gene delivery system with a pH triggered surface charge-switching ability to drive angiogenesis in vivo[J]. Biomater Sci,2019,7

(5):2061-2075.

[140] COURTNEY J M,ZHAO X B,QIAN H,et al. Modification of polymer surfaces:optimization of approaches[J]. Perfusion,2003,18(1):33-39.

[141] ISHIHARA K,FUKUMOTO K,IWASAKI Y,et al. Modification of polysulfone with phospholipid polymer for improvement of the blood compatibility. Part 1. Surface characterization[J]. Biomaterials,1999,20(17):1545-1551.

[142] ISHIHARA K,FUKUMOTO K,IWASAKI Y,et al. Modification of polysulfone with phospholipid polymer for improvement of the blood compatibility. Part 2. Protein adsorption and platelet adhesion [J]. Biomaterials,1999,20(17):1553-1559.

[143] ISHIHARA K,TANAKA S,FURUKAWA N,et al. Improved blood compatibility of segmented polyurethanes by polymeric additives having phospholipid polar groups. I. Molecular design of polymeric additives and their functions[J]. J Biomed Mater Res,1996,32(3):391-399.

[144] ISHIHARA K,SHIBATA N,TANAKA S,et al. Improved blood compatibility of segmented polyurethane by polymeric additives having phospholipid polar group. II. Dispersion state of the polymeric additive and protein adsorption on the surface[J]. J Biomed Mater Res,1996,32:401-408.

[145] YONEYAMA T,ISHIHARA K,NAKABAYASHI N,et al. Short-term in vivo evaluation of small-diameter vascular prosthesis composed of segmented poly(etherurethane)/2-methacryloyloxyethyl phosphorylcholine polymer blend[J]. J Biomed Mater Res,1998,43:15-20.

[146] YONEYAMA T,SUGIHARA K,ISHIHARA K,et al. The vascular prosthesis without pseudointima prepared by antithrombogenic phospholipid polymer[J]. Biomaterials,2002,23(6):1455-1459.

[147] HU X F,LIU G Y,JI J,et al. Lipid-like diblock copolymer as an additive for improving the blood compatibility of poly(lactide-co-glycolide)[J]. J Bioact Compat Polym,2010,25:654-668.

[148] KOBER M,WESSLEN B. Amphiphilic segmented polyurethanes as surface modifying additives[J]. J Polym Sci Polym Chem,1992,30:1061-1070.

[149] KOBER M,WESSLEN B. Surface properties of a segmented polyurethane containing amphiphilic polymers as additives[J]. J Appl Polym Sci,1994,54:793-803.

[150] FREI-LARSSON C,NYLANDER T,JANNASCH P,et al. Adsorption behavior of amphiphilic polymers at hydrophobic surfaces:effects on protein adsorption[J]. Biomaterials,1996,17:2199-2207.

[151] WANG D A,JI J,FENG L X. Surface analysis of poly(ether urethane)blending stearyl poly(ethylene oxide)coupling polymer[J]. Macromolecules,2000,33:8472-8478.

[152] LEE J H,JU Y M,KIM D M. Platelet adhesion onto segmented polyurethane film surfaces modified by addition and crosslinking of PEO -containing block copolymers [J]. Biomaterials, 2000, 21: 683-691.

[153] OH B K,MEYERHOFF M E. Catalytic generation of nitric oxide from nitrite at the interface of polymeric films doped with lipophilic Cu(II)-complex:a potential route to the preparation of thromboresistant coatings[J]. Biomaterials,2004,25:283-293.

[154] MOON H T,LEE Y K,HAN J K,et al. A novel formulation for controlled release of heparin-DOCA conjugate dispersed as nanoparticales in polyurethane film[J]. Biomaterials,2001,22(3):281-289.

[155] WANG X M,SHI N,CHEN Y,et al. Improvement in hemocompatibility of chitosan/soyprotein composite membranes by heparinization[J]. Bio-Med Mater Eng,2012,22(1-3):143-150.

[156] BAYRAMOĞLU G,YILMAZ M,BATISLAM E,et al. Heparin-coated poly(hydroxyethyl methacrylate/albumin) hydrogel networks:In vitro hemocompatibility evaluation for vascular biomaterials [J]. J Appl Polym Sci,2008,109(2):749-757.

[157] LI G C,YANG P,QIN W,et al. The effect of coimmobilizing heparin and fibronectin on titanium on hemocompatibility and endothelialization[J]. Biomaterials,2011,32(21):4691-4703.

[158] BIRAN R,POND D. Heparin coatings for improving blood compatibility of medical devices[J]. Adv Drug Deliv Rev,2017,112:12-23.

[159] MAN X,SHI X,CHEN H,et al. Synthesis and enrichment of a macromolecular surface modifier PP-b-PVP for polypropylene[J]. Appl Surf Sci,2010,256(10):3240-3244.

[160] ZHANG Q,LIU Y H,CHEN K C. ,et al. Surface biocompatible modification of polyurethane by entrapment of a macromolecular modifier[J]. Colloid Surf B-Biointerfaces,2013,102:354-360.

[161] RAN F,NIE S Q,LI J,et al. Heparin-like macromolecules for the modification of anticoagulant biomaterials[J]. Macromol Biosci,2012,12:116-125.

[162] NIE S Q,XUE J M,LU Y,et al. Improved blood compatibility of polyethersulfone membrane with a hydrophilic and anionic surface[J]. Colloid Surf B-Biointerfaces,2012,100:116-125.

[163] 周长忍,牟善松,屠美,等. 聚氨酯/液晶复合膜的抗凝血性能研究[J]. 高分子材料科学与工程,1999,16(Z1):109-110.

[164] 屠美,牟善松,易正戟,等. 液晶性能对聚氨酯/液晶复合膜抗凝血性能的影响[J]. 高分子材料科学与工程,2001,17:38-41.

[165] 李立华,屠美,莫文军,等. 聚硅氧烷/液晶复合膜的制备及其血液相容性研究[J]. 功能高分子学报,2000,13:133-135.

[166] 曹文轩,张红,袁晓燕. 同轴电纺超细纤维膜构建人工血管材料[J]. 高等学校化学学报,2011,6:1396-1400.

[167] NAKIELSKI P,PIERINI F. Blood interactions with nano-and microfibers:Recent advances,challenges and applications in nano-and microfibrous hemostatic agents[J]. Acta Biomater,2019,84:63-76.

[168] KAPADIA M R,POPOWICH D A,KIBBE M R. Modified prosthetic vascular conduits[J]. Circulation,2008,117:1873-1882.

[169] CAMPBELL E J,O'BYRNE V,STRATFORD P W,et al. Biocompatible surfaces using methacryloylphosphorylcholine laurylmethacrylate copolymer[J]. Asaio J,1992,40(3):M853-M857.

[170] ISHIHARA K,HANUIDA H,NAKABAYASHI N. Synthesis of phospholipid polymers having a urethane bond in the side chain as coating material on segmented polyurethane and their platelet adhesion-resistant properties[J]. Biomaterials,1995,16(11):873-879.

[171] ISHIHARA K,TANAKA S,FURUKAWA N,et al. Improved blood compatibility of segmented polyrethanes by polymeric additives having phospholipid polar groups. I. Molecular design of polymeric additves and their functions[J]. J Biomed Mater Res,1996,32:391-399.

[172] UEDA T,OSHIDA H,KURITA K,et al. Preparation of 2-methacryloyloxyethyl phosphorylcholine copolymers with alkyl methacrylates and their blood compatibility[J]. Polym J,1992,24:1259-1269.

[173] ISHIHARA K,FUKUMOTO K,IWASAKI Y,et al. Modification of polysulfone with phospholipid polymer for improvement of the blood compatibility. Part 1. Surface characterization[J]. Biomateri-

als,1999,201:545-551.

[174] KOJIMA M,ISHIHARA K,WATANABE A,et al. Interaction between phospholipids and biocompatible polymers containing a phosphorylcholine moiety[J]. Biomaterials,1991,12:121-124.

[175] KOTTKE-MARCHANT K,AADERSON J M,UMEMURA Y,et al. Effect of albumin coating on the in vitro blood compatibility of Dacron arterial prostheses[J]. Biomaterials,1989,10(3):147-155.

[176] AMIJI M,PARK H,PARK K. Study on the prevention of surface-induced platelet activation by albumin coating[J]. J Biomat Sci-Polym Ed,1992,3(5):375-388.

[177] LEWIS A L,HUGHES P D,KIRKWOOD L C,et al. Synthesis and characterisation of phosphorylcholine-based polymers useful for coating blood filtration devices [J]. Biomaterials, 2000, 21: 1847-1859.

[178] LEWIS A L,CUMMING Z L,GIREISH H H,et al. Crosslinkable coatings from phosphorylcholine-based polymers[J]. Biomaterials,2001,22:99-111.

[179] LEWIS A L,HUGHES P D,KIRKWOOD L C,et al. Synthesis and characterization of phosphorylcholine-based polymers useful for coating blood filtration devices [J]. Biomaterials, 2000, 21: 1847-1859.

[180] WEI Y,JI Y,XIAO L L,et al. Surface engineering of cardiovascular stent with endothelial cell selectivity for in vivo re-endothelialisation[J]. Biomaterials,2013,34:2588-2599.

[181] BRYNDA E,HOUSKA M. Multiple alternating molecular layers of albumin and heparin on solid surfaces[J]. J Colloid Interf Sci,1996,183:18-25.

[182] BRYNDA E,HOUSKA M. Preparation of organized protein multilayers[J]. Macromol Rapid Comm,1998, 19:173-176.

[183] BRYNDA E,HOUSKA M,JIROUSKOVA M,et al. Albumin and heparin multilayer coatings for blood-contacting medical devices[J]. J Biomed Mater Res,2000,51(2):249-257.

[184] LEE J H,KOPECEK J,ANDRADA J D. Protein-resistant surfaces prepared by PEO-containing block copolymer surfactants[J]. J Biomed Mater Sci,1989,23:351-368.

[185] LEE J H,KOPECKOVA P,KOPECEK J,et al. Surface properties of copolymers of alkyl methacrylates with methoxy(polyethylene oxide)methacrylates and their application as protein-resistant coatings[J]. Biomaterials,1990,11(7):455-464.

[186] KIDAN E A,MCPHERSON T,SHIM H S,et al. Surface modification of polyethylene terephthalate using PEO-polybutadiene-PEO triblock copolymers[J]. Colloid Surf B-Biointerfaces,2000,18(3/4): 347-353.

[187] SONG F,SOH A K,BAI Y L. Structural and mechanical properties of the organic matrix layers of nacre[J]. Biomaterials,2003,24(20):3623-3631.

[188] GOTT V L,WHIFFEN J D,DUTTON R C. Heparin bonding on colloidal graphite surfaces[J]. Science,1963,142(3597):1297-1298.

[189] LIU T,LIU Y,CHEN Y,et al. Immobilization of heparin/poly-L-lysine nanoparticles on dopamine-coated surface to create a heparin density gradient for selective direction of platelet and vascular cells behavior[J]. Acta Biomaterials,2014,10:1940-1954.

[190] CHOI D,HONG J. Layer-by-layer assembly of multilayer films for controlled drugrelease[J]. Arch Pharm Res,2014,37(1):79-87.

[191] 罗鹏,杨剑,杨春,等.高碘酸钠-氧化低分子肝素-抗凝血酶复合物涂层聚氯乙烯管道的生物相容性研究[J].中国体外循环杂志,2010,8(1):50-53.

[192] FEDEL M,MOTTA A,MANIGLIO D,et al. Surface properties and blood compatibility of commercially available diamond-like carbon coatings for cardiovascular devices[J]. J Biomater Appl,2009,90(1):338-349.

[193] LOUSINIAN S,LOGOTHETIDIS S,LASKARAKIS A,et al. Haemocompatibility of amorphous hydrogenated carbon thin films,optical properties and adsorption mechanisms of blood plasma proteins[J]. Biomol Eng,2007,24(1):107-112.

[194] ALANAZI A,NOJIRI C,NOGUCHI T,et al. Improved blood compatibility of DLC coated polymeric material[J]. Asaio J,2000,46(4):440-443.

[195] JONES M I,MCCOLL I R,GRANT D M,et al. Protein adsorption and platelet attachment and activation,on TiN,TiC,and DLC coatings on titanium for cardiovascular applications[J]. J Biomed Mater Res,2000,52(2):413-421.

[196] FENG L,ANDRADA J D. Protein adsorption on low temperature isotropic carbon:V. How is it related to its blood compatibility? [J]. J Biomater Sci-Polym Ed,1995,7(5):439-452.

[197] KENRY,LOH K P,LIM C T,et al. Molecular hemocompatibility of graphene oxide and its implication for antithrombotic applications[J]. Small,2015,11:5105-5117.

[198] XU D,ZHOU N L,SHEN JA. Hemocompatibility of carboxylic graphene oxide[J]. Chem J Chin Univ-Chin. 2010,31(12):2354-2359.

[199] YUAN J,MAO C,ZHOU J,et al. Chemical grafting of sulfobetaine onto poly(ether urethane)surface for improving blood compatibility[J]. Polym Int,2003,52(12):1869-1875.

[200] LEE H,DELLATORE S M,MILLER W M,et al. Mussel-inspired surface chemistry for multifunctional coatings[J]. Science,2007,318(5849):426-430.

[201] HERBERT W J. Surface chemistry-mussel power[J]. Nat Mater,2008,7(1):8-9.

[202] LIN Q,GOURDON D,SUN C J,et al. Adhesion mechanisms of the mussel foot proteins mfp-1 and mfp-3[J]. Proc Natl Acad Sci U SA,2007,104(10):3782-3786.

[203] YU M,HWANG J,DEMING T J. Role of l-3,4-dihydroxyphenylalanine in mussel adhesive proteins [J]. J Am Chem Soc,1999,121(24):5825-5826.

[204] GONG Y K,LIU L P,MESSERSMITH P B. Doubly biomimetic catecholic phosphorylcholine copolymer:A platform strategy for fabricating antifouling surfaces[J]. Macrom Biosci,2012,12(7):979-985.

[205] EVANS R W,PASMANTIER M W,COLEMAN M,et al. Prevention of intravascular thrombus formation on plastic catheters with heparin-benzalkonium complex:in vivo and in vitro studies[J]. Thromb Haemost,1979,41(3):537-543.

[206] YU H,LIU L,YANG H W,et al. Water-insoluble polymeric guanidine derivative and application in the preparation of antibacterial coating of catheter[J]. ACS Appl Mater Interf,2018,10(45):39257-39267.

[207] YU H,LIU L,LI X,et al. Fabrication of polylysine based antibacterial coating for cathetersby facile electrostatic interaction[J]. Chem Eng J,2019,360:1030-1041.

[208] FROST M C,MEYERHOFF M E. Controlled photoinitiated release of nitric oxide from polymer

films containing S-nitroso-N-acetyl-dl-penicillamine derivatized fumed silica filler[J]. J Am Chem Soc,2004,126(5):1348-1349.

[209] DUAN X B,LEWIS R S. Improved haemocompatibility of cysteine-modified polymers via endogenous nitric oxide[J]. Biomaterials,2002,23(4):1197-1203.

[210] GAPPA-FAHLENKAMP H,LWEWIS R S. Improved hemocompatibility of poly(ethylene terephthalate)modified with various thiol-containing groups[J]. Biomaterials,2005,26(17):3479-3485.

[211] 王秀芬,汪浩,曹传宝,等.等离子体引发聚乙烯表面肝素化及其生物相容性[J].北京理工大学学报.1999,19(3):384-389.

[212] PERRENOUD I A,RANGEL E C,MOTA R P,et al. Evaluation of blood compatibility of plasma deposited heparin-like films and SF6 plasma treated surfaces[J]. Mater Res,2010,13(1):95-98.

[213] KANG I K,KWON O H,KIM M K,et al. In vitro blood compatibility of functional group-grafted and heparin-immobilized polyurethanes prepared by plasma glow discharge[J]. Biomaterials,1997,18(16):1099-1107.

[214] LI J,HUANG X J,JI J,et al. Covalent heparin modification of a polysulfone flat sheet membrane for selective removal of low-density lipoproteins:A simple and versatile method[J]. Macromol Biosci,2011,11(9):1218-1226.

[215] 李刚,孙求实,後晓淮.等离子体引发甲基丙烯酸缩水甘油酯在聚丙烯膜上的接枝反应及肝素的固定化[J].高分子学报,1997,5:589-591.

[216] 王安峰,车波,李逸云,等.抗凝血生物材料研究:Ⅵ.聚乙烯的表面肝素化[J].高分子学报,1998,4:465-470.

[217] 王晨晖,王安锋,车波,等.甲基丙烯酸聚乙二醇单甲醚酯在聚(醚-氨酯)表面的臭氧化接枝[J].高分子学报,1997,1(1):114-118.

[218] KO Y G,KIM Y H,PARK K D,et al. Immobilization of poly(ethylene glycol)or its sulfonate onto polymer surfaces by ozone oxidation[J]. Biomaterials,2001,22:2115-2123.

[219] 艾飞,袁幼菱,吴一多,等.血液相容材料的合成研究Ⅷ.磺铵两性离子单体在聚醚氨酯表面的臭氧活化接枝[J].高分子学报,2002,4:535-539.

[220] 左文耀,冯亚凯,张世锋.光固定法改善医用高分子材料血液相容性[J].材料导报,2005,9:105-107.

[221] KJELLANDER R,FLORIN E. Water structure and changes in thermal stability of the system poly(ethylene oxide)-water[J]. J Chem Soc Faraday Trans,1981,77(9):2053-2077.

[222] MERRILL E W,SALZMAN E W. Polyethylene oxide as a biomaterial[J]. Am Soc Artif Intern Org J,1983,6:60-64.

[223] NAGAOKA S,MORI Y,TAKIUCHI H,et al. Interaction between blood components and hydrogels with poly(oxyethylene)chains[J]. Polymers as Biomaterials,1985:361-374.

[224] JIN H L,HAI B L,ANDRADA J D. Blood compatibility of polyethylene oxide surfaces[J]. Prog Polym Sci,1995,20(20):1043-1079.

[225] ANDTADE J D. Interfacial phenomena and biomaterials[J]. Med Instrum,1973,7(2):110-119.

[226] COLEMAN D L,GREGONIS D E,ANDRADE J D. Blood-materials interactions:Theminimum interfacial free energy and the optimum polar/apolar ratio hypotheses[J]. J Biomed Mater Res,1982,16(4):381-398.

[227] WEITZ J I. Low-molecular-weight heparins[J]. New Engl J Med,1997,337(10):688-699.

[228] 屠湘同,胡昕,李香梅,等. 抗凝血生物材料的合成研究Ⅴ. 聚醚氨酯表面肝素化的新途径[J]. 功能高分子学报,1999,8(2):209-212.

[229] HAN D K,JEONG S Y,KIM Y H. Evaluation of blood compatibility of PEO grafted and heparin immobilized polyurethanes[J]. J Biomed Mater Res,1989,23(A2 Suppl):211-218.

[230] LIN S C,JACOBS H A,KIM S W. Heparin immobilization increased through chemical amplification [J]. J Biomed Mater Res,1991,25(6):791-795.

[231] HEYMAN P W,CHO C S,MCREA J C,et al. Heparinized polyurethanes:In vitro and in vivo Studies[J]. J Biomed Mater Res,1985,19:419-436.

[232] 罗祥林,段友容,凌鸿. 聚醚氨酯共价键合肝素的研究[J]. 生物医学工程学杂志,2000,17(1):16-18.

[233] ALDENHOFF Y B,VAN DER VEEN F H,TER WOORST J,et al. Performance of a polyurethane vascular prosthesis carrying a dipyridamole(Persantin(R))coating on its lumenal surface[J]. J Biomed Mater Res,2001,54(2):224-233.

[234] FU K,IZQUIERDO R,WALENGA J M,et al. Comparative study on the use of anticoagulants heparin and recombinant hirudin in a rabbit traumatic anastomosis model[J]. Thromb Res,1995,78(5):421-428.

[235] WYERS M C,PHANEUF M D,RZUCIDLO E M,et al. In vivo assessment of a novel dacron surface with covalently bound recombinant hirudin[J]. Cardiovasc Pathol,1999,8(3):153-159.

[236] KIM D D,TAKENO M M,RATNER B D,et al. Glow discharge plasma deposition(GDPD)technique for the local controlled delivery of hirudin from biomaterials[J]. Pharm Res,1998,15(5):783-786.

[237] LAHANN J,PLUSTER W,KLEE D,et al. Immobilization of the thrombin inhibitor r-hirudin conserving its biological activity[J]. J Mater Sci-Mater M,2001,12(9):807-810.

[238] LIN J C,TSENG S M. Surface characterization and platelet adhesion studies onpolyethylene surface with hirudin immobilization[J]. Mater Sci-Mater M,2001,12(9):827-832.

[239] SAKIP O,KURSAT K,NESE K F. Alteration of PTFE surface to increase its blood compatibility [J]. J Biomater Sci-Polym Ed,2011,22(11):1443-1457.

[240] LAHANN J,KLEE D,PLUESTER W,et al. Bioactive immobilization of r-hirudin on CVD-coated metallic implant devices[J]. Biomaterials,2001,22(8):817-826.

[241] BERCELI S A,PHANEUF M D,LOGERFO F W. Evaluation of a novel hirudin-coated polyester graft to physiologic flow conditions:Hirudin bioavailability and thrombin uptake[J]. J Vasc Surg,1998,27(6):1117-1127.

[242] SENATORE F,BERNATH F,MEISNER K. Clinical study of urokinase-bound fibrocollagenous tubes[J]. J Biomed Mater Res,1986,20(2):177-188.

[243] LI D,CHEN H,BRASH J L. Mimicking the fibrinolytic system on material surfaces[J]. Colloid Surf B-Biointerfaces,2011,86(1):1-6.

[244] CHEN H,ZHANG Y X,LI D,et al. Surfaces having dual fibrinolytic and protein resistant properties by immobilization of lysine on polyurethane through a PEG spacer[J]. J Biomed Mater Res Part A,2009,90A(3):940-946.

[245] LI D,CHEN H,WANG S S,et al. Lysine-poly(2-hydroxyethyl methacrylate)modified polyurethane

surface with high lysine density and fibrinolytic activity[J]. Acta Biomater,2011,7(3):954-958.

[246] CHEN H,WANG L,ZHANG Y X,et al. Fibrinolytic poly(dimethyl siloxane)surfaces[J]. Macromol Biosci,2008,8(9):863-870.

[247] McCLUNG W G,CLAPPER D L,HU S,et al. Adsorption of plasminogen from human plasma to lysine-containing surfaces[J]. J Biomed Mater Res Part B,2015,49(3):409-414.

[248] ZHANG Y X,NING J P,VEERARAGOO P,et al. Hemodialysis with a dialyzer loaded with argatroban may be performed without a systemic anticoagulant[J]. Blood Purif,2012,33(4):300-306.

[249] SMITH R S,ZHANG Z,BOUCHARD M,et al. Vascular catheters with a nonleaching poly-sulfobetaine surface modification reduce thrombus formation and microbial attachment[J]. Sci Transl Med,2012,4(153):153-162.

[250] RANA D,RAMASAMY K,LEENA M,et al. Surface functionalization of nanobiomaterials for application in stem cell culture,tissue engineering,and regenerative medicine[J]. Biotechnol Prog,2016,32(3):554-567.

[251] ROSELLINI E,CATERINA C,GUERRA G D,et al. Surface chemical immobilization of. bioactive peptides on synthetic polymers for cardiac tissue engineering[J]. J Biomater Sci-Polym Ed,2015,26:515-533.

[252] GUO C,XIANG M M,DONG Y S. Surface modification of poly(lactic acid)with an improved alkali-acid hydrolysis method[J]. Mater Lett,2015,140:144-147.

[253] LIN H B,SUN W,MOSHER D F,et al. Synthesis,surface,and cell-adhesion properties of polyurethanes containing covalently grafted RGD-peptides[J]. J Biomed Mater Res,1994,28(3):329-342.

[254] WANG Y Y,LUE L X,SHI J C,et al. Introducing RGD peptides on PHBV films through PEG-containing cross-linkers to improve the biocompatibility[J]. Biomacromolecules,2011,12(3):551-559.

[255] FAHIMEH S,HANS C,JOLLIFFE K A. Characterization of peptide immobilization on an acetylene terminated surface via click chemistry[J]. Surf Sci,2011,605:1763-1770.

[256] JI Y,WEI Y,LIU X S,et al. Zwitterionic polycarboxybetaine coating functionalized with REDV peptide to improve selectivity for endothelial cells[J]. J Biomed Mater Res Part A,2012,100A:1387-1397.

[257] WERNER N,JUNK S,LAUFS U,et al. Intravenous transfusion of endothelial progenitor cells reduces neointima formation after vascular injury[J]. Circ Res,2003,93(2):17-24.

[258] SUSHEIL U,BRANDON T,SOUMEN J,et al. Fabrication of small caliber stent-grafts using electrospinning and balloon expandable bare metal stents[J]. J Vis Exp,2016,116:54731.

[259] WILHELM C,BAL L,SMIRNOV P,et al. Magnetic control of vascular network formation with magnetically labeled endothelial progenitor cells[J]. Biomaterials,2007,28:3797-3806.

[260] International Organization for Standardization. Biological evaluation of medical devices-Part 4:Selection of tests for interactions with blood:ISO 10993-4:2017[S]. 2017.

[261] 侯丽,乔春霞,赵增琳. 解读 ISO 10993-4:2017《医疗器械生物学评价第 4 部分:与血液相互作用试验选择》[J]. 中国医疗设备,2018,33(11):1-6.

[262] WANG J L,HU W,LIU Q,et al. Dual-functional composite with anticoagulant and antibacterial properties based on heparinized silk and chitosan[J]. Colloid Surf B,2011,85(2):241-247.

[263] SHEN Y H,SHOICHET M S,RADISIC M. Vascular endothelial growth factor immobilized in col-

lagen scaffold promotes penetration and proliferation of endothelial cells[J]. Acta Biomater,2008,4 (3):477-489.

[264] WANG X,LIU T,CHEN Y,et al. Extracellular matrix inspired surface functionalization with heparin,fibronectin and VEGF provides an anticoagulant and endothelialization supporting microenvironment[J]. Appl Surf Sci,2014,320:871-882.

[265] LI X Y,GAO P,TAN J Y,et al. Assembly of metal phenolic/catecholamine networks for synergistically anti-inflammatory,antimicrobial,and anticoagulant coatings[J]. ACS Appl Mater Interfaces, 2018,10:40844-40853.

[266] TU Q F,SHEN X H,LIU Y W,et al. A facile metal-phenolic-amine strategy for dual-functionalization of blood-contacting devices with antibacterial and anticoagulant properties[J]. Mater Chem Front,2019,3: 265-275.

[267] LESLIE D C,WATERHOUSE A,BERTHET J B,et al. A bioinspired omniphobic surface coating on medical devices prevents thrombosis and biofouling[J]. Biotechnol,2014,32:1134-1140.

[268] ZHAN W J,SHI X J,YU Q,et al. Bioinspired blood compatible surface having combined fibrinolytic and vascular endothelium-like properties via a sequential coimmobilization strategy[J]. Adv Funct Mater,2015,25(32):5206-5213.

[269] BRISBOIS E J,MAJOR T C,GOUDIE M J,et al. Improved hemocompatibility of silicone rubber extracorporeal tubing via solvent swelling-impregnation of S-nitroso-N-acetylpenicillamine(SNAP)and evaluation in rabbit thrombogenicity model[J]. Acta Biomater,2016,37:111-119.

[270] 沈家骢,计剑. 超分子层状结构:界面及生物医学功能[M]. 北京:科学出版社,2016.

[271] AKENTJEW T L,TERRAZA C,SUAZO C,et al. Rapid fabrication of reinforced andcell-laden vascular grafts structurally inspired by human coronary arteries[J]. Nature Comm,2019,10:3098.

第4章 可降解吸收复合材料

随着医学和材料科学的不断发展,人们对于植入物的要求不断提高,不仅希望一些植入体内的复合材料能达到理想的医疗治愈效果,更希望能随着组织或器官的再生而逐渐降解吸收,以最大限度地减少材料对机体的长期影响。可降解材料能够在组织的修复中起到暂时的支持作用,愈合后逐渐降解。所以,它们可以作为永久性植入物(permanent implant)使用,这既不会造成植入物与机体不匹配和引起生理性炎症,也不需要二次手术取出。因此,可降解植入器械材料是生物医用材料研究发展的重要趋势之一[1]。通常把可降解吸收材料广义地定义为可在生物体内逐渐被破坏,最后完全消失的材料,复合材料也一样。植入体内的材料不仅受到各种器官组织不停运动的动态作用,也处于代谢、吸收、酶催化反应之中,同时植入物与体内不同部位之间常处在相对运动之中。在这样较多的影响因素及其长期、综合的作用之下,一些材料很难保持原有的化学、物理及力学特性,从而发生降解。

目前世界上已经开发成功并获得大规模生产应用的可降解聚合物(高分子)材料主要包括热塑性淀粉(TPS)、聚乳酸(PLA)、聚丁二酸丁二醇酯(PBS)、聚羟基脂肪酸酯(PHA)、聚己内酯(PCL)、脂肪族芳香族共聚酯(Ecoflex)和聚乙烯醇(PVA)等[2]。常用的生物医用可降解聚合物主要有天然来源的胶原、壳聚糖、透明质酸等和人工合成的 PLA、聚羟基乙酸(PGA,又称聚乙醇酸或聚乙交酯)、PCL、聚乳酸-羟基乙酸(PLGA,又称聚丙交酯-乙交酯)等。这些材料性能不一,但共同特点是均具有良好的生物相容性和体内降解吸收性能。已经临床使用的医用产品有可吸收手术缝合线、一次性医疗器械、组织工程支架、心脏支架、药物载体以及可吸收骨科内固定器械等。通过有机-有机、有机-无机等方式复合获得的可降解聚合物复合材料在生物医学方面的研究和应用越来越受重视。这些降解吸收复合材料由于优势互补往往在力学性能、降解性能和生物相容性等方面均得到明显改善,甚至降解速率和力学性能可以根据医学需要在一定范围内进行调节,从而能够增强体内应用效果和拓宽临床应用范围。

可降解金属未来的研发方向倾向于"多功能化",而作为一种长期性植入材料,要同时具备金属材料的结构力学特性和作为生物材料的生物功能特性,以一种可控的方式促进局部组织的重建。近几年来,通过采用先进的材料制备技术使可降解金属与其他生物材料复合,特别是与生物可降解陶瓷[3]或高分子材料[4]的复合,是可降解金属一个有前景的发展方向。在过去的几十年里,镁基材料作为新一代可降解支架材料已经得到了广泛的关注,原因是其自身具备一系列优势,比如体内降解、非毒性、优异的机械性能和良性的生物性能[5]以及原材料丰富的供给。然而,影响镁基材料临床应用的主要障碍是其较高的降解速率。快速降解容易引起一些不利后果,包括氢气的形成、因局部高 pH 引起的溶血反应和治疗期间过早的机械强度的丢失等。最近研究表明,添加陶瓷增强剂可以提高镁合金的力学性能和耐腐蚀性能[6]。例如，β-磷酸三钙（β-TCP）是一种具有良好生物相容性和生物降解性的生物活性材料，其降解可以为成骨细胞提供丰富的钙和磷元素，促进新骨的形成。目前，β-TCP 在复合材料中的应用主要集中在以聚乳酸为基体、以 β-TCP 颗粒为增强剂的骨折固定材料[7,8]。基于上述考虑，选用 β-TCP 颗粒来提高 Mg-Zn-Zr 合金的耐蚀性和力学性能是一种有效的方法。Wong 等[9]开发了一种由聚己内酯和镁组成的新型可降解复合材料，通过加入镁颗粒，复合材料的压缩模量可调整到人体松质骨的范围；体外研究表明，带有硅烷涂层的 Mg/PCL 复合材料具有极好的细胞相容性和促进成骨细胞分化的能力。聚 β-羟基丁酸酯（PHB）是一种存储于细胞内的天然高分子聚合物[10,11]，可以缓慢降解，在生物体内代谢的最终产物是 CO_2 和 H_2O，这些产物对人体无毒副作用，不易引发机体的免疫排斥反应。因此PHB 在整个支架材料降解过程中对人体无毒性，又能在完成组织修复后完全降解。可见，生物可降解复合材料在医学领域中发挥了重要的作用，可用于医用缝合线、癌症治疗、计划生育、药物释放体系、器官修补、组织工程和外科用正骨材料等领域，其应用前景十分诱人[12]。复合材料的力学性能及生物学性能都优异于单一材料，接下来主要介绍可降解聚合物/生物陶瓷复合材料、可降解医用金属/聚合物复合材料、可降解生物陶瓷/医用金属复合材料研究现状以及降解吸收复合材料降解行为。

4.1　人工合成可降解聚合物/生物陶瓷复合材料

人工合成可降解聚合物/生物陶瓷复合材料是指以人工合成的可降解聚合物作为基体，以可降解的生物陶瓷颗粒或纤维作为增强相，将两者以某种方式共混而制备的一类可降解吸收无机-有机复合材料。人工合成可降解聚合物主要包括脂肪族聚酯、聚碳酸酯、聚氨基酸、聚酸酐等，通常可以在生态环境中或人体内完全降解，比天然高分子或微生物合成的高分子具有更好的力学性能，而且可以从分子角度来设计分子链的结构，更大范围地控制材料的各种性能，使其具有更广泛的应用价值（见表 4.1）。生物陶瓷分为非降解的生物惰性陶瓷和可降解的生物活性陶瓷。可降解的生物活性陶瓷主要指磷酸钙类陶瓷材料、生物玻璃等。其结构和降解性能与钙磷比、烧结温度、加热速度、气氛等因素有关。不同种类的磷酸钙陶瓷均具有一定的溶解性，即可降解性，其中磷酸氢钙（DCP）的溶解能力最强，磷酸三钙（TCP）次之，而羟基磷灰石（HA）溶解性最差、性能最稳定（见表 4.2）。由于磷酸钙陶瓷存在脆性大、降解性能差和不易加工成型等缺陷，使其临床应用受到限制。将其混入人工合成可降解聚合物制备得到无机-有机复合材料，使之具有进一步增强聚合物的力学性能、调节降解速率、改善生物相容性和生物活性等诸多优点，在一定程度上模仿了天然骨的成分和结构，作为仿生的骨科固定与修复材料受到国内外研究者的普遍重视。

表 4.1　FDA 批准的几种常见可降解聚合物及性能[13]

中文名	英文名	热性能/℃	弹性模量/GPa	降解时间/月
聚乙醇酸	Polyglycolic acid(PGA)	$t_g=35-40, t_m=225-230$	7.06	6～12
聚 L-乳酸	Poly(L-lactic-acid)(PLLA)	$t_g=60-65, t_m=173-178$	2.7	>24

续上表

中文名	英文名	热性能/℃	弹性模量/GPa	降解时间/月
聚 D,L-乳酸	Poly(D,L-lactic acid)(PDLLA)	$t_g=55-60$,无定形	1.9	12～16
聚 D,L-乳酸-乙醇	P(D,L-)LGA(85/15)	$t_g=50-55$,无定形	2.0	5～6
聚 D,L-乳酸-乙醇酸	P(D,L-)LGA(75/25)	$t_g=50-55$,无定形	2.0	4～5
聚 D,L-乳酸-乙醇酸	P(D,L-)LGA(65/35)	$t_g=45-50$,无定形	2.0	3～4
聚 D,L-乳酸-乙醇酸	P(D,L-)LGA(50/50)	$t_g=45-50$,无定形	2.0	1～2
聚己内酯	PCL	$t_g=-65\sim-60,t_m=58-63$	0.4	＞24

表 4.2　不同钙磷比的磷酸钙陶瓷材料[14]

名　称	分子式	简写	钙磷比	溶解度(25 ℃,g/L)
一水磷酸一钙	$Ca(H_2PO_4)_2\cdot H_2O$	MCPM	0.5	～18
偏磷酸钙	$Ca(PO_3)_2$	CMP	0.5	
磷酸二氢四钙	$Ca_4H_2P_6O_{20}$	TDHP	0.67	
磷酸七钙	$Ca_7(P_5O_{16})_2$	HCP	0.7	
二水磷酸氢钙	$CaHPO_4\cdot 2H_2O$	DCPD	1.0	～0.088
磷酸氢钙	$CaHPO_4$	DCP	1.0	～0.048
焦磷酸钙	$Ca_2P_2O_7$	CPP	1.0	
二水磷酸钙	$CaP_2O_7\cdot 2H_2O$	CPPD	1.0	
磷酸八钙	$Ca_8H_2(PO_4)_6\cdot 5H_2O$	OCP	1.33	～0.008 1
α-磷酸三钙	$\alpha\text{-}Ca_3(PO_4)_2$	α-TCP	1.5	～0.002 5
β-磷酸三钙	$\beta\text{-}Ca_3(PO_4)_2$	β-TCP	1.5	～0.000 5
羟基磷灰石	$Ca_{10}(PO_4)_6(OH)_2$	HA	1.67	～0.000 3
无定形磷酸钙	$Ca_{10-x}H_{2x}(PO_4)_6(OH)_2$	ACP	＜1.67	25.7
磷酸四钙	$Ca_4O(PO_4)_2$	TTCP	2.0	～0.000 7

4.1.1　聚乳酸/生物陶瓷复合材料

1. 聚乳酸/羟基磷灰石复合材料

聚乳酸(PLA,又称聚丙交酯)是最具代表性的脂肪族聚酯,通过乳酸的直接缩聚或丙交酯(LA)单体(即乳酸环化二聚体)的开环聚合制备。PLA 具有良好的力学性能和生物相容性,是美国 FDA 认可的一类可降解高分子材料。PLA 在生物体内可以完全降解吸收,它的最终降解产物是 CO_2 和 H_2O,中间产物乳酸也是体内正常糖代谢的产物,能够通过新陈代谢排出体外。因此,PLA 在生物体内降解后不会对生物体产生不良影响。PLA 在医学上已经作为可吸收的手术缝合线、骨钉和骨板、组织工程支架等体内植入材料应用于临床。羟基磷灰石(Hydroxyapatite,HA),分子式为 $Ca_{10}(PO_4)_6(OH)_2$,微溶于纯水,呈弱碱性(pH=7～9),易溶于酸而难溶于碱。HA 是脊椎动物的骨和齿的主要成分[15],如人体骨中 HA 的质量分数约占 60%左右，人牙齿的珐琅质表面 HA 质量分数约占 90%以上。人体骨主要由有机的骨胶原结构与无机的磷灰石框架结构组成[16]。与其他的生物材料相比，人工合成的 HA 生物陶瓷的机体亲和性最为优良，置入人体后不会引起排斥反应，而且毒性试验证明 HA 是无毒性物质，因而其应用广泛，成为医用生物材料的研究热点之一。但由于 PLA 的中间水解产物是乳酸，酸性降解产物如过量堆积，容易引起周围组织的炎症反应。同时在力学上，PLA 远不能满足对力学强度要求较高的承重骨损伤部位的固定和治疗需求。另一方面，HA 生物陶瓷的脆性大、韧性不足及力学性能差，使它在承重骨的应用方面同样受到一定的限制。因此，通过将超细刚性的 HA 粒子与具有一定韧性的 PLA 复合，能够得到既具有较高的刚性，又具有较高韧性的 HA/PLA 生物复合材料。

一般情况下，HA/PLA 复合材料可通过溶液或熔融法将两者直接共混后，再利用一定的成型工艺获得。Ignjatovi[17]把完全溶解的 PLLA（分子量约 40 万）和结晶性好的纯 HA 颗粒混合，在 80～184 ℃下 49.0～490.5 MPa 冷压或热压，通过优化工艺参数获得密度可达 99.6%和压缩强度为 93.2 MPa 的复合材料。Shikinami 等[18]将平均粒径为 3 μm、钙磷比为 1.69 的 HA 粉体以 20%～50%的质量分数均匀分布于 PLLA，通过特殊模具锻压成型，并在车床上加工成不同形状、能够满足各种不同需求的骨内固定材料。其力学强度在目前的可吸收生物复合材料中是最高的，弯曲强度约 270 MPa，远高于皮质骨；弯曲模量 12 GPa，几乎相当于皮质骨；压缩强度非常高。通过对比分析烧结和未烧结的 HA 与 PLA 复合材料的力学及生物降解性能，发现由未烧结 HA 颗粒和 PLLA 制成的骨固定器件，在骨愈合期间可保持高的力学强度及全吸收性能和生物活性。John O. Akindoyo 等[19]采用挤压法制备了 PLLA-HA 复合材料，并通过注射成型法制备了式样。通过加入不同含量（质量分数由 0 至 15%）的 Biomax strong（BS）120 冲击改性剂，可以改善复合材料的冲击性能。研究结果表明，BS 的加入降低了 PLLA-HA 的结晶性。随着 BS 含量的增加，复合材料的力学性能也随之降低，然而冲击强度和断裂伸长率有明显的增加。BS 质量分数为 5%的复合材料各项性能表现最佳。Kasuga 等[20]采用溶剂共混的方法将长度为 140～150 μm、直径为 2～10 μm 的羟基磷灰石纤维混入聚乳酸中，然后干燥，挤压成型。力学测试结果表明少量的 HA 纤维即可较大幅度的提高材料的模量，当羟基磷灰石纤维含量为 20%～60%时，复合材料的模量可达到 5～10 GPa，有效提高了复合材料的力学性能。

为改善相界面的黏结性和提高材料的强度，Verheyen 等[21]首先将羟基磷灰石（粒径小于 45 μm）与丙交酯混合，然后以辛酸亚锡为催化剂进行开环聚合，获得 HA/PLA 复合材料。结果表明当羟基磷灰石含量达 30%时，复合材料的力学性能优于聚乳酸，这种方法制得的复合材料结合了生物可吸收性（聚乳酸）及骨亲和性（羟基磷灰石）的双重优点，是一类具有较高力学性能的生物活性材料；同时体外实验表明，此类材料在模拟体液中浸泡三周之后，其弯曲强度降低 50%。实验结果初步表明，HA/PLA 复合材料具有良好的生物相容性和骨传导性，而骨传导性这一特点是自增强聚乳酸（SR-PLA）和纯 PLA 等骨折内固定材料所没有的，而且 HA 与 PLA 复合后，HA 可从三维方向均匀增强材料强度，又可减慢 PLA 的降解速度。Zhou Fang 等[22]为提高多孔羟基磷灰石/聚乳酸（HA/PLLA）复合材料的力学性能,合成了高结晶度、高长径比的 HA 晶须,并利用三甲基硅烷修饰 HA,改善 HA 与 PLLA 的界面作用。结果表明,引入 HA 晶须不影响 PLLA 支架的形态和孔径分布,还提高了支架的力学性能。当 HA 晶须质量分数大于 15％时,HA/PLLA 支架的力学性能得到了较好的改善,并且经修饰过的 HA 比未修饰过的 HA 的复合材料支架有较好的力学性能。Zhongkui Hong 等[23]为了改善羟基磷灰石颗粒(HAP)与聚 L-丙交酯(PLLA)之间的结合,从而提高 PLLA/HAP 复合材料作为潜在骨替代材料的力学性能,将 HAP 纳米颗粒表面接枝 PLLA 得到 g-HAP,并与 PLLA 进一步混合(见图 4.1)。在 g-HAP 质量分数为 4％的情况下 PLLA/g-HAP 在抗拉强度、抗弯强度和冲击能方面均达到最大值。结果表明,g-HAP 纳米粒子不仅可以增强 PLLA 的强度,而且可以增强 PLLA 的韧性。生物相容性试验结果表明,PLLA/g-HAP 复合膜促进了人软骨细胞的黏附和增殖。Huang G. M. 等[24]将不同分子量的聚 D-丙交酯(PDLA)低聚物接枝到 HA 纳米棒(HA-PDLA)上,并将 HA-PDLA 杂化产物与 PLLA 复合,研究了 HA-PDLA 杂化物在 PLLA 基体中的分散性,并对其形成机理进行了探讨。研究结果发现,与 PLLA/HA-PLLA 纳米复合材料相比,在相同的添加量下,PLLA/HA-PDLA 纳米复合材料具有更高的拉伸强度和伸长率,并且通过增加接枝 PDLA 链的分子量,进一步提高了 HA-PDLA 杂化物对 PLLA 的增强效果。

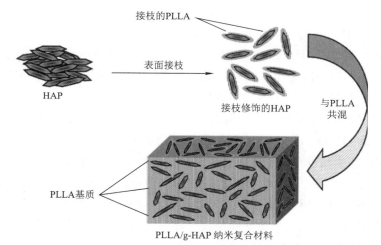

图 4.1　聚 L-丙交酯(PLLA)/羟基磷灰石(HAP)复合材料的制备

　　Peter X. Ma 等[25]采用相分离与以糖做模板的技术制备了多孔 PLA 支架,然后将 PLA 支架浸入模拟体液中,在多孔支架表面形成一层羟基磷灰石层,这类多孔支架材料孔隙率、孔径可以通过不同试验条件进行有效的控制。为了更好地模仿自然骨的矿物质组成及其微观结构,该团队还利用热诱导相分离技术(TIPS)制备了一种高孔隙率和孔结构可控的纳米 HA/PLA 多孔支架材料,并对其微观形貌、力学性能、蛋白吸附能力进行了深入的研究[26]。结果表明,相对于微米级 HA,纳米 HA/PLA 复合材料具有更规则取向、开放的 3D 孔结构,改善了复合材料支架的力学性能和蛋白吸附性能。Carfi Pavia 等[27]研究发现,与纯 PLLA 支架相比,热诱导相分离制备的 HA/PLLA 多孔支架通过加入 HA 纳米粒子不仅能够改善材料的杨氏模量,还可以有效地促进 MC3T3-E1 细胞的成骨分化。Junhui Si 等[28]先采用真空辅助溶剂铸造法制备了 PLA 多孔支架,后利用超声将羟基磷灰石修饰于 PLA 多孔支架表面制备 PLA/HA 多孔支架。结果表明,HA 纳米粒子被成功地引入到 PLA/HA 支架表面,并与 PLA 基体发生强烈的相互作用。经超声处理后,PLA/HA 支架仍具有 85% 以上的高孔隙率。PLA/HA 支架材料的亲水性和力学性能显著高于 PLA 和 b-PLA-HA 简单共混的支架材料。与 PLA 和 b-PLA-HA 支架相比,小鼠胚胎成骨细胞(MC3T3-E1)在 PLA/HA 支架上培养的黏附和增殖状况明显改善,因为其表面的 HA 纳米颗粒较多,使得细胞与支架之间具有良好的直接相互作用。因此,PLA/HA 支架作为组织工程支架具有很大的应用潜力。

高压静电纺丝制备的超细纤维由于具有高比表面积,孔尺寸在几微米至几十微米范围,孔隙率最高至 90% 可调等优点,广泛应用于神经、皮肤、心血管、心脏和骨组织工程[29~31]。对于可降解聚合物/生物陶瓷复合材料的静电纺丝纤维,其性能与无机粒子的尺寸、形貌和含量密切相关。Fei Peng 等[29]比较了针状的纳米级和微米级羟基磷灰石与 PLLA 共混后采用静电纺丝法制备的 HA/PLLA 纳米纤维支架。体外细胞实验研究结果表明,微米级 HA 颗粒比纳米级 HA 颗粒产生更好的生物相容性和细胞信号传导性质。随机排列的纤维束对细胞形态有显著影响,但对细胞增殖和分化无显著影响。Sa'nchez-Are'valo 等[32]探究了电纺丝制备 HA/PLLA 复合材料支架的宏观和微观的力学行为。结果表明,在 PLLA 电纺丝支架中加入少量(2%)HA 颗粒后,其微观和宏观力学性能分别降低了约 40% 和 60%。然而,当 HA 量超过 2% 时,复合材料的刚度恢复,杨氏模量在 400~600 MPa。因此,添加羟基磷灰石纳米颗粒可以增强 HA/PLLA(4%)和 HA/PLLA(6%)电纺支架的力学性能。此外,该研究的微机械测量能够捕捉到电纺纳米纤维之间的微应变机制以及 HA 纳米颗粒对其机械响应的影响。Daniel Santos 等[33]利用玻璃增强羟基磷灰石(gHA)作为无机组分,将其与 PLLA 复合,采用静电纺丝的方法制备 gHA/PLLA 复合材料薄膜。通过扫描电子显微镜(SEM)观察可知,在 PLLA 纤维之间的空隙中存在很多颗粒,形成类似"海上岛屿"的结构,从而增加了复合材料的表面积和粗糙程度。生物矿化研究表明,gHA-PLLA 也能诱导 HA 晶核的形成和生长。生物学评价表明,加入 gHA 增强了细胞与纤维及细胞之间的相互作用,有利于形成连续的细胞层,并促进早期成骨分化,其有望成为骨修复和愈合的潜在材料。Tang 等[34]采用同轴静电纺丝法制备了具有药物释放、骨引导和屏障功能的诱导组织再生膜(GTR)。每个纳米纤维膜的外壳由胶原/阿莫西林组成,其核心由 PLGA/HA 组成,通过药物释放促进伤口愈合,阻止成纤维细胞长入骨缺损并促进骨生成。结果表明,当壳中含有质量分数为 4% 胶原时,阿莫西林的总释放时间可达 40 h。纳米纤维膜经过 8 周的降解后,膜表面发生矿化,说明膜具有诱导磷灰石沉积的能力。培养 48 h 后发现,GTR 的对面未生长成纤维细胞。该研究开发的屏障膜可用于牙种植体和骨移植。

Chen Chen 等[35]利用微波辅助矿化技术,在氧化石墨烯表面原位合成了 HA 纳米晶须(HA@GO),将其与 PLA 复合仍能够体现出 HA 良好的生物相容性和石墨烯良好的力学强度。特别是与 PLA/HA 相比,HG30 细胞活力增加了 85%,抗拉强度和韧性分别增加了

2 倍和 7.9 倍。Qiuhua Yuan 等[36]采用化学沉淀法制备了具有较高纯度和热稳定性的不同铈(Ce)掺杂量的羟基磷灰石,并采用自旋涂覆技术首次在不锈钢基体上制备了 Ce-HA/PLA 复合镀层,其中 PLA 的加入可以阻止金属底物催化羟基磷灰石的分解。Wen-Jun Yi 等[37]利用柠檬酸对羟基磷灰石钙离子的螯合作用对其进行改性,接着将 β-环糊精的羟基与柠檬酸盐交联,再利用表面的羟基与 L-丙交酯原位开环聚合制备出 PLA-CD-HA-72。研究结果发现,间充质干细胞在合成的 PLA-CD-HA-72 中有良好的黏附性,干细胞存活率高,诱导成骨能力强。结果表明,PLA-CD-HA-72 具有较好的生物相容性和生物活性,有望作为骨组织工程材料。

Nishida 等[38]采用热诱导相分离技术制备了不同形貌和孔隙率的 PLLA/HA 复合材料多孔支架,探索了 DNA 在支架材料上的吸附行为及其在基因治疗中的应用。hMSCs 的相关体外细胞实验结果表明,经 ds-DNA 修饰的 PLLA/n-HA/ds-DNA 支架比单纯 PLLA 和 PLLA/n-HA 支架有明显促进细胞增殖的效果,有望成为一种较好的组织工程材料。

2. 聚乳酸/β-磷酸钙复合材料

β-磷酸钙(β-TCP)是 TCP 的高温相,是一种降解性能良好的生物降解陶瓷。与 HA 不同,β-TCP 植入体内后通常快速降解并释放新骨生成所需要的丰富的钙、磷元素。然而,降解速度过快(β-TCP 在水溶液和体液中的溶解度是 HA 的 $10\sim15$ 倍)也是影响其临床骨修复效果的主要原因之一。将其与 PLA 复合制备的 PLA/β-TCP 复合材料,能够弥补两种材料各自的固有缺陷,调节材料的降解速率,改善植入物的力学性能。Aunoble 等[39]研究了通过注射成型、质量分数为 $0\sim60\%$ 的 PLLA/β-TCP 复合材料的体内外降解性能和生物学性能,评估其在骨外科中的潜在应用性。结果表明,与纯 PLLA 相比含磷酸三钙的复合材料降解更快、炎症反应更少,能促进成骨分化。含有 60% β-TCP 的复合材料在成骨方面表现出与纯 β-TCP 骨移植物相似的性能。Yunqing Kang 等[40]研究了动态载荷对多孔的 PLLA/β-TCP 复合材料支架体外降解性能的影响。研究结果表明,支架上沉积了大量的磷灰石,表明它们在 SBF 中具有良好的生物活性。动态加载条件下支架的质量、孔隙率、相对分子质量和抗压强度的变化比单在 SBF 条件下的变化更大。动态加载频率对支架的降解有促进作用,但对支架的力学性能并没有产生显著影响。为了模拟天然细胞外基质(ECM)的结构,Tao Lou 等[41]采用热诱导相分离法和盐浸法相结合制备并研究了一种具有分级孔结构的 PLLA/β-TCP 纳米复合支架。该支架具有三个层次结构:(1)500 nm$\sim$300 μm 范围的孔隙;(2)由 $70\sim300$ nmPLLA 纤维组成的孔壁;(3)β-TCP 纳米粒子相。前两种结构主要由致孔方式产生,β-TCP 纳米粒子相则改善了 PLLA 基体的力学性能和生物活性,有助于 MG-63 成骨细胞的增殖、迁移和 ECM 沉积。该团队还研究了单独采用热诱导相分离法制备的 PLLA/β-TCP 纳米复合支架,其具有连续的纳米纤维结构,微孔相互连通,孔径范围为 $0.5\sim10$ μm,孔隙度高达 92%;β-TCP 纳米粒子在 PLLA 基体中均匀分散,显著提高了复合材料支架压缩模量和蛋白吸附能力;该支架能够为成骨细胞的附着和增殖提供适宜的微环境[42]。2016 年,Fengcang Ma 等[43]用硬脂酸修饰 β-TCP,以提高其与 PLLA 基体的界面相容性,研究结果表明,表面改性后的 β-TCP 在 PLLA 基体中分布更为均匀,复合材料的机械强度明显增加。β-TCP 含量还影响材料的亲疏水性,当 β-TCP 的质量分数为 10%时,亲水性能得以改善,而当 β-TCP 增至 20%时,其亲水性能却降低。Sunny Lee 等[44]将聚乳酸(PLA)与其单体(LA)共混,制备出蓬松型高孔纳米纤维网,结果表明,LA 在三维蓬松型纤维网格的生成中起着至关重要的作用。随后将 β-TCP 加入 PLLA 与 LA 的混合液中采用静电纺丝的方法制备 PLLA/β-TCP 复合材料多孔支架,接着用蒸馏水洗净 LA,以避免其对生物相容性的不利影响。与 2D PLLA 和 3D 网状 PLLA 相比,PLLA/β-TCP 支架能较好地促进细胞的黏附、增殖和钙矿物沉积。Qian Chen 等[45]采用化学接枝和原位反应相结合的方法,在 PLLA/β-TCP 复合材料上制备了凝胶羟基磷灰石(GEL/HAP)涂层。体外细胞实验结果表明,仿生凝胶/HAP 涂层的加入显著改善了 MC3T3-E1 细胞的黏附、增殖和成骨分化。体内动物实验组织学分析表明,仿生涂层不仅改善了骨融合,而且显著促进了骨再生。Pei Feng 等[46]则尝试在 PLLA/β-TCP 的基础上引入非降解的聚醚醚酮(PEEK),通过将 PLLA 粉末与聚醚醚酮(PEEK)和 β-TCP 粉末共混制备了 PEEK/β-TCP/PLLA 三相骨再生支架。由于 PEEK 具有较好的机械强度和体内稳定性,将其与 β-TCP 直接共混制备的 PEEK/β-TCP 复合支架,在材料融化和固化的后,PEEK 产生的封闭膜作用会将 β-TCP 完全包裹在材料内部,不能表现出所期待的生物活性以及生物降解性。实验结果显示,PLLA 的加入则可以解决这一问题。随着 PLLA 的降解,在膜上形成大量的孔洞,暴露出的 β-TCP 能够与体液发生离子交换。体外细胞实验结果表明该支架具有良好的促进细胞黏附增殖和分化的效果。在体内骨缺损修复评价中,通过 micro-CT、X 线和组织学评价,认为该支架具有良好的新骨形成能力和骨再生效率。PLLA 含量从 0 增加至 30%时,支架的力学特性较稳定,当 PLLA 含量继续增加时,支架出现迅速坍塌。因此认为,30%PLLA 复合支架具有较好的可降解性、生物活性以及生物相容性。

3. 聚乳酸/生物活性玻璃复合材料

生物活性玻璃(bioglass,BG)主要是以 $SiO_2-Na_2O-CaO-P_2O_5$ 为基本成分的硅酸盐玻璃,具有良好的生物相容性、可降解性。在生物降解聚合物中引入 BG,主要目的是提高聚合物材料的生物活性。BG 的化学组成与生物体骨骼无机组分相似,容易与周围的骨骼形成紧密牢固的化学键合或经生物降解后形成新的骨骼成分,在硬组织和软组织修复中均具有潜在的应用性。Gioacchino Conoscenti 等[47]研究比较两种生物玻璃(BG)45S5 和 1393 对 PLLA 复合支架的形态、力学性能、生物降解、吸水和生物活性的影响;此外,还选择了不同的 BG 与聚合物比(质量分数分别为 1%、2%、5%)来评价填充量对复合材料结构的影响。结果表明,1393BG 的加入对支架的形貌没有影响,而 45S5BG 在最大添加量时,对支架结构有明显的修饰作用。生物活性测试证实了在两种类型的 BG 中都形成了羟基碳酸磷灰石层。Verrier 等[48]探究了在 PDLLA 基体中加入 45S5 生物活性玻璃制备的生物活性复合材料对分别代表硬组织和软组织的骨肉瘤 MG-63 细胞系和人肺腺癌 A549 细胞系的生长影响。为期 4 周的细胞增殖研究表明,与质量分数为 40%生物活性玻璃的复合材料相比,A549 细胞在质量分数为 5%的生物活性玻璃的 PDLLA 泡沫上增殖能力更强。此外该研究发现,在可降解的高分子支架材料中添加适当浓度的 45S5 生物玻璃颗粒,对肺上皮细胞的黏附和增殖可能有积极的影响。SuviHaimi 等[49]研究比较了脂肪干细胞（ASCs）在聚乳酸/生物活性玻璃和聚乳酸/β-TCP 两种支架上的生长和成骨分化能力。两种浓度的生物活性玻璃和 β-TCP 对 ASCs 的增殖和成骨分化无明显影响。当细胞在 PLA/β-TCP 复合支架上培养 2 周后，ASCs 的 DNA 含量和碱性磷酸酶（ALP）活性均高于其他支架类型。结果表明，与其他类型支架相比，PLA/β-TCP 复合支架显著增强了 ASCs 的增殖和 ALP 活性。

为了提高无机纳米粒子 BG 与 PLLA 的相容性，Aixue Liu 等[50]先采用溶胶凝胶法制备了粒径 40 nm 左右的 BG 纳米粒子，然后利用六次甲基异氰酸酯（HMDI）将其与 PLLA 进行连接，最终制得 g-BG/PLLA 复合材料。研究结果表明，接枝改性可以提高复合材料的相容性，从而提高复合材料的拉伸强度、拉伸模量和冲击强度。复合材料拉伸断口形貌表明，表面接枝的生物活性玻璃颗粒（g-BG）在 PLLA 基体中均匀分散。体外生物活性实验表明，与纯 PLLA 支架相比，BG/PLLA 纳米复合材料具有更强的诱导支架表面形成磷灰石层的能力。此外，与纯 PLLA 材料相比，含有 BG 或 g-BG 颗粒的复合材料具有更好的生物相容性。A. Larrañaga 等[51]提出利用等离子体聚丙烯酸对生物活性玻璃颗粒进行表面改性，以提高生物玻璃填充复合体系的热稳定性。研究结果表明，非改性生物玻璃填充的 PLLA 薄膜在热塑性加工过程中，由于分子量的急剧下降，导致薄膜脆性大、不易处理。与之相反，改性生物玻璃填充的 PLLA 薄膜的杨氏模量相对于未填充 PLLA 略有增加，但拉伸强度和断裂伸长率均有所下降。Kim Hae-Won 等[52]将纳米纤维状的生物活性玻璃与 PLA 复合开发了一种新型的纳米复合材料。在模拟体液中，纳米复合材料在表面迅速形成羟基碳酸盐磷灰石层。随着复合材料中生物活性纳米纤维含量的增加（从 5% 增加到 25%），纳米复合材料的体外生物活性得到了提高。通过碱性磷酸酶的表达来评价细胞的分化，纳米复合材料对细胞的分化作用明显优于纯 PLA。此外，细胞矿化产物在纳米复合材料上明显高于纯 PLLA。Cao Liehu 等[53]采用溶液铸造法制备了介孔生物玻璃（m-BG）和聚 L-丙交酯（PLLA）骨再生活性复合材料。研究结果表明，复合材料的抗压强度和亲水性随 MBG 体积分数的增加而显著提高。此外，含有 MBG 的复合材料可以中和 PLLA 在三氯乙烯溶液中降解而产生的酸性产物。MBG/PLLA 复合材料经模拟体液（SBF）浸泡后可在表面诱导磷灰石形成，并具有良好的生物活性。细胞培养实验表明，复合材料能增强 MC3T3-E1 细胞的黏附、增殖和碱性磷酸酶活性。

为获得更为理想的骨组织工程支架，Liu A 等[54]采用热诱导相分离法制备了不同无机含量生物活性玻璃陶瓷（BGC）/聚左旋乳酸（PLLA）多孔纳米复合支架。实验结果发现，引入质量分数小于 20% 的 BGC 纳米颗粒对 PLLA 泡沫的孔隙率没有显著影响，但是随着 BGC 含量增加到 30%，复合材料的孔隙率迅速下降，支架的压缩模量从 5.5 MPa 增加到 8.0 MPa。此外研究表明含有质量分数为 20% BGC 复合材料在 SBF 中矿化性能最好，而含有 10%BGC 复合材料的吸水率最高。N. Barroca 等[55]提出了一种通过生物玻璃与聚合物支架结合来控制多孔性的方法，生物玻璃作为 PLLA 基体的成核剂，促进其结晶，生物活性玻璃的溶解程度控制着孔径大小。研究发现，随着生物活性玻璃含量的增加其孔径也随之增加。体外 SBF 浸泡试验证实了 PLLA-BG 复合材料具有良好的生物活性。Yunfei Niu

等[56]采用溶剂浇注-颗粒浸出法制备了介孔生物玻璃(m-BG)和聚 L-丙交酯(PLLA)复合材料生物活性支架。结果表明,将 m-BG 加入 PLLA 可显著提高 m-BG-PLLA 复合材料支架的体外吸水性、降解性和磷灰石形成能力。此外,在 PLLA 中加入 m-BG 可以中和 PLLA 的酸性降解产物,从而补偿因 PLLA 降解导致的 pH 的降低。细胞培养实验表明,m-BG-PL-LA 复合支架增强了 MC3T3-E1 细胞的附着、增殖和碱性磷酸酶活性。动物实验组织学观察结果显示,复合支架在体内显著改善成骨。Karam Eldesoqi 等[57]研究了无机含量为 20% 或 40%聚乳酸(PLA)/生物玻璃(BG20 和 BG40)新型复合材料的组织生物相容性、全身毒性和致瘤性。研究结果表明,无论有无祖细胞,BG20 和 BG40 均不会引起器官损害、长期全身炎症反应或形成肿瘤。BG20 和 BG40 均有利于骨形成,在 EPCs 和 MSCs 存在下骨形成进一步增强。这项研究反映了生物材料 BG20 和 BG40 具有良好的生物相容性,并为在支架上添加 EPCs 和 MSCs 不会诱导肿瘤形成提供了证据。

4.1.2 聚己内酯(PCL)/生物陶瓷复合材料

聚(ε-己内酯)(PCL)是通过 ε-己内酯(ε-CL)开环聚合得到的一种线性脂肪族聚酯,与 PLA 和 PGA 比较,其玻璃化温度和熔点较低(分别为-60 ℃和 60 ℃),具有良好的柔韧性和形状记忆温控性质,而且降解时间较长(一般为 2 年以上)。常采用溶剂浇注(或熔融共混)和颗粒浸出、静电纺丝、3D 打印等方法制备 HA/PCL 复合材料支架,用于骨组织工程。G. B. C. Cardoso 等[58]采用溶剂浇注和颗粒浸出相结合的方法制备了含有针状缺钙羟基磷灰石(CDHA)晶须的 PCL 支架,研究了其机械性能和生物学特性。支架的孔隙率为 70%左右,孔尺寸为 177～350 μm 之间,支架内的 CDHA 晶须均匀分布。CDHA 晶须的加入提高了 PCL/CDHA 材料的弹性模量和抗压强度。体外和体内研究表明,PCL/CDHA 材料具有良好的生物相容性,术后 32d 促进了大鼠胫骨缺损的新骨生成。Stefan Flauder 等[59]将冷冻法制备的 β-TCP 陶瓷支架浸入到生物可吸收和延展性聚合物 PCL 中制备 β-TCP/PCL 复合支架,研究浸渍的 PCL 对多孔支架力学性能的影响。这种冷冻冰模法制备的 β-TCP 支架显示出典型的有序、开放及层状孔结构,在溶液介导的 PCL 浸渍过程中 β-TCP 支架原有的孔隙率大部分保持不变,少量的聚合物在 β-TCP 表面形成一层薄膜。与纯 β-TCP 支架相比,β-TCP/PCL 复合支架的结构稳定性增加,抗压强度和抗弯强度也得以提高。Susmita Bose 等[60]通过将萘热分解法和聚合物涂层技术相结合,建立了一种 β-TCP/PCL 复合支架的新制备技术。以 30%或 40%一定尺寸的萘粒子作为致孔剂,将 β-TCP 粉体(以 PVA 为黏结剂)与筛选获得的萘粒子通过球磨共混,在柱形模具中 1 MPa 冷压 30 s 获得支架毛坯;然后将支架毛坯移入烤箱,80 ℃持续 24 h,通过升华除去萘粒子;最后,支架在马弗炉中 1 150 ℃烧结 2 h 成型。接着将 β-TCP 支架浸入 10%PCL 丙酮溶液,在食品真空包装机内真空反复处理 4 次以辅助 PCL 渗透支架内部,取出后真空干燥。获得的 β-TCP/PCL 复合支架孔隙率为 57.64%±3.54%,最大孔径为 100 μm 左右,抗压强度可达(32.8±1.41)MPa,并且孔尺寸和孔隙率在一定范围内可调。

为获得形态和结构更为可控的个性化骨组织工程支架,Francisco J. Martinez-Vazquez

等[61]以 HA 墨水为原料,采用 robocasting 3D 打印技术和 PCL 浸渍法,在 HA 三维同轴结构经高温烧结后,将聚己内酯(PCL)溶液注入管芯内,制备出 3D 打印的 HA/PCL 复合同轴支架。PCL 的注入提高了空心支撑支架的韧性和抗压强度,同时保持了生物陶瓷所需的刚度和良好的骨传导性能。而 Geun Hyung Kim 等[62]则利用电场驱动流体印刷术(EHDP)工艺制备出了陶瓷质量比例超过 70%、具有与 3D 打印类似几何形状和孔隙结构的 α-TCP/PCL 复合纤维支架。这种新型支架的内部结构是由 PCL 纤维与 α-TCP 生物陶瓷相层层缠结而成,其独特的高通透微/纳米纤维仿生结构能够显著提高前成骨细胞(MC3T3-E1)的细胞代谢活性和矿化作用。YungCheng Chiu 等[63]利用 3D 打印技术制备了一种三氧化矿物凝聚体(MTA)与 PCL 复合的 3D 打印三维支架。先将 MTA 分散于乙醇,然后缓慢滴入可打印 MTA 基质的 PCL 中进行 3D 打印,得到均匀高孔隙率(70%)、孔径为 450 μm、抗压强度为 4.5 MPa 的三维支架。这种 3D 打印的 MTA/PCL 支架能有效促进磷灰石沉积以及人牙髓细胞(hDPCs)的黏附、增殖和分化。

支架植入后的缺氧可能导致细胞坏死和细菌感染,但补充氧气能促进细胞增殖分化及预防感染。为此,Maria Touri 等[64]以 60%羟基磷灰石(HA)和 40%磷酸钙(β-TCP)双相磷酸钙(BCP)为原料,利用自动注浆成型 3D 打印技术制备生物陶瓷支架,并通过浸涂法将产氧抗菌的过氧化钙(CaO$_2$)与 PCL 混合溶液与生物陶瓷支架复合,制备具有产氧涂层的生物陶瓷支架。实验表明,CaO$_2$ 的释放可以有效抑制大肠杆菌和金黄色葡萄球菌的生长。与未涂层的支架相比,涂层支架表面有 CaO$_2$ 颗粒而在 SBF 实验中呈现出较好的磷灰石沉积,CaO$_2$ 质量分数分别为 3%和 5%的涂层支架在成骨细胞培养中具有较高的 ALP 活性,显示了良好的抗菌活性和生物活性。M. E. Cortés 等[65]制备了含有环糊精包覆多西环素(DOX)和双相磷酸钙(BCP)的磷酸钙/PCL/PLGA 复合材料,BCP 和广谱抗生素 DOX 的引入,不仅增强了材料的抗菌性,还促进了成骨细胞的增殖和分化。

除了在骨科的应用,吴成铁等[66]还将静电纺丝制备的含有硅酸盐生物陶瓷颗粒(叠磷硅钙石,NAGEL,Ca$_7$P$_2$Si$_2$O$_{16}$)的 NAGEL/PCL/明胶纳米纤维复合支架应用于糖尿病慢性创面愈合的治疗研究。支架降解过程中 Si 离子保持持续释放,从而能促进体外人脐静脉内皮细胞(HUVECs)和人角质形成细胞(HaCaTs)的黏附、增殖和迁移。动物实验表明,该支架 Si 离子的释放和支架的纳米纤维结构对提高糖尿病创面愈合效率具有协同作用,能明显诱导糖尿病小鼠创面血管生成、胶原沉积和再上皮化,并能抑制炎症反应,从而促进创面愈合。

4.1.3 聚丙交酯-乙交酯(PLGA)/生物陶瓷复合材料

聚丙交酯-乙交酯(PLGA)是丙交酯(LA)和乙交酯(GA)的共聚物。PLGA 的性质(如力学性能、生物相容性和加工性能)与 PLA 相似,但其降解时间可以通过 LA 与 GA 的共聚比例得到更宽范围的调节,因而 PLGA 与生物陶瓷的各种复合材料被广泛应用于骨组织工程[67]。为获得理想的支架内部空间结构和生物活性,人们尝试了各种致孔加工方法,如溶剂浇注/颗粒浸出法[67]、熔融成型/颗粒沥滤法[68]、气体发泡法[69]、3D 打印[70]等,并将其用于基因或蛋白药物的递送系统。Kim 等[69]建立了气体发泡（Gas foaming）成型和颗粒浸出法（GF/PL）制备 HA/PLGA 多孔支架的新方法。与传统的溶剂铸造和颗粒浸出法（SC/PL）相比，该方法（GF/PL）制备的支架表面更容易暴露 HA 纳米颗粒。Wang 等[71]通过多孔 β-硅酸钙（β-CS）浸入 PLGA 的丙酮溶液制备获得了 β-CS/PLGA 复合支架，控制了降解速率，提高了力学性能和生物性能。兔股骨缺损动物实验显示，β-CS/PLGA 可以显著刺激新骨形成和血管生成。在每个时间点上，β-CS/PLGA 支架的生物降解速率都低于 β-TCP，且与新的骨形成速率相匹配。这些数据表明 β-CS/PLGA 能够促进体内骨再生，这可能与间充质干细胞（MSCs）成骨分化增强和内皮细胞（ECs）血管生成活性增强有关。Castro 等[70]采用纳米油墨和 3D 打印技术制备由 nHA 和 PLGA 球（包含生长因子 TGF-β1）组成的仿生纳米复合材料支架。该支架多孔且高度互联，具有分层的纳米微观层次结构，而时空梯度的生物活性因子能够协同促进细胞黏附和指导干细胞的定向分化。是否有利于血管化与支架材料的成骨性能密切相关，Li 等[72]通过 PLGA/HA 支架担载慢病毒载体（LV-PDG-Fb），并首次使用多光子显微镜来研究三维支架在体内的血管生成状况。这种病毒载体在体内能够转染邻近细胞并表达 PDGF-BB，从而促进血管生成和骨再生。Gao 等[73]通过乳液法和聚多巴胺（pDA）表面修饰方法制备了在表面黏附生长因子 IGF-1 的 PLGA/HA 复合材料微球。pDA 层可以在短时间内将多肽简单高效地固定在微球上，且小鼠脂肪干细胞（AD-SCs）在 IGF-1 固定化的微球上黏附和增殖明显高于非固定化组。更重要的是，IGF-1 固定化的 PLGA/HA 微载体显著提高了 ADSCs 碱性磷酸酶活性和成骨相关基因的表达。Quinlan 等[74]采用喷雾干燥和乳化技术将具有生物活性的重组人骨形态发生蛋白 2（rh-BMP-2）包封在海藻酸盐和 PLGA 微粒子中，具有较高的包封效率。将这些微粒植入胶原/HA 支架后，rhBMP-2 可持续释放 28 天。体外细胞测试表明缓释 rhBMP-2 的材料显示出明显的促成骨作用。选择最佳浓度的 rhBMP-2 支架，并将其植入大鼠的颅骨缺损中，其在体内显示出良好的愈合能力。利用支架将特定的治疗分子传送到指定的组织区，可以开发出类似的体系来促进各种组织和器官的愈合，其在组织再生领域具有巨大的潜力。

4.2　可降解医用金属/聚合物复合材料

由于生物可降解聚合物植入生物体内可自行降解，已广泛用于生物医学应用，例如 PLLA PLGA 等。特别是将 PLLA 应用于血管支架引起行业研究人员广泛的关注[75]。2016 年 Abbott Vascular 公司发布了第一代生物可吸收冠脉支架。然而，与不锈钢或其他金属材料制成的传统支架相比，这类材料的主要缺点是缺乏生物活性、异物反应和机械性能相对较低，而这种低机械强度迫使设计更厚的种植体，需要更多的时间进行生物降解，但这也增加了出现不良组织反应的风险[76]。Kastrati 等[77]研究发现，支架越薄，冠状动脉支架置入术后血管造影和临床再狭窄的发生率就越低。此外，炎症反应也伴随着 pH 的降低而增加，这将加快种植体的初始降解速度。因此，研究者们试图通过在生物可降解基质中添加陶瓷颗粒或碳纳米管等增强材料以克服聚合物植入物的上述缺点。

颗粒增强复合材料具有克服生物可吸收聚合物低刚度的潜力。Kolandaivelu 等[76]开发了一种石墨烯增强的聚己内酯(PCL)支架,研究发现质量分数为 4% 的石墨烯纳米薄片的存在使 PCL 聚合物的杨氏模量提高了 53%。然而,由于这些类型的增强颗粒生物稳定强,在生理条件下溶解非常缓慢,长时间的体内溶解会增加炎症的发生率。Jang 等[78]制备了不同形状的 $Mg(OH)_2$ 颗粒增强的 PLGA 复合材料,结果表明,$Mg(OH)_2$ 纤维较大的长径比、比表面积和较大的机械强度,可以增强分子间的相互作用和化学反应活性。Osman 等[79]也发现长径比较大的颗粒可以提高聚合物材料的机械性能,但另一方面也降低了材料的抗腐蚀能力,从而恶化材料的机械性能。

相对于聚合物,镁合金由于其较高的机械强度、刚度、生物相容性以及增强成骨反应的有益作用,已成为最有潜力的生物降解材料。然而,它们在生理环境中降解速度快,限制了在种植体中的应用。镁降解形成氢氧根并释放氢,气态氢以及与腐蚀过程相关的 pH 的增加是损伤组织的刺激源,并可严重破坏植入物的生物相容性和稳定性[80]。因此,研制生物可降解、生物相容镁合金的主要科学问题是减缓镁合金的体内腐蚀速率。目前的趋势集中在合金元素的使用、晶粒尺寸细化、表面处理和涂层方面。

最近出现了一种新的方法来解决聚羟基酸和镁合金这两种材料的缺点。新策略包括开发聚合物/Mg 复合材料作为新型生物可吸收生物材料用于骨合成和其他临时医疗应用。已经证明,在这类材料中,聚合物受益于硬度更硬、强度更强的 Mg 颗粒的增强作用,提高了其力学性能,同时 Mg 也提高了细胞的生存能力。并且,Mg 颗粒将受益于被聚合物基体包围,使植入物显示出更低的降解速度[81,82]。因此,Mg 颗粒由于能够增强可降解聚合物的综合性能而受到人们的关注。

Cifuentes 等[83]通过加入质量分数为 30%Mg 颗粒的 PLLA 基体的复合材料,杨氏模量可达 8 GPa,屈服强度可达 100 MPa,硬度可达 340 MPa。为了测试不同含量 Mg 颗粒的 PLLA/Mg 复合材料的最优性能,采用热挤压方法加工出 Mg 颗粒均匀分布的复合材料,研究发现 Mg 颗粒质量分数高达 5% 会略微降低降解率,但在 7% 时观察到显著增加。类似地,通过添加 Mg 颗粒含量达到 5%,样品的机械强度增加,但在 Mg 含量达到 7% 后,样品的机械强度急剧下降[84]。

Wu 等[85]研究了镁合金 AZ31 对聚乳酸-羟基乙酸(PLGA)的增强作用。AZ31 纤维的添加显著增强了复合材料的极限抗拉强度(UTS)和伸长率。PLGA 的酸性降解产物被 AZ31 镁合金的碱性腐蚀产物中和。细胞黏附实验表明,所有细胞均表现出健康的形态,细胞在样本表面的黏附和增殖明显增加。Brown 等[86]首次开发了一种 PLGA/Mg 复合支架,通过向 PLGA 支架中添加 Mg,提高了材料的抗压强度和弹性模量,并且获得了提高细胞亲和性的多孔结构。碱性降解 Mg 与酸性降解 PLGA 联合使用,整体 pH 缓冲效果较好,并在 10 周降解实验期间长期释放 Mg。Mg/PLGA 复合支架降解产物在体外促进骨髓基质细胞增殖。组织学分析表明,该复合材料是生物安全的。

为了满足植入部位骨的愈合速度,必须控制可吸收医疗器械的降解动力学。如果了解了参与复合材料降解的化学反应,就可以调节此降解动力学。聚合物基体的水解和镁的腐蚀是导致聚合物/镁复合材料断裂的两种主要反应。

聚乳酸属于脂肪族聚酯家族,根据反应式 1 可知,其酯基在生理环境中容易被水解降解。酯键的水解导致聚合物链的断裂,从而导致分子量的降低。降解产物最终扩散到环境中。聚乳酸降解为乳酸。这种酸可以通过三羧酸循环代谢,并以二氧化碳和水或尿液的形式通过肺或肾排泄[87]。

反应式 1 $\qquad$ $-COO-+H_2O \longrightarrow -COOH+HO$

Mg 的降解速率取决于其纯度、合金元素和晶粒尺寸,它在水环境中腐蚀形成氢氧化物并释放氢,如反应式 2[88]。

反应式 2 $\qquad$ $Mg+2H_2O \longrightarrow Mg^{2+}+2\,OH^-+H_2$

体液中氯离子(Cl^-)、磷酸盐(PO_4^{3-})和钙离子(Ca^{2+})的存在使腐蚀过程复杂化。氯离子将氢氧化镁转化为可溶性 $MgCl_2$,结果导致过量的 OH^- 提高最终的 pH。Mg^{2+} 离子溶解在溶液中,与 PO_4^{3-} 和 Ca^{2+} 反应,在表面形成磷酸盐沉淀。

复合材料的体外降解是一个复杂的过程,因为基质的特性可以改变增强材料的降解行为,反之亦然。具体来说,在聚(羟基酸)基质中加入 Mg 颗粒可能会改变聚合物的水解降解。此外,增强颗粒的分散性、体积分数和形貌对复合材料的整体降解速率有很大的影响。因此。可以预见,聚合物/镁复合材料的降解行为可以通过控制 Mg 颗粒比例来调节[89]。

有关文献中显示,Mg 颗粒增强了生物聚合物基质的机械性能。此外,当与聚合物基质形成复合物时,Mg 的耐腐蚀性提高。然而,复合材料的机械强度通常低于金属 Mg 的机械强度。因此,在可接受的机械强度范围内,可以开发出更多的 Mg 与生物聚合物的复合物。

4.3 可降解生物陶瓷/医用金属复合材料

医用金属材料在骨科、齿科及介入科医疗器械的生产中占有重要地位,临床用医疗器械目前以不锈钢、钴铬合金、钛合金等不可降解的传统金属材料为主[90]。但是,传统医用金属材料制备的植入物在机体内无法降解而长期存在,存在着诱发机体内急慢性炎症及过敏反应的风险[91]。此外,传统医用金属骨科植入物在骨组织愈合过程中存在诱发植入物与机体骨之间应力遮挡(stress-shielding)现象的可能性[92],不利于骨组织的愈合[92],而且当骨组织愈合后需要进行二次手术取出,极大地增加了患者的痛苦并产生较高的治疗成本[93]。

近年来,以镁及镁合金为代表的新一代可降解生物医用金属材料开始受到广大研究者关注。镁及镁合金的密度、弹性模量等物理性能与人骨接近,因此镁合金假体可较好地避免与骨之间的应力遮挡,有利于骨组织的愈合[94]。此外,镁合金器械的降解性能可使患者避免二次手术,其降解产物无生物毒性且可随尿液排出,表现出较好的生物相容性[95-98],已产出的大量科研成果证实了医用可降解金属骨科器械应用的可行性[99,100]。但是,镁合金较低的强度和较快的降解速率制约了其在骨科医疗器械中的大量使用[94]。为了改善可降解医用镁合金中存在的不足并进一步提高其生物相容性,已有研究者着眼于使用生物陶瓷颗粒

［如羟基磷灰石（HA）、β-磷酸三钙（β-TCP）及双相磷酸钙（BCP）等］与镁及镁合金进行复合以制备可降解生物陶瓷/镁基复合材料[101]，并已取得了一些令人欣喜的研究成果。

目前，制备"可降解生物陶瓷/医用金属（镁基）复合材料"的方法主要以铸造法[102]、粉末冶金法[103]及搅拌摩擦加工法[104-106]为主。陈斌等使用模压铸造法（squeeze casting method）成功将 AZ91 镁合金与多孔 HA 颗粒进行复合，制备出了压缩强度优于 HA 的镁基复合材料[102]。需要指出的是，由于常用的生物活性陶瓷颗粒与熔融金属（镁）基体之间存在较大的密度差异而使陶瓷颗粒较难均匀分布于金属基体中，因此使用铸造法制备可降解生物陶瓷/金属基复合材料的难度较大。与铸造法相比，粉末冶金法（powder metallurgy method，PM）可将生物陶瓷颗粒与可降解金属粉体充分混合均匀，制备出不同生物陶瓷颗粒含量的可降解生物陶瓷/金属基复合材料[103,107]。顾雪楠等[107]利用粉末冶金法成功制备出了可降解纯镁/HA 复合材料（分别含有 10%、20% 及 30% HA），其细胞毒性较低可与 L-929 细胞较好共存，进一步研究发现 Mg/10HA 复合材料中 HA 颗粒分布均匀且具有较挤压纯镁更优异的屈服强度，但抗拉强度及延伸率较挤压纯镁有所下降。Jaiswal 等[103]利用粉末冶金的方法制备了 Mg3Zn 合金/HA 复合材料，研究发现 HA 含量为 5% 时的 Mg3Zn/HA 复合材料的腐蚀速度与压缩屈服强度均较镁合金基体有较大提升。此外 Mg3Zn/HA 复合材料细胞实验发现，成骨细胞更易黏附在 HA 颗粒表面而使复合材料体现出较好的生物相容性与成骨能力。值得注意的是，虽然粉末冶金法可制备出综合性能较为优异的可降解生物陶瓷/金属基复合材料，但粉末冶金技术固有的如材料致密性、粉体团聚不均等缺点仍无法完全避免。基于以上认识，已有研究者尝试通过搅拌摩擦加工法（friction stir processing，FSP）制备超细晶镁基复合材料，以获得兼顾强度、降解速度及生物活性的镁基复合材料[108-109]，但可检索到的相关研究仍然较少。T. Hanasa 等[109]利用搅拌摩擦加工法制备了细晶 AZ31/HA 复合材料，发现搅拌摩擦处理和电纺涂层两道工序加工后得到的复合材料中 HA 分布均匀，HA 的加入可提高镁基体的生物活性。B. Sunil 等[105]利用搅拌摩擦加工制备了 CP-Mg/HA 复合材料，纯镁晶粒尺寸在 FSP 过程中由 1 500 μm 细化至 3.5 μm，而且由于细晶强化及纳米羟基磷灰石（nHA）强化的共同作用，获得的 Mg-nHA 复合材料在体外细胞实验中体现出比纯镁基体更好的亲水性和生物矿化能力。但是，国内外利用 FSP 制备镁基复合材料的研究中所用金属基体材料主要集中在纯镁及 AZ 系列镁合金[105-106,110]，而对 WE 系列稀土镁合金基体的复合材料研究较少。此外，由于搅拌摩擦加工技术存在的固有制约，使得利用 FSP 技术制备的可降解生物陶瓷/金属基复合材料较难用于大规模产业化开发应用，目前仍处于实验室研究与新型复合材料研发阶段。

可降解生物陶瓷/医用金属复合材料的研究方兴未艾，已有的大量研究主要集中于利用不同的加工工艺制备出不同金属基体与生物陶瓷复合的新材料并对比研究其力学性能与腐蚀学性能，而对复合材料中潜在的科学问题仍待深入研究，亟待建立"生物陶瓷颗粒、制备工艺与复合材料性能"三者之间的关系。同时，当前已有的可降解生物陶瓷/金属基复合材料的研究多着眼于骨科用可降解金属基复合材料，所添加的强化相颗粒主要为 HA、β-TCP 及 BCP 等骨组织修复用生物陶瓷，而较少关注并研究可降解生物陶瓷/金属基复合材料在血管支架等介入科器械中的应用。此外,已有研究对可降解生物陶瓷/金属基复合材料的静态力学性能与腐蚀学性能较为关注,而对复合材料的生物相容性与生物力学性能研究较少,考虑到可降解复合材料的降解特性,关注其降解过程中的力学性能变化并建立"成骨细胞、生物陶瓷颗粒与金属基体"三者关系对复合材料成骨能力的研究亟待展开。综上所述,可降解生物陶瓷/金属基复合材料的相关研究具有很大潜力与应用价值,应引起广大医用金属材料研究者及医疗器械公司的重视。

4.4　可降解吸收复合材料降解行为

4.4.1　可降解吸收复合材料降解过程与机理

生物材料在体内的降解与吸收是受生物环境作用的复杂过程,包括物理、化学和生化因素,其中材料的组成和结构是最关键的因素[111]。可降解吸收复合材料的降解性能主要取决于其基体材料,即可降解聚合物。目前生物医用可降解聚合物研究较多的是聚乳酸(PLA)类材料。PLA 的水解产物是乳酸,能够通过新陈代谢排出体外。一般来说,PLA 的分子量越高,其强度和刚性越高,在体内被降解吸收所需的时间也越长。

从生物和化学角度理解,这类聚酯材料的降解一般可以分成五个阶段,各阶段并不完全独立,可相互重叠或同时进行。

第一阶段:水合作用。植入体内的聚酯材料从周围环境中吸收水分,这一过程需要持续数天或数月,取决于材料的性能和表面积。PGA 和 PLA 都具有较好的亲水性,水能渗透材料的本体内部。

第二阶段:聚合物主链由于水解或酶解而使化学键断裂,导致分子量和力学性能下降。

第三阶段:在强度丧失之后,聚酯材料变成低聚物碎片,整体重量开始减少。

第四阶段:低聚物进一步水解变成尺寸更小的碎片,从而被吞噬细胞吸收,或进一步水解成为单体溶解在细胞液中。

第五阶段:聚酯材料的最终降解产物通过新陈代谢和呼吸作用,被吸收或排出体外。

可降解吸收复合材料的降解行为还与其掺入的组分密切相关。磷酸钙类生物陶瓷材料的降解性与其化学组成、形貌及晶体的结晶度、大小和形状密切相关。生物体内的钙磷比在 0.5~2.0 之间。一般来说,随着钙磷比的增加,其降解性降低;钙磷比介于 1.0 和 2.0 之间的磷酸钙材料植入体内后与骨骼有良好的结合性[112]。磷酸钙颗粒的大小和形状还影响材料的生物相容性。针状颗粒要比圆球状颗粒更容易引起炎症;1~30 μm 的小颗粒引发炎症反应的可能性高于 170~300 μm 的大颗粒;烧结温度主要与溶解度和沉积过程有关,但对炎症反应的影响相对较小[113]。Taizo Furukawa 等探索了 HA/PLA 复合棒用于骨折修复时的生物降解行为,对 HA/PLA 复合棒在家兔皮下和髓腔内的生物降解进行了力学和组织学研究。结果表明,材料在皮下维持 25 周后弯曲强度超过 200 MPa。组织学上,植入物周围没有炎症细胞,表明这些复合材料具有生物相容性。在两种 HA/PLA 复合材料中,u-HA(未煅烧)/PLA 在分子量和抗弯强度方面均表现出比 c-HA(煅烧)/PLA 更快的降解速度[114]。

生物陶瓷微粒的掺入通常会加速可降解聚合物的降解过程。其降解速率与无机粒子的降解性能和其表面修饰的有机分子有关。Renno 等[115]研究了磷酸钙骨水泥(CPC)/PLGA复合材料中添加生物活性玻璃(BG,质量分数高达50%)后的体外降解行为。结果显示,材料的初凝和终凝时间(指水泥的凝结时间)随着BG掺入量的增加而增加,而且BG加入后的支架显示出明显的质量损失和快速的完整性缺失,说明复合支架的降解过程加快了。Wu等[116]研究比较了介孔生物活性玻璃(MBG)和非介孔生物活性玻璃(BG)与PLGA复合薄膜的力学性能和体外降解。结果显示,MBG由于具有高度有序的介孔结构(孔径2～50 nm)和更大的比表面积,与BG/PLGA相比,MBG/PLGA的拉伸强度、模量和表面亲水性明显改善,体外降解速率明显加快。同时,还提高模拟体液中磷灰石形成能力和pH稳定性。

Zongliang Wang 等[117]研究了PLLA以及n-HA/PLLA和表面自修饰PLLA的g-HA/PLLA复合材料种植体在体内的降解行为。n-HA通过PLLA原位聚合后制备的复合材料,其热稳定性和力学初始强度明显提高,主要得益于无机纳米粒子与聚合物基体之间的界面相容性改善和界面结合力提高[118]。理论上推测此类材料的体内降解时间会相对延长,但动物植入试验结果表明却与此相反。体内植入后36周时,n-HA/PLLA和g-HA/PLLA复合材料的抗弯强度从初始值102 MPa和114 MPa显著降低到33MPa和24 MPa。而PLLA的抗弯强度在36周时维持在80 MPa,初始值为107 MPa。所有材料的分子量存在显著差异,g-HA/PLLA的下降速度最快。断面微结构的扫描电镜分析显示,n-HA/PLLA或g-HA/PLLA复合材料的降解最先可见于无机粒子周围,随着植入时间的延长,粒子与基体材料之间的间隙逐渐增大形成孔洞。g-HA/PLLA的这些结构特征在植入后12周开始出现,明显早于n-HA/PLLA的28周。这些结果表明,g-HA纳米粒子可以加速PLLA在体内的降解,这与n-HA在局部产生的微碱环境和其表面PLLA首先降解密切相关。这说明g-HA/PLLA复合材料可能是一种高初始强度、降解速度快的人体非负重骨折固定材料。在另一项研究中显示,相同材料的体内降解性能还与材料的孔隙结构密切相关。Tang 等[119]系统研究了通过溶液浇注/粒子沥滤法制备的n-HA/PLGA和g-HA/PLGA多孔支架的体内降解性能。体内植入后4周,g-HA/PLGA和n-HA/PLGA支架的体内失重率分别为(57.9±12.3)%和(38.4±13.7)%,远高于单纯PLGA支架的(19.1±16.9)%,不同支架材料之间的表现与实体棒状材料类似,即PLLA表面修饰的g-HA/PLGA组失重比n-HA/PLGA组和单纯PLLA组更为明显。之后的8周和12周,各组支架的实际相对质量却没有继续下降反而逐渐增加,这可能与支架降解的同时发生了生物矿化和组织长入有关。植入后20周,单纯PLLA组支架已经完全降解,而g-HA/PLGA组和n-HA/PLGA组则仍然保持部分孔隙结构,说明无机陶瓷粒子的掺入有助于提高生物降解复合支架微结构的体内稳定性。据此,Zhang 等[120]认为这种可降解聚合物/生物陶瓷复合支架植入体内后会出现两种结局,即发生生物矿化或完全降解,这取决于聚合物中HA等无机粒子含量以及生物降解、矿化和组织再生三者之间的平衡。这种平衡还受植入材料周围的微环境影响,如与成骨细胞、微血管和破骨细胞(或多核巨细胞)等的数量有关。

对于生物可降解金属材料,其降解行为主要表现为腐蚀降解,在人体环境中产生金属氧化物、氢氧化物、氢气等其他产物。下面以生物可降解金属材料镁为例,简述在模拟人体环境中其降解过程与机理。

镁的标准电极电位为 -2.34 V,耐蚀性较差。镁表面容易生成 MgO 氧化膜,但这种涂层疏松多孔,不能对基体起到良好的保护作用。在水溶液中,金属镁腐蚀机理如下:

$$2Mg \longrightarrow 2Mg^{2+} + 2e(阳极反应)$$

$$2H^+ + 2e \longrightarrow H_2(阴极反应)$$

$$Mg + H^+ + H_2O \longrightarrow Mg^{2+} + OH^- + H_2(总反应)$$

在富含氯离子的腐蚀介质中,氯离子会破坏镁表面原有的 $Mg(OH)_2$ 膜,加速基体腐蚀速率,在基体表面形成腐蚀坑。其反应机理如下:

$$Mg(OH)_2 + Cl^- \longrightarrow MgCl_2 + 2OH^-$$

$$Mg + 2Cl^- \longrightarrow MgCl_2$$

pH 的变化也会影响镁合金的腐蚀速率。当镁合金在 pH 小于 11.5 的腐蚀介质中时,腐蚀速率会明显加快。人体内环境的 pH 在 7.4 左右,在手术之后,机体免疫系统产生不稳定因素,会在代谢吸收过程中生成过多的二级酸液,人体内环境的 pH 会降低[121],镁合金腐蚀速率会大大增加,使得植入物的降解速率远远大于组织修复速率,在完成服役之前植入物会丧失机械完整性。镁合金在腐蚀降解过程中会释放大量氢气,氢气聚集在植入物周围形成气泡,现阶段虽然没有试验直接证明气泡对人体有害,但气泡会在一定程度上影响植入物周围组织的生理机能以及植入部位的恢复治疗[122]。人体体液中 pH 的升高还会影响骨骼及组织生长,引发人体组织中蛋白质沉积或炎症,严重时会发生溶血或局部溶骨现象[123]。骨科植入纯镁或普通镁合金的降解速率只能维持到骨折愈合所需时间的 $1/3 \sim 1/4$,而血管植入物由于血液流动性使得腐蚀速率加大,血管植入物相对于骨植入物降解时间更短[124]。

4.4.2 可降解吸收复合材料降解行为检测与评价

1. 可降解聚合物基复合材料降解行为检测与评价

生物可降解吸收聚合物复合材料的降解行为在骨科内固定、药物载体、心脏支架等材料的制备和应用中起着至关重要的作用。影响降解的因素很多,包括化学结构、结晶性、分子量和分子量分布、温度和 pH 等,这也决定可降解吸收复合材料降解行为检测与评价方法通常涉及差示扫描量热法(DSC)、X 射线衍射(XRD)、分子量(GPC)、扫描电镜(SEM)、重量损失、力学强度、pH、钙浓度等。

(1)DSC

差示扫描量热法(DSC)是一种热分析法,通过样品吸热或放热的速率来表征材料的热力学和动力学参数,如聚合物的结晶度、结晶速率、转变热等,具有分辨率高和样品用量少等优点。根据其峰的位置和数量能够判定聚合物材料的均聚与共聚程度。

对于聚乳酸基复合材料而言,其结晶度计算方法一般为:

$$结晶度(\%) = \frac{\Delta H_{TM}}{93.7} \times 100$$

式中　ΔH_{TM}——熔融焓，J/g；

　　　93.7——聚乳酸理论上的完全结晶焓，J/g。

在一项研究中，PLA 样品的熔融焓由 DSC 而得的 20～220 ℃ 的曲线融融峰计算得出[125]。

在 PLLA/PCL/HA 复合材料的降解研究中，Rodenas-Rochina 等[126] 考察了 PCL 相和 PLLA 相的结晶度。最初，两种相的结晶度在复合样品中总是低于其纯样品。降解过程中，复合材料的 PCL 相结晶度未见明显变化，而 PLLA 的结晶度有所增加。与此同时，PCL 的熔解温度轻微提高约 2～3 ℃，而 PLLA 则有降低趋势，降低了约 40 ℃。

聚丁二酸丁二醇酯/聚己二酸丁二醇酯（PBS/PBAT）复合材料水解过程中的 DSC 曲线也提示材料暴露于不同温度和湿度条件下时，材料的结晶度会变化[127]。这或许是由于低分子量的聚合物链较快发生水解而致，并进而提高材料的模量。

一项有关自增强聚乳酸（L/DL）70∶30/生物活性玻璃（SR-P（L/DL）LA bioactive glass）大鼠股骨远端固定棒复合材料的体内降解研究表明[128]，复合材料棒材体外降解 24 周后，利用 DSC 测得的玻璃化转变温度降低到 51～53 ℃。

聚乳酸和可溶性钙磷玻璃（PLA/G5）[129] 复合材料降解 0，2，4 和 6 周后，测试 DSC，每种样品大约需 10 mg，放置于铝制盘上，在氮气环境下从 20 ℃ 以 10 ℃/min 的升温速率加热到 200 ℃，利用获得的热谱图分析样品的热转变和结晶度，其中 93.7 J/g 为聚乳酸理论上的完全结晶焓。

把聚乳酸/稀土（PLA/Mt）复合材料裁剪成 100 mm×200 mm，于 140 ℃ 热降解120 h，采用珀金埃尔默差示扫描量热仪（Perkin-Elmer DSC 7）在氮气保护下测试，每组大约需要 6 mg 样品，测试分三个步骤：（1）从 30 ℃ 开始，以 50 ℃/min 的升温速度加热到250 ℃；（2）以 10 ℃/min 的降温速度降温到 30 ℃；（3）从 30 ℃ 以 10 ℃/min 的升温速度升温到250 ℃。在两个斜坡之间插入两分钟等温平台。玻璃化转变温度（T_g）、冷结晶温度（T_{cc}）、熔解温度（T_m）、冷结晶焓（ΔH_{cc}），熔融焓（ΔH_m）等均由二次加热曲线确定[130]。其结晶性和熔解温度由结晶放热或熔解放热最大值得到。其中结晶度（χ_c）由下面公式而得：

$$\chi_c(\%) = \left[\frac{\Delta H_m - \Delta H_{cc}}{\Delta H_m^0 \times \left(1 - \dfrac{W_{clay}}{100}\right)}\right] \times 100$$

式中　ΔH_m 和 ΔH_{cc}——实验测得的样品熔融焓和冷结晶焓；

　　　ΔH_m^0——PLA 100% 结晶的理论熔融焓（93.0 J/g）；

　　　W_{clay}——掺入稀土的百分比。

（2）X 射线衍射（XRD）

XRD 是一种最基本、最重要的表征物质结构的测试手段。在复合材料的生物降解表征中，XRD 主要针对复合材料中的物相或结晶度进行表征。比如，Felfel 等[131] 制备了 PLA/磷酸盐玻璃纤维复合材料，XRD 分析显示复合材料在 37 ℃ 的 PBS 溶液中降解 21 天后，已检测不到 PLA 的尖锐衍射峰；而在较高的降解温度，如 50 ℃、65 ℃、75 ℃ 和 85 ℃ 时，在 $2\theta = 16.5°$ 和 19° 时，可观测到两个尖锐的峰，这表明由于大部分非晶相降解后，聚合物链中结晶相的比例增加了。

针对 PCL/PLLA/HA 的降解，利用 XRD 也进行了表征。根据未降解和降解 78 周后样品的对比，发现降解过程中峰强度和半峰宽都有所变化，PCL 含量高的样品组峰强度增高，半峰宽降低，提示结晶度增加了。而 PLLA 含量高的样品组失重较明显，峰强度变化也更明显。但是，在含有 HA 的复合材料组，峰强度和半峰宽的变化则较不明显，这表明 HA 的存在影响了材料的降解过程[126]。

（3）分子量变化

复合材料中的有机聚合物基体材料一般是由许多相同的、简单的结构单元通过共价键重复连接而成的高分子量化合物，分子量则是表征聚合物性质的一个非常重要的基本参数。复合材料的降解吸收伴随着其基体材料分子量的衰减变化，这一变化可以通过 GPC 等检测方法进行表征。

Felfel 等[131]借助 GPC 表征，发现 PLA/磷酸盐玻璃纤维降解前后 PLA 分子量逐渐降低，随着降解温度升高，降解更加显著。而且，随着高分子量 PLA 的逐渐降解，分子量分布变得较窄。Vieira A. C 等[132]研究了 PLA-PCL 复合纤维材料在体外降解过程中的力学性能变化，发现其在降解过程中力学性能的降低与分子量的减少相伴随，且都与时间呈正相关性。

随着时间的推移，复合材料的体外降解行为导致最初的分子量的减少。Shikinami 等[125]将未煅烧的 HA（u-HA）滤除后，利用 GPC 测试，根据 Mark-Houwiks 公式计算出了 PLA 的黏均分子量 M_v：

$$[\eta] = 5.45 \times 10^{-4} M_v^{0.73}$$

式中，$[\eta]$ 是 25 ℃时使用奥斯特瓦尔德黏度计测量的 PLA 的特性黏度。

通过分子量的分析可以推断，随着降解进行，水立即进入较高含量的 u-HA/PLA 复合材料内部进行水解过程，所以内部分子量立刻开始下降。而且 PLA 的水解程度与 u-HA 的含量密切相关。与此同时，分子量分布也随之变化。随着降解进行，纯 PLA 样品的分子量分布轻微增大，而复合材料中 PLA 的分子量分布则有所下降[125]。

Tuomo P 等在自增强聚乳酸(L/DL)70∶30/生物活性玻璃[SR-P(L/DL)LA bioactive glass]大鼠股骨远端固定棒复合材料的体内降解研究中[128]，分子量采用 Waters apparatus GPC 测出，配备了一个 PLgel 的 5 μm 保护柱和两个 PLgel 的混合 C 柱，窄聚苯乙烯标准品作为标准样。生物活性玻璃在测试前要通过溶解、离心除去。在复合材料棒材植入体内或液体中时，黏均分子量立即开始下降，降解 24 周后，体内黏均分子量降低到 41%，体外黏均分子量降低到 50%。

GPC 是尺寸排斥色谱法(SEC)中的一种，其流动相为有机溶剂。例如对 PLA/G5 分子量表征的 SEC 装置由等比例泵、真空脱气器、折射率检测器和黏度计或直角激光散射双检测器组成。窄聚苯乙烯标准样品用于校准。测试在 40 ℃进行，四氢呋喃(THF)作为溶剂，流速 1.0 ml/min，PLA 和 PLA/G5 样品溶于氯仿，用 THF 进行稀释后，注入之前用 0.22 μm 过滤。PLA/G5 样品需要在测试之前 1 000 r/min 离心 5 min 以去除颗粒[129]。

在复合材料降解过程中分子量的表征,有时也用到特性黏度法(Ⅳ)[133]。首先需将复合材料中的纳米粒子去除,或使用一次性聚四氟乙烯过滤器将杂质除去。然后使用氯仿配制成 1％的聚合物溶液,采用毛细管在 25 ℃下进行测试,计算公式为:

$$[\eta] = \frac{\sqrt{2(\eta_{sp} - \ln\eta_r)}}{c}$$

式中　　η_r——相对黏度;

　　　　η_{sp}——比黏度,$\eta_{sp} = \eta_r - 1$;

　　　　c——聚合物溶液浓度。

特性黏度与黏均分子量的关系为:

$$[\eta] = B(\overline{M}_v)^\alpha$$

对 PLLA 来讲,B 和 α 分别为 5.45×10^{-4} 和 0.73。而对 PDLLA 来讲,B 和 α 分别为 2.21×10^{-4} 和 0.77。

(4)SEM

扫描电子显微镜(SEM)是 1965 年发明的较现代的研究工具,主要用于材料显微结构分析。生物可降解吸收材料在降解过程中其微观结构会随着降解而逐渐发生变化,通过 SEM 能够清晰地捕捉该过程中材料的细微改变。

比如在 65 ℃下,PLA/磷酸盐玻璃纤维复合材料降解过程中,玻璃纤维表面出现点蚀和裂纹,这可能与降解液中离子交换有关[131]。

材料降解前,往往呈现出较光滑的表面形貌,而降解一定时间后,材料表面和断面会出现孔洞、侵蚀或类似洞穴样的结构,如在聚丁二酸丁二醇酯/聚己二酸丁二醇酯(PBS/PBAT)复合材料水解过程中,出现的孔洞或洞穴样侵蚀结构等不规则形貌变化,这可能是由于水解过程中低聚物分子逐渐溶解所致[127]。

能量色散 X 射线(EDX)通常与 SEM 联合应用来表征降解过程中的材料形貌和化学组成特征变化,一般采用机械强度测试的样品断面来进行观察,样品在室温下真空干燥,元素分析的准确度为质量分数 0.1％[134]。

(5)重量损失

对于降解吸收复合材料,除了聚合物等基体材料,还存在其他掺入成分,这些成分之间还会发生相互作用关系,因此降解过程中试样的重量损失测试能够更加全面反映材料的降解性能。Lehtonen 等[134]制备了可吸收玻璃纤维增强的聚(L-乳酸-co-DL-乳酸)(PLDLA)复合材料,考察了其在 37 ℃下、模拟体液(SBF)和去离子水中长达 52 周模拟生理状况下的降解情况,设定的降解液与材料的比例为 30 mL∶1 mg,液体每周更换一次以避免混浊和微生物污染。如果发现任何与材料本身或其降解产物不直接相关的污染,则直接丢弃试验样品。每次更换降解液前,测量其 pH 和温度,并于 0、2、4、8、16、26 和 52 周称量材料的失重情况,取三个样品的平均值。材料的失重由下面的公式算得:

$$有机物失重 = \frac{m_{dry}(1 - w_{fiber})}{m_0(1 - w_0)} \times 100\%$$

式中　　m_{dry}——材料的干重；

　　　　w_{fiber}——材料中纤维的含量；

　　　　m_0——初始材料的重量；

　　　　w_0——初始材料中的纤维含量。

在 PLA/G5 的降解研究中，样品与降解液的比例为 1 g/10 mL。样品的重量损失计算方法如下[127]：

$$W=(W_0-W_t)\times100/W_0$$

式中　　W_0——样品的初始重量；

　　　　W_t——样品在时间点 t 时的干重。

（6）力学强度

复合材料的力学强度通常由万能材料试验机来进行测试，包括三点弯曲测试和剪切强度等。在聚丁二酸丁二醇酯/聚己二酸丁二醇酯（PBS/PBAT）复合材料水解过程中，模量增加，弯曲强度和断裂伸长率降低。在较高温度和湿度条件下，（PBS/PBAT）复合材料的断裂特征表现出由韧性到脆性的逐渐转变，这可能是由于 PBS 的水解产物加速了 PBAT 的降解过程[127]。

煅烧的 HA/聚乳酸（c-HA/PLA）复合材料退火情况也对其降解过程有着巨大影响[135]。在加工过程中，180 ℃保压 15 min 时，u-HA/PLA 复合材料在降解液 HBSS 中 1 天即出现大面积开裂；而在 220 ℃保压 5 min 时，该复合材料则未显示出那么明显的降解，这可能是因为较短的处理时间对聚合物相的破坏较小。在 HBSS 中经过 20 天的降解后，其弹性模量下降 8%～17%。180 ℃保压 15 min 的 c-HA/PLA 复合材料显示出与人皮质骨相当的弯曲强度和应变率，分别为 60～130 MPa 和 100～275 J/m²，人体皮质骨的数值约为 35 MPa 和 100 J/m²，它们在 HBSS 中降解出现明显开裂，杨氏模量随降解而降低。而且，质量分数为 80% 和 85% HA 的复合材料降解后的强度和韧性值较皮质骨更低，质量分数为 70% HA 的复合材料的强度和韧性值并未那么明显变化，降解 20 天后其数值分别约为 70 MPa 和 135 J/m²。

同样，在 SR-P(L/DL)LA bioactive glass 大鼠股骨远端固定棒复合材料的体内降解研究中[128]，三点弯曲强度和模量可根据标准（SFS-EN ISO 178，1997）计算得出，剪切强度由标准（BS 782 Method 340B，1978）计算得出。复合材料棒材在 24 周内机械强度显著降低，体内降解过程中弯曲强度降低了 70%，与之对比，体外降解过程中则降低了 49%。剪切强度体内降解过程中降低了 68%，而体外降解降低了 37%。36 周后，力学强度已经无法检测。因此，结果表明，体内情况下力学强度损失较体外更快。

在超高强度自增强羟基磷灰石/聚乳酸（c-HA/PLA 或 u-HA/PLA）复合材料棒材的体内降解研究中，三点弯曲测试参照日本工业标准使用 AGS 2000D 进行。支撑跨度、机头半径和每个支撑的半径分别为 25 mm、6 mm 和 5 mm。十字头的速度是 20 mm/min，温度和相对湿度分别为 233 ℃和 55%[136]。弯曲强度根据以下公式算得：

$$\delta_{\text{fmax}}=\frac{8F_{\max}L}{\pi d^3}$$

式中 $\delta_{f\max}$——最大弯曲强度；

$\quad\quad F_{\max}$——最大应力；

$\quad\quad L$——支撑跨度；

$\quad\quad d$——测试样品的直径。

弯曲模量由下面公式而得：

$$E_f = \frac{4L^3}{3\pi d^4}\frac{E}{\gamma}$$

式中 E_f——弯曲弹性模量；

$\quad\quad L$——支撑跨度；

$\quad\quad d$——测试样品的直径；

$\quad\quad E/\gamma$——线性截面应力应变曲线的梯度，MPa。

Li 等制备了含有 5% 或 10% 镁丝/聚乳酸（Mg wire/PLA）复合材料，采用的是加速降解实验，将其浸没于 50 ℃的索伦森磷酸盐缓冲溶液（SPB）3 周，相当于 37 ℃降解 2 月以上的效果。降解液和试样的比例为 30 mL∶1 g[137]，采用摆锤式冲击试验（the charpy impact test）测量冲击强度[138]。试样尺寸为 60 mm×12 mm×2 mm，支撑跨度为 40 mm。根据 ISO 180—2016 标准冲击强度计算公式为：

$$\sigma_i = \frac{W}{bh}$$

式中 W——复合材料的吸收能量，J；

$\quad\quad b$ 和 h——试样的宽度和厚度，mm。

（7）吸水率

可吸收玻璃纤维增强的 PLDLA 复合材料的吸水率由下列公式计算而得[134]：

$$吸水率 = (m_{wet} - m_{dry}) \times 100\% / m_{dry}$$

式中 m_{wet}——湿性状态下材料重量；

$\quad\quad m_{dry}$——干性状态下材料重量。

在聚乳酸与羟基磷灰石或磷酸三钙（PLA/HA 或 PLA/TCP）复合骨科固定板的体外降解研究中[139]，在进行重量变化表征时，将 5 个平行样品放置于 150 mL 的 37 ℃模拟体液（SBF）中，并事先分别记录其重量。SBF 每三周更换一次，分别于 1 周、3 周、4 周、6 周、8 周和 12 周取出材料，干燥称重。材料的湿重与干重对比记录为吸水率。材料经室温真空干燥后，称重至重量稳定后记录重量，然后可以计算材料的失重。

在聚乳酸-蒙脱土微纳米复合材料的体外降解研究中[133]，预先称量好膜状样品放置在封闭的含有 100 mL、pH 为 10.5 的氢氧化钠溶液的罐子里，降解温度设置为 50 ℃、60 ℃或 70 ℃。到各个时间点后，把样品从溶液中取出，使用去离子水清洗几次。同时，测量降解液的 pH。样品称重后记为 W_w，室温真空干燥 1 周，再称重记为 W_d。吸水率计算公式为：

$$吸水率 = (W_w - W_d) \times 100\% / W_d$$

（8）pH

在进行降解观察时，样品从降解液中取出后，应立即测量降解液的 pH 和温度，pH 计在使用之前应使用 pH 为 4 和 pH 为 10 的标准液校正,然后用 pH 为 7 的标准溶液进行确认。

（9）动态载荷下降解性能研究

对动态载荷下的降解性能进行研究,能够更加仿生地评估材料在体内的降解行为。Kang 等[140]通过对多孔 PLLA/β-TCP 复合材料支架在动态载荷下体外降解性能的研究发现,动态载荷能够加快支架的降解速度,但对机械性能影响并不明显。具体方法是将试样置入一个含有 SBF 的自制动态载荷流体装置内,以 2 mL/(100 mL · min)速率注入新鲜 SBF,使之接近骨组织内骨液的流速,同时对支架试样施以 0.6 Hz 和 0.1 MPa 的载荷,实验在37 ℃下进行 6 周(图 4.2)。每隔 1～2 周取出试样,去离子水冲洗后真空干燥备用,用以检测支架的形貌、质量变化、孔隙率、力学性能、分子量等。

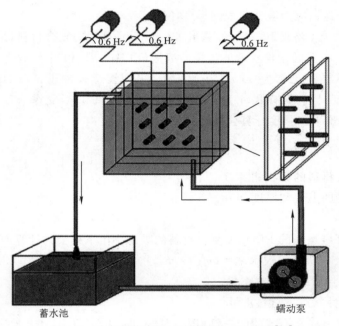

图 4.2　动态载荷降解试验检测装置示意图[140]

2. 生物可降解金属复合材料

生物可降解金属材料是指能够在体内逐渐被体液腐蚀降解的一类金属材料,且能够给机体带来适当的宿主反应并协助机体完成修复,最终全部溶解。目前的研究热点主要集中于可降解纯金属、可降解合金以及可降解金属基复合材料。生物可降解金属被誉为"第三代生物医用材料",但若其降解腐蚀速率过大,会导致植入体在体内力学性能过快丧失,不足以提供力学支撑,影响植入体植入效果。因此,需要对生物可降解金属材料的降解行为进行评估,常用的检测评价降解行为的方法主要包括体外降解行为评价和体内动物模型评估。

（1）体外降解行为评测

体外降解行为评价方法主要包括模拟体液浸泡法、电化学实验以及体外细胞实验。对于测定金属腐蚀速率主要包括失重法、析氢法、电流密度法、极化曲线法、线性极化法等。

①浸泡实验

体外浸泡实验依据 ASTM-G13-72 标准[141]，按照浸泡液体积与生物可降解金属试样面积比为 0.20 mL/mm² 或 0.40 mL/mm² 配制浸泡溶液，在一定温度、压力等外界条件下，经过浸泡溶液腐蚀一段时间后，通过定时测量试样的失重率、析氢量、分析降解产物等手段检测材料的降解速率[142]。浸泡溶液的选择要求能够模拟人体体内微环境，常用的溶液包括生理盐水、模拟体液（SBF）、磷酸盐缓冲溶液（PBS）、DMEM 培养基等，其中模拟体液是生物医学体外浸泡实验中最常用的浸泡溶液。模拟体液（simulate body fluid，SBF）的配制需要严格遵守温度、添加顺序等要求，配置时保持温度为（36.5±0.5）℃，pH 为 7.4，因此配置模拟体液需要在恒温水浴锅中进行保温处理。配制模拟体液时还需要注意，应少量多次添加三（羟甲基）氨基甲烷（Tris），以避免过快添加而导致溶液 pH 升高使得溶液中钙磷沉积。在模拟体液配置过程中如果温度升高 pH 会降低，因此当温度在（36.5±0.5）℃时，pH 不能超过7.45。最后可以添加少量 Tris 和少量 1.0 mol/L 的 HCl 对溶液的 pH 进行微调，最终确定模拟体液在 36.5 ℃时 pH 为 7.4[143]。

浸泡结束后，采用失重法评估腐蚀速率。

$$v = \frac{W_1 - W_0}{At}$$

式中　v——腐蚀速率，mg/(cm² · d)；

　　W_i——为腐蚀前试样的质量，mg；

　　W_1——腐蚀后去除腐蚀产物试样的质量，mg；

　　A——试样表面积，cm²；

　　t——浸泡时长，d。

部分可降解金属在浸泡过程中会产生氢气，如镁。采用装置收集浸泡过程中释放出的气体，由反应方程式可得，1 mol 镁在释放过程中会产生 1 mol 氢气，因此每产生 1 mL 的氢气相当于 1.083 mg 镁发生腐蚀。析氢法计算腐蚀速率的公式为：

$$C = \frac{k\Delta m}{\rho At}$$

式中　C——可降解金属的年腐蚀率，mm/a；

　　k——常数，常选用 8.76×10^4；

　　Δm——样品损失质量，g；

　　ρ——金属密度，g/cm³；

　　A——样品初始表面积，cm²；

　　t——浸泡时间，h。

②电化学实验

通过浸泡实验计算失重率及析氢量评估生物可降解金属材料的耐蚀性，其效率较低并存在较多的影响因素。电化学测试方法简单且快捷，有利于在短时间内对可降解金属的耐蚀性进行定性及定量分析，且能对材料腐蚀机理进行深入研究，常作为体外降解行为评测的重要指标。电化学实验常采用三电极体系，腐蚀介质选用模拟体液，可降解金属材料试样为工作电极,饱和甘汞电极为参比电极,石墨为辅助电极。使用动电位扫描方式测定试样在模拟体液中的开路电位、交流阻抗谱及极化曲线。

将试样浸入模拟体液中,随着浸泡时间的延长电位会发生改变,当测试体系达到平衡时,电位不随时间变化,此时的电位为开路电位,其反映了可降解金属腐蚀的难易程度。

极化曲线又称为塔菲尔(Tafel)线,可用于表征试样腐蚀速率。将试样浸入腐蚀介质中,当通入电流时,电极电位会偏离平衡位置产生极化现象[144]。腐蚀电位下的电流密度可以预测可降解金属材料的腐蚀速率,较高的腐蚀电流密度意味着较好的耐蚀性。

电化学阻抗谱(electrochemical impedance spectroscopy,EIS)通过微小振幅扰动电信号的反应,得出电化学交流阻抗谱,可用于研究材料电化学腐蚀过程与腐蚀机理[145]。通过阻抗谱对数值进行计算,最终构建等效电路图对电极电化学行为进行深入分析。

③体外细胞实验

浸泡实验与电化学实验都可以评估可降解金属材料的耐腐蚀性,但除去溶液中的离子对耐蚀性的影响,微环境中的pH、渗透压及氢气对局部组织及耐蚀性的影响也是需要考虑的问题。体外细胞实验通过研究细胞对上述单一或者多个因素的应答情况,可以推动可降解金属的研究。

体外细胞实验主要评估材料的细胞毒性以及其细胞生物学行为。以可降解金属镁为例,镁在细胞环境中发生腐蚀溶解产生镁离子,细胞中游离镁离子浓度的改变会影响蛋白质的合成速率,若镁离子浓度轻微增加,细胞会通过蛋白合成以及DNA合成调节微环境中的镁浓度以达到正常生理水平;但若镁腐蚀速率过快使得镁离子浓度过高,细胞调节将无法控制镁浓度,进而导致细胞凋亡[146]。

(2)体内动物实验

临床应用前的动物实验是Ⅱ或Ⅲ型医疗器械继续开发的先决条件和评估依据。通过建立一种动物模型来模拟临床过程中植入体与组织的融合情况,并减少由于非技术手段而引起的手术失败率。以计算机断层扫描技术(CT)、力学测试、组织学分析、形貌观察及化学成分分析等评估技术手段衡量生物可降解金属材料在动物体内的耐腐蚀性、生物安全性等。

目前,对于体内动物实验存在动物模型不足、手术方式方法不足等多个缺陷,对于大型动物(如猪、牛、羊等动物模型)的研究仍然欠缺。继续开展大型动物实验,对现有手术手段的改进升级,迅速地将可降解金属材料过渡应用于临床研究中是未来生物可降解金属材料的研究热点。

4.5 可降解吸收复合材料研究展望

降解吸收复合材料的优势在于其力学、腐蚀降解性和生物相容性可调,通过对增强体种类和含量的调节,可以获得性能较大范围可调的复合材料。一般来说,增强体可以提高复合材料的强度,但是,当增强体含量过高时,团聚等问题会造成其强度和塑性降低;增强体含量增加,复合材料腐蚀降解速率降低。此外,复合材料致密度会显著影响其力学和腐蚀降解性能,通过增强体表面改性和压力成型手段可以提高其致密度。若降解吸收复合材料降解速率过大,则可能导致其体内力学性能过快丧失,未能提供组织修复前所需的力学支撑,从而影响其植入效果。因此对于降解吸收复合材料的成分结构设计,需要综合力学性能及耐腐蚀性。

降解吸收复合材料一旦植入人体后,不仅作为单一的组织工程支架,并且在其服役期间,会与宿主之间发生相互作用。植入初期,降解吸收复合材料需要提供力学支撑,随着植入时间的延长,复合材料在体内逐渐降解,其自身释放出的离子,微环境中的 pH、渗透压及氢气对局部组织具有生物学影响。目前的研究中多通过不同的设计方案模拟体内环境,研究细胞对单一或多个因素的应答情况,但机体是一个复杂多变的环境,体外实验并不能代表材料在植入后的真实情况。因此,目前亟待建立体外实验与动物体内实验的关联性,并建立针对临床应用降解吸收复合材料的研究标准。

新一代的降解吸收复合材料不但要具有良好的材料学性能、安全性,其未来的发展会倾向于"多功能化"。通过控制复合材料在人体降解时产生不同降解产物具备的生物、生理功能,通过载药等手段使其在植入部位发挥生物活性,以一种可控的方式促进局部组织的重建。

毫无疑问,可降解吸收复合材料逐渐成为新一代生物材料。然而,降解吸收复合材料还有许多未知的地方需要探索,从了解原始材料的性质开始,到加工成型后的材料,最终制备出的医疗器械,直至其在植入后产生降解产物在动物体内对相关细胞、组织、器官及机体的影响,都需要全面的了解。迄今为止,这个过程还存在较大的争议,需要大量设计完善、严格、标准统一、结果可比较的研究予以阐释。需要材料工作者、医学工作者和专业生产厂家的密切合作及共同努力,在不远的将来大量患者会受益于降解吸收复合材料医疗器械产品。

参考文献

[1] 郑玉峰,顾雪楠,李楠,等.生物可降解镁合金的发展现状与展望[J].中国材料进展,2011,4:30-43.

[2] 韩红彦.生物降解聚合物/废碳纤维复合材料的制备与性能及结晶行为研究[D]北京:北京化工大学,2012.

[3] HE SY,SUN Y,CHEN MF,et al. Microstructure and properties of biodegradable-TCP reinforced Mg-Zn-Zr composites[J]. Trans. Nonferrous Met. Soc. China,2011,21:814-819.

[4] WAN P,YUAN C,TAN LL,et al. Fabrication and evaluation of bioresorbable PLLA/magnesium and PLLA/magnesium fluoride hybrid composites for orthopedic implants[J]. Compos. Sci. Technol. ,2014,98:36-43.

[5] STAIGER M P,PIETAK A M,HUADMAI J,et al. Magnesium and its alloys as orthopedic biomaterials:a review[J]. Biomaterials,2006,27:1728-1734.

[6] WITTE F,FEYERABEND F,MAIER P,et al. Biodegradable magnesium-hydroxyapatite metal matrix composites[J]. Biomaterials,2007,28:2163-2174.

[7] 罗琳,康云清,尹光福,等.beta-磷酸三钙/聚左旋乳酸骨折内固定材料的体外降解性能研究[J].化工新型材料,2006,34:57-60.

[8] 史晓林,谢怀勤,张贞浴.可体内降解的骨固定材料的制备研究[J].北京航空航天大学学报,2003,29:144-146.

［9］ WONG H M,WU S L,CHU P K,et al. Low-modulus Mg/PCL hybrid bone substitute for osteoporotic fracture fixation[J]. Biomaterials,2013,34:7016-7032.

［10］ GRAY-MUNRO J E,SEGUI N C ,STRONG M,et al. Influence of surface modification on the in vitro corrosion rate of magnesium alloy AZ31[J]. J Biomed Mater Res A,2009,91:221-230.

［11］ 付东伟,闫玉华. 生物可降解医用材料的研究进展[J]. 生物骨科材料与临床研究,2005,2:39-42.

［12］ WONG H M,YEUNG K W,LAM K O,et al. A biodegradable polymer-based coating to control the performance of magnesium alloy orthopaedic implants[J]. Biomaterials,2010,31:2084-2096.

［13］ THOMAS V,DEAN D R,VOHRA Y K. Nanostructured biomaterials for regenerative medicine[J]. Curr. Nanosci. ,2006,2:155-177.

［14］ DOROZHKIN S V,Nanosized and nanocrystalline calcium orthophosphates[J]. Acta Biomater,2010, 6:715-734.

［15］ 贡长生,张克立. 新型功能材料[M]. 北京:化学工业出版社,2001.

［16］ SUCHANKE W,YASHIMA M,KAKINHANA M,et al. Processing and mechanical properties of hydroxyapatite reinforced with hydroxyapatite whiskers[J]. Biomaterials,1996,17:1715-1723.

［17］ IGNJATOVIC N,TOMIC S,DAKIC M,et al. Synthesis and properties of hydroxyapatite/poly-L-lactide composite biomaterials[J]. Biomaterials,1999,20:809-816.

［18］ SHIKINAMI Y,OKUNO M. Bioresorbable devices made of forged composites of hydroxyapatite(HA) particles and poly-L-lactide(PLLA):Part I. Basic characteristics. Biomaterials,1999,20:859-877.

［19］ AKINDOYO J O,BEG M D H,GHAZALI S,et al. Impact modified PLA-hydroxyapatite composites-Thermo-mechanical properties[J]. Compos. Pt. A-Appl. Sci. Manuf. ,2018,107:326-333.

［20］ KASUGAT,OTA Y,NOGAMI M,et al. Preparation and mechanical properties of polylactic acid composites containing hydroxyapatite fibers[J]. Biomaterials,2001,22:19-23.

［21］ VERHEYEN C C,DEWIJN J R,DEGROOT K,et al. Evaluation of hydroxylapatite/poly(L-lactide) composites:mechanical behavior[J]. J Biomed Mater Res,1992,26:1277-1296.

［22］ FANG Z,FENG Q. Improved mechanical properties of hydroxyapatite whisker-reinforced poly(L-lactic acid)scaffold by surface modification of hydroxyapatite[J]. Mater. Sci. Eng. C-Mater. Biol. Appl. , 2014,35:190-194.

［23］ HONG Z,ZHANG P,C HE,et al. Nano-composite of poly(L-lactide)and surface grafted hydroxyapatite:mechanical properties and biocompatibility[J]. Biomaterials,2005,26:6296-6304.

［24］ HUANG G,Du Z,YUAN Z,et al. Poly(L-lactide)nanocomposites containing poly(D-lactide)grafted nanohydroxyapatite with improved interfacial adhesion via stereocomplexation[J]. J. Mech. Behav. Biomed. Mater. ,2018,78:10-19.

［25］ WEI G,MA P X. Macroporous and nanofibrous polymer scaffolds and polymer/bone-like apatite composite scaffolds generated by sugar spheres[J]. J. Biomed. Mater. Res. Part A,2006,78:306-315.

［26］ WEI G,MA P X. Structure and properties of nano-hydroxyapatite/polymer composite scaffolds for bone tissue engineering[J]. Biomaterials,2004,25:4749-4757.

［27］ PAVIA F C,CONOSCENTI G,GRECO S,et al. Preparation,characterization and in vitro test of composites poly-lactic acid/hydroxyapatite scaffolds for bone tissue engineering[J]. Int. J. Biol. Macromol. ,2018,119:945-953.

［28］ SI J H,LIN J X,SU C,et al. Ultrasonication-Induced Modification of Hydroxyapatite Nanoparticles onto a 3D Porous Poly(lactic acid)Scaffold with Improved Mechanical Properties and Biocompatibility [J]. Macromol. Mater. Eng. ,2019,304:1900081.

[29]　PENG F,YU X,WEI M. In vitro cell performance on hydroxyapatite particles/poly(L-lactic acid) nanofibrous scaffolds with an excellent particle along nanofiber orientation[J]. Acta Biomater. 2011, 7:2585-2592.

[30]　KIM H W,LEE H H,CHUN G S. Bioactivity and osteoblast responses of novel biomedical nanocomposites of bioactive glass nanofiber filled poly(lactic acid)[J]. J. Biomed. Mater. Res. Part A,2008,85: 651-663.

[31]　JO J H,LEE E J,SHIN D S,et al. In vitro/in vivo biocompatibility and mechanical properties of bioactive glass nanofiber and poly(epsilon-caprolactone)composite materials[J]. J. Biomed. Mater. Res. Part B,2009,91:213-220.

[32]　SANCHEZ-AREVALO F M,MUNOZ-RAMIREZ L D,ALVAREZ-CAMACHO M,et al. Macro-and micromechanical behaviors of poly(lactic acid)-hydroxyapatite electrospun composite scaffolds[J]. J. Mater. Sci. 2016,52:3353-3367.

[33]　SANTOS D,SILVA D M,GOMES P S,et al. Multifunctional PLLA-ceramic fiber membranes for bone regeneration applications[J]. J. Colloid Interface Sci. ,2017,504:101-110.

[34]　ANG Y T,CHEN L,ZHAO K,et al. Fabrication of PLGA/HA(core)-collagen/amoxicillin(shell) nanofiber membranes through coaxial electrospinning for guided tissue regeneration[J]. Compos. Sci. Technol. ,2016,125:100-107.

[35]　CHEN C,SUN X,PAN W,et al. Graphene Oxide-Templated Synthesis of Hydroxyapatite Nanowhiskers To Improve the Mechanical and Osteoblastic Performance of Poly(lactic acid)for Bone Tissue Regeneration[J]. ACS Sustain. Chem. Eng. ,2018,6:3862-3869.

[36]　YUAN Q ,QIN C,WU J,et al. Synthesis and characterization of Cerium-doped hydroxyapatite/poly-lactic acid composite coatings on metal substrates[J]. Mater. Chem. Phys. ,2016,182:365-371.

[37]　　YI W J,LI L J,HE H,et al. Synthesis of poly(l-lactide)/β-cyclodextrin/citrate network modified hydroxyapatite and its biomedical properties[J]. New J. Chem. ,2018,42:14729-14732.

[38]　NISHIDA Y,DOMURA R,SAKAI R,et al. Fabrication of PLLA/HA composite scaffolds modified by DNA. Polymer,2015,56:73-81.

[39]　AUNOBLE S,CLEMENT D,FRAYSSINET P,et al. Biological performance of a new beta-TCP/PLLA composite material for applications in spine surgery:in vitro and in vivo studies[J]. J. Biomed. Mater. Res. Part A,2006,78:416-422.

[40]　KANG Y,YAO Y,YIN G,et al. A study on the in vitro degradation properties of poly(L-lacticacid)/beta-tricalcuim phosphate(PLLA/beta-TCP)scaffold under dynamic loading[J]. Med. Eng. Phys. ,2009,31: 589-594.

[41]　OU T L,WANG X,SONG G,et al. Fabrication of PLLA/beta-TCP nanocomposite scaffolds with hierarchical porosity for bone tissue engineering[J]. Int. J. Biol. Macromol. ,2014,69:464-470.

[42]　LOU T,WANG X ,SONG G,et al. Structure and properties of PLLA/beta-TCP nanocomposite scaffolds for bone tissue engineering[J]. J. Mater. Sci. -Mater. Med. ,2015,26:34.

[43]　MA F ,CHEN S ,LIU P ,et al. Improvement of beta-TCP/PLLA biodegradable material by surface modification with stearic acid[J]. Mater. Sci. Eng. C-Mater. Biol. Appl. ,2016,62:407-413.

[44] LEE S,JOSHI M K,TIWARI A P,et al. Lactic acid assisted fabrication of bioactive three-dimensional PLLA/β-TCP fibrous scaffold for biomedical application[J]. Chem. Eng. J. 2018,347:771-781.

[45] CHEN Q ,CAO L ,WANG J,et al. Bioinspired Modification of Poly(L-lactic acid)/Nano-Sized beta-Tricalcium Phosphate Composites with Gelatin/Hydroxyapatite Coating for Enhanced Osteointegration and Osteogenesis[J]. J Biomed Nanotechnol,2018,14:884-899.

[46] FENG P,WU P ,GAO C ,et al. A Multimaterial Scaffold With Tunable Properties:Toward Bone Tissue Repair[J]. Adv. Sci. 2018,5:1700817.

[47] CONOSCENTI G,PAVIO F C,CIRALDO F E,et al. In vitro degradation and bioactivity of composite poly-l-lactic(PLLA)/bioactive glass(BG)scaffolds:comparison of 45S5 and 1393BG compositions[J]. J. Mater. Sci. ,2017,53:2362-2374.

[48] VERRIER S,BLAKER J J,MAQUET V,et al. PDLLA/Bioglass composites for soft-tissue and hard-tissue engineering:an in vitro cell biology assessment[J]. Biomaterials,2004,25:3013-3021.

[49] HAIMI S,SUURINIEMI N,HAAPARANTA A M,et al. Growth and osteogenic differentiation of adipose stem cells on PLA bioactive glass and PLAβ-TCP scaffolds[J]. Tissue Eng. Part A,2009,15:1473-1480.

[50] LIU A,HONG Z,ZHUANG X,et al. Surface modification of bioactive glass nanoparticles and the mechanical and biological properties of poly(L-lactide)composites[J]. Acta Biomater. ,2008,4:1005-1015.

[51] LARRANAGA A,PETISCO S ,SARASUA J R. Improvement of thermal stability and mechanical properties of medical polyester composites by plasma surface modification of the bioactive glass particles[J]. Polym. Degrad. Stabil. ,2013,98:1717-1723.

[52] KIM H W,LEE H H,CHUN G S. Bioactivity and osteoblast responses of novel biomedical nanocomposites of bioactive glass nanofiber filled poly(lactic acid)[J]. J. Biomed. Mater. Res. Part A,2008,85:651-663.

[53] CAO L,WENG W,CHEN X,et al. Development of degradable and bioactive composite as bone implants by incorporation of mesoporous bioglass into poly(L-lactide)[J]. Compos. Pt. B-Eng. ,2015,77:454-461.

[54] LIU A,HONG Z,ZHUNG X,et al. Surface modification of bioactive glass nanoparticles and the mechanical and biological properties of poly(L-lactide)composites[J]. Acta Biomater. ,2008,4:1005-1015.

[55] BARROCA N,DANIEL-DA-SILVA A L,PM VILARINHO,et al. Tailoring the morphology of high molecular weight PLLA scaffolds through bioglass addition[J]. Acta Biomater. ,2010,6:3611-3620.

[56] NIU Y,GUO L,LIU J,et al. Bioactive and degradable scaffolds of the mesoporous bioglass and poly (l-lactide)composite for bone tissue regeneration[J]. J. Mat. Chem. B,2015,3:2962-2970.

[57] ELDESOQI K,HENRICH D,AMEL-KADY,et al. Safety evaluation of a bioglass-polylactic acid composite scaffold seeded with progenitor cells in a rat skull critical-size bone defect[J]. PLoS One,2014,9:e87642.

[58] CARDOSO G B C,TONDON A,MAIA L R B,et al. In vivo approach of calcium deficient hydroxyapatite filler as bone induction factor. Mater. Sci. Eng. C[J],2019,99:999-1006.

[59] FLAUDER S,SAJZEW R,MULLER F A. Mechanical properties of porous beta-tricalcium phosphate

composites prepared by ice-templating and poly(epsilon-caprolactone)impregnation[J]. ACS Appl. Mater. Interfaces,2015,7:845-851.

[60] KE D X,DERNELL W,ABANDYOPAHYAY,et al. Doped tricalcium phosphate scaffolds by thermal decomposition of naphthalene:Mechanical properties and in vivo osteogenesis in a rabbit femur model [J]. J. Biomed. Mater. Res. Part B,2015,103:1549-1559.

[61] PAREDES C,MARTINEZ-VAZQUEZ F J,A PAJARES,et al. Development by robocasting and mechanical characterization of hybrid HA/PCL coaxial scaffolds for biomedical applications[J]. J. Eur. Ceram. Soc. ,2019,39:4375-4383.

[62] KIM M,YUN H S,KIM G H. Electric-field assisted 3D-fibrous bioceramic-based scaffolds for bone tissue regeneration:Fabrication, characterization, and in vitro cellular activities[J]. Sci Rep, 2017, 7:3166.

[63] CHIU Y C,FANG H Y,HSU T T,et al. The Characteristics of Mineral Trioxide Aggregate/Polycaprolactone 3-dimensional Scaffold with Osteogenesis Properties for Tissue Regeneration[J]. J. Endod. , 2017,43:923-929.

[64] TOURI M,MOZTARZADEH F,OSMAN N A A,et al. Optimisation and biological activities of bioceramicrobocast scaffolds provided with an oxygen-releasing coating for bone tissue engineering applications[J]. Ceram. Int. ,2019,45:805-816.

[65] TRAJANO V C C,OSTA K J R,LANZA C R M,et al. Osteogenic activity of cyclodextrin-encapsulated doxycycline in a calcium phosphate PCL and PLGA composite[J]. Mater. Sci. Eng. C-Mater. Biol. Appl. , 2016,64:370-375.

[66] LV F,WANG J,XU P,et al. A conducive bioceramic/polymer composite biomaterial for diabetic wound healing [J]. Acta Biomater. ,2017,60:128-143.

[67] ZHANG P,HONG Z,YU T,et al. In vivo mineralization and osteogenesis of nanocomposite scaffold of poly(lactide-co-glycolide)and hydroxyapatite surface-grafted with poly(L-lactide)[J]. Biomaterials, 2009,30:58-70.

[68] CUI Y,LIU Y,CUI Y,et al. The nanocomposite scaffold of poly(lactide-co-glycolide)and hydroxyapatite surface-grafted with L-lactic acid oligomer for bone repair[J]. Acta Biomater. ,2009,5:2680-92.

[69] KIM S S,PARK M S,JEON O,et al. Poly(lactide-co-glycolide)/hydroxyapatite composite scaffolds for bone tissue engineering[J]. Biomaterials,2006,27:1399-409.

[70] CASTOR N J,O'BRIEN J ,ZHANG L G. Integrating biologically inspired nanomaterials and table-top stereolithography for 3D printed biomimetic osteochondral scaffolds[J]. Nanoscale,2015,7:14010-14022.

[71] WANG C,LIN K,CHANG J,et al. Osteogenesis and angiogenesis induced by porous β-CaSiO3/PDLGA composite scaffold via activation of AMPK/ERK1/2 and PI3K/Aktpathways[J]. Biomaterials, 2013,34:64-77.

[72] LI J,XU Q,TENG B,et al. Investigation of angiogenesis in bioactive 3-dimensional poly(d,l-lactide-co-glycolide)/nano-hydroxyapatite scaffolds by in vivo multiphoton microscopy in murine calvarial critical bone defect[J]. Acta Biomater. ,2016,42:389-399.

[73] GAO T,ZHANG N,WANG Z,et al. Biodegradable Microcarriers of Poly(Lactide-co-Glycolide)and Nano-Hydroxyapatite Decorated with IGF-1 via Polydopamine Coating for Enhancing Cell Proliferation and Osteogenic Differentiation. Macromol[J]. Biosci. ,2015,15:1070-1080.

[74] QUINLIAN E,LOPEZ-NORIEGA A,THOMPSON E,et al. Development of collagen-hydroxyapatite scaffolds incorporating PLGA and alginate microparticles for the controlled delivery of rhBMP-2 for bone tissue engineering[J]. J. Control. Release,2015,198:71-79.

[75] MAURUS P B,KAEDING C C. Bioabsorbable implant material review[J]. Oper. Tech. Sports Med. ,2004,12:158-160.

[76] OLANDAIVELU K K,SWAMINATHAN R,GIBSON W J,et al. Thrombogenicity Early in High-Risk Interventional Settings Is Driven by Stent Design and Deployment and Protected by Polymer-Drug Coatings[J]. Circulation,2011,123:1400-1409.

[77] MEHILLI J,KASTRATI A,DIRSCHINGER J,et al. Intracoronary stenting and angiographic results:Restenosis after direct stenting versus stenting with predilation in patients with symptomatic coronary artery disease(ISAR-DIRECT trial)[J]. Catheter. Cardiovasc. Interv. ,2010,61:190-195.

[78] JANG H J,PARK S B,BEDAIR T M,et al. Effect of various shaped magnesium hydroxide particles on mechanical and biological properties of poly(lactic-co-glycolic acid)composites[J]. J. Ind. Eng. Chem. ,2017,59:266-276.

[79] OSMAN M A,TALLAH A A,MÜLLER M,et al. Reinforcement of poly(dimethylsiloxane)networks by mica flakes[J]. Polymer,2001,42:6545-6556.

[80] REZWAN K,CHEN Q Z,BLAKER J J,et al. Biodegradable and bioactive porous polymer/inorganic composite scaffolds for bone tissue engineering[J]. Biomaterials,2006,27:3413-3431.

[81] BROWN A,ZAKY S,RAY H,et al. Porous magnesium/PLGA composite scaffolds for enhanced bone regeneration following tooth extraction[J]. Acta Biomater. ,2015,11:43-553.

[82] AN P W,YUAN C,TAN L,et al. Fabrication and evaluation of bioresorbable PLLA/magnesium and PLLA/magnesium fluoride hybrid composites for orthopedic implants[J]. Compos. Sci. Technol. ,2014,98:36-43.

[83] CIFUENTES S C,FRUTOS E,GONZÁLEZ-CARRASCO J L,et al. Novel PLLA/magnesium composite for orthopedic applications:A proof of concept[J]. Mater. Lett. ,2012,74:239-242.

[84] CIFUENTES S C,LIEBLICH M,FALÓPEZ,et al. Effect of Mg content on the thermal stability and mechanical behaviour of PLLA/Mg composites processed by hot extrusion[J]. Mater. Sci. Eng. C-Mater. Biol. Appl. ,2017,72:18-25.

[85] WU Y H,LI N,CHENG Y,et al. In vitro Study on Biodegradable AZ31 Magnesium Alloy Fibers Reinforced PLGA Composite[J]. J. Mater. Sci. Technol. ,2013,29:545-550.

[86] YOSHIZAWA S,BROWN A,BARCHOWSKY A,et al. Magnesium ion stimulation of bone marrow stromal cells enhances osteogenic activity,simulating the effect of magnesium alloy degradation[J]. Acta Biomater. ,2014,10:2834-2842.

[87] CIFUENTES S C,GAVILAN R,LIEBLICH M,et al. In vitro degradation of biodegradable polylactic acid/magnesium composites:Relevance of Mg particle shape[J]. Acta Biomater. ,2015,32:348-357.

[88] ZHANG S,ZHANG X,ZHAO C,et al. Research on an Mg-Zn alloy as a degradable biomaterial[J]. Acta Biomater. ,2010,6:626-640.

[89] CIFUENTES S C,FRUTOS E,BENAVENTE R,et al. Assessment of mechanical behavior of PLA composites reinforced with Mg micro-particles through depth-sensing indentations analysis[J]. J. Mech. Behav. Biomed. Mater. ,2017,65:781-790.

［90］ CHEN Q,THOUAS G A. Metallic implant biomaterials[J]. Mat. Sci. Eng. R. ,2015,87:1-57.

［91］ SHADANBAZ S,DIAS G J. Calcium phosphate coatings on magnesium alloys for biomedical applica-tions:A review[J]. Acta Biomater. ,2012,8:20-30.

［92］ NIINOMI M,NAKAI M,HIEDA J. Development of new metallic alloys for biomedical applications [J]. Acta Biomater. ,2012,8:3888-3903.

［93］ 袁广银,牛佳林. 可降解医用镁合金在骨修复应用中的研究进展[J]. 金属学报,2017,53:1168-1180.

［94］ LI H,ZHENG Y,QIN L,et al. Progress of biodegradable metals[J]. Prog. Nat. Sci. ,2014,24:414-422.

［95］ VENEZULA J,DARGUSH J,DARGUSCH M S. The influence of alloying and fabrication techniques on the mechanical properties,biodegradability and biocompatibility of zinc:A comprehensive review[J]. Acta Biomater. ,2019,87:1-40.

［96］ LIU Y,ZHENG Y,CHEN X H,et al. Fundamental theory of biodegradable metals-definition,criteria,and design[J]. Adv. Funct. Mater. ,2019,29:1805402.

［97］ HAN S,LOFFREDO S,JUN I,et al. Current status and outlook on the clinical translation of biode-gradable metals[J]. Mater. Today,2019,23:57-71.

［98］ LI N,ZHENG Y. Novel Magnesium alloys developed for biomedical application:a review[J]. J. Ma-ter. Sci. Technol. ,2013,29:489-502.

［99］ AGHION E. Biodegradable metals[J]. Metals,2018,8:804.

［100］ 郑玉峰,刘彬,顾雪楠. 可生物降解性医用金属材料的研究进展[J]. 材料导报,2009,23:1-6.

［101］ SEZER N,EVIS Z,KAYHAN S M,et al. Review of magnesium-based biomaterials and their appli-cations[J]. J. Magnes. Alloy. ,2018,6:23-43.

［102］ CHEN B,YIN K Y,LU T F,et al. Magnesium alloy/porous hydroxyapatite composite for potential application in bone repair[J]. J. Mater. Sci. Technol. ,2016,32:858-864.

［103］ JAISWAL S,KUMAR R M,GUPTA P. Mechanical,corrosion and biocompatibility behaviour of Mg-3Zn-HA biodegradable composites for orthopaedic fixture accessories[J]. J. Mech. Behav. Bi-omed. Mater. ,2017,78:442-454.

［104］ SUNIL B R,KUMAR T S S,CHAKKINGAL U,et al. Nano-hydroxyapatite reinforced AZ31 magnesium alloy by friction stir processing:a solid state processing for biodegradable metal matrix composites[J]. J. Mater. Sci. Mater. M. ,2013,25:975-88.

［105］ SUNIL B R,KUMAR T S S,CHAKKINGAL U,et al. Friction stir processing of magnesium-nanohydroxyap-atite composites with controlled in vitro degradation behavior[J]. Mater. Sci. Eng. C-Mater. Biol. Appl. ,2014,39:315-324.

［106］ DAS S,MISHRA R S,DOHERTY K J,et al. Magnesium based composite via friction stir processing [J]. TMS,2013,7:245-252.

［107］ XUENAN G U,WEIRUI Z,YUFENG Z,et al. Microstructure,mechanical property,bio-corrosion and cy-totoxicity evaluations of mg/ha composites[J]. mat. sci. eng. c-mater:C 2010,30:827-832.

［108］ 雷少倩. 可降解镁基生物功能梯度材料的制备及表征[D]. 郑州:郑州大学,2018.

［109］ HANAS T,KUMAR T S S,PERUMAL G,et al. Electrospunpcl/ha coated friction stir processed az31/ha composites for degradable implant applications[J]. j. mater. process. tech. , 2018,252: 398-406.

［110］ LEE C J,HUANG J C,HSIEH P J. Mg based nano-composites fabricated by friction stir processing

[J]. Scr. Mater. ,2006,54:1415-1420.

[111] 周长忍.先进生物材料学[M].广州:暨南大学出版社.2014.

[112] ALVES S D,DE QUEIROZ A A,Higa O Z. Digital image processing for biocompatibility studies of clinical implant materials[J]. 2003,27:444-446.

[113] LAQUERRIERE P,GRANDJEAN-LAQUERRIERE A,JALLOT E ,et al. Importance of hydroxyapatite particles characteristics on cytokines production by human monocytes in vitro[J]. Biomaterials. ,2003,24: 2739-47.

[114] FURUKAWA T,MATSUSUE Y,YASUNAGA T,et al. Biodegradation behavior of ultra-high-strength hydroxyapatite/poly(L-lactide) composite rods for internal fixation of bone fractures[J]. Biomaterials. , 2000,21:889-898.

[115] RENNO A C M,NEJADNIK M R,WATERING F C J V D,et al. Incorporation of bioactive glass in calcium phosphate cement:material characterization and in vitro degradation[J]. J. Biomed. Mater. Res. A. ,2013,101:2365-73.

[116] WU C T,RAMASWAMY Y,ZHU Y F,et al. The effect of mesoporous bioactive glass on the physi-ochemical,biological and drug-release properties of poly(DL-lactide-co-glycolide)films[J]. Biomateri-als. ,2009,30:2199-208.

[117] WANG Z L,WANG Y,ITO Y,et al. A comparative study on the in vivo degradation of poly(l-lac-tide)based composite implants for bone fracture fixation[J]. Sci Rep. ,2016,6:20770.

[118] HONG Z K,ZHANG P B,CLHE,et al. Nano-composite of poly(L-lactide)and surface grafted hydroxyap-atite:mechanical properties and biocompatibility[J]. Biomaterials. ,2005,26:6296-6304.

[119] TANG Y F,LIU J G,WANG Z L,et al. In vivo degradation behavior of porous composite scaffolds of poly(lactide-co-glycolide)and nano-hydroxyapatite surface grafted with poly(L-lactide)[J]. Chi-nese. J. Polym. Sci. ,2014,32:805-816.

[120] ZHANG P B,HONG Z K,TYU,et al. In vivo mineralization and osteogenesis of nanocomposite scaffold of poly(lactide-co-glycolide)and hydroxyapatite surface-grafted with poly(L-lactide)[J]. Biomaterials. ,2009,30:58-70.

[121] NAGELS J,STOKDIJK M. Stress shielding and bone resorption in shoulder arthroplasty[J]. J. Shoulder. Elb. Surg. ,2003,12:35-39.

[122] 李涛,张海龙,何勇,等.生物医用镁合金研究进展[J].功能材料,2013,44:2913-2918.

[123] 洪岩松,杨柯,张广道,等.可降解镁合金的动物体内骨诱导作用[J].金属学报,2008,44:1035-1041.

[124] 袁广银,张佳,丁文江.可降解医用镁基生物材料的研究进展[J].中国材料进展,2011,30:44-50.

[125] SHIKINAMI Y,OKUNO M. Bioresorbable devices made of forged composites of hydroxyapatite (ha) particles and poly-l-lactide (plla):part i. basic characteristics[J]. Biomaterials. ,1999,20: 859-877.

[126] RODENAS-ROCHINA J R,VIDAURRE A,CORTAZAR I C,et al. of plla/pcl porous scaffolds[J]. Polym. Degrad. Stabil. ,2015,119:121-131.

[127] MUTHURAJ R,MISRA M,MOHANTY A K. Hydrolytic degradation of biodegradable polyesters under simulated environmental conditions[J]. J. Appl. Polym. Sci. ,2015:132.

[128] TUOMO P,MATTI L,HANNU P,et al. Fixation of distal femoral osteotomies with self-reinforced poly

(l/dl)lactide 70:30/bioactive glass composite rods. an experimental study on rats[J]. J. Mater. Sci-Mater. M. ,2004,15:275-81.

[129] NAVARRO M,GINEBRA M P,PLANELL J A,et al. In vitro degradation behavior of a novel bioresorbable composite material based on pla and a soluble cap glass[J]. Acta. Biomater. ,2005,1:411-419.

[130] ARAUJO A,BOTELHO G,OLIVEIRA M,et al. Influence of clay organic modifier on the thermal-stability of pla based nanocomposites[J]. Appl. Clay. Sci. ,2014,88/89:144-150.

[131] FELFEL R M,HOSSAIN K M Z,PARSONS A J,et al. Accelerated in vitro degradation properties of polylactic acid/phosphate glass fibre composites[J]. J. Mater. Sci. ,2015,50:3942-3955.

[132] VIEIRA A C,VIEIRA J C,FERRA J M,et al. Mechanical study of pla-pcl fibers during in vitro degradation[J]. J. Mech. Behav. Biomed. ,2011,4:451-460.

[133] ZHOU Q,XANTHOS M. Nanoclay and crystallinity effects on the hydrolytic degradation of polylactides[J]. Polym. Degrad. Stabil. ,2008,93:1450-1459.

[134] LEHTONEN T J,HTUOMINEN J U,HIEKKANEN E. Resorbable composites with bioresorbable glass fibers for load-bearing applications. In vitro degradation and degradation mechanism[J]. Acta. Biomater. ,2013,9:4868-4877.

[135] RUSSIAS J,SAIZ E,NALLA R K,et al. Fabrication and mechanical properties of pla/ha composites:a study of in vitro degradation[J]. Mater. Sci. Eng. C. ,2006,26:1289-1295.

[136] FURUKAWA T,MATSUSUE Y,YASUNAGA T,et al. Biodegradation behavior of ultra-high-strength hydroxyapatite/poly(l-lactide)composite rods for internal fixation of bone fractures[J]. Biomaterials. ,2000,21:889-898.

[137] LI X,CHU C L,LIU L,et al. Biodegradable poly-lactic acid based-composite reinforced unidirectionally with high-strength magnesium alloy wires[J]. Biomaterials. ,2015,49:135-144.

[138] LI X,HAN L Y,LIU X K,et al. A study on the impact behaviors of mg wires/PLA composite for orthopedic implants[J]. J. Mater. Sci. ,2019,54:14545-14553.

[139] BLEACH N C,TANNER K E,KELLOMAKI M,et al. Effect of filler type on the mechanical properties of self-reinforced polylactide-calcium phosphate composites[J]. J. Mater. Sci-Mater. M. ,2001, 12:911-915.

[140] KANG Y Q,YAO Y D,YIN G F,et al. A study on the in vitro degradation properties of poly(l-lactic acid)/beta-tricalcuim phosphate(PLLA/beta-TCP)scaffold under dynamic loading[J]. Med. Eng. Phys. ,2009,31: 589-594.

[141] ASTM. G31-72:standard practice for laboratory immersion corrosion testing of metals[S]. USA,2004.

[142] GU X N,XIE X H,LI N,et al. In vitro and in vivo studies on a Mg-Sr binary alloy system developed as a new kind of biodegradable metal[J]. Acta Biomater. ,2012,8:2360-2374.

[143] KOKUBO T,TAKADAMA H. How useful is SBF in predicting in vivo bone bioactivity? [J]. Biomaterials. ,2006,27:2907-2915.

[144] 张春艳. 镁合金表面生物陶瓷涂层制备及其降解行为的研究[D]. 重庆:重庆大学,2011.

[145] 曹楚南. 电化学阻抗谱导论[M]. 北京:科学出版社,2002.

[146] TERASAKI M,RUBIN H. Evidence that intracellular magnesium is present in cells at a regulatory concentration for protein synthesis[J]. P. Natl. Acad. Sci. Usa. ,1985,82:7324-7326.

第5章 靶向/缓控释药用复合材料

自 20 世纪 30 年代,大量高分子材料进入药物制剂领域开始,多种材料通过不同方式与药物结合,形成不同的剂型,推动了靶向/缓控释药用复合材料的蓬勃发展。作为载体,虽然靶向/缓控释药用复合材料一般并不具有直接的药效,但通过改变药物的给药途径和释药规律,在增强药物稳定性的同时,控制药物的释放部位、释放时间及释放速率,可显著提高药物的生物利用度,维持局部血药浓度,降低对机体的毒副作用,在现代药剂及临床应用中具有极其重要的作用。本章在对靶向/缓控释药用复合材料和其发展进行概述的基础上,简要阐述实现药物靶向递送、药物缓释、药物控释等的原理,较为系统地介绍典型靶向/缓控释药用复合材料的体系构成、合成制备及性能特点,并简要介绍一些靶向/缓控释药用复合材料构建所涉及的新技术和方法。

5.1 靶向/缓控释药用复合材料概述

5.1.1 靶向/缓控释药用复合材料的类型及功能

为了减少毒副作用、降低用药频率、提高药物的治疗效果及安全性,靶向/缓控释给药递送体系受到了广泛的关注及应用。根据其实现功能的不同大致可以将靶向/缓控释给药递送体系分为靶向给药系统和缓控释药物递送系统(包括缓释药物递送系统及控释药物递送系统)。

靶向给药系统是指借助载体将药物通过局部给药、胃肠道或全身血液循环而选择性地浓集定位于靶组织、靶器官、靶细胞或细胞器的给药系统,具有定位浓集、高效低毒的作用特点。靶向给药系统分为被动靶向系统和主动靶向系统。被动靶向系统是指靶向给药系统经静脉注射进入血液循环后,根据生理机制定位于特定器官或疾病部位;而主动靶向系统是指借助配体/抗体与靶细胞表面过度表达的受体之间的高度亲和力,选择性地将药物输送至特定部位发挥作用。

缓控释制剂系指用药后能在较长时间内持续或者定点释放药物以达到长效作用的制剂。该类药物剂型具有给药次数少、血药浓度波动较小、给药途径多样化、刺激小而且疗效持久、安全等优点,越来越受到临床的重视。缓释药物递送系统和控释药物递送系统的共同特点是其均可较长时间停留在体内某一部位释放药物并维持恒定的血药浓度,从而减少投药次数,避免摄药不均匀。但二者之间具有明显的区别:缓释剂是用物理和化学的方法将药物分散于凝胶、大分子孔道骨架、包衣膜等材料,以达到有规律缓慢连续释放药物的目的;控释剂具有一个控制药物释放的机械或者机械电子装置,按药物释放的频率可以分为连续型和脉冲型两种,前者是连续不断地释放药物,后者是每隔一定时间释放一次治疗或预防剂量的药物。有的药物递送系统是控释和缓释并存的。

以上两种给药系统的构建主要依赖于材料和剂型的选择。随着国内外研究者对于靶向和缓控释技术研究的不断增多,靶向/缓控释药用复合材料受到了前所未有的重视,得到了迅猛的发展,其中一些已被批准用作多种疾病治疗的药物载体[1]。研究者已将载药微/纳米粒子进行功能化处理,以延长循环时间,增强靶向特异性和对微环境的响应性,以及将包封的药物在特定的病灶部位可控释放,提高药物的生物利用度[2,3]。

5.1.2　靶向/缓控释药用复合材料发展概况

在传统的疾病治疗方法中,药物通常通过口服或注射的方式进入人体,导致药物在很大程度上分布于整个人体。这种情况会损坏人体的正常细胞和组织,产生毒副作用,甚至给患者带来严重的伤害。实现药物的靶向递送是解决该问题的一种良好方案,因为它不仅可以有效地治愈疾病,而且可以减少药物的使用剂量和毒副作用。这对于癌症、神经系统疾病、突发性感音神经性听力减退等疾病的治疗尤其重要。

靶向药物剂型的目的是将药物递送到病变部位,从而提高药物的疗效,减少药物的使用剂量和产生的副作用。靶向剂是通过配体、抗体或载体进行修饰,经胃肠道或血液循环将药物集中在靶器官中。例如,主动靶向剂是通过将靶向配体引入药物载体中制成的"精确制导炸弹",利用其特异性靶向性质将药物递送至靶区域进行治疗[4]。随着对靶向药物载体的深入研究,材料自身的生物安全性逐渐成为人们关注的焦点。因此,寻找具有良好生物相容性和生物安全性的靶向材料以进一步降低载体本身的毒性已成为靶向药物载体发展的关键。靶向材料的选择是构建靶向给药系统非常重要的因素。根据靶向原理,靶向药用复合材料分为被动靶向材料、主动靶向材料、磁性材料和仿生材料等。其中,被动靶向材料主要有合成聚合物(如以聚乙二醇或两性离子聚合物等形成的复合材料)以及改性天然聚合物(如以改性透明质酸或壳聚糖等形成的复合材料);主动靶向材料则包括有抗体修饰的复合材料(如以单克隆抗体或抗体片段修饰的复合材料)以及配体修饰的复合材料(如以蛋白、肽、核酸适配体、小分子等配体修饰的复合材料);磁性材料包含超顺磁性纳米氧化铁等磁性复合材料等;仿生材料则包含有蛋白类复合材料(如以内源性的人血白蛋白或高密度脂蛋白等形成的复合材料)以及生物膜复合材料(如以各种细胞膜等形成的复合材料)。

一般来说,通过控制药物从输送系统中释放出的速率,可以维持组织中药物水平的恒定,同时延长药物作用的持续时间。药物的恒定组织水平对于治疗窗口狭窄的药物(如蛋白质类药物)来说很重要:如果恒定水平在治疗窗口内,则副作用和药物浪费将降至最低;另一方面,如果治疗窗口宽阔,则缓释可用于延长药物的持续作用时间,有时也被称为"持续递送"。近几十年来,缓释药用复合材料已取得了引人注目的成绩,在生物医学领域已经有近几十种缓释药用复合材料被应用[5]。与其他类型的生物材料相比,缓释药用复合材料提供了广泛的结构多样性和独特的性能[6]。无论其来源和化学性质如何,缓释材料可被用作持续释放药物基质的基本前提是其良好的生物相容性。也就是说,缓释药用材料不应刺激或引起任何形式的过敏反应或炎症反应,它们应具有良好的生物相容性和生物可降解性,从而使人体可以通过正常的代谢过程将它们排泄出体外。已经有多种材料用于开发药物缓释体系,例如二氧化硅、水凝胶、胶束、糖、淀粉和高分子聚合物等。由于具有良好的生物相容性和生物可降解性,高分子聚合物被广泛用于药物缓释递送体系的构建,并用于疏水性和亲水性药物的缓释递送。通常将药物和聚合物溶解在合适的有机溶剂中来制备缓释药物递送[7],然后通过蒸发或使用抗溶剂法除去溶剂来共沉淀药物-聚合物基质。在缓释药用复合材料中,药物释放速率受聚合物基质中药物浓度、复合材料平均粒径、孔隙率以及聚合物基质的亲/疏水性等因素的影响[8]。这些因素可以通过材料和制备技术的选择来进行调控。此外,根据缓释的原理,可以将缓释药用复合材料分为多孔复合材料(如介孔硅复合材料、磷酸钙复合材料等)以及溶解、溶蚀或生物降解复合材料(如聚氨酯型复合材料、水凝胶复合材料等)。

在过去的几十年中,随着微纳米制备技术在药物释放领域的广泛应用,药物控制释放技术取得了很大进步。大多数药物控制释放系统通常用于抗肿瘤药物的递送,其药物释放原理可分为两大类,即体内因子介导的药物释放和体外因子介导的药物释放。体外诱导药物释放主要是利用物理刺激,如超声、光、电场、磁场、微波和热等[9]。例如,某些化合物的结构在光的作用下会发生构象变化,从而导致药物释放[10]。在热作用下,一些热敏性载体会迅速改变其结构,从而选择性地将药物释放到肿瘤和周围血管中。为了实现刺激控制释放,已经开发了多种载体材料,例如纳米或介孔二氧化硅、氧化物、金属有机骨架(metal-organic frameworks,MOFs)、聚合物、碳或生物分子等。不同的材料形状也具有不同的功能,例如核-壳结构,活性分子作为核结构被包裹在另一种材料的壳结构中(可减慢扩散过程)或宿主-客体结构,其中活性分子被吸附、封闭或链接到主体材料。具体来讲,控释药用复合材料根据响应不同刺激的方式,可以分为温度敏感型复合材料(如聚异丙基丙烯酰胺等形成的复合材料)、pH敏感型复合材料(如含有pH敏感键的复合材料或两性离子复合材料等)、酶敏感型复合材料(如肿瘤部位高表达基质金属蛋白酶,可以利用相应的肽段制备成复合材料等)、氧化还原型复合材料(如含有二硫键的复合材料等)、光敏感型复合材料(如含有光敏键的复合材料等)、声敏感型复合材料(如具有声敏剂特征的复合材料等)以及多功能性复合材料(如纳米金复合材料的光热转换能力,可以实现光和温度控制的药物释放等)。

靶向/缓控释药用复合材料是未来生物材料的重要发展方向之一,在高科技材料市场中具有非常高的附加值。近年来,靶向/缓控释药用复合材料的应用尽管取得了很大的成功,但其研发市场仍处于引导性开发阶段,即一种产品投入临床应用除需经国家批准外,还需得到医生和患者的认同,造成研发周期很长。同时,由于临床使用的风险也比较大,因此新的靶向/缓控释药用复合材料出现时很难获得权威医学机构的完全认同。为了解决这一难题,在越来越多药用复合材料应用于临床之前,针对其特殊性,必须深入、系统开展靶向/缓控释药用复合材料的安全性研究。通过这些研究,增强对材料作用的机理认识,规范其研究和开发，并制定研究的指导原则，建立规范的有效性和安全性评价体系，对于更好地开发安全有效的靶向/缓控释药用复合材料具有重大意义。

5.2　靶向药用复合材料

靶向给药系统是指借助载体将药物选择性地浓集定位于靶组织、靶器官、靶细胞或细胞器的给药系统，具有定位浓集、高效低毒的作用特点。而靶向给药系统的构建主要依赖于材料的选择。本节将根据靶向原理，从被动靶向、主动靶向、磁靶向和仿生靶向四个方面介绍应用的复合材料。

5.2.1　被动靶向复合材料

被动靶向是指经静脉注射进入血液循环后，即被巨噬细胞作为外界异物吞噬的自然倾向而产生的体内分布特征。根据生理机制定位于特定器官或疾病部位的靶向给药系统主要包括：(1)被网状内皮系统的单核/巨噬细胞摄取，通过正常生理过程，被动转运至肝、脾或淋巴结；(2)由于疾病部位的脉管系统破损，渗漏增加且缺少有效的淋巴回流，产生增强的渗透和滞留(enhanced permeability and retention，EPR)效应，通过 EPR 效应被动靶向到疾病组织。本部分将介绍被动靶向给药系统中使用的复合材料的结构、性能、制备方法及应用。主要以合成聚合物和改性天然聚合物两类进行介绍。

1. 合成聚合物

聚合物常被用作药物、蛋白质、靶向分子和显影剂的载体。被相继开发出来的由无毒、无致畸和无致癌的聚合物单体制备和衍生出的合成聚合物，如聚乙二醇[poly(ethylene glycol)，PEG]和聚乳酸-乙醇酸共聚物[poly(lactic-co-glycolic acid)，PLGA]，已被成功应用于临床研究。合成聚合物作用位点和作用方式不同，自身具有可降解或不可降解的化学键。它们的化学结构和相对分子质量可根据实际需求加以控制，对于高分子量线性聚合物和体积较大的不稳定药物，如类固醇和化疗药物的使用尤其如此。合成聚合物的种类及规格繁多，且生产批次间无明显差异，并可根据临床需求来选取相关单体以生产出最佳复合材料，进而提高复合材料的生物相容性或诱导其他所需特性。这些聚合物分子由简单的单体小分子制备而成，它们可经三羧酸循环(Krebs 循环)代谢为无毒小分子化合物如二氧化碳和水进而排出体外[11]。

PEG 是最常用的合成聚合物。在合成的可生物降解聚合物中，其由于亲水性而得到了广泛的研究。PEG 自身可形成高水结合势垒，细胞黏附率低，蛋白质吸收率低，是一类由环氧乙烷与水或乙二醇逐步加成聚合得到的聚醚，其分子量大小不等。反应通式为：

$$n \ H_2C \underset{O}{———} CH_2 \longrightarrow HO {\left[CH_2 — CH_2 — O \right]}_n H$$

环氧乙烷　　　　　　　　　　　聚乙二醇

PEG 已被中国药典和美国药典等作为常用辅料收录。常温时，低分子量的 PEG 为液体,呈无色透明状,随着相对分子质量的增大,其形态逐渐变为白色或鹅黄色黏稠液体至固体,略有刺鼻气味。由于其具有良好的生物相容性、生物可降解性、低毒、低免疫原性以及独特的两亲性和化学惰性,PEG 被广泛用于化妆品行业、药物制剂及各种微纳米药物载体中。PEG 也可作为一种免疫保护膜延长胰岛素的功能存活。此外,PEG 偶联物是一种经典的前药,具有增强通透性和延长药物滞留作用,大量积累后经血管被动运输至肿瘤团块,通过内吞作用到达肿瘤细胞内,从而有效杀死肿瘤细胞[12]。

聚己内酯(polycaprolactone,PCL)是一种可生物降解的半晶聚酯,具有低熔点和较高热稳定性的特征。它是通过 ε-己内酯单体开环聚合而成。其相对分子量依聚合条件的不同而发生变化。反应通式为:

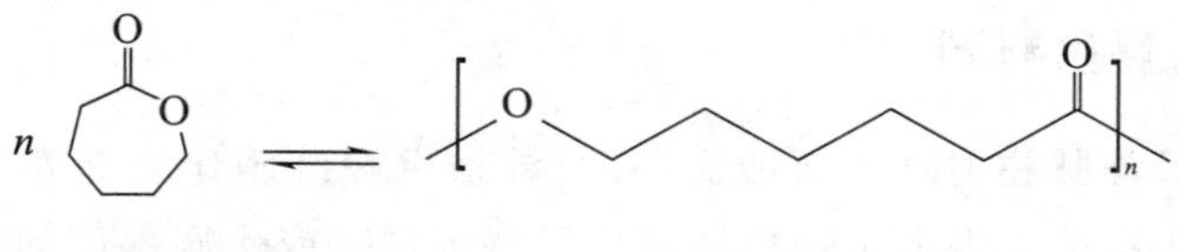

ε-己内酯   聚己内酯

PCL 具有良好的疏水性、降解性、柔韧性和机械性能。PCL 最早被认为只能借助菌属生物分解,故常被用作物品包装材料。研究发现 PCL 可在体内降解并清除,从而得以在医药行业崛起。鉴于 PCL 自身结晶度高、生物降解缓慢,较适用作药物缓控释递送系统的载体和组织修复材料。PCL-PEG-PCL 胶束由于其体外稳定存在,且在体内可迅速转变为水凝胶的特点,已被研究用于大鼠盲肠干燥模型[13]。

其他较常使用的合成聚合物有聚乳酸(polylactic acid,PLA)和聚乙醇酸(polyglycolic acid,PGA)。前者通过乳酸缩聚或丙交酯开环聚合而得,后者可经乙醇酸脱水缩聚或乙交酯开环聚合制备。PLA 和 PGA 的区别在于聚乳酸的侧链有一个甲基,这使得聚乳酸的结晶度降低,疏水性增强。它们通常以聚乳酸-乙醇酸共聚物的形式使用。因此,可以通过调节 PLA 和 PGA 酸单元的比例来控制 PLGA 的降解性能。

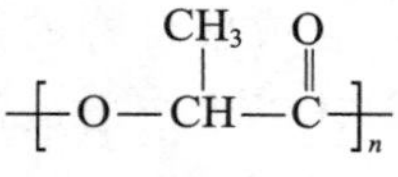

聚乳酸 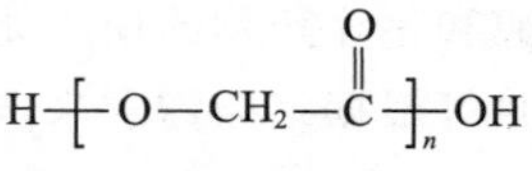   聚乙醇酸

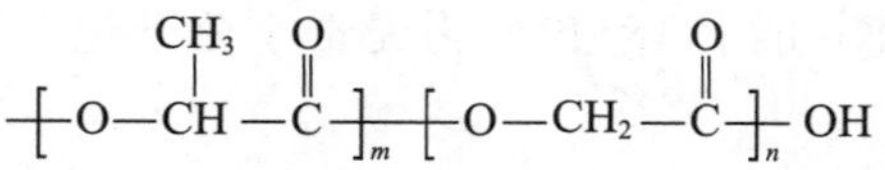

聚乳酸-乙醇酸共聚物或聚乳酸-羟基乙酸共聚物

事实上,PLGA 分子内酯键经水解断裂后,形成生物相容性良好的酸降解产物(乳酸和乙醇酸),可通过自身代谢系统清除完全。PLGA 在许多配方中还可以与亲水性 PEG 结合形成两亲性嵌段共聚物。该两亲性嵌段共聚物具有一定的亲水性,能够延长复合材料在体内的循环时间并增强复合材料的贮存稳定性。此外,两亲性嵌段共聚物 PLGA-PEG 能够在水溶液中自组装成纳米粒。可生物降解的 PLGA 嵌段形成纳米粒的核心,而外层 PEG 的亲水性嵌段则可延长纳米粒的血液循环周期。将模型药物封装到 PLGA-PEG 纳米球中,可达

到控制药物释放速率的目的。这些聚合物在体内可降解为低聚体和单体,通过正常的代谢途径,如三羧酸循环,被进一步代谢为二氧化碳和水而消除[14-17]。

合成聚合物在医疗领域,特别是在递送生物活性药物领域所扮演的角色至关重要。但仍存在一些阻止其广泛用于解决临床问题的因素,特别是聚合物功能化的引入。该过程必须考虑其聚合物单体的固有毒性及单体之间通过键合作用偶联后活性官能团的存在与否,在合成过程中使用的纯化试剂也需经过慎重选择。每种单体可能存在的毒性作用均需要深入了解和详细研究,掌握这些合成材料对人类健康和环境的毒性是至关重要的,因此合成聚合物毒理学日益发展起来。另一个主要问题是在进行验证该材料在人体中的适用性试验时,成本昂贵,从实验室转移到大规模生产时可能面临种种难题。因此,尽管合成聚合物为癌症等疾病的治疗和组织工程的发展提供了广阔的前景,但还需要长期的临床试验才能将合成聚合物投入实际的应用中。

2. 改性天然聚合物

与合成聚合物相比,天然高分子如多糖、蛋白等,尤其是天然多糖已被广泛应用于生物医用复合材料的研究。多糖是一类由单糖分子经过糖苷键连接而成的高分子聚合物,分布在生物体中,来源丰富、廉价易得。大部分天然多糖具有优异的物理化学性质及生理学性质,可生物降解,具有良好的生物相容性,且分子结构中含有丰富的官能团如羧基、氨基及羟基等,可供进一步功能衍生化,如可通过连接靶向因子赋予其主动靶向性。此外,一些天然多糖本身就具有一定的生物活性,如透明质酸具有肿瘤靶向作用,香菇多糖具有一定的抗氧化性和抗肿瘤活性,壳聚糖具有抗菌、抗氧化的功效,是用作靶向/缓控释药用复合材料的理想原材料。研究人员构建了许多基于天然多糖的医用复合材料,其中研究较多的多糖主要有透明质酸、肝素、壳聚糖、葡聚糖等。

透明质酸是一种由 β-(1-3)-N-乙酰基-D-葡萄糖胺和 β-(1-4)-D-葡萄糖醛酸二糖单元组成的阴离子型多糖,具有优异的生物相容性、可生物降解性、无免疫原性,可用作肿瘤标记,具有肿瘤靶向作用,被广泛地用于药物输送体系。由于透明质酸与细胞表面 CD44 存在特异性识别作用,基于透明质酸的生物医用材料在癌症治疗领域受到学者的广泛关注。通过不同的分子修饰衍生出了一系列基于透明质酸的功能化产物,被广泛地用于修饰药物载体材料,包括有机载体材料(如胶束、脂质体、纳米粒、微泡、水凝胶等)和无机复合载体材料(如纳米金、量子点、碳纳米管、二氧化硅等),从而赋予了载体材料主动靶向 CD44 高表达肿瘤细胞的能力。

透明质酸

肝素首先从肝脏发现而得名,是一类糖胺聚糖,是由葡萄糖胺、L-艾杜糖醛苷、N-乙酰葡萄糖胺和 D-葡萄糖醛酸通过糖苷键连接起来的重复二糖单位组成的多糖链的混合物,呈强酸性,是一种天然糖胺聚糖抗凝血剂,可用于治疗及预防静脉血栓、动脉栓塞等,也可用于治疗心肌梗死。然而肝素使用过程中可能会引起过敏、出血性并发症等不良反应[18]。为避免这个问题,临床上更多的使用低分子量的肝素作为肝素的替代药品。此外,肝素可与生长因子结合,且肝素自身还具有一定的抗肿瘤活性,因此利用肝素作为药用复合材料具有广阔的应用前景。此外,由于肝素与肿瘤部位丰富的血管内皮细胞以及血管生长因子具有较强的结合作用,可以富集于肿瘤部位,因此具有潜在的靶向性。由于肝素与许多蛋白质都具有良好的亲和力,既可以构建以肝素为骨架的纳米粒子用于蛋白质的递送,也可以将肝素用作包衣材料修饰其他纳米粒子吸附蛋白质实现其有效递送。

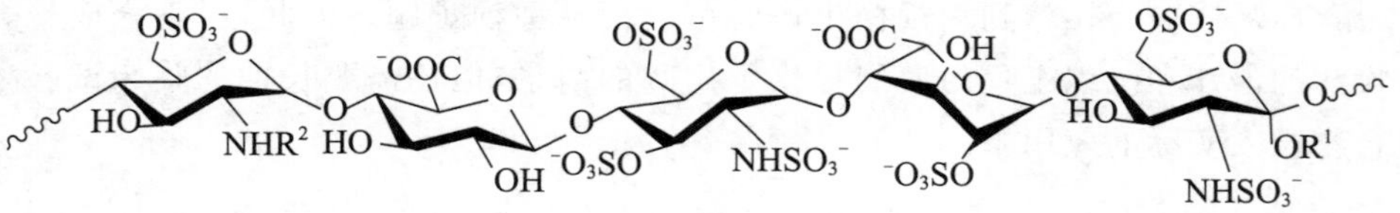

肝素($R_1 = H$, $R_2 = CH_3CO$)

壳聚糖是甲壳素的一种脱乙酰化衍生物,被广泛用于药物或基因递送系统。由于壳聚糖的细胞毒性低、免疫原性低、可生物降解以及结构中含有阳离子基团(氨基),其作为核酸载体具有独特的优势。但壳聚糖的生理 pH 的低水溶性限制了其临床应用,同时壳聚糖及其衍生物运载递送核酸的效果还受限于壳聚糖的分子量和脱乙酰度。壳聚糖作为核酸载体最直接简便的方法是将天然壳聚糖与核酸在酸性 pH 下进行简单的混合,使其通过静电作用复合。以壳聚糖为原料的基因载体,其主链应在生理 pH 下具有足够的电荷密度,使其在细胞外环境中可形成稳定的复合物,但这通常会受到葡萄糖胺质子化作用的阻碍。细胞内核酸传递进一步受到内涵体的限制,由于壳聚糖的质子缓冲能力薄弱,与其他阳离子聚合物如聚乙烯亚胺相比效率更低。为提高运载能力,很多学者研究尝试化学修饰壳聚糖,增加壳聚糖的水溶性和复合物稳定性,将其季铵化或是在季铵化壳聚糖上进一步化学修饰。例如硫醇化,硫醇的引入形成分子内和分子间二硫键,可以使复合物在高盐或存在竞争离子条件下保持稳定。此外,研究发现,在壳聚糖上修饰靶向基团可以使运载效率得到提升,甘露糖化壳聚糖接枝 PEI 可以与特异性抗原递呈细胞(APCs)上的甘露糖凝集素受体特异结合[19],半乳糖化的壳聚糖可以通过脱唾液酸糖蛋白受体靶向转染肝细胞[20]。

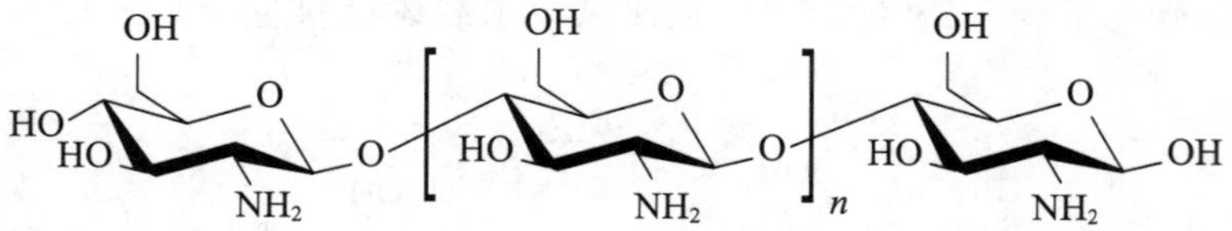

壳聚糖

葡聚糖是一种来源于乳酸菌、明串珠菌属和链球菌代谢产物的高度水溶性多糖,由葡萄糖通过不同连接方式形成,具有较高的分子量,主要由 D-葡萄吡喃糖以 α,1-6 糖苷键连接,同时具 1-2、1-3 和 1-4 糖苷键连接的支链。葡聚糖来源丰富,价格低廉,分子结构中含有大量的羟基,易于与各种靶向因子反应制备具有主动靶向的葡聚糖功能衍生物。

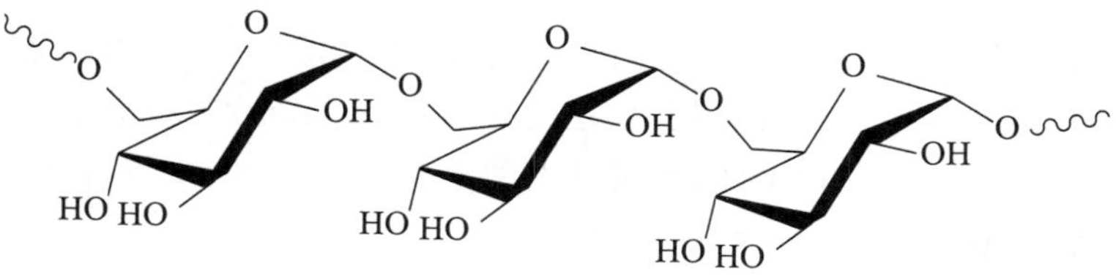

葡聚糖

其他天然多糖如海藻酸、纤维素、淀粉及普鲁兰多糖等作为药用复合材料同样受到了学者的广泛关注。此外,胶原及其衍生物明胶、蜘蛛丝蛋、从成熟雄鱼体内精细胞中分离出来的精蛋白等天然蛋白同样具有良好的生物相容性和生物可降解性,易被人体吸收而不产生炎症反应。但部分天然生物材料可能引起免疫反应,实际应用中需采用物理或化学方法进行处理(改性),处理方法的主要有两类,一是维持组织原有构型而进行的固定、灭菌和消除抗原性等的轻微处理;二是拆散原有构型,重建新的物理形态的较大变动的处理,如甲壳素的应用。

5.2.2　主动靶向复合材料

为提高靶向治疗的效率,研究人员借助配体/抗体与靶细胞表面过度表达的受体之间的高度亲和力这一特性实现主动靶向作用,基于使用小分子抑制剂、抗体或具有高亲和力结合的小分子的主动靶向治疗方面进行了较为深入的研究。

1. 抗体修饰的复合材料

抗体与相应的抗原具有高度的特异性和亲和力,因此将抗体与另一种蛋白质或药物传递系统结合,对于实现肿瘤诊断和治疗具有重要意义。抗体偶联物已成为肿瘤等疾病靶向治疗的重要生物制剂之一。单克隆抗体已经被开发用于靶向治疗,约 30 种获得临床批准,其中受体酪氨酸激酶(RTKs)、表皮生长因子受体(EGFR)和人表皮生长因子受体-2(HER2)已经被广泛用于癌症治疗。

如图 5.1 所示,单克隆抗体由两条轻链和两条重链组成,它们通过非共价相互作用和一些二硫键结合在一起。四条肽链两端游离的氨基或羧基的方向是一致的,分别命名为氨基端(N 端)和羧基端(C 端)。轻链和重链中靠近 N 端氨基酸序列变化较大的区域称为可变区,靠近 C 端氨基酸序列相对稳定区域称为恒定区。一个抗体分子包括位于两臂末端的抗原结合片段(antigen-binding fragment,Fab)和位于柄部的结晶片段(crystalline fragment,Fc)。Fab 段主要用于结合肿瘤相关抗原,而 Fc 段在实现抗体细胞水平上的功能和代谢途径起重要作用。单克隆抗体可与药物载体表面偶联,也可以与药物形成分子结合物靶向受体,进而阻碍肿瘤的发展进程。

最初,研究人员将抗体通过物理吸附的方式实现与复合材料的结合,主要包括范德华引力、氢键、疏水和静电相互作用。由于抗体的靶向识别主要基于疏水和极性相互作用,抗体与复合材料的电荷相互作用变化后,使得大多数抗体不稳定后失去活性。抗体分子的复杂结构使其具有许多适于修饰或接枝的功能基团。交联剂可以将抗体分子上的赖氨酸氨基和天冬氨酸和谷氨酸残基上的羧基与另一分子进行偶联。但氨基和羧基在抗体表面随机分布,目标分子与抗体表面的基团随机发生偶联令氧,很容易阻断抗原结合位点与另一个偶联蛋白质或分子的结合。与未结合抗体相比,结合随机位点会导致结合物中抗原结合活性降低。此外,利用附着在 Fc 区域内 CH_2 结构域上的多糖链也可以实现抗体与药物分子或材料的偶联,进而保留抗原的结合活性。

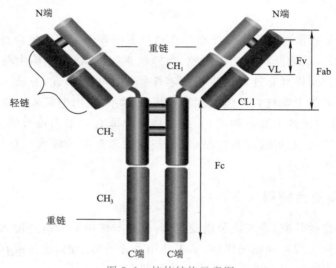

图 5.1　抗体结构示意图

　　虽然单克隆抗体具有优良的特异性结合能力,但由于抗体的恒定区可能启动不需要的免疫应答而限制了其应用。由于抗体片段的免疫原性较低、积较小,因此比经典抗体具有更高的载量和更好的靶向性,更适合于治疗和成像。此外,具有更好的组织渗透性的抗体片段正广泛用于识别特定的实体肿瘤标记物并用于实现治疗。重组抗体技术的发展使得在体外分离抗体片段[抗原结合片段(Fab)和单链抗体(scFv)]相对简单。Fab 由木瓜蛋白酶将抗体酶切成两段,每个片段的大小约为 50 kDa,由一个完整的轻链和重链的可变区和恒定区结构域组成,并包含一个抗原结合位点。将 Fab 片段通过偶联结合到聚合物胶束表面,胶束大小和结构不发生根本性变化,有助于将药物输送到基质丰富的难治性肿瘤中,并提高其治疗效果。scFv 是一个 25 kDa 大小的单链多肽链,由抗体重链的可变区与轻链的可变区与一个短的柔性肽连接物连接而成,具有灵活性和抗蛋白酶性。单链抗体具有一价结构,对单一抗原具有良好的亲和力。研究人员利用高稳定性、低毒性和强荧光性的量子点结合单链抗体片段实现肿瘤的活体成像、诊断及治疗。

　　20 世纪 90 年代早期,比利时科学家偶然发现了一种新型的无轻链抗体及其重链恒定区的抗体,称为纳米抗体。纳米抗体具有体积小(长 4 nm,宽 2.5 nm)、分子量小(约 15 kDa)、耐热性和耐化学性、高溶解度、稳定性、特异性和亲和力等优点。此外,纳米抗体相对容易在细菌、酵母或哺乳动物细胞中产生,可以进行大规模生产,并配制成一种保质期长、随时可用的溶液[21]。

2. 配体修饰的复合材料

如表 5.1 所示,某些特定蛋白、多肽、核酸适配体、小分子等能与病灶部位一些受体识别与结合。受此启发,研究人员通过在传统的材料表面加以理化或生物修饰,使其具有靶向性。与传统材料相比,配体修饰的复合材料具有使药物在靶组织蓄积、提高药物疗效以及减少药物在非靶组织中分布的作用,从而降低不良反应的能力。因此,近年来配体-受体介导的主动靶向给药系统成为医用材料研究的热点。

表 5.1　不同亚细胞器靶点对应的配体

作用靶点	配　　　体	靶 向 机 制
细胞膜	多肽(RGD,SP94)	受体介导
	多肽(JB577)	细胞膜嵌入
	叶酸	受体介导
	转铁蛋白	受体介导
	适配体	受体介导
	糖基元(半乳糖胺、透明质酸)	受体介导
细胞核	多肽(NLS,TAT)	核转运受体介导
	小分子(反式视黄酸)	反式视黄酸受体结合
	雌二醇	雌激素受体结合
	地塞米松	靶向糖皮质激素受体结合
线粒体	适配体(AS1411)	核仁蛋白结合
	多肽(Szeto-Schiller)	亲疏水及电荷作用
	线粒体靶向肽(MTS)	线粒体蛋白转运
	小分子(罗丹明、吡啶、小檗碱)	亲疏水及电荷作用
溶酶体	多肽(TP10)	膜渗透
	多肽(H5WYG)	膜融合
内质网	多肽(MRYMILGLLALAAVCSA)	内质网嵌入
	多肽(KDEL)	受体介导
	多肽(AAKKKAA)	受体介导

其中,靶向多肽因其低免疫原性、高稳定性及易生产等优点,在医用功能材料上引起广大关注。最具代表性是精氨酸-甘氨酸-天冬氨酸(RGD)和天冬酰胺-甘氨酸-精氨酸(NGR)为主体的多肽,二者在许多研究中被应用。RGD 可以结合肿瘤表面 $a_v b_3$ 和 $a_v b_5$ 整合素,而 NGR 可以与肿瘤细胞膜上的 CD13 特异性结合。将 RGD 或 NGR 与抗癌药物(如 DOX、PTX)相结合,小鼠模型上证实可有效减小肿瘤的大小以及抑制其转移。另外,除了多肽类,某些特殊蛋白也具有靶向功能,如转铁蛋白(transferrin,Tf),它是一种非血红素结合铁的 β-球蛋白,广泛分布于哺乳动物的体液及细胞中。转铁蛋白受体(transferrin receptor,TfR)是一种跨膜糖蛋。研究显示 TfR 在胶质母细胞瘤、肺癌乳腺癌等恶性肿瘤表面高表达。肿瘤

细胞表面的 TfR 是正常细胞的 2～7 倍,与 Tf 亲和力是正常细胞的 10～100 倍。Tf 和 TfR 介导的内吞作用是哺乳动物经典的跨膜转运之一。细胞内铁摄取的主要途径是通过结合铁的 Tf 和 TfR 结合后介导的内吞作用完成的。恶性肿瘤表面 TfR 的高表达提供了 Tf 作为导向基团的可能性。近年来利用 Tf 作为靶向配体传递药物到 TfR 高度表达的胶质瘤部位的研究,取得了富有成效的结果。

适配体是一类经体外筛选技术得到的寡核苷酸序列,与相应的配体有严格的识别能力和高度的亲和力,大小一般为 6～40 kDa。单链寡核苷酸,特别是 RNA 的一些二级结构,如发夹、茎环、假节、凸环、G-四聚体等,可使核酸分子形成多种三维结构,成为适配体与靶组织特定区域结合的基础。二者之间的结合主要通过"假碱基对"的堆积作用、氢键作用、静电作用和形状匹配等。适配体具有高特异性、靶分子广、易于体外合成和修饰等优点,已经在基础研究、临床诊断和治疗中显示了广阔的应用前景。

3. 噬菌体展示技术及其在靶向配体淘选中的应用

(1)靶向配体及其淘选方法

肿瘤靶向是靶向药物递送系统的一个重要种类。近年来被广泛研究的肿瘤主动靶向分子主要包括小分子化合物(如叶酸等)、多糖(如透明质酸等)、蛋白质(如表皮生长因子受体等)、多肽[如半胱氨酸-甘氨酸-天冬酰胺-赖氨酸-精氨酸-苏氨酸多肽(CGNKRTR)及精氨酸-甘氨酸-天冬氨酸(RGD)序列多肽等][22]。各种主动靶向分子的靶向机制虽然各有不同,但都是与特定肿瘤细胞的目标位点高表达,从而实现对该肿瘤靶向的作用,不过这些靶向分子的特异性还需更多的研究进行验证。

目前已被探知可供使用的受体-配体对还比较有限,而且其中部分主动靶向分子的特异性不足,例如在癌细胞表面高表达的叶酸其实也广泛存在于人体其他部位,而 RGD 多肽不止与整合素 $\alpha_v\beta_3$ 高度亲和,还与体内 12 种整合素中的大多数都能产生结合。因此,筛选对目标肿瘤细胞高度特异性表达的靶向配体,是实现肿瘤主动靶向结合的关键。利用 cDNA 阵列、基因表达连续分析、多重平行定序工具等高通量技术手段,可对肿瘤相关的组织或细胞样品进行比较,找到在肿瘤中高表达的核苷酸序列;蛋白质组学方法也可鉴定靶向性生物标记物,但由于组织样本中的细胞类型复杂,潜在的受体量多,准确鉴定的难度很大。

(2)噬菌体展示技术

噬菌体展示技术(phage display technology)是一种基本定向进化的高通量筛选技术。该技术利用基因工程的手段,将外源多肽或蛋白与噬菌体的一种衣壳蛋白融合表达,融合蛋白将展示在病毒颗粒表面,而编码这个融合子的 DNA 则位于该病毒颗粒内。1985 年,George P. Smith 将 EcoR I 限制性内切酶的一段基因片段插入到丝状噬菌体 M13 的衣壳蛋白基因Ⅲ中,该片段蛋白成功展示在噬菌体表面,并能够被对应的抗体识别,从而创建了噬菌体展示技术。噬菌体展示技术使大量随机多肽与其 DNA 编码序列之间建立了直接联系,同时还赋予了目标多肽的可扩增性,使得各种靶分子(抗体、酶、细胞表面受体等)的多肽配体通过体外选择程序即"淘选(panning)"得以快速鉴定。噬菌体展示技术无须预先知道受体分子的结构信息,就能获得与低浓度靶分子特异性结合的短肽,因此成为一种经济有效的高通量分子筛选方式。经过多年的发展和完善,噬菌体展示技术已被广泛用于抗体制备、药物制备、疫苗研发、蛋白相互作用研究等诸多领域,同时也为许多领域提供了新的研究思路。

噬菌体展示系统有多种分类标准,根据噬菌体不同主要分为 M13、T7、T4 及 λ 噬菌体展示系统,根据展示文库内容不同可分为随机肽库展示系统、cDNA 展示系统、抗体展示系统,根据载体不同可以分为 True Phage 和 Phagemid 两类。其中按噬菌体不同分类差异性更明显,主要包括 M13 噬菌体展示系统、T7 噬菌体展示系统、T4 噬菌体展示系统、λ 噬菌体展示系统等。

噬菌体肽库的淘选均以噬菌体表面展示多肽与靶分子的生物结合为基础,又称为生物淘选(biopanning)。各种靶分子包括抗体、小分子、细胞表面受体类、调控分子类和完整细胞等。筛选的基本流程可以分为以下几步:①将靶分子固定或生长于固体载体上,加入一定数量的噬菌体肽库共同孵育一定时间;②多次漂洗,洗去未结合及非特异性吸附的噬菌体;③以竞争性受体或酸洗把特异性吸附的噬菌体从靶分子中洗脱下来;④将回收的噬菌体感染对数期宿主菌,使淘选出来的噬菌体扩增和富集;⑤取出一定量扩增的噬菌体与靶分子再次共同孵育,即进入下一轮的筛选;⑥经 3～5 轮的"吸附—洗脱—扩增"循环,将富集的噬菌体平铺于培养皿中以产生分离良好的单个噬菌斑;⑦噬菌体单克隆分别扩增后,通过 DNA 测序对每个克隆进行序列和结构分析;⑧合成插入的外源多肽,并对其生物活性和功能等性质进行后续研究,最终获得与靶分子特异性结合的多肽/蛋白质,实现高通量筛选。

(3)噬菌体展示淘选方法

噬菌体展示技术淘选方法包括固相淘选、液相淘选、全细胞淘选、体内淘选等。

固相淘选是直接将靶标物质用酶联板、磁性小珠或其他介质,固定在固相介质上,然后加入噬菌体肽库孵育使两者相互结合。固相淘选的优点在于筛选步骤简单,得到阳性克隆的概率高,但是对肽库内所含多肽序列的多样性和靶标物质浓度的要求均较高,且筛选出的多肽有时相容性较差。

液相淘选是将靶标与生物素相连,在液相中利用链亲和素磁珠进行噬菌体肽库筛选,而后利用磁场作用将结合有靶标的噬菌体从液相分离。

全细胞淘选是针对体外分离的完整细胞进行噬菌体肽库筛选,能够获得与细胞膜表面分子特异性结合的多肽。以整个细胞作为靶标既不需要预先知道细胞受体的结构信息,也不需要对受体分子进行纯化,而且筛选过程中细胞膜表面分子处于天然的构象状态,保证了其结合活性的真实性,更容易获得有功能的特异性结合多肽。1996 年,Barry 等[25]首次应用噬菌体肽库进行全细胞筛选,成功筛选出与成纤维细胞表面受体结合并可进入细胞内的特异性多肽。因全细胞筛选具有简单、高效、在筛选过程中试验条件可控性强、实验结果重复性高等优点,已成为目前较常用的筛选方法。

体内淘选是指将噬菌体肽库注入动物体内,经过一段时间的孵育,处死动物后,将作为靶标的器官制成匀浆回收噬菌体。该方法的优点在于靶标的天然生物性质得到完全保留,使得筛选出来的噬菌体多肽具有优良的生物相容性和功能性,对于肿瘤血管组织靶向性的研究具有十分重要的意义。其缺点是操作相对复杂、筛选周期长、筛选出的噬菌体对于肿瘤细胞特异性较差等。

(4)噬菌体展示技术应用

①抗体淘选

将抗体可变区的基因插入噬菌体基因组中,表达的抗体展示到噬菌体的表面,构建噬菌体展示抗体库,可以在体外模拟抗体生成的过程,筛选针对任何抗原的抗体。相对于杂交瘤技术,通过噬菌体展示抗体库技术筛选抗体,可以不经过免疫,缩短抗体生产的周期。也可以筛选在体内免疫原性弱,或者有毒性的抗原的抗体,适用范围广。噬菌体展示抗体库技术不受种属的限制,可以构建各种物种的抗体库。从人天然库中筛选到的抗体,可以不经过人源化过程,直接用于抗体药物研究。

②新受体和配体的发现

将随机多肽序列展示到噬菌体的表面,获得噬菌体展示多肽库。用细胞作为筛选靶标,经过差异筛选,获得出识别特定细胞的多肽。通过研究该多肽序列,可以进一步得到细胞表面特异性表达的受体蛋白。用 HCT116 细胞筛选 12 肽库,从库中筛选出了可以特异性行识别结肠癌细胞的多肽。进一步分析发现,该多肽可以特异性识别 α-enolase[26]。该蛋白有望作为结肠癌治疗的靶标,筛选结肠癌治疗药物。获得的多肽序列,也可以作为抗癌药物的运送载体。

③蛋白质相互作用研究

蛋白质的相互作用是生命过程中所不可缺少的。噬菌体展示的多肽文库由特定长度的随机短肽序列组成。用靶蛋白质(如受体)对该随机文库进行亲和淘选,就可以获得与之结合的短肽序列。对所得序列测序分析,并合成相应的短肽,从而可以来研究两个蛋白质之间的相互作用。利用这种方法已经成功鉴定出多个重要大分子,如生长激素受体、胰岛素受体、胰岛素样生长因子受体和 TNF-α 受体的激动剂和拮抗剂等。

④抗原表位分析

用抗体作为筛选的蛋白,从噬菌体展示的随机多肽库中淘选出可以与抗体特异性结合的噬菌体,经测序分析,获得该抗体识别的抗原表位。该技术为抗原抗体反应机制研究、诊断试剂开发、疫苗制备等提供依据。目前的表位鉴定技术能够实现单抗药物及诊断用单抗的制备,研制包括"通用"目标在内的治疗性和预防性重组多价肽疫苗,研制单表位或重组多表位肽检测抗原,筛选基于表位基序的疾病、肿瘤等新的特异诊断标志物,高通量发现同源蛋白中全部保守性和特异性表位,筛选功能性抗体表位或者抗体中和性及可及性表位,为表位水平分析病毒遗传进化和变异提供抗原漂移和转移的直接证据。

⑤蛋白质的定向改造

蛋白质的定向改造指用盒式突变、错误倾向 PCR 等方法来突变蛋白质或者结构域的某一特定编码序列,产生蛋白质或结构域的突变文库呈现在噬菌体表面,通过亲和筛选获得所需的已定向改变的噬菌体克隆,其一级结构可以从 DNA 的序列中推导出来,可用来筛选具有更强受体结合能力的细胞因子、新的酶抑制剂、转录因子的 DNA 结合新位点、新的细胞因子拮抗剂、新型酶和增强生物学活性的蛋白质等。

5.2.3 磁靶向复合材料

磁性复合材料是高分子与磁性材料复合而成的具有磁性功能的复合材料。常见的磁性复合材料包括磁性环氧树脂、磁性酚醛树脂、磁性聚乙烯、磁性合金及复合型磁性高分子材料等。基于生物医学目标,这些磁性复合材料必须满足尺寸小、尺寸分布窄及磁化率高等要求,以获得最佳磁富集并减少磁化损失,同时需要在表面涂层,以确保耐受性、生物相容性和生物靶点特异性定位。精确控制合成条件和表面功能化在磁性复合材料的开发、机制及适用性的研究等方面至关重要,对于改善理化性质、提高稳定性和增强靶向能力来说尤为关键。本节将以锌、铁、锰氧体等为例,介绍常见磁性复合材料的结构、性能、制备方法及生物医学相关应用,特别是在靶向给药系统中的前景。

尺寸和形状是保持磁性复合材料稳定性的要素,材料尺寸的减小导致表面积增加,对磁矩和磁响应产生显著影响。矿物纯度和铁氧化物的结晶度决定着复合材料的磁性。利用小角度 X 射线散射、角色散 X 射线衍射等手段,可将复合材料以液体悬浮液的形式进行表征,避免不可逆的材料集中,同时还可采用高分辨率透射电子显微镜研究低阶磁性系统(如氧化铁颗粒)的晶格空位和缺陷、晶格条纹特征及滑动平面和螺旋轴等。以粒径小于 20 nm 的超顺磁性氧化铁纳米粒为例,尽管立方体单元数有限,氧化铁和有机配体结合形成的复合颗粒结构及铁核心与配体分子间的作用力(化学缔合或物理吸附等)已被广泛研究。此外,可利用电位测定评估氧化铁或铁颗粒表面可生物降解的聚合物涂层或脂质体系,确定药物加载到磁性复合材料的可行性与敏感性。同时,磁性复合材料表面热力学特性也不容忽视,当疏水壳沉积于表面时,接触角测定结果显示出磁芯相互作用自由能变化,材料由亲水性完全转变为疏水性复合核壳结构,而这种润湿性质又进一步决定了在生理条件下与血浆蛋白的相互作用。

电子、质子、空穴及正负离子等具有质量和电荷的粒子旋转产生磁偶极子,引发磁效应。根据磁矩取向的不同,将磁性划分为五种基本类型,即顺磁性、反磁性、铁磁性、反铁磁性和亚铁磁性。磁畴,即所有磁子通过交换力在相同方向上对齐的一定体积铁磁材料,将铁磁性与顺磁性区分,当铁磁材料的尺寸减小到临界值以下时,将变为单个畴结构,而这种临界尺寸受磁饱和值、晶体各向异性、交换力强度、表面或畴壁能量及颗粒形状等因素影响;随着颗粒尺寸减小,矫顽力增加到最大值然后逐渐趋于零,变为超顺磁性,并且没有滞后现象[23]。磁性纳米复合材料在外部磁体存在条件下变为磁性,在移除外部磁体时恢复非磁性状态,避免了无应用场存在时材料的自由"活动"行为。磁铁矿是地球上天然存在的最具磁性的矿物质,并以超顺磁性纳米粒的形式被广泛应用于各种生物医学应用;黄铁矿具有相等大小的原子磁矩,力矩之间直接耦合,显著增强通量密度;磁性物质表面通常与有机聚合物、无机金属及金属氧化物复合,并利用生物活性分子进一步官能化,增强生物相容性,形成可磁化植入物或结合外部磁场,利用血室与磁性物质的竞争力将材料输送到目标靶点,并在释放药物的同时利用磁场诱导固定在目标位置,在局部组织或器官起到靶向作用。

许多学者研究了一系列较为成熟的物理、化学、生物学方法用于制备尺寸均一、形状均匀、分散性良好的磁性复合纳米材料,包括超临界流体法、溶胶-凝胶法、共沉淀法、微乳法、热分解法、溶剂热法、声化学分解法、微波辅助法、气相沉积法、电子束光刻法、燃烧合成法、碳弧法、激光热解合成法、流动注射法、微生物法等,可明显控制所得材料的组成成分和颗粒几何形状,为材料的后续生物医学应用,特别是在靶向药物递送方面奠定坚实基础。但是,细小的磁性物质对氧化剂、水和空气等具有极强的反应性,因此,为获得理化性质稳定的磁性材料,采取表面涂覆的方式进行稳定化改善,常采用以下方式实现:选取恰当的表面活性剂或聚合物稳定剂,如聚乙烯醇、聚乙二醇、葡聚糖等;表面沉积金属、非金属或氧化物,如金、石墨、二氧化硅等;形成纳米胶囊避免簇生长并保持区域分开,如形成聚合物壳包裹水/油性核等;在磁芯周围形成涂层,如脂质体、脂质颗粒等。

磁性纳米粒的生物医学应用可以根据其在体内或体外的应用进行分类。对于体外应用,主要用途是诊断分离,选择和磁弹性测定,而对于体内应用,可以分为治疗(热疗和靶向药物)与诊断(磁共振成像)。

在疾病治疗方面,常规的药物递送通常受到对作用部位的特异性差和通过生物屏障的药物扩散减少的限制,导致药理活性欠佳或不良反应的发生率很高。这些限制可以通过使用纳米装置封装和递送药物来克服。对于那些不能通过被动积累而穿越生物壁垒的药物或者纳米粒,或者需要专门递送给患病细胞的药物或者纳米粒,必须采用所谓的"主动靶向策略"。作为主动药物靶向策略的一部分,靶向递送药物已成为药物递送的现代技术之一。近年来,将氧化铁磁性纳米粒应用于药物靶向的可能性已大大增加。磁性纳米粒与外部磁场或可磁化的植入物相结合,可将颗粒输送到所需的目标区域,在释放药物时将其固定在局部部位,并局部起作用(靶向磁性药物),如图 5.2 所示。将药物运输到特定部位可以消除副作用,也可以减少所需的剂量。施加的体外磁场可使这些纳米器件集中在所需位置,并在给定的时间段内保持它们在位,直到封装的药物被释放,从而最大限度地减少了由于非特异性分布而引起的与药物相关的副作用。或者,在外部交变磁场的影响下,磁性纳米粒的生热特性可能有助于称为热疗的其他治疗机制。通常,小于 100 nm 的纳米粒表现出更好的组织渗透性,因此适合于发热的目的,而较大的粒子由于其对磁导的更高敏感性而适合于磁性靶向递送。这些颗粒的表面通常用有机聚合物或无机金属氧化物改性,以使其具有生物相容性,并适合通过各种生物活性分子的附着进一步官能化。使用磁性输送系统进行药物定位的过程是基于血液流动施加在颗粒上的力与磁铁产生的磁力之间的竞争。

图 5.2　利用磁场驱动复合物递送至目标区域示意图

将药物装载到磁性纳米粒通常通过将药物溶解在溶解有壳材料的有机相(非水相)中或包含磁性纳米粒的水相中来。核/壳纳米粒可以通过不同的技术获得:①纳米沉淀技术,将包含溶解的壳材料的与水混溶的有机相(例如乙醇、丙酮和四氢呋喃)添加到包含氧化铁纳米粒的水相中然后蒸发有机溶剂;②乳化/蒸发技术,在有机溶剂蒸发之前,将包含溶解了壳材料的与水不混溶的有机相(例如,乙酸乙酯和二氯甲烷)乳化成容纳氧化铁纳米粒和稳定剂的水相,可以使用微流化器或高压均化器来实现尺寸减小。纳米粒的大小和多分散性是确保批次间均匀性的主要控制因素。

5.2.4　仿生靶向复合材料

自然界经过上亿年的演化,孕育出千奇百态的生物材料,这些自然结构材料虽然来源于相对单一和脆弱的天然组分,但凭借其高度有序的多尺度微纳结构和精巧的界面设计,往往表现出超乎寻常的性能,因此,一直都是材料科学领域研究人员积极探索和模仿的对象。基于仿生学原理设计的仿生靶向复合材料,可主动实现载体的有效靶向。本部分将介绍常见仿生复合材料的结构、性能、制备方法及应用,主要包括蛋白类复合材料和生物膜复合材料。

1. 蛋白类复合材料

人血清白蛋白(HSA)是血液中含量最高的血清蛋白,在血液中含量大约为 40 mg/mL。在体内血液循环的半衰期($t_{1/2}$)约为 20 d。血清白蛋白的主要生理功能是能够运输许多内源化合物,包括非酯化的脂肪酸、激素、维生素、电解质等。此外,由于 HSA 具有无毒性、无免疫原性、存在强疏水性空腔、能够广泛地许多外源性物质结合的优点,使其具有另一重要功能:结合和运输大量不同的外源药物分子。

白蛋白具有良好的稳定性,药物/白蛋白复合物进入体内后,不随人体内环境的变化而发生变性或降解,从而进一步提高外源性药物的稳定性。白蛋白药物载体主要分为物理结合的白蛋白载药和化学偶联的白蛋白载药。通过化学偶联法结合的白蛋白药物可有效改善药物的药物代谢动力学特性、增强药物活性,而通过物理结合法结合的白蛋白药物可优化药的理化性质,如降低药物毒性、提高稳定性。HSA 主要的药物代谢动力学功能是参与药物的吸收、分布、代谢与排泄。目前已知的许多药物(如麻醉剂、镇静剂)以及其他生物活性因子在血液中的运输都是通过与 HSA 的结合实现的。药物与 HSA 的强结合可以适当降低血浆中游离药物的浓度,降低药物在血液内的毒性。对 HSA 与许多药物分子相互作用的研究已取得很大突破。2005 年,美国食品药品监督管理局批准的抗肿瘤药物 Abraxane® 已在临床上得到了广泛的应用,该药物的主要活性成分是紫杉醇与 HSA 形成的纳米粒。该复合纳米粒粒径大小约 130 nm,该产品有效地通过 HSA 与紫杉醇形成复合物,充分利用了白蛋白受体 gp60 介导的信号通路途径,通过诱导 gp60 的聚集,使其利用胞吞转运作用使纳米材料与 SPARC 受体复合物通过肿瘤新生血管内皮细胞壁进入肿瘤组织,实现了对紫杉醇的靶向传输[24]。

内源性白蛋白易被网状内皮系统吞噬而在免疫器官(如淋巴结)和代谢器官(如肝、肾)处富集,为某些器官的靶向治疗提供研究思路和可行性。小干扰 RNA(small interfere RNA, siRNA)或称沉默 RNA,是一类双链 RNA 分子,长度为 20～25 个碱基对,类似于 miRNA,并且在 RNA 干扰途径内操作。它干扰了表达与互补的核苷酸序列的特定基因的转录后降解的 mRNA,从而防止翻译。然而,siRNA 在体内递送难的问题,极大限制了其在临床上的应用。传统的 siRNA 干扰癌症疗法的递送主要依赖于合成的阳离子纳米载体。但是该方法仍面临诸多缺陷,如非特异性载体的较大毒性、复杂的制备工艺和药效低下等。

随着生物医药的快速发展,目前已有超过 600 多种生物药物广泛应用于临床治疗,但由于许多生物药物[如细胞因子(IFN、IL)或生长因子、粒细胞集落刺激因子(G-CSF)、生长激素(GH)等]在体内的半衰期短,且易被降解,极大限制了此类药物在临床上的运用。融合蛋白表达技术是一种从分子层面优化蛋白质性能的一种策略,广泛应用于不同分子大小、不同生物活性的分子改造,是延长多肽和蛋白质药物半衰期与提高生物分子活性的一种简便高效的技术[25]。

目前常用的改善蛋白质类药物半衰期的方法有构建突变体、糖基化、血清白蛋白融合技术等。与上述其他方法相比,HSA 融合技术有很明显的优势。首先,蛋白质的正确折叠是蛋白质表达过程中的一个难点,翻译过程中无法正确折叠的蛋白通常会以包涵体的形式存在,因此对于外源重组蛋白的可溶性表达往往需要帮助其正常折叠的蛋白质(如分子伴侣或标签),而人血清白蛋白在体内拥有较高表达水平,与目的蛋白融合后可以作为分子伴侣,提高目的蛋白的表达水平;其次,人血清白蛋白具备较高的稳定性,与其融合表达,可进一步提高目标蛋白的稳定性。

一级结构上,HSA 显示其 N 端和 C 端处于蛋白质上相反的突出部位,无论 N 端或 C 端的融合方式都不必在 cDNA 中间插入连接序列,这种优势非常便于进行蛋白质融合表达。该技术是将含有 HSA 与药物蛋白的 cDNA 重组质粒导入酵母细胞中进行表达,基因被转录和翻译成为单链肽后被分泌至发酵液中,再通过离心、过滤和色谱技术进行分离与纯化。融合 HSA 技术平台可改造相对分子质量和生物功能不同的蛋白质,利用这项技术制成的长效药物蛋白已广泛用于多种疾病治疗。美国马里兰州人类基因组科学(HGS)公司已经进行一系列与 HSA 融合延长蛋白质药物半衰期的研究,其蛋白质药物 HAS/IFN-α 融合蛋白(Albufemn-α)已经完二期临床试验,该融合蛋白与 PEG 修饰的 IFN 相比,融合表达后的蛋白半衰期长达 145 h,而 PEG 修饰的 IFN 的半衰期最高只有其一半[26]。

2. 生物膜复合材料

天然细胞膜表面的复合物(如多糖、蛋白等)能够赋予细胞膜一些特殊的生物功能,而通过细胞膜包裹后的纳米颗粒也将得到这些功能。在肿瘤组织发展过程中,大量其他种类细胞参与或者与之相关,例如红细胞、白细胞和亚细胞血小板,不同的细胞在这一过程中具有不同的作用。肿瘤相关细胞的细胞膜的功能,包含外渗、趋化性和癌细胞黏附,这启发研究人员探索细胞膜纳米粒作为肿瘤靶向药物传递的载体。

红细胞是人体血液中最多的血细胞。成熟的红细胞缺乏细胞核和细胞器,因此红细胞膜便于提取和纯化。细胞膜包裹技术提供了一种自上而下的方法。红细胞从血液中分离出来,经过低渗处理使红细胞破裂以去除其细胞内成分;清空的红细胞被清洗并通过多孔膜挤压,形成红细胞膜衍生的囊泡;通过机械挤出法将红细胞囊泡与纳米粒融合成红细胞纳米粒;通过将整个红细胞膜直接转移到合成的纳米粒上,形成核壳型结构的纳米粒,其中红细胞膜以简单的磷脂双分子层包裹于核心纳米粒上。与 PEG 化的 PLGA 纳米粒相比,利用红细胞膜包裹 PLGA 纳米粒作为药物载体具有更优良的长循环效果[27]。由于红细胞膜伪装载体易获得性、良好的生物相容性、非免疫原性(膜蛋白 CD47)和血液循环半衰期长,因此通过实体瘤的 EPR 效应可以更多地聚集到肿瘤组织。

白细胞,直径大小为 $7\sim20~\mu m$,比红细胞要大一点。大多数白细胞可以做变形虫运动,容易从血管迁移到血管外组织。因此白细胞广泛存在于血管、淋巴管和其他组织中。慢性炎症被认为是肿瘤的主要特征之一,多种炎症细胞,包括中性粒细胞、树突状细胞、巨噬细胞、嗜酸性粒细胞、肥大细胞和淋巴细胞参与肿瘤的进展。肿瘤细胞产生各种细胞因子和趋化因子吸引白细胞,大多数白细胞在炎症作用下成为肿瘤微环境的帮凶。例如,与肿瘤相关的巨噬细胞或成纤维细胞有助于肿瘤的转移或新生血管的形成,最终加快肿瘤组织的生长。因为白细胞的趋向炎症的特性,使得白细胞膜包裹纳米粒具有靶向肿瘤组织的能力。

巨噬细胞是研究较多的与肿瘤相关的白细胞[28],包裹巨噬细胞膜后,纳米粒也表现出血液长循环的特性,其机理与红细胞膜类似。巨噬细胞膜包裹的纳米粒通过膜上的功能蛋白,还具有跨越血管屏障的能力和对肿瘤细胞的分子识别能力。

血小板是从骨髓成熟的巨核细胞胞浆解脱落下来的小块胞质,是最小的循环血细胞,平均寿命是 $8\sim9~d$。血小板在血管损伤后的止血、伤口愈合、炎症反应和血栓形成过程中起重要作用。而血小板的止血特性在许多不同的方面都对癌症的转移进程起着至关重要的促进作用,例如有助于肿瘤血管生成,利于肿瘤在血液中存活,促进肿瘤细胞和血管的相互作用。循环肿瘤细胞与血小板的识别和相互作用已引起广泛关注。血小板活化后会改变形状,释放含有生长因子、趋化因子和蛋白酶的颗粒,并增加其黏附性,与循环肿瘤细胞和白细胞形成异质聚集[29]。有研究者基于血小板与肿瘤转移的密切相互作用,提出了肿瘤靶向药物传递的仿生策略。此外,与其他核细胞相比,纯血小板抗原较少,免疫原性较低,纳米粒包裹血小板细胞膜后,具有免疫调节和黏附抗原的功能,与没有包裹的纳米粒相比,减少了巨噬细胞样细胞的摄取,并且在人血浆中没有颗粒诱导的补体激活。

癌细胞与血细胞相比拥有特有的性质,例如无限复制能力、免疫逃逸和同源靶向能力。与从病人或捐赠者血浆中获得不同,肿瘤细胞更容易获得通过体外细胞培养。在转移过程中,同型癌细胞聚集对于在远处组织和器官中建立继发性病变至关重要。据报道,聚集过程依靠于肿瘤细胞膜上的表面黏附分子(例如 N-钙黏附素、半乳凝素 3、EpCAM),因此利用天然细胞膜对纳米粒载体表面进行功能化提供了独特的优势。由于内在免疫逃逸和同源黏附特性,各种肿瘤细胞膜包裹的纳米粒被设计出来用于肿瘤细胞的靶向诊断和治疗。另外,同一肿瘤细胞的自我识别导致了体内同源肿瘤的高选择性自我靶向,甚至与异型肿瘤竞争。利用患者自身的癌细胞包裹纳米粒进行肿瘤靶向治疗的个性化治疗可以增强治疗药物在肿瘤转移部位的传递,使纳米粒具有良好的稳定性和自我识别的靶向性以及免疫逃逸功能。

癌细胞膜包裹有效地抑制了血液循环中的药物泄漏,并且由于其独特的同源靶向性,有利于实现纳米药物的选择性聚集。

5.3 缓释药用复合材料

药物的缓慢释放在一定程度上可以实现长期治疗,对于需要长期用药的患者而言具有重要意义。与普通药物制剂相比,缓释药物可降低给药频率,且能显著增加患者的顺应性或降低药物的副作用。本节将依据缓释的原理,从扩散释放和溶解-溶蚀释放两方面介绍相应的缓释药用复合材料,主要包括多孔复合材料与溶解、溶蚀或生物降解复合材料两大类。

5.3.1 多孔复合材料

相较于传统载药材料,多孔材料具有高的表面积、高的孔隙率和均匀的孔径,在提高载药量和对药物的可控释放方面有着巨大优势和应用前景[30,31]。根据国际纯粹与应用化学联合会(international union of pure and applied chemistry,IUPAC)的定义,多孔复合材料根据孔径大小可分为大孔(孔径大于 50 nm)、介孔(孔径介于 2 nm 和 50 nm)和微孔(孔径小于 2 nm)[32]。不同孔径的形成方式和条件不同,可用于负载小分子药物或生物大分子。多孔复合材料作为药物运载工具能够在一定程度上减少药物的毒副作用、提高靶向效率和提高治疗效果。接下来将按图 5.3(COF:共价有机骨架)所示分类对各种多孔材料进行介绍。

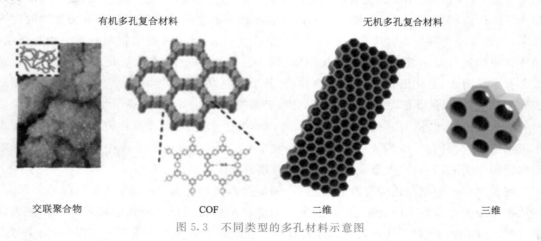

图 5.3　不同类型的多孔材料示意图

1. 有机多孔复合材料

有机多孔复合材料从形貌上通常可分为微球、多孔纤维、多孔微针以及水凝胶体系,它们在药用复合载体领域具有广泛的应用。多孔聚合物微球具有相互连接的孔和较大的表面积,已被用作多种小分子药物、疫苗、基因和蛋白等的载体。多种聚合物可用于合成多孔微球,如 PLGA、PLA、聚甲基丙烯酸甲酯、聚氰基丙烯酸甲酯、聚丙烯酰胺。此外,一些天然聚合物(如壳聚糖、聚蔗糖和海藻酸盐)也被用于多孔材料的合成。

（1）基于聚合物交联形成的多孔复合材料

多孔聚合物的渗透性、机械强度、尺寸以及对药物的吸附能力等性能主要取决于聚合物链或它们所组成的孔隙系统的拓扑结构或连接性[33]。通过改变制备条件，可获得孔径大小可控、孔隙连接性不同或形态各异的多孔聚合物。随着制备工艺不断成熟和发展，其应用前景也越来越广阔。目前制备多孔聚合物的方法主要有利用发泡技术得到孔隙和聚合物-溶剂相分离过程得到孔隙。

发泡技术是利用气体得到孔隙，发泡所得的孔隙是由溶剂在升温或压降过程中蒸发，或者由聚合过程中化学反应而产生的。由于聚合物中气泡的界面张力相对较高，它们经历奥斯特瓦尔德（ostwald）过程快速成熟，由此产生的孔洞可以封闭也可以贯通，但通常孔径较大。若要得到较小的孔径，则需要在体系形成过程中引入表面活性剂，如有机硅表面活性剂。

以海藻酸盐多孔气凝胶作为药物传递体系为例。海藻酸盐气凝胶是由一价、二价或多价阳离子形成的强热稳定性凝胶，可作为药物输送系统。前驱体性质、pH、溶剂-水交换阶段、乙醇浓度和海藻酸盐浓度等都会对气凝胶内部孔结构产生影响[34]。一价金属离子可与藻酸盐形成可溶性盐，二价或多价阳离子（镁除外）与海藻酸盐反应后可形成凝胶[35]。Garcia 等人采用乳化凝胶法制备气凝胶，并采用超临界干燥法制备微球。通过超临界 CO_2 流体的辅助浸渍将药物装入微球中，溶胶可以与活性组分混合，凝胶化后药物被困在孔隙内。

在聚合物-溶剂相分离得到孔隙过程中，通常需要以不同的方式诱导聚合物-溶剂相分离。例如，在聚合物-溶剂混合物中添加抗溶剂和热引发相分离，孔的尺寸与淬火程度和淬火时间紧密相关，并且在冷冻和溶剂去除之前，相分离时间也会导致孔的尺寸显著改变，采用两步升温工艺，还可制备具有双孔径分布的复杂微孔结构。

多孔聚合物复合材料已被广泛用于缓释药物载体，并且能缓释如生物大分子、活性因子或小分子药物。目前已有许多多孔聚合物微球被研究用于组织工程支架，肺部、局部和口服给药系统（如微海绵），其中大孔微球由于其独特的多孔结构和较大尺寸可以实现肺深部沉积，从而增强药物的传递，且直径大于 5 μm 的多孔粒子密度通常小于 0.4 g/cm^3，可绕过间隙基质，被吸入肺深部，被认为是肺部给药的最佳载体。

（2）基于共价有机框架的多孔复合材料

共价有机骨架（covalent-organic frameworks，COFs）是 2005 年出现的一类连续性晶体多孔有机聚合物，其具有有序的扩展有机网络，可以在网状化学的指导下精确组装，从而获得规则的结构和孔隙[36]。基于此，通过动态共价键（dynamic covalent bonds，DCBs）可以很好地构建 COFs，其中 B-O 键和 C=N 键是构建 COFs 最广泛使用的键，此外，三嗪、硼嗪亚胺也被广泛应用。由于 DCBs 的可逆性，单体和寡聚物相互交换，经过热力学控制纠错过程（error checking），框架在二维或三维空间中扩展，生成具有高度有序周期结构的多孔二维或三维框架。这对同时运载多种药物和对不同药物的时间、空间选择性释放都有应用潜力。

COFs 在药物传递领域的应用还处于起步阶段，但由于其可控性强、可适用范围广等优势，已经得到越来越多的关注，科学家们在构建基于 COFs 的药物传递系统已有所收获。

Yan 等分别以焦苯二酸酐和 1，3，5，7-四氨基金刚烷构建三维聚酰亚胺 COFs（PI-COF-4），以四（4-氨基苯基）甲烷构建另一三维聚酰亚胺 COFs（PI-COF-5）负载布洛芬[37]，首次将 COFs 应用于药物传递，PI-COFs 展现了对布洛芬的良好负载能力和可控释放特性。2016 年，科学家合成了一种表面约束、光响应的单层 COFs，在二硼酸的骨架中引入偶氮苯基团。由于硼酸缩合物具有可逆性结构变换，在紫外光照射下，可通过异构化作用破坏 COFs 表面，无紫外光照射时，结构改变的表面能够自动恢复。这种可逆性光诱导的 COFs 分解-复原控制负载和释放酞菁铜，为开发可应用于药物传递领域的光敏 COFs 开辟了一条新的途径[38]。若将该种 COFs 复合于光敏性材料（如聚合物半导体），即可完成二者的同时驱动或相互驱动，将为多孔 COFs 复合材料提供更多药物缓控释的方法。此外，在不同 pH 下发生构象结构改变的 COFs 也逐渐在药物缓控释体系中得到应用。

2. 无机多孔复合材料

无机多孔复合材料是各种药物、基因和蛋白质的良好载体。它们的多孔结构有利于在药物传递应用中实现可控、持续释放。包封的药物、基因或蛋白质的扩散速率可由材料的孔隙率、孔尺寸和亲水性来控制。此外，多孔无机材料相较于有机材料在一系列生理条件下表现出较高的力学和化学稳定性[39]。常见的多孔无机复合材料包括微孔无机材料（如沸石分子筛）、介孔无机材料［如介孔二氧化硅纳米粒（mesoporous silica nanoparticles，MSNs）、介孔金属氧化物、大孔无机材料（如大孔磷酸铝）］[40]。药物从孔中释放的动力学行为可以通过改变孔隙大小、孔隙几何形状、药物负载方法和表面功能化修饰来控制。

将药物装入孔道的方法有物理混合、溶剂法、熔融法、超临界流体、微波辐射和喷雾干燥等。物理混合通常将适量的药物和介孔材料混合使二者均匀分散；溶剂法（溶剂浸渍法）是药物负载的最常用方法之一，即先将药物溶解在有机溶剂中，然后将介孔材料浸渍在浓缩的药物溶液中，搅拌数小时，再去除多余溶液；熔融法是一种简单且无溶剂的工艺，它是在高温下将药物和载体熔合在一起产生一种物理混合物（在这个过程中首先需要考虑药物的热稳定性，这也常常是该方法受限制的主要原因）。此外，科学家们提出了一些将药物装入多孔复合材料而不影响药物活性的方法，如超临界流体法、喷雾干燥法和微波辐照法。超临界流体法（如超临界二氧化碳法）制备的载药介孔材料具有更好的包封性能。超临界流体介质可使大量药物溶解，而串联气体能够极大提高药物在多孔材料中的扩散率，可使分子易于完全进入介孔基质。此外，该工艺不需要溶剂去除步骤，能够有效降低生产成本并提高其溶解速度和口服生物利用度[41]。喷雾干燥法则是将药物与介孔载体共喷雾干燥，将载体分散在含药物溶液中的挥发性溶剂中，然后喷雾干燥分散体，从而获得稳定性更好的多孔载药复合体。

多孔复合材料的孔尺寸以及所结合的门控物质（gatekeepers）对载药量、释药速率和释放方式有显著影响。以应用最为广泛的 MSNs 为例，MSNs 可以根据需求调试成不同的几何形状和大小，且易表面修饰，易与不同材料复合，以 MSNs 为基础的多孔复合材料已经在多种药物类型（如抗癌、抗炎和抗生物制剂）上取得研究进展，并且有希望在组织工程和基因传递领域发挥更多作用。介孔材料的结构（如型号为 MCM-41、MCM-48 和 SBA-15 的介孔材料)对材料的扩散速率和载药途径有一定的影响。由短六边形孔沿径向有序排列构成的二维介孔材料能够更迅速地将负载药物扩散到释放介质中。而在三维立方孔道中,由于非线性孔道较长,同样数量的药物需要更多的时间来扩散[42]。

用不同的化学基团对 MSNs 进行表面功能化修饰可以改变药物分子的释放行为。例如,将表面氨基功能化修饰的 SBA-15 型二氧化硅作为布洛芬和牛血清白蛋白的药物传递控制基质作为模型药物,研究发现 SBA-15 功能化的时间会影响两种药物的吸附能力和释放行为。传统的化疗有许多缺点,如不能在肿瘤部位提供所需的药物浓度、对机体正常组织或器官造成损伤和使癌细胞产生多药耐药性。此外,40%～60%的抗癌化疗药物由于溶解度较差、较高的一级代谢、透过生物膜渗透性差、清除速度较快,而具有较低的生物利用度[43]。研究表明,MSNs 能够抑制癌变组织,同时提供有效剂量、快速排泄并降低负载抗癌药物的毒性[44]。

对多孔复合材料的孔结构进行进一步修饰,如使用光、pH、温度或体内的特异性酶、谷胱甘肽、活性氧等敏感型的化合物修饰多孔材料内部或外部,加强孔对运载药物的响应性释放。例如,有研究者设计了一种与孔尺寸相符合的金纳米粒封堵 MSNs 孔口的门控结构。在金纳米粒表面修饰 MTH1 mRNA 的识别序列,可以与 Cy5 的标记序列结合[45]。然后,在 MSNs 的孔道中装载 MTH1 抑制剂——S-crizotinib,由于金纳米粒的封堵,S-crizotinib 无法从孔道中释放,且 Cy5 靠近金纳米颗粒时,荧光处于淬火状态。而当其处于肿瘤部位时,mRNA 的识别序列能与肿瘤细胞的 MTH1 mRNA 形成更加稳定的双工结合,从而金纳米粒脱离 MSNs,荧光激活,S-cribotinib 释放,检测人 mutT 同族体 MTH1 mRNA 并抑制MTH1 的活性,杀死癌细胞。这些响应型多孔复合材料能够更好地实现细胞内靶向递送药物,并且能保护药物包裹在多孔材料内,在到达目标组织途中不会过早释放和降解。

5.3.2 溶解、溶蚀或生物降解复合材料

根据复合材料在药物缓释中的应用,可将溶解、溶蚀或可生物降解复合材料分为几种药物剂型,包括纳米粒、纤维、可植入支架和水凝胶等。

1. 纳米颗粒

随着微纳米制备技术的迅猛发展,纳米粒由于其许多优良的特性(如增强细胞摄取能力和易于表面修饰多种功能基团等)在药物载体领域具有最广泛的应用。纳米载药系统最重要的研究问题之一是药物分子从载体中的释放,而药物缓释则是现代药物的一个重要特征,其目的是提高治疗效果,减少用药次数、避免突发性释放引起的全身毒副作用。

为了解纳米粒的药物释放机理,需对纳米载药体系进行研究,包括脂质体、聚合物纳米粒和无机纳米粒等。其中一类主要的药物载体是聚合物纳米粒,最具代表性的是生物可降解的 PLGA 纳米粒。PLGA 的水解会产生代谢物单体乳酸和乙醇酸。由于这两种单体是内源性的,并且很容易通过柠檬酸循环被人体代谢,因此使用 PLGA 作为载体进行药物递送具有极小的全身毒性作用[46]。另外,药物分子均匀地嵌入到聚合物基体中或包覆在聚合物壳中,载药纳米粒到达特定部位后,通过在聚合物基质中的扩散和聚合物基质的降解持续缓慢

地释放药物分子。与天然聚合物降解速度相比,这种速率通常是缓慢的。因此,药物的释放可以持续几天到数月不等,以达到缓慢释放的目的。药物的释放速率可以通过调节聚合物的降解速率来控制,而降解速率高度依赖于聚合物基质本身的性质以及生理环境[47]。

制备载药的 PLGA 纳米粒的方法多种多样,如乳液扩散、盐析、纳米沉淀、乳液蒸发、透析、溶剂扩散等[48]。根据制备方法的不同,其载药方式可能会有所不同。药物既可以被包裹在"纳米胶囊"的核心内,也可以被包裹或吸附在纳米粒的表面。最常用的制备方法是单或双乳液溶剂蒸发法。该方法基于聚合物的有机溶液在水相中乳化,然后有机溶剂蒸发。单乳化工艺是水包油(O/W)乳化,而双乳化工艺是水包油包水(W/O/W)乳化。W/O/W法适合用于负载水溶性药物(如肽、蛋白质和疫苗等),而 O/W 法则适合于负载水不溶性药物(如类固醇)[49]。简言之,对于 O/W 法,首先将 PLGA 溶解在不溶于水的挥发性有机溶剂(例如二氯甲烷)中,然后将药物添加到聚合物溶液中以产生药物颗粒的溶液或分散液。该聚合物-溶剂-药物溶液/分散液随后在较大体积的水中、在适当的搅拌和温度条件下,在诸如聚乙烯醇[poly(vinyl alcohol),PVA]等乳化剂的存在下乳化,以生成 O/W 乳液。PVA 可形成相对较小尺寸和均匀尺寸分布的颗粒,用于稳定乳液。然后通过蒸发或萃取去除溶剂使油滴变硬,经过滤、筛分或离心收集获得的固体纳米球颗粒。随后在适当条件下干燥或冻干,最终得到自由流动的可注射纳米球产品[50]。用这种方法得到了尺寸约为 100 nm 的 PLGA 纳米粒。

PLGA 的纳米粒在药物传递方面具有许多优点,它们可以保护药物不被降解,以一定的速率持续释放药物以提高治疗效果,提高了药动学和药效学指标。与其他聚合物相比,PLGA 的另一个主要优点在于已被美国食品药品监督管理局(food and drug administration,FDA)在各种药物传递系统中批准,在临床试验中处于领先地位[46]。

在一项研究中,以肽 g7 衍生的 PLGA(g7-NPs)负载了洛培胺和荧光染料罗丹明-123,结果表明 g7-NPs 能够跨越血脑屏障,确保药物的持续释放,并且这些纳米粒能够到达所有被检查的大脑区域[51]。在另一项研究中,罗丹明-123 单独被包裹在 PLGA 纳米粒中,以检测药物在猪耳蜗、肝脏和肾脏中的生物分布。因为血液流动有限和血液迷宫屏障,限制了分子从血液到耳蜗组织的运输,药物传递到耳蜗是困难的。经全身或局部给药后,耳蜗内可发现静脉注射罗丹明纳米粒,表明 PLGA 纳米粒在耳蜗给药中具有潜在的应用价值。PLGA 纳米粒通过圆窗膜向外淋巴液转移,表明将药物包裹在 PLGA 纳米粒中作为一种持续靶向药物传递到耳蜗的有效性[52]。PLGA 纳米粒作为药物载体也被用于治疗炎症疾病,如关节炎和肠道疾病。关节炎是一种损害身体关节的疾病,也是老年人致残的主要原因。糖皮质激素治疗关节炎症疗效显著,但由于严重不良反应发生率高,特别是与长期治疗有关,其全身应用受到限制。然而,在实验性关节炎模型中,用 PLGA 纳米粒包裹的葡萄糖皮质激素或其他药物已经针对静脉注射后的关节炎表现出缓慢释放性能。PLGA 包封还可以有力地促进药物的治疗效果,静脉治疗炎症性疾病。在炎症性肠病的治疗研究中,实验性结肠炎大鼠口服 PLGA 纳米粒中的抗炎药,纳米粒组在停药后炎症水平持续下降。这种新的给药系统使药物能够在发炎组织中积累,比载体对照组的效率更高[53]。

2. 微/纳米纤维

微/纳米纤维是药物载体领域的研究热点。圆柱形的微/纳米纤维具有很高的比表面积,使其成为一种优良的药物载体,如图 5.4 所示。此外,与球状载体不同,纤维的长度和横截面半径都可以调整。而且,研究者也可以根据预期用途制造不同形状和结构的纤维,如中空、扁平和带状纤维[54]。在过去几十年中,微流控法、静电纺丝法、旋转纺丝法、自组装法和湿纺丝是最常见的用于制备微/纳米纤维的方法。其中,静电纺丝法和微流控法主要用于制备药物递送载体而被广泛研究。

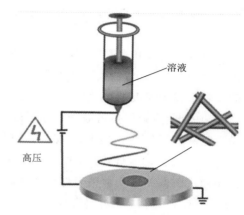

静电纺丝是一种利用静电力从液体中生产精细聚合纤维的制造工艺,可以生产直径为微米级别甚至是几纳米的纤维。在 1930 年,就开始有研究者利用该技术制备纤维,随即被广泛应用于其他工程领域[55]。

图 5.4 丝制备微/纳米纤维示意图

在众多的生物医学应用中,运用电纺纤维作为药物递送系统是最有前途的手段之一。关于静电纺丝的理论,已经有大量的文献进行了研究和总结,包含工艺和溶液的改变对纤维尺寸、结构以及机械性能的影响[56]。电纺纤维材料用于药物载体的优点包括:载药量较传统方法高,包封率高达 100%,聚合物材料的多样性可以与不同性质材料相结合,释放行为可控,工艺简单、成本低[57]。

聚合物材料的选择是工艺的关键。生物可降解和不可降解材料都可以作为电纺纤维材料用于药物缓控释系统[58],其中应用最普遍的是生物可降解材料,包括 PLL、PGA、PLGA 和 PCL[59]。而常见的生物不可降解材料有聚亚安酯、聚碳酸酯和尼龙 6。一些天然的聚合物(如丝素、胶原蛋白、明胶、海藻酸钠和壳聚糖)已被研究证明可用于纤维的药物缓控释系统,但是由于其剪切变稀特性,造成无法单独进行静电纺丝或者产率低下。

多种药物,如抗生素、抗癌药物、DNA、RNA 和蛋白质等,已被成功地包覆在电纺纳米纤维中,并对其释放动力学进行了研究[56]。有研究者利用同轴电纺技术成功制备了核壳结构的聚乳酸-ε-己内酯微纤维[60],并负载了紫杉醇(paclitaxel,PTX)模型药用于长期给药。采用 PLGA 微纤维递送 iRNA 质粒和 PTX,该微纤维能在肿瘤部位稳定、持续地释放药物,表现出对脑肿瘤细胞的协同抑制作用[61]。

微流体技术涉及微流体动力学,是一种在微尺度通道内精确操纵流体的技术。由于存在表面张力和能量耗散以及流体阻力的差异,微通道内的流体流动行为与主体流体不同。基于该原理,可以通过专门设计的微通道实现包含样品和鞘流的三维同轴流体。通过使用 UV 光、离子或化学交联和溶剂交换固化同轴流动的液体,可以生产固化的纤维。在该过程中,不需要施加强电流,对温度、压力均没有要求,因此可以改善纤维制备工艺的生物相容性。特别值得注意的是,微流控纺丝能连续生产出直径均匀且时间、空间均可控的微纤维。很多无毒、生物安全性良好的材料用于该法,包括藻酸盐、PLGA、壳聚糖、明胶-羟基苯基丙酸和五氧化二钒（V_2O_5）[62]。直到现在，很少有通过微流控制备的纤维被报道用于药物递送[63]。然而通常情况下，基于水凝胶的性质，微流控水凝胶纤维可作为一种良好的药物控释载体。Ahn 等[63]使用具有低极性异丙醇（IPA）作为鞘流使得藻酸盐/氨西林水溶液脱水、形成高载药量的密集纤维，具有很好的缓释效果。

3. 植入型支架和水凝胶

植入型支架和水凝胶在药物载体领域也有广泛的应用，通过在支架和水凝胶的内部或表面负载药物，然后植入到病患部位，实现药物、活性物质等的定点缓慢释放，可以持续发挥治疗效果或者促进细胞、组织的再生。其中，PLGA 是经美国 FDA 批准的可应用于组织工程支架的聚合物材料，可被降解成可被人体代谢的乳酸和乙醇酸，并且在支架的设计过程中易于定制和调节[64]。由 PLGA 聚合物制成的支架材料通常相对坚固，且形成的孔隙较大，可用于负载大量活性物质，如药物、蛋白质，甚至细胞[49]，从而在原位发挥治疗或促进再生的作用。PLGA 还经常用于将活性物质包封在纳米粒中，以提高其药物传递性能和缓释效果[65]。其他用于生物材料合成支架的典型聚合物包括 PEG、聚乙烯醇［poly（vinyl alcohol），PVA］以及含有多种这类材料的复合体系。

另一类常见的生物材料以胶原为基础。胶原是细胞外基质（extracellular matrix，ECM）的重要成分，也是人体中最丰富的蛋白质[66]。以胶原为基础的材料通常使用 I 型胶原，这类材料作为模拟 ECM 细胞支架用于组织再生和其他应用已有数十年的历史。胶原水凝胶具有生物相容性，可用于负载小分子药物并在植入部位长期缓慢释放。明胶是一种常见的由天然胶原水解而来的食品添加剂蛋白，它同样用于制备具有独特力学性能的复合生物材料，尽管它们往往对温度变化很敏感[67]。与胶原蛋白一样，透明质酸也是天然衍生的、经美国 FDA 批准的酸性黏多糖，具有良好的生物相容性和可生物降解性[68]。尽管化学改性和共价交联是制备这类材料所必需的，透明质酸仍被广泛用于制备各种具有载药性能的水凝胶和支架[69]。

纤维蛋白凝胶是最早用于伤口治疗的生物材料之一，它是美国 FDA 批准的一种生物医用材料，由纤维蛋白原聚合而成，纤维蛋白原是血浆中常见的蛋白质以及启动"凝血级联"的蛋白酶凝血酶[70]。由此产生的纤维蛋白水凝胶在结构和力学性能上与天然血凝块非常相似，因此可生物降解，作为一种载药植入支架已在临床上有广泛使用。在 FDA 批准的生物材料成分清单上，海藻酸钠是一种天然的生物相容性多糖，可作为负载生长因子或小分子药物的支架[71]。海藻酸盐具有制备成本低、免疫原性低、固有的离子化学功能和亲水性等优点，被广泛用作生物材料。

5.4 控释药用复合材料

控制药物在靶点部位释放是提高药物疗效、降低药物毒副作用的有效手段。控释药用复合材料是指一类具备调控药物释放功能，从而在病灶部位获得理想药物治疗浓度的复合材料。与传统药物相比，控释药用复合材料的智能释药系统可显著提高药物治疗效果，降低药物对机体正常组织的毒副作用。随着对机体疾病生理病理微环境认知的加深,微环境敏感型控释药用复合材料的研究已成为前沿与热点。这些微环境敏感型控释药用复合材料可以同时利用病变组织局部微环境因素(如温度、pH、酶、氧化还原状态等)与正常组织的差异及光照、超声等外部因素实现刺激响应型药物释放。目前,根据刺激响应信号的差别,控释药用复合材料可分为温度敏感型复合材料、pH 敏感型复合材料、酶敏感型复合材料、氧化还原敏感型复合材料、光敏感型复合材料、声敏感型复合材料、多重信号敏感型复合材料等。本节根据不同刺激响应的方式介绍控释药物复合材料的应用研究。

5.4.1　温度敏感型复合材料

体温是生命体重要的生理因素,而人体不同部位的温度有所差异,如深部温度约为 37 ℃,体表皮肤温度约为 36.5 ℃,眼球表面温度约为 32 ℃。此外,尽管人体被认为是恒温动物,但是人体体温也会随着生理病理状态的变化而变化,尤其是人体局部组织的温度可通过热敷、冷敷、红外光照射、超声波等外界条件处理而改变。为此,开发温度敏感型控释药用复合材料一方面可通过响应机体生理病理温度实现药物控释,另一方面也可对因外界条件而改变的病变部位温度做出响应,从而达到药物控释的目的。温度调节过程在生物学中起着至关重要的作用,热触发机制的药物载体已在生物医学领域得到广泛研究应用。

温度敏感型控释药用复合材料的基本特征是在临界温度(critical solution temperature, CST)上下可发生可逆的相转变,而对应的 CST 包括低临界溶解温度(lower critical solution temperature,LCST)和高临界溶解温度(upper critical solution temperature,UCST)。通常将抗炎药物、抗瘤药物等负载在具有温度敏感的聚合物载体中以实现对药物的控释。一些具有较低 LCST 的聚合物常被用作温度敏感型复合材料的刺激响应部件,如聚 N-异丙基丙烯酰胺[poly(N-isopropylacrylamide),PNIPAAm]、N-烷基取代聚丙烯酰胺[poly(N-alkylacrylamide)]等。这些聚合物的 LCST 一般在 32 ℃左右,可与其他亲水性高分子共聚后形成嵌段共聚物(如 PEG-PNIPAAm)。在高于 LCST 条件下,PNIPAAm 能通过亲疏水作用在水溶液中形成胶束,包裹疏水性药物。通过具有 LCST 的聚合物与疏水性聚合物共聚,如聚(N-异丙基丙烯酰胺)-聚(甲基丙烯酸甲酯)(PNIPAAm-PMMA),可在低于 LCST 条件下形成以 PMMA 为内核、以 PNIPAAm 为外壳的胶束。这种胶束在包裹药物后,当环境温度达到 LCST 时迅速释放药物。除了依赖于聚合物溶解度的变化外,热敏聚合物还可以通过温度敏感性水解控释药物。如以 PEG 作为亲水链段和 Poly(NIPAAm-HPMAm-Lac$_n$)作为热敏链段的共聚物在高于 LCST 时形成胶束,其中 LCST 可通过调节聚合物比例进行调控,而水解速率则可通过调节乳酸组分的含量进行调控。

泊洛沙姆(poloxamer)是一种由聚环氧乙烷[poly(ethylene oxide),PEO]和聚环氧丙烷[poly(propylene oxide),PPO]组成的三嵌段共聚物,具有 LCST,也是一种性能优良的温度敏感型复合材料,常用于制备温敏型水凝胶药物控释系统。该系统在循环加热和冷却过程中历经凝胶-溶胶可逆过程,但不会影响凝胶性质。一般来说,泊洛沙姆分子量越大,凝胶越容易形成。此外,基于寡聚乙二醇甲基丙烯酸酯[oligo(ethylene glycol)methacrylates,

OEGMAs]的温敏型复合材料的发展也十分迅速。相比于 PNIPAAm 类材料,OEGMAs 类材料具有更好的生物相容性和优异的温度敏感性,可作为 PNIPAAm 的替代品,目前已开发出多种基于 OEGMAs 的温度敏感型复合材料用作药物控释。合成多肽类材料具有良好的生物相容性和生物降解性,目前也越来越多地被开发成为温度敏感型控释药用复合材料,如弹性蛋白样多肽(elastin-like polypeptide,ELP),是一类具有 Val-Pro-Gly-X-Gly(X 为任意氨基酸)五肽重复序列的多肽。ELP 存在着特定相变温度,在该温度之上,ELP 会由水溶性多肽转变成水不溶的黏稠凝胶。ELP 的相变温度受氨基酸组成、溶液浓度、分子量、pH、离子强度、溶剂极性及衍生基团等因素所影响,可以在较大范围内进行调整以满足不同应用。目前,利用 ELP 作为温敏型药物控释复合材料的形式包括:①将药物荷载于 ELP 制成的温敏型控释系统中,利用相转变温度低于体温,局部注射后,通过温度诱导 ELP 凝聚并形成药物储库,从而实现药物缓慢释放;②利用蛋白融合技术将治疗性多肽或蛋白与 ELP 融合,再制备成温敏型控释系统;③将药物与 ELP 通过共价键连接后再制备成温敏型控释系统,既利用局部注射后 ELP 凝胶态的缓释功能,又通过合理设计中间连接键从而进一步调控药物释放;④将疏水性的聚合物与 ELP 化学耦合从而构建成温敏型胶束系统,并用于荷载疏水性药物,通过外部条件调控病变部位的温度,从而实现温敏释药的目的。

5.4.2 光热/磁热响应型复合材料

目前报道的环境响应型药物系统主要是利用肿瘤微环境中或肿瘤细胞内外理化/生化因素的差异,如 pH、酶、氧化还原或活性氧等,刺激载体中特定分子的键合或排列发生改变来实现控制。但是,人体的生理环境极其复杂且易受机体生理状况及摄入物质的影响,单纯依赖机体微环境因素刺激响应的药物体系一旦给药进入人体后便无法进行干预,易在体内循环过程中发生误响应而在非病灶区释放。而光热/磁热响应型复合体系,可以同时利用光热/磁热转换材料能将吸收的光能/电磁能转化为系统内能而实现光热/磁热转换以及温度敏感材料可以感应温度升高发生相转变的特性,在外场的刺激下,在病灶区形成局部温度上升而实现释放位置和释放剂量的精准控制,药物释放的可控性和抗干扰能力更强,更利于提高治疗效果和降低药物的毒副作用,具有极大的应用潜力。

其中磁热转换材料的代表是磁性纳米粒(如 Fe_3O_4、α-Fe_2O_3),在交变磁场下(AMF),主要通过磁滞和弛豫耗损来吸收电磁波产热,具有良好的生物相容性和磁响应性能。因此基于磁性纳米粒设计的具有磁热治疗和 MR 成像效果于一体的复合体系,也是目前生物医学领域研究的热点。但是磁热材料在应用过程中具有磁场难于聚焦且可控性较差,存在对旁侧组织不利影响的缺点,也在一定程度上限制了它的应用。

对于光热转换材料,目前生物医学领域多关注材料在近红外波段的光热转换效率。这是由于近红外光的生物组织窗口效应(750~1 350 nm),其在生物组织的吸收和散射弱、组织穿透能力强、对组织无明显的不利影响。目前国内外研究主要集中于以贵金属纳米粒、铜基半导体纳米粒及碳基纳米材料等为代表的近红外光热转换材料,其中金纳米棒和还原氧化石墨烯更加引人关注。但是,对生物医学领域而言,金属基和碳基材料在体内的长期安全性还存在很大风险,而碳基纳米材料已被证明可诱导氧化应激和肺部感染。近年来,基于共轭聚合物的有机近红外吸收材料研究的发展,为探索强近红外吸收和高光热转换效率且无生物毒性的光热转换材料提供了新的思路。其中,聚多巴胺(PDA)与人体黑色素结构相似,具有良好的生物相容性和生物降解性,在组织近红外窗口具有较高的光热转化率。其表面活性基团可与氨基或巯基等反应结合,极大拓展了应用领域,以此为基础的肿瘤诊疗体系已成为研究热点。

以近红外光热转换材料 PDA 为内核,温敏聚合物壳层选择抗 pH、酶、蛋白等干扰能力强、LCST 接近人体正常体温、相变行为对浓度的依赖性极小的聚异丙基丙烯酰胺(PNIPAAM),并调节 PNIPAAM 的相转变温度到略高于人体温度,温敏凝胶层可以为药物负载提供充足的空间和合适的位点,在体内循环过程中,药物被很好地保持在内部不会发生过早泄漏。病灶区域在近红外光的辐照下局部温度升高,达到温敏材料的相转变温度,PNIPAAM 与水分子之间的氢键断开,溶剂化层被破坏,同时酰胺基团间形成分子内或分子间氢键,导致分子链蜷曲,药物由于挤压效应而释放。此种刺激释放模式克服单纯温敏响应材料缺乏热源以及其他刺激响应抗干扰能力差等缺点,真正实现从时间、地点及剂量对药物的精准控制释放。

此外,对于肿瘤治疗,通过光热转换材料与热敏材料的合理设计和靶向分子与光敏分子的修饰,可以实现具有靶向递送功能和精准控释功能,并集热化疗、光热疗和光动力治疗为一体的复合纳米系统,如图 5.5 所示。PDA 在近红外光刺激下产生的热量,一方面可以引起肿瘤部位局部温度升高,实现药物的局部可控释放,另一方面可以直接用于肿瘤热疗。热疗的效果不只体现在对肿瘤细胞的抑制方面。研究表明,局部区域温度的升高,既可促进肿瘤细胞对治疗药物的细胞摄取量,又可提高化疗药物的细胞毒性,从而显著增强化疗的效果,实现肿瘤的热化疗(TCT)。热疗还可促进细胞内活性氧的产生速度,增强动力治疗;而动力疗法产生的活性氧会破坏癌细胞中的热休克蛋白,降低癌细胞的耐热性,辅助热疗。多种模式协同治疗,实现"1+1+1>3"的效果。

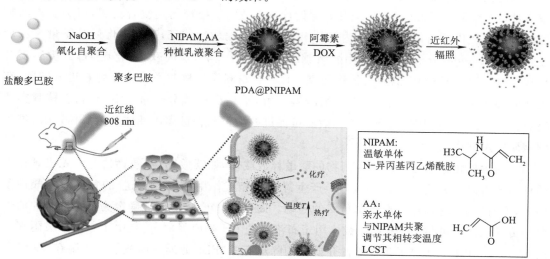

图 5.5 近红外光热刺激响应复合体系设计示意图

5.4.3　pH 敏感型复合材料

　　某些疾病组织的 pH 与正常组织有差异，根据这种差异，可以利用含有 pH 敏感键的复合材料或两性离子复合材料等实现对药物释放的控制。例如在肿瘤部位，因为癌细胞严重依赖糖酵解而不是氧化磷酸化来消耗能量，以增加生物合成功能，从而导致乳酸的产生速率增加（也称为 Warburg 效应），肿瘤组织细胞外基质（pH 为 6.5～6.8）比正常组织（pH 为 7.2～7.4）具有更酸性的微环境，同时，细胞内存在偏酸性的细胞器（如内涵体和溶酶体，pH 范围在 4.0～6.0 之间）。这些组织间（细胞外）以及细胞内的 pH 微环境为合理设计 pH 敏感型控释药用复合材料提供了依据。目前，pH 敏感型控释药用复合材料主要有两种类型，一种是自身含有 pH 敏感酸碱基团（如羧基、氨基等），这些基团可在不同 pH 下去质子化或质子化，导致分子解离程度发生改变，复合材料亲疏水性发生明显转变，从而触发药物释放；另一种是其结构中含有 pH 敏感化学键，如腙键、缩醛键、酯键、席夫碱基团、配位键等，这些化学键在生理条件下稳定，在偏酸性或偏碱性环境下会发生断裂，使复合材料体积溶胀或构象转变，从而导致药物释放。上述两种复合材料均可实现细胞内外 pH 敏感控释药物的作用，为此，下文将从细胞外 pH 敏感和细胞内 pH 敏感两方面介绍控释药用复合材料。

　　胞外 pH 敏感控释药用复合材料通常是根据不同组织细胞外特有的 pH 而设计。如基于正常皮肤和过敏性炎症皮肤间 pH 的差异，Meinke 等用 Eudragit® L100（甲基丙烯酸-甲基丙烯酸甲酯共聚物）制备了负载地塞米松的 pH 敏感纳米粒，并用于经皮给药。实验考察了该纳米粒在完整和过敏性炎症皮肤上的渗透行为，结果表明，在过敏性炎症皮肤较高的 pH（>5.9）环境下，因 Eudragit® L100 的羧基发生解离而导致溶解性增加，纳米粒解体，最终显著加快地塞米松的释放。与市售地塞米松乳膏剂相比，Eudragit® L100 纳米粒有效增强了地塞米松的皮肤渗透性和疗效，同时也减少了药物副作用[72]。

　　细胞内不同细胞器间的 pH 存在较大差异，如内涵体和溶酶体内偏酸性，而线粒体内则偏碱性（pH≈8.0），因此针对不同细胞器设计 pH 敏感型控释药用复合材料，可为胞内药物的精准递释提供可行策略。根据内涵体和溶酶体内偏酸性特征，Yin 等将低分子量聚乙烯亚胺（polyetheleneimine，PEI）采用酸敏感缩酮键进行交联，从而获得高分子量酸敏感复合材料，并用于核酸类药物的胞内控释研究。该复合材料携带核酸类药物经胞吞进入细胞，在内涵体和溶酶体酸性环境下，一方面缩酮键降解，重新形成低分子量 PEI，有利于核酸类药物的释放；另一方面 PEI 的质子海绵效应可促进核酸类药物逃离内涵体和溶酶体，从而进入到胞质中发挥作用[73]。

　　一些无机化合物也可以作为药物的酸敏释放载体，如碳酸钙、磷酸钙盐等。无机钙盐中的钙离子可以与一些药物（如阿霉素）产生静电等相互作用，有利于药物的负载。在酸性条件下，无机钙盐发生溶解，释放出负载的药物。此外，MOF 材料也被确定为 pH 控制的活性分子传递载体。可将 MOF 作为载体用于布洛芬的 pH 响应释放，这是由于布洛芬吸附在单层 MOF 上，其释放与 MOF 在酸性介质中的降解有关，PBS 介质的磷酸盐与吸附在 MOF 薄片上的布洛芬之间进行阴离子交换。因此，当 MOF 以单纳米片形式而不是多纳米片形式使用时,可显著促进布洛芬的释放。

关于"pH 控制"释放,所负载分子的溶解度和载体的稳定性通常是调节释放过程的两个主要参数。首先,只有所负载分子可溶于释放介质,释放过程才会发生,因此,在分子溶解度最高的 pH 值下,释放速率或释放量将最大化。载体在不同 pH 水溶液中或多或少会发生水合作用,产生溶胀现象而使负载分子释放,甚至在一定的 pH 下载体可以完全或部分降解、溶解,进而释放药物。

5.4.4　酶敏感型复合材料

酶在生物代谢过程中起着重要作用,而酶表达失调是许多疾病的病理基础,利用病灶部位高表达的酶对其底物特异性相互作用而设计酶敏感型复合材料,可实现药物在特定部位的选择性释放。目前,酶敏感型复合材料已广泛应用于疾病诊断和药物控释等领域,常见的用于酶敏感型复合材料设计的酶包括:基质金属蛋白酶(matrix metalloproteinase,MMP)、透明质酸酶、凝血酶、磷脂酶等。肿瘤中酶表达的改变对于靶向肿瘤微环境具有重要意义,癌细胞过度表达蛋白酶和脂肪酶家族中的几种酶已被视作癌症的内源性诱因,而酶对特定底物具有高度选择性,可作为触发物,引起了人们对开发用于肿瘤特异性药物递送的酶反应型纳米材料的极大兴趣。

MMP 在肿瘤、关节炎、动脉粥样硬化等疾病的发生发展过程中扮演着重要角色。在MMP 家族中,以 MMP-2 和 MMP-9 的研究居多。这两类 MMP 都可以降解胶原蛋白和基底膜,对促进肿瘤的生长、侵袭、转移起着关键作用,为此,针对 MMP 设计控释药用复合材料可作为肿瘤靶向治疗策略。例如,Callmann 等以降冰片烯类似物-PTX 前药为单体,通过开环易位聚合制备疏水核心,然后在疏水核心表面连接亲水性 MMP 敏感多肽(GPL-GLA-GGE-RDG)作为外壳,从而构建 MMP 敏感的胶束化纳米复合材料,与无 MMP 敏感的对照组相比,敏感多肽在 MMP 的作用下快速降解,从而诱导纳米结构发生解体,有利于疏水核心的紫杉醇进一步释放。而体内研究显示,该 MMP 敏感胶束化纳米复合材料在裸鼠体内的最大耐受剂量远高于市售紫杉醇剂量,且展现出优良的肿瘤抑制作用[74]。

凝血酶是凝血级联反应中的关键分子,在血栓的形成中发挥着十分重要的作用。针对凝血酶设计酶敏感复合材料,可实现血栓局部药物递释。如 Werner 等以凝血酶敏感多肽(Phe-Pip-Arg-Ser)为中间连接链段,将抗凝分子肝素与多臂聚乙二醇交联,获得一种凝血酶敏感的水凝胶复合材料。研究结果显示,血凝块部位高浓度的凝血酶可以选择性水解水凝胶中的凝血酶敏感多肽,从而破坏水凝胶结构,使肝素持续释放,并发挥长效抗凝作用。与无凝血酶敏感功能的对照组相比,凝血酶敏感水凝胶对血凝块的溶解作用更为显著,因此有望应用于体内抗凝治疗[75]。此外,也有基于淀粉酶和脂肪酶等刺激响应载体的开发研究,载体与酶的组合诱导了载体有机部分的降解,客体分子从降解的载体中自由释放出来,如中空二氧化硅/环糊精杂化物在与 α-淀粉酶和脂肪酶接触后可触发客体分子的释放[76]。

尽管酶反应型药物递送研究已取得新进展,但仍然需要解决诸多问题。其中一个主要关注点是,特定酶在不同癌症类型甚至在同种特定癌症不同阶段会发生异质表达,这需要进行深入研究以获得特定肿瘤部位靶酶水平的准确信息。此外,对酶表达时空模式的深入了解为设计更有效、更精确的递送载体提供了重要基础。

5.4.5 氧化还原敏感型复合材料

机体氧化还原状态的稳定性对维持正常生理功能至关重要。机体内维持还原稳态的主要活性分子为谷胱甘肽(glutathione,GSH),而发挥氧化功能的活性分子主要是活性氧类物质(activated oxygen species,ROS),包括过氧化氢、单线态氧、氧自由基、羟基自由基、次氯酸等。在疾病状态下,病变组织的氧化还原稳态往往被打破,如在炎症组织局部含有大量的活性氧类物质,处于高氧化状态;肿瘤也被认为是"炎症性病变",通常也处于高氧化状态。因而,根据机体氧化还原状态的特征设计氧化还原敏感型控释药用复合材料,也可实现药物的高效递送。1980 年,Baumgartner 制造了第一个基于双吡啶的氧化还原活性囊泡。随后氧化还原刺激响应材料得到快速发展,如在聚二茂铁基硅烷[poly(ferrocenyl dimethylsilane),PFSs]单层组成的有机金属聚电解质多层膜中进行染料(dextran alexaFluor® 488)的氧化还原控制释放,还有基于二硫键的聚合物自组装靶向胶束、脂质体和纳米粒等用于肿瘤治疗的研究。

GSH 是一种含巯基的小分子三肽,是体内含量最高的生物还原性活性分子。在胞外微弱的氧化环境中,GSH 的浓度水平较低,为 $2\sim20$ μmol/L;而在细胞内,由于还原型辅酶 II(NADPH)和 GSH 还原酶的作用,细胞内保持着高浓度的 GSH,为 $2\sim10$ mmol/L。除此之外,有研究报道,肿瘤组织中的 GSH 浓度比正常组织的高,其原因是肿瘤组织长期处于氧化状态下使得肿瘤自身产生代偿作用,在肿瘤组织中相对高表达 GSH。上述的 GSH 差异为设计 GSH 敏感型复合材料提供可行性,目前基于 GSH 敏感型复合材料在药物控释领域已得到广泛的应用。在 GSH 存在下,二硫化物会被还原成巯基,从而使二硫键断裂,基于该原理,在结构中引入二硫键成为构建 GSH 敏感型复合材料的最主要策略。如 Ghandehari 等在中空介孔二氧化硅纳米粒表面引入含二硫键的硅基材料作为外壳,构建了一种 GSH 敏感型复合材料。该复合材料具有较高的 DOX 负载能力,且药物释放实验表明,在 10 md/L GSH 条件下,DOX 在 14 d 内释放量约为 58%,而非 GSH 敏感的中空介孔二氧化硅纳米粒在相同条件下 DOX 释放量为仅 18%,细胞毒实验表明,GSH 敏感中空介孔二氧化硅纳米粒具有更强的肿瘤细胞抑制作用。

ROS 作为一类重要的化学活性分子,在正常生理浓度下可维持机体的氧化还原平衡,在病变状态下表达量高于阈值,则可对机体中的脂质、蛋白和 DNA 分子产生氧化性损伤。针对 ROS 高表达的病灶部位,利用具有 ROS 敏感型复合材料荷载药物可实现部位特异性药物递释,从而更好地发挥药物疗效。目前,用于药物控释的 ROS 敏感型复合材料主要有以下三种类型:①在 ROS 作用下,其溶解特性可由疏水性变为亲水性的复合材料,如硫醚类、硒醚类、碲化物类等;②在 ROS 作用下发生降解的复合材料,如二硒醚类、缩硫酮类、硼酸酯类、草酸酯类、氨基丙烯酸酯类、透明质酸类等;③具有氧化还原功能的无机材料,如二氧化锰、铈等。尽管病变组织的 ROS 水平高于正常组织中的水平,但处于动态变化过程,且组织中 ROS 的分布存在异质性,因而妨碍了利用 ROS 作为响应信号实现控释药物的应用。为了克服上述问题,Ping 等以苯硼酸酯键作为透明质酸和维生素 E-聚乙二醇琥珀酸酯(D-α-tocopherol polyethylene glycol succinate,TPGS)中间连接键,合成了一种具有 ROS 触发释放药物以及 ROS 再生功能的胶束化复合材料。该复合材料中的 TPGS 既可通过抑制线粒体呼吸链复合物 II 的活性而升高肿瘤细胞 ROS 水平,又可作为疏水内核荷载 DOX。研究表明,该 ROS 敏感型复合材料进入细胞后可实现 ROS 触发的 DOX 及 TPGS 释放,同时利用 TPGS 升高胞内的 ROS 水平,从而有效维持 ROS 持续响应作用。与无 ROS 敏感复合材料相比,ROS 敏感型复合材料可发挥更强肿瘤治疗及克服肿瘤细胞多药耐药的效果[77]。

5.4.6 光敏感型复合材料

通过局部光照复合载体使光敏键断裂也是一种药物控释策略。光敏感型控释药用复合材料以光作为触发信号,可在时间和空间上以开/关方式实现病灶部位的精准释药。通常,光敏感型复合递送系统在病变区域的药物释放行为可通过调节光的波长、强度以及暴露时间来调控。光敏感型控释药用复合材料均含有光敏基团,在特定波长光束(如紫外光、可见光、近红外等)照射下可吸收光子能量引发可逆或不可逆的光化学反应,如构象改变、化学键断裂、同分异构体互变、重排反应等。目前已报道的光敏基团主要有偶氮苯(Azobenzene,Azo)类、螺吡喃类、香豆素类、邻硝基苄基类等。

Azo 是一种典型的光致异构化的光敏感化合物。偶氮双键(—N=N—)在波长 300~400 nm 的光照射下,其分子结构从反式构象转化成顺式构象,而苯环上的取代基结构会使构象转化时所需的最大吸收波长发生变化。Azo 类分子的顺式结构比反式结构稳定性差,在受热或者 435 nm 的光照下,顺式构象会转变为反式构象。利用该特点,Wu 等以多面体齐聚倍半硅氧烷[polyhedral oligomeric silsesquioxane,POSS]、PEG 和 Azo 制备了一种光敏感型复合材料[PEG-POSS-(Azo)7][78]。研究结果显示,荧光染料 FITC 和罗丹明 B 可荷载于 PEG-POSS-(Azo)7 自组装成的胶束系统内,在紫外光照射下,Azo 快速发生构象翻转,促使内部荧光分子释放。对比紫外光照射前后释放介质中的荧光强度,在黑暗条件下,释放介质中荧光强度较低,而在紫外光照射后,释放介质中的荧光强度显著增强,说明紫外光可引发复合材料内部荧光染料的释放,未来的研究可利用 PEG-POSS-(Azo)7 来实现药物控释。

香豆素对光有着良好的敏感性,能通过苯环上 4 号位的(—CH₂—)与其他基团构成稳定的化学键,而该化学键也能在光照条件下发生均裂或异裂,赋予香豆素类复合材料光敏感性。香豆素分子光解速率快、自然界存储丰富、无毒性、生物相容性好等优点,现已被广泛应用于构建光敏感型控释药用复合材料。Zhang 等用香豆素修饰低代树状分子,制备了一种紫外光响应型复合材料,并用于 5-氟尿嘧啶的递送[79]。该复合材料在水中可自组装成纳米粒并荷载 5-氟尿嘧啶,在 365 nm 的紫外线照射下,复合材料中的香豆素部分相互交联,而该交联结构又能在 254 nm 紫外光条件下降解,从而诱导纳米粒解体并释放药物。体外抗肿瘤实验表明,在 365 nm 紫外光条件下,载有 5-氟尿嘧啶的复合材料无明显的抗癌作用,而当暴露于 254 nm 紫外光照射下,5-氟尿嘧啶快速释放,从而使载药复合材料纳米粒的抗癌作用显著增加。

螺毗喃及其衍生物是经典的光致变色化合物。在紫外光(360~370 nm)照射下,闭环的螺毗喃结构通过 C—O 键裂解可转变为开环的部花青结构,而从部花青到螺毗喃的反向转化可自发产生,并且可见光可加速逆转化过程。螺毗喃光敏感的标志性特点是其在异构化过程存在显著的电荷分离现象,从而产生从螺毗喃到部花青间较大的偶极矩变化,使螺毗喃和部花青的质子具有明显不同的亲和力,导致疏水性的螺毗喃转变成亲水性的部花青。根据螺毗喃上述的性质,研究人员已开发了基于螺毗喃结构的光敏型药物控释复合材料。邻硝基苄基及其衍生物作为活性基团在光敏感复合材料中已经得到广泛应用。邻硝基苄基在光照射后吸收能量,从而导致邻位的硝基电子分布发生变化,随后进一步生成活泼的中间产物,最后经分子内电荷重排及化学键重新组合得到光解产物。

5.4.7 声敏感型复合材料

临床超声是外源性触发囊泡释放的最常用手段之一,也是用于临床非侵入性成像和治疗的廉价且易于采用的工具。声敏感一般是指能响应超声波刺激并发生一定物理化学性质变化的过程。超声波与人体组织或声敏感复合材料间能产生三种效应:①力学效应——超声波作用下局部组织会产生振动位移;②热学效应——聚焦超声波会使局部组织的温度升高;③空化效应——微小气泡在液体环境下受到高强度的超声波激发,会产生剧烈膨胀或收缩而导致爆炸,并产生强烈冲击波、机械力、内切力等二次效应。相对于光而言,超声波穿透性更强,因而利用超声波作为刺激信号有望真正在时间和空间上实现药物的控制释放。目前,越来越多的研究聚焦于开发声敏感型控释药用复合材料。

研究表明,采用聚电解质逐层组装技术制备的微囊递药系统可在超声波产生的机械力作用下发生破裂,从而促进药物的释放。超分子水凝胶可以通过凝胶间的孔隙包载蛋白质等亲水性大分子药物,在超声波所产生的机械力作用下,超分子水凝胶的网状结构被破坏,从而使孔隙中的药物释放。超声微泡是内含气体的空心小球,其外壳可以由磷脂、白蛋白等生物相容性材料组成。在高频率聚焦超声作用下,微泡可产生空化效应,从而破坏其完整结构,促使药物释放,同时微泡破裂所产生的强冲击力、剪切力等可使细胞膜形成可逆小孔,释放出来的药物可透过细胞膜小孔进入细胞,从而发挥治疗作用。利用具有声敏剂特征的复合材料在局部超声作用下可以控制药物的释放。Husseini 等[80] 提出超声波刺激作为 Pluronic P105 有机胶束触发释放阿霉素的方法。在该超声体系中,超声空化作用促使阿霉素释放。另外,超声波可以引起压力变化,该压力变化促使水分子进入载体并替换孔中存在的空气,从而释放活性分子。超声波引起的振动和热效应也是药物释放的关键因素。

5.4.8 多功能型复合材料

利用控释药用复合材料制备的智能释药系统为重大疾病(如心血管病、糖尿病、癌症等)的高效精准治疗带来曙光。然而,机体自身的复杂性和重大疾病的复杂性,给智能释药系统在机体内的输送过程设置了多重生理病理屏障,包括血液屏障、组织屏障、细胞屏障以及胞内药物释放屏障等,是实现药物高效递送和精准治疗的巨大挑战。此外,由于病变组织和正常组织间的差异较小,且各种刺激响应信号处于动态变化中,因而采用单一的响应信号的智能释药系统存在响应性不足的问题,也严重限制了药物递释系统的临床应用。克服上述多重生理病理屏障要求药物递释系统具有多功能,即要利用多功能控释药用复合材料构建多功能药物递释系统。

多种刺激响应联用可提高载体的药物控制释放效率。如纳米金复合材料的光热转换能力可以实现光和温度控制的药物释放;通过原子转移自由基聚合(atom transfer radical polymerization,ATRP)合成的两亲性二嵌段共聚物聚(2-甲基丙烯酰氧基乙基二茂铁羧酸酯)-(5-炔丙基醚-2-硝基苄基溴异丁酸酯)-聚(甲基丙烯酸二甲氨基乙酯)[poly(2-methacryloyloxyethyl ferrocenecarboxylate)-(o-nitrobenzyl)-poly(dimethylaminoethyl methacrylate),PMAEFc-ONB-PDMAEMA]是一种新型的以温度、pH、光以及氧化或还原响应等五种刺激响应壳交联纳米载体,该体系中二嵌段共聚物在水介质中自组装成大小均匀的非交联(non-crosslinked,NCL)球形胶束,然后通过交联使 DMAEMA 的氮与 N,N'-二溴乙酰基胱胺[N,N'-bis(bromoacetyl)cystamine,BBAC]的溴之间发生季铵化反应得到壳交联胶束,使其具有在高温下收缩的特效。另外,在酸性 pH 或低浓度的过氧化氢下膨胀的交联胶束,通过少量 DL-二硫苏糖醇(DL-dithiothreitol,DTT)解交联,并被 DTT 和紫外线破坏。由于交联网络的保护作用,NCL 和交联胶束的光响应行为不同。与单一刺激相反,组合刺激可以更有效、更精确地从交联胶束触发并调节疏水性药物模型的释放,所获得的多刺激响应型纳米容器可能萌生纳米技术和生物技术领域的新一代控释。

基于聚琥珀酰亚胺逐步开环反应,将 PEG 通过具有氧化还原性的二硫键接枝到聚天冬酰胺骨架上,在还原性环境中形成外壳可脱落的聚合物胶束,产生 pH 和氧化还原双重刺激响应型聚天冬氨酸衍生物,进而双重控制药物的释放。基于聚琥珀酰亚胺的氨解反应将苯基引入聚天冬酰胺骨架中作为胶束的疏水部分。通过对甲基丙烯酸甲氧基二乙二醇酯、甲基丙烯酸和十二烷氧基四甘醇甲基丙烯酸酯进行共聚反应,合成温度及 pH 双信号敏感共聚物[81],可锚定在脂质体表面。这些新型共聚物的水溶性随温度和 pH 的变化而不同,在中性 pH 和低温条件下可溶于水,但在酸性 pH 和高温条件下却变得不溶于水并形成聚集体。尽管在中性条件下未观察到温度依赖性的药物释放,但用这些共聚物改性的脂质体在弱酸性 pH 下随温度升高显示出增强的药物释放能力。共聚物与脂质单层在空气、水界面处的相互作用,使其在酸性 pH 下温度升高时更深入地渗透到单层中;而在中性 pH 下,共聚物链的渗透程度适中且与温度无关。共聚物修饰的脂质体随着温度的升高而增强了内体中的药物释放,但是未修饰的脂质体不具有温度依赖性的药释放增强特性。

5.5 靶向/缓控释药用复合材料研究展望

靶向/缓控释药用复合材料是未来生物医用复合材料的发展重点之一,目前已取得了引人瞩目的成绩,在生物医学领域已经有较多的靶向/缓控释药用复合材料被应用或已进入临床实验和评价中。但目前靶向/缓控释药用复合材料的研究中,载体仍存在灵敏度较低、可控性不高、制备工艺较为烦琐复杂、安全性有待提高等问题。相信随着相关领域如材料学、化学、生物学、医学、药学及工程学等相关学科的不断发展与交叉融合,新方法、新技术的不断出现,对靶向/缓控释药用复合材料的生物相容性、可生物降解性、长循环性、靶向性等方面研究的不断深入,靶向/缓控释药用复合材料将在生物医学领域具有更广阔的应用前景。

参考文献

[1]　BOBO D,ROBINSON K J,ISLAM J,et al. Nanoparticle-based medicines:a review of FDA-approved materials and clinical trials to date[J]. Pharm. Res. ,2016,33(10):2373-2387.

[2]　ZHANG Y,LI W,OU L,et al. Targeted delivery of human VEGF gene via complexes of magnetic nanoparticle-adenoviral vectors enhanced cardiac regeneration[J]. PloS One,2012,7(7):e39490-e39490.

[3]　CHEN AZ,LI Y,CHAU FT,et al. Microencapsulation of puerarin nanoparticles by poly(L-lactide)in a supercritical CO_2 process[J]. Acta Biomater. ,2009,5(8):2913-2919.

[4]　TANG Z,ZHANG L,Wang Y,et al. Redox-responsive star-shaped magnetic micelles with active-targeted and magnetic-guided functions for cancer therapy[J]. Acta Biomater. ,2016,42:232-246.

[5]　RUIZ-HITZKY E,DARDER M,Aranda P. Functional biopolymer nanocomposites based on layered solids[J]. J. Mater. Chem. ,2005,15(35/36):3650-3662.

[6]　LIU Z,JIAO Y,WANG Y,et al. Polysaccharides-based nanoparticles as drug delivery systems[J]. Adv. Drug Deliver. Rev. ,2008,60(15):1650-1662.

[7]　CHRISTIAN W,SCHWENDEMAN SPPrinciples of encapsulating hydrophobic drugs in PLA/PLGA microparticles[J]. Int. J. Pharm. ,2008,364(2):298-327.

[8]　LI M,ROUAUD O,Poncelet D. Microencapsulation by solvent evaporation:State of the art for process engineering approaches[J]. Int. J. Pharm. ,2008,363(1):26-39.

[9]　ZHU D,ROY S,LIU Z,et al. Remotely controlled opening of delivery vehicles and release of cargo by external triggers[J]. Adv. Drug Deliver. Rev,2019,138:117-132.

[10]　POPOVA M,SOBOLEVA T,AYAD S,et al. Visible light-activated quinolone carbon monoxide-releasing molecule:prodrug and albumin-assisted delivery enable anti-cancer and potent anti-inflammatory effects[J]. J. Am. Chem. Soc,2018,140(30):9721-9729.

[11]　CALZONI,E,CESARETTI,A,POLCHI,A,et al. Biocompatible Polymer Nanoparticles for Drug Delivery Applications in Cancer and Neurodegenerative Disorder Therapies. J. Funct. Biomater. ,2019,10(1):4.

[12]　KHANDAER J,MINKO T. Polymer-drug conjugates:progress in polymeric prodrugs[J]. Prog. Polym. Sci. ,2006,31(4):359-397.

[13]　ZHANG W,WU Q,LI L,et al. Prevention of desiccation induced postsurgical adhesion by thermosensitive micelles[J]. Colloids Surf. ,B,2014,122:309-315.

[14]　WISSING SA,KAYSER O,Muller R. H. Solid lipid nanoparticles for parenteral drug delivery[J]. Adv. Drug Deliver. Rew. ,2004,56(9):1257-1272.

[15]　DUNCAN R. Polymer conjugates as anticancer nanomedicines[J]. Nat. Rev. Cancer,2006,6(9):688-701.

[16]　LAMMERS T,SUBR V,ULBRICH K,et al. Polymeric nanomedicines for image-guided drug delivery and tumor-targeted combination therapy[J]. Nano Today,2010,5(3):197-212.

[17]　GRUND S,BAUER M,FISCHER D. Polymers in drug delivery-state of the art and future trends[J]. Adv. Eng. Mater. ,2011,13(3):61-87.

[18]　COSMI B,AGNELLI G,YOUNG E,et al. The additive effect of low molecular weight heparins on thrombin inhibition by dermatan sulfate[J]. Thromb. Haemost. ,1993,69(03):443-447.

[19]　JIANG HL. ,KIM YK,AROTE R,et al. Mannosylated chitosan-graft-polyethylenimine as a gene carrier for Raw 264. 7 cell targeting[J]. Int. J. Pharm. ,2009,375(1):133-139.

[20]　CHENG M,LI Q,WAN T,et al. Synthesis and efficient hepatocyte targeting ofgalactosylated chitosan as a gene carrier in vitro and in vivo[J]. J. Biomed. Mater. Res. ,Part B,2011,99B(1):70-80.

[21]　SIONTOROU CG. Nanobodies as novel agents for disease diagnosis and therapy[J]. Int. J. Nanomed. , 2013,8:4215-4227.

[22]　THERASSE P,ARBUCK SG,Eisenhauer E. A. New guidelines to evaluate the response to treatment in solid tumors[J]. J. Natl. Cancer Inst. ,2000. 92(3):205-216.

[23]　FAN XJ,JIAO GZ,ZHAO W,et al. Magnetic Fe_3O_4-graphene composites as targeted drug nanocarriers for pH-activated release[J]. Nanoscale,2013,5(3):1143-1152.

[24]　GREEN MR,MANIKHAS GS. ,AFANASYEV B,et al. Abraxane,a novel cremophor-free,albumin-bound particle form of paclitaxel for the treatment of advanced non-small-cell lung cancer[J]. Ann. Oncol. ,2006,17(8):1263-1268.

[25]　LUCAS LH,PRICE KE,LARIVE CK. Epitope mapping and competitive binding of HSA drug site II ligands by NMR diffusion measurements[J]. J. Am. Chem. Soc. ,2004,126(43):14258-14266.

[26]　SUBRAMANIAN GM,FISCELLA M,LAMOUSE SA,et al. Albinterferon alpha-2b:a genetic fusion protein for the treatment of chronic hepatitis C[J]. Nat. Biotechnol. ,2007,25(12):1411-1419.

[27]　HU C,ZHANG L,ARYAL S,et al. Erythrocyte membrane-camouflaged polymeric nanoparticles as a biomimetic delivery platform[J]. Proc. Natl. Acad. Sci. U. S. A,2011,108(27):10980-10985.

[28]　FRANKLIN RA,WILL L,ABIRA S,et al. The cellular and molecular origin of tumor-associated macrophages[J]. Science,2014,344(6186):921-925.

[29]　GAY LJ,BRUNHILDE FH. Contribution of platelets to tumour metastasis[J]. Nat. Rev. Cancer, 2011,11(2):123.

[30]　ULKER Z,ERKEY C. An emerging platform for drug delivery:Aerogel based systems[J]. J. Control. Release,2014,177:51-63.

[31]　LIN XF,KANKALA RK,TANG N,et al. Supercritical fluid-assisted porous microspheres for efficient delivery of insulin and inhalation therapy of diabetes[J]. Adv. Healthcare Mater. ,2019,8(12): e1800910.

[32]　ZHANG X,DU J,GUO Z,et al. Efficient near infrared light triggered nitric oxide release nanocomposites for sensitizing mild photothermal therapy[J]. Adv. Sci. ,2019,6(3):1801122.

[33]　HENTZE HP,Antonietti M. Porous polymers and resins for biotechnological and biomedical applications[J]. Rev. Mol. Biotechnol. ,2002,90(1):27-53.

[34]　GARCIA-GONZALEZ CA,ALNAIEF M,Smirnova I. Polysaccharide-based aerogels-promising biodegradable carriers for drug delivery systems[J]. Carbohyd. Polym. ,2011,86(4):1425-1438.

［35］ QUIGNARD F,VALENTIN R,DI Renzo F. Aerogel materials from marine polysaccharides[J]. New J. Chem. ,2008,32(8):1300-1310.

［36］ COTE AP,BENIN AL,OCKWIG NW,et al. Porous,crystalline,covalent organic frameworks[J]. Science, 2005,310(5751):1166-1170.

［37］ FANG Q,WANG J,GU S,et al. 3D Porous crystalline polyimide covalent organic frameworks for drug delivery[J]. J. Am. Chem. Soc. ,2015,137(26):8352-8355.

［38］ LIU C,ZHANG W,ZENG Q,et al. A Photoresponsive surface covalent organic framework:surface-confined synthesis,isomerization,and controlled guest capture and release[J]. Chem. Eur. J. ,2016,22 (20):6768-6773.

［39］ ARRUEBO M. Drug delivery from structured porous inorganic materials[J]. Wiley Interdiscip. Rev. Nanomed. Nanobiotechnol. ,2012,4(1):16-30.

［40］ KANKALA RK,ZHANG HB,LIU CG,et al. Metal Species-Encapsulated Mesoporous Silica Nanoparticles:Current Advancements and Latest Breakthroughs [J]. Adv. Funct. Mater. 2019, 29, (43):1902652.

［41］ AHERN RJ,CREAN AM,RYAN KB. The influence of supercritical carbon dioxide(SC-CO2)processing conditions on drug loading and physicochemical properties[J]. Int. J. Pharm. ,2012,439(1): 92-99.

［42］ HE QJ,SHI JL. Mesoporous silica nanoparticle based nano drug delivery systems:synthesis,controlled drug release and delivery,pharmacokinetics and biocompatibility[J]J. Mater. Chem. ,2011,21 (16):5845-5855.

［43］ SHAHBAZI M A,HERRANZ B,Santos H A. Nanostructured porous Si-based nanoparticles for targeted drug delivery[J]. Biomatter,2012,2(4):296-312.

［44］ LU J,LIONG M,LI Z,et al. Tamanoi,biocompatibility,biodistribution,and drug-delivery efficiency of mesoporous silica nanoparticles for cancer therapy in animals[J]. Small,2010,6(16):1794-1805.

［45］ GAO W,CAO WH,SUN YH,et al. AuNP flares-capped mesoporous silica nanoplatform for MTH1 detection and inhibition[J]. Biomaterials,2015,69:212-221.

［46］ DANHIER F,ANSORENA E,SILVA JM,et al. PLGA-based nanoparticles:an overview of biomedical applications[J]. J. Control. Release,2012,161(2):505-522.

［47］ SONIA TA,ShARMA CP. An overview of natural polymers for oral insulin delivery[J]. Drug Discov. Today,2012,17(13-14):784-792.

［48］ HOSSEININASAD S,PASHAEI-ASL R,KHANDAGHI AA,et al. Synthesis,characterization,and in vitro studies of PLGA-PEG nanoparticles for oral insulin delivery[J]. Chem. Biol. Drug Des. ,2019, 94(1):1422-1422.

［49］ JAIN RA. The manufacturing techniques of various drug loaded biodegradable poly(lactide-co-glycolide)(PLGA)devices[J]. Biomaterials,2000,21(23):2475-2490.

［50］ PANYAM J,ZHOU WZ,PRABHA S,et al. Rapid endo-lysosomal escape of poly(DL-lactide-co-glycolide)nanoparticles:implications for drug and gene delivery[J]. Faseb J. ,2002,16(10):10.

［51］ TOSI G,COSTANTINO L,RIVASI F,et al. Targeting the central nervous system:in vivo experiments with peptide-derivatized nanoparticles loaded with Loperamide and Rhodamine-123[J]. J. Control. Release,2007,122(1):1-9.

[52] TAMURA T,KITA T,NAKAGAWA T,et al. Drug delivery to the cochlea using PLGA nanoparticles[J]. Laryngoscope,2005,115(11):2000-2005.

[53] LU JM,WANG XW,MARIN-MULLER C,et al. Current advances in research and clinical applications of PLGA-based nanotechnology[J]. Expert Rev. Mol. Diagn. ,2009,9(4):325-341.

[54] CAO J,WANG ZY,WANG R,et al. Synthesis of core-shell alpha-Fe_2O_3 @ NiO nanofibers with hollow structures and their enhanced HCHO sensing properties[J]. J. Mater. Chem. A,2015,3(10): 5635-5641.

[55] GORJI M,JEDDI AA,Gharehaghaji A. Fabrication and characterization of polyurethane electrospun nanofiber membranes for protective clothing applications[J]. J. Appl. Polym. Sci. ,2012,125(5):4135-4141.

[56] HU XL,LIU S,ZHOU GY,et al. Electrospinning of polymeric nanofibers for drug delivery applications[J]. J. Control. Release,2014,185:12-21.

[57] SUNDARARAJ SC,THOMAS MV,PEYYALA R,et al. Design of a multiple drug delivery system directed at periodontitis[J]. Biomaterials,2013,34(34):8835-8842.

[58] RANJBAR-MOHAMMADI M,ZAMANI M,Prabhakaran MP,et al. Electrospinning of PLGA/gum tragacanth nanofibers containing tetracycline hydrochloride for periodontal regeneration[J]. Mater. Sci. Eng. C Mater. Biol. Appl. ,2016,58:521-531.

[59] MCDONALD PF,LYONS JG,GEEVER LM,et al. C. L. In vitro degradation and drug release from polymer blends based on poly(dl-lactide),poly(l-lactide-glycolide)and poly(ε-caprolactone)[J]. J. Mater. Sci. ,2010,45(5):1284-1292.

[60] HUANG HH,HECL,WANG HS,et al. Preparation of core-shell biodegradable microfibers for long-term drug delivery[J]. J. Biomed. Mater. Res. Part A,2009,90(4):1243-51.

[61] LEI CL,CUI YN,ZHENG L,et al. Development of a gene/drug dual delivery system for brain tumor therapy:potent inhibition via RNA interference and synergistic effects[J]. Biomaterials,2013,34(30): 7483-7494.

[62] KIRIYA D,KAWANO R,ONOE H,et al. Microfluidic control of the internal morphology in nanofiber-based macroscopic cables[J]. Angew. Chem. Int. Ed. ,2012,51(32):7942-7947.

[63] AHN SY,MUM CH,LEE S H Microfluidic spinning of fibrous alginate carrier having highly enhanced drug loading capability and delayed release profile[J]. RSC Adv. ,2015,5(20):15172-15181.

[64] HOLDEREGGER C,SCHMIDLLN PR,WEBER FE,et al. Preclinical in vivo performance of novel biodegradable,electrospun poly(lactic acid)and poly(lactic-co-glycolic acid)nanocomposites:a review [J]. Materials,2015,8(8):4912-4931.

[65] DANHIER F,ANSORENA E,SILVA JM,et al. PLGA-based nanoparticles:an overview of biomedical applications[J]. J. Control. Release,2012,161(2):505-522.

[66] SILVER FH,PINS G. Cell growth on collagen:a review of tissue engineering using scaffolds containing extracellular matrix[J]. J. Long Term Eff. Med. Implants,1992,2(1):67-80.

[67] SU K,WANG C. Recent advances in the use of gelatin in biomedical research[J]. Biotechnol. Lett. , 2015,37(11):2139-2145.

[68] XU X,JHA AK,HARRINGTON DA,et al. Hyaluronic acid-based hydrogels:from a natural polysaccharide to complex networks[J]. Soft Matter,2012,8(12):3280-3294.

[69] BURDICK JA,PRESTWICH GD. Hyaluronic acid hydrogels for biomedical applications[J]. Adv. Mater. ,2011,23(12):H41-H56.

[70] JANMEY PA. Kinetics of formation of fibrin oligomers. I. Theory[J]. Biopolymers,1982,21(11): 2253-2264.

[71] AUGST AD,KONG HJ,MOONEY DJ. Alginate hydrogels as biomaterials[J]. Macromol. Biosci,2006,6 (8):623-633.

[72] DONG P,SAHLE FF,LOHAN SB,et al. pH-sensitive Eudragit® L 100 nanoparticles promote cutaneous penetration and drug release on the skin[J]. J. Control. Release,2019,295:214-222.

[73] HE H,BAI Y,WANG J,et al. Reversibly cross-linked polyplexes enable cancer-targeted gene delivery via self-promoted DNA release and self-diminished toxicity[J]. Biomacromolecules,2015,16(4):1390-1400.

[74] CALLMANN C E,Barback C V,Thompson M P,et al. Therapeutic enzyme-responsive nanoparticles for targeted delivery and accumulation in tumors[J]. Adv. Mater. ,2015,27(31):4611-4615.

[75] MAITZ MF,FREUDENBERG U,TSURKAN MV,et al. Bio-responsive polymer hydrogels homeostatically regulate blood coagulation[J]. Nat. Commun. ,2013,4:2168.

[76] GU Z,YAN M,HU B,et al. Protein Nanocapsule Weaved with Enzymatically Degradable Polymeric Network[J]. Nano Lett. ,2009,9(12):4533-4538.

[77] SU Z,CHEN M,XIAO Y,et al. ROS-triggered and regenerating anticancer nanosystem:An effective strategy to subdue tumor's multidrug resistance[J]. J. Control. Release,2014,196:370-383.

[78] WANG X,YANG Y,GAO P,et al. Synthesis,self-assembly,andphotoresponsive behavior of tadpole-shaped azobenzene polymers[J]. ACS Macro Lett. ,2015,4(12):1321-1326

[79] XUE J,ZHAO Z,ZHANG L,et al. Neutrophil-mediated anticancer drug delivery for suppression of postoperative malignant glioma recurrence[J]. Nat. Nanotechnol. ,2017,12(7):692.

[80] HUSSEINI GA,Diaz-de-la-Rosa MA,Richardson E S,et al. The role of cavitation in acoustically activated drug delivery[J]. J. Control. Release,2005,107(2):253-261.

[81] SUGIMOTO T,YAMAZAKI N,HAYASHI T,et al. Preparation of dual-stimuli-responsive liposomes using methacrylate-based copolymers with pH and temperature sensitivities for precisely controlled release[J]. Colloids Surf. B:Biointerfaces,2017,155:449-458.

第6章 医辅类复合材料

医辅类材料,又称医用辅料,通常是指自身不具有显著的诊断、治疗功能,但可以对疾病及创伤的预防、诊断、治疗及康复过程起到辅助或促进作用的材料。

医辅类材料在医疗领域占有不可或缺的地位,同时在整个医药产业中也具有很大的占比。根据国家药监总局 2018 年发布的《医疗器械分类规则》和《医疗器械分类目录》,属于医辅类材料的类别主要包括在《02 无源手术器械》《08 呼吸、麻醉和急救器械》《10 输血、透析和体外循环器械》《14 注输、护理和防护器械》和《18 妇产科、辅助生殖和避孕器械》等子目录中。其中与复合材料和技术密切相关的主要有医用敷料、医用夹板类材料、医用导管与容器类材料以及止血、防粘连、黏合、过滤的用途的材料类别。

6.1　医用敷料

6.1.1　医用敷料简介

医用敷料是用以覆盖皮肤及组织创伤、溃疡或其他损害的医用材料。其他护创材料还包括用于填充组织缺损、吸收创面渗液或止血等目的的凝胶及多孔类材料等,通常也可以归在广义的医用敷料范畴之内。

医用敷料作为创面覆盖物,可以替代创面处受损的表皮,在愈合创面过程中起到暂时性屏障作用,避免血液或体液过度流失,降低创面感染风险,提供创面愈合的有利环境。因此是医疗行业的常备物资。目前常见医用敷料的类别与作用见表 6.1。

医用敷料及护创材料在产业经济中同样占有重要的地位。据统计,2014～2018 年,全球医用敷料及护创材料市场的销售额由 111.00 亿美元增长至 121.58 亿美元,2019 年更是达到了 124.83 亿美元,且市场仍处于扩张阶段。但是,随着微创手术大量增加等因素的影响,市场规模增速逐渐放缓,年均增长率为 3%～5%。预计 2025 年全球绷带及医用敷料市场规模将达到 313.00 亿美元。

近年来,我国医用敷料行业保持高速发展,出口量始终占全球医用敷料出口总额的 20% 以上。由于发达国家持续提高的生产外包比例,我国现已成为全球医用敷料的生产基地,2014 年我国共向 196 个国家和地区出口医用敷料。目前我国医用敷料最大出口市场是欧洲市场,出口量保持增长趋势。根据中国海关数据显示,2019 年 1～11 月,中国医用敷料出口数量为 197 730 t,同比增长 5.4%,出口金额为 14.11 亿美元,同比增长 8.5%。

表 6.1　医用敷料的类别与作用[1]

一级产品类别	二级产品类别	功能及用途	品名举例	管理类别
可吸收外科敷料（材料）	(1)可吸收外科止血材料	一般由有止血功能的可降解吸收材料制成，呈海绵状、粉末状或敷贴状等形态；无菌提供，一次性使用　手术中植入体内，用于体内创伤面渗血区止血和手术止血，或腔隙和创面的填充	胶原蛋白海绵、胶原海绵、可吸收止血明胶海绵、可吸收止血明胶海绵(海绵)、医用胶原膜、生物蛋白胶原膜、即溶止血微粉、止血微球、微孔多聚糖止血粉、微纤维止血胶原(粉)、可溶可吸收止血纱、可吸收止血胶颗粒、可降解止血粉、复合微孔多聚糖止血粉、微纤维止血胶原(网)、医用即溶止血纱布、可降解止血纱布、可吸收解性止血胶绵、明胶海绵、可吸收止血医用膜、可吸收止血流体明胶、可吸收再生氧化纤维素、生物止血膜、壳聚糖止血海绵	III
	(2)可吸收外科防粘连敷料	一般由有防粘连功能的可降解吸收材料制成片状或成液体；无菌提供，一次性使用　手术中植入体内，施加于易发生粘连的两个组织界面处，用于防术后粘连	透明质酸钠凝胶、聚乳酸防粘连膜、聚乳酸防粘连凝胶、手术防粘连溶液、多聚糖防粘连液、可吸收医用冲洗液、可吸收防粘连膜、壳聚糖防粘连膜、醇防粘连连液、多聚糖防粘连液、聚乙二醇防粘连连膜、壳聚糖防粘连膜	III
不可吸收外科敷料	(1)外科织造布类敷料	通常为由医用脱脂棉纱布或脱脂棉与粘胶纤维混纺纱布经过裁切、折叠、包装、灭菌步骤加工制成的敷料　用于吸收手术过程中的体内渗出液，手术过程中承托器官、组织等	脱脂纱布、止血纱布、医用纱布制品、医用纱布巾、纱布片、纱布手术巾、纱布垫、外科纱布敷料、纱布手术巾、棉纱片、棉纱垫、棉纱块、医用纱布块、医用纱布块、脱脂棉垫、脱脂棉纱混纺纱布、脱脂棉纱布块、医用纱布块、医用脱脂纱布块、X射线可探测脱脂纱布、布叠片、脱脂棉纱球、医用显影纱布块、脱脂纱布、脱脂棉纱布、医用脱脂显影纱布、脱脂纱布方、脱脂棉纱布块、脱脂棉腹部垫、医用脱脂腹巾、医用纱布腹部垫子	II

续上表

一级产品类别	二级产品类别	功能及用途	品名举例	管理类别
不可吸收外科敷料	(2)外科非织造布敷料	通常为由非织造敷布经过加工制成的敷料 用于吸收手术过程中的体内渗出液、手术过程中承托器官、组织等	纯棉敷布片、黏胶纤维敷布片、混纺纤维敷布片、X射线可探测敷布片、纯棉敷布扶子、混纺纤维敷布扶子、黏胶纤维敷布扶子、敷布、X射线可探测敷布块、无纺布球、无纺布卷	II
	(3)外科海绵敷料	通常为由高分子材料加工成的海绵状敷料，无菌提供，一次性使用 用于吸收手术过程中的体内渗出液、手术过程中承托器官、组织等，还适用于腔道(如鼻腔)的填塞压迫止血	聚乙烯醇海绵、手术海绵、鼻腔止血海绵	II
创面敷料	(1)创面敷贴	通常由涂胶基材、吸收性敷垫和可剥离的保护层组成，其中吸收性敷垫一般采用棉纤维、无纺布等可吸收渗出液的材料制成，吸收性敷垫可单独使用，用绷带或胶带等进行固定，所含成分不可被人体吸收，无菌提供，一次性使用 用于非慢性创面(如浅表性缝合创面、手术后缝合创面、机械划伤、I度或浅II度的烧烫伤创面)的护理，穿刺器械的穿刺部位、创口、切割伤创面，激光/光子/果酸换肤/微整形术后创面、脐口创口、切割伤创面为创面愈合提供的护理并固定的护理部位的穿刺器械微环境。也可用于对穿刺器械(如导管)的穿刺部位的护理并固定穿刺器械	创面敷贴、透明固定敷贴、透气敷贴、弹性敷贴、防水敷贴、打孔膜敷贴、指尖敷贴、指关节敷贴、带敷贴、眼部创面敷贴、无菌敷贴、伤口敷贴、创口敷贴、医用膜敷料、无菌粘贴敷料、打孔膜吸收敷垫、无菌留置针导管固定膜、引流膜吸收敷垫、吸收敷垫、静脉敷贴、静脉留置针导管愈合贴、无菌医用聚氨酯贴膜、薄膜敷贴、定贴膜、输液贴	II
	(2)创口贴	通常由涂胶基材、吸收性敷垫、防粘连层和可剥离的保护层组成的片状或成卷状创口贴，其中吸收性敷垫一般采用可吸收渗出液体的材料制成；所含成分不可被人体吸收；无菌提供，一次性使用 用于小创口、擦伤、切割伤等浅表性创面的护理	无菌创口贴、一次性使用创口贴	II
		通常由涂胶基材、吸收性敷垫、防粘连层和可剥离的保护层组成的片状或成卷状创口贴；其中吸收性敷垫一般采用可吸收渗出液体的材料制成；所含成分不可被人体吸收；非无菌提供，一次性使用 用于小创口、擦伤、切割伤等浅表性创面的急救及临时性包扎	创口贴	I

续上表

一级产品类别	二级产品类别	功能及用途	品名举例	管理类别
创面敷料	(3)粉末敷料	为粉末状，所含成分不可被人体吸收，无菌提供，用于非慢性创面护理、止血，浅表创面使用，不用于体内	沸石粉状敷料、多孔石墨医用敷料、壳聚糖止血颗粒	Ⅱ
		通常为成胶物质与液成的定形或无定形凝胶敷料，可含有缓冲盐，无菌提供，用于吸收创面渗出液或向创面排出水分，用于慢性创面的覆盖，亦或用于对慢性创面中坏死组织的清除	水凝胶敷料、水凝胶伤口敷料、水凝胶清创胶、薄型水凝胶敷料、海藻酸钠凝胶、海藻多糖凝胶、卡波姆创面凝胶	Ⅲ
	(4)凝胶敷料	通常为成胶物质与水组成的定形或无定形凝胶敷料，可含有缓冲盐，所含成分不可被人体吸收，无菌提供，用于吸收创面渗出液或向创面排出水分，用于手术后缝合创面等非慢性创面的覆盖	水凝胶敷料、水凝胶伤口敷料、薄型水凝胶敷料	Ⅱ
	(5)水胶体敷料	通常为含有水溶性高分子颗粒（如羧甲基纤维素、果胶、海藻酸钠等）与橡胶黏性生物等混合加工而成的敷料，水溶性高分子颗粒可直接或间接接触创面，无菌提供，一次性使用，通过水溶性高分子颗粒吸收面渗出液。用于慢性创面等慢性创面的覆盖和护理	水胶体敷料、医用水胶体敷料、水胶体敷贴	Ⅲ
		通常为含有水溶性高分子颗粒（如羧甲基纤维素、果胶、海藻酸钠等）与橡胶黏性生物等混合加工而成的敷料，水溶性高分子颗粒可直接或间接使用，所含成分不可被人体吸收，水溶性高分子颗粒吸收创面渗出液。用于非慢性创面等慢性创面的覆盖和护理	水胶体敷贴、医用水胶体敷料、水胶体敷贴	Ⅱ
	(6)纤维敷料	通常为由亲水性纤维（如藻酸盐纤维、乙基磺酸盐纤维、羧甲基纤维素纤维等）制成的片状或条状敷料，无菌提供，一次性使用，通过亲水性纤维吸收创面渗出液，一般还需二级敷料进行固定，用于慢性创面等慢性创面的覆盖、护理和止血，溃疡、腔洞创面的填充和止血	藻酸盐水胶敷料、藻酸盐敷料、藻酸钙敷料、吸收性藻酸钙敷料、亲水性纤维敷料、藻酸盐填充条	Ⅲ

续上表

一级产品类别	二级产品类别	功能及用途	品名举例	管理类别
创面敷料	(6)纤维敷料	通常为由亲水性纤维（如藻酸盐纤维、乙基磺酸纤维、羧甲基纤维素纤维等）制成的片状或条状敷料；所含成分不可被人体吸收；无菌提供，一次性使用	藻酸盐敷料、藻酸钙敷料、吸收性藻酸钙敷料、纤维敷料、细菌纤维素敷料	Ⅱ
		通过亲水性纤维吸收创面渗出液，一般还需二级敷料进行固定，用于非慢性创面的覆盖和护理		Ⅲ
	(7)泡沫敷料	通常由泡沫吸收层、阻水层和防粘连层组成；所含成分不可被人体吸收；无菌提供，一次性使用	聚硅酮泡沫敷料、聚乙烯醇泡沫敷料、薄型泡沫（黏性）敷料、泡沫敷料、自黏性泡沫敷料	Ⅲ
		通过泡沫吸收层吸收并控制创面渗出液，用于渗出液较多的慢性创面的覆盖和护理		Ⅱ
		通常由泡沫吸收层、阻水层和防粘连层组成，所含成分不可被人体吸收；无菌提供，一次性使用	聚硅酮泡沫敷料、聚乙烯醇泡沫敷料、薄型泡沫敷料、聚氨酯泡沫（黏性）敷料、泡沫敷料、自黏性泡沫敷料	Ⅲ
		通过泡沫吸收层吸收并控制创面渗出液，用于渗出液较多的非慢性创面的覆盖和护理		Ⅱ
	(8)液体、膏状敷料	通常为溶液或软膏（不包括凝胶）；所含成分不具有药理学作用；无菌提供 通过在创面表面形成保护层，起物理屏障作用，用于慢性创面及周围皮肤护理	无菌液体敷料、无菌喷剂敷料、无菌伤口护理软膏、无菌液体伤口敷料	Ⅲ
		通常为溶液或软膏（不包括凝胶）；所含成分不具有药理学作用，用于小创口、擦伤、切割伤等慢性创面护理 不可被人体吸收 通过在创面表面形成保护层，起物理屏障作用	无菌液体敷料、无菌喷剂敷料、无菌伤口护理软膏、无菌液体伤口敷料	Ⅱ
		通常为溶液或软膏（不包括凝胶）；所含成分不具有药理学作用，用于小创口、擦伤、切割伤等浅表性创面及周围皮肤的护理 不可被人体吸收；非无菌提供 通过在创面表面形成保护层，起物理屏障作用	液体敷料、喷剂敷料、伤口护理软膏、液体伤口敷料	Ⅰ

续上表

一级产品类别	二级产品类别	功能及用途	品名举例	管理类别
	(9)隔离敷料	通常由起隔离作用的网状材料或由网织物材料浸渍油性物质（如凡士林、石蜡）制成，无菌提供，一次性使用；用于创面组织之间的隔离，例如烧伤、烫伤，需要引流的渗液型伤口、皮肤移植的供皮区和植皮区	凡士林纱布、凡士林纱布条、油纱布、羊毛脂醇油纱、水胶体油纱、聚硅酮敷料	Ⅲ
	(10)生物敷料	主要成分为可被人体吸收的胶原蛋白；通过覆盖在创面上；物理屏障创面；不含活细胞；无菌提供，一次性使用；用于烧烫伤及创伤、皮肤缺损及所致深层创面（采用手术及非手术医治时）覆盖创面	生物敷料、猪皮生物敷料、无菌生物护创膜、异种脱细胞真皮基质敷料	Ⅲ
	(11)碳纤维和活性炭敷料	通常为采用碳纤维、活性炭、无纺布等原材料制成的医用敷料；通过碳纤维、活性炭的吸附功能，吸收创面渗出液和气味，无菌提供，一次性使用，用于慢性创面的覆盖和护理	活性炭敷料、碳纤维敷料	Ⅲ
创面敷料		通常为采用碳纤维、活性炭等原材料制成的医用敷料；通过碳纤维、活性炭的吸附功能，吸收创面渗出液，所含成分不可被人体吸收；无菌提供，一次性使用；用于手术后缝合创面，机械创伤创面的快速干燥、覆盖和护理	活性炭敷料、碳纤维敷料	Ⅱ
	(12)含壳聚糖敷料	含有壳聚糖的固体敷料；无菌提供，一次性使用；主要通过在创面表面形成保护层，起物理屏障作用，用于慢性创面的覆盖和护理	含壳聚糖敷贴、含壳聚糖纤维敷料	Ⅲ
		含有壳聚糖的固体敷料；无菌提供，一次性使用；所含成分不可被人体吸收；主要通过在创面表面形成保护层，起物理屏障作用，用于非慢性创面的覆盖和护理	含壳聚糖敷贴、含壳聚糖纤维敷料	Ⅱ
	(13)含银敷料	加入硝酸银等抗菌成分的敷料；通常为在纱布、无纺布、水胶体、藻酸盐纤维等非液体（非凝胶）主体材料中用于创面护理，如感染创面、下肢溃疡、糖尿病足溃疡、压疮、烧烫伤、手术切口等，同时利用银的抗菌机理起到抗菌助作用，减少创面感染	藻酸银敷料、亲水性纤维含银敷料、自黏性敷料、硅酮银离子有边型泡沫敷料	Ⅲ

续上表

一级产品类别	二级产品类别	功能及用途	品名举例	管理类别
创面敷料	(14)胶原贴敷料	通常由胶原蛋白原液（含胶原蛋白、去离子水、甘油、医用防腐剂）和无纺布组成；所含成分不具有药理学作用；用于提供皮肤过敏，激光、光子术后创面的愈合环境	胶原贴敷料	Ⅲ
包扎敷料	(1)绷带	通常为纺织加工而成的卷状、管状、三角形的材料；部分具有弹力或自黏等特性；与创面直接接触；用于非慢性创面的护理，或用于对创面敷料或肢体提供束缚力，以起到包扎、固定作用	急救止血绷带、带敷贴绷带	Ⅱ
	(1)绷带	通常为纺织加工而成的卷状、管状、三角形的材料；其形状可以通过绑扎的形式对创面固定或限制肢体活动，以对创面愈合起到间接的辅助作用；部分具有弹力或自黏等特性；非无菌提供，一次性使用；不与创面直接接触；粘贴部位为完好皮肤	弹性绑带、高分子固定绷带、树脂绷带、聚酯纤维绷带、聚氨酯衬垫绷带、玻璃纤维绷带、网状头套、自黏弹性绷带、弹力纱布绷带、弹力绷带帽、网状弹力绷带、自黏弹力绷带、脱脂纱布绷带、急救绷带、捆扎绷带、弹力网帽、三角巾、弹力套、固定带、管状绷带、泡沫绷带、腹部造口弹性绷带、自粘绷带、医用弹力贴布、三角绷带、弹力束腹绷带	Ⅰ
	(2)胶带	通常为背材上涂有具有自黏特性的胶黏剂的胶带；部分胶带涂胶面有保护层；非无菌提供，一次性使用；不与创面直接接触；粘贴部位为完好皮肤；用于将敷料粘贴固定于创面或将其他医疗器械固定到人体的特定部位	医用橡皮膏、敷料胶带、医用纸质胶带、医用聚乙烯膜胶布、医用丝绸胶带、医疗用黏性胶带、医用无敏膜胶布、医用脱敏胶布、医用塑料胶布、医用无敏纸胶带、医用复合胶布、无纺布、自黏性硅胶纸质胶布、弹性胶布、外科胶布、医用透气胶带、医用压胶布、医用丝绸胶带、医用透气胶带、丝绸布医用胶带、敏胶带、医用透气胶布	Ⅰ

6.1.2 医用敷料的典型产品

目前,医用敷料产品可分为传统敷料和新型敷料两大类。两者通常以"干燥伤口愈合"和"湿润伤口愈合"观念为分界线。过去,医学界基于巴斯德(Pasteur)的细菌学研究,认为保持干燥对促进伤口愈合具有重要意义,天然纱布、棉垫和合成纤维等保持伤口干燥的伤口敷料就属于传统伤口护理产品。1962 年,英国人 Winter 提出了"湿润伤口愈合理论",即伤口在湿润的环境下比干燥的环境下愈合要快,使得人们对伤口愈合过程的认识有了突破性的进展,新型伤口敷料便是在这一理论上发展起来的。新型伤口敷料包括泡沫敷料、海藻酸敷料、聚合物纳米纤维敷料、水胶体敷料、湿膜敷料、胶原海绵以及人工真皮修复材料等。

传统敷料由天然植物纤维或动物毛类物质构成,如纱布、棉垫、羊毛、各类油纱布等,只是暂时性的覆盖材料,均需在一定时间内加以更换。目前传统敷料主要是指医用脱脂棉纱布、棉垫和凡士林纱布等,是临床上使用的主要敷料。传统敷料具有网状编织结构,价格低廉、制作工艺相对简单、原料来源广泛、质地柔软,有较强的吸收能力,能防止创面渗液积聚,对创面愈合有一定程度的保护作用,至今仍在皮肤创伤中广泛应用。但是传统敷料也有很明显的缺点,比如不能保持创面湿润,延迟创面愈合;创面肉芽组织容易长入敷料的网眼中,更换敷料时易与创面伤口粘连,损伤新生的肉芽组织并引起疼痛;敷料渗透后屏障作用差,容易引起外源性感染,止血效果差。为了解决传统敷料的这些问题,人们采用了物理或化学的方法来提高传统敷料的作用效果,但临床应用效果不是十分理想。

医用新型敷料是根据湿润愈合理念研制的,能保持创面湿润。而推动这类产品发展有两个因素,即医疗界对伤口复愈和治理过程的充分理解与材料技术的不断进展。1962 年伦敦大学的 Winter 博士首先用动物(猪)实验证实,湿性环境的伤口愈合速度比干性愈合快 1 倍。1963 年 Hinman 进行人体研究,证实湿性愈合的科学性。20 世纪 70 年代"湿性伤口愈合"观念逐渐被广泛接受。近年来,材料学和工业学的快速发展使得创面敷料发生了划时代的变化,多种新型敷料应运而生,并被积极用于临床。因为在由传统型敷料向新型敷料的不断研究进程中,医用敷料结合了生物、生理、手术、护理和营养等多方面的先进知识,同时把患者对敷料的物理、临床等各种实际需求应用到敷料的材质选择和形态设计中。其总的特点即防止痂皮形成,不粘连新生成的肉芽组织,更换无痛;有利于纤维蛋白及坏死组织的溶解,减少更换次数;创造低氧环境,促进毛细血管生成,促进多种生长因子释放并发挥活性;缓解创面疼痛,减少瘢痕形成等。

按采用的材料,新型敷料可分为四大类[2]:第一类是天然类敷料,主要包括壳聚糖敷料、海藻酸盐敷料、动物类敷料和胶原敷料;第二类是合成类敷料,主要包括薄膜类敷料、泡沫类敷料、水胶体类敷料、水凝胶类敷料;第三类是药用类敷料(用浸渍或涂敷方法将药物涂敷于敷料上,如软膏类敷料、消毒敷料以及中药敷料等);第四类是组织工程类敷料(目前,组织工程皮肤距理想要求还有相当距离)。部分典型的新型医用敷料产品见表 6.2。

表 6.2 部分典型的新型医用敷料产品[3]

产品类别	功能及用途	优点	缺点	代表产品
薄膜类敷料	由一些透明的弹性体如聚乙烯、聚氨基甲酸乙酯、聚己酸内酯、聚四氟乙烯、硅氧烷弹性体等生物医用薄膜的一面涂覆上压敏胶而形成;其内层亲水性材料可吸收创面渗液,外层材料则具有良好的透气性和弹性;适用于相对清洁的创面,不宜用于感染性伤口 用于静脉注射和导管置入部位,急性皮肤烧伤、褥疮早期、激光等浅层伤口及损伤或皮肤缺损缝合创面	能阻隔外界细菌和液体透过,但可渗透皮肤或伤口处的蒸汽和气体;可保持湿润的伤口环境,促进自体融解清创;自身透明、易于伤口观察,能顺应身体轮廓,可作内或外敷料,降低表面摩擦	基本没有吸收能力,可能造成伤口周围皮肤浸渍;不能用在感染伤口,取下时可能撕伤周围脆弱皮肤	聚乙烯及聚氯乙烯胶布、安好妥喷涂敷料、OpSite 透明术后敷料、Tegaderm、 Dermafilm、 Oprafiex、 Visulin 等
泡沫类敷料	由聚氨基甲酸乙酯和聚氧乙烯乙二醇多孔泡沫组成,内层为亲水性材料,外层为疏水性材料,专为吸收渗液设计,故有较强的吸收功能 用于削皮术后的伤口和显微外科手术伤口、慢性伤口(如静脉溃疡)、二度烧伤等;对于有较深腔隙的伤口、渗液较多的伤口是最佳选择	高吸收特性,适宜的透湿率,维持了伤口愈合的微湿润环境,促进新生血管和肉芽组织的生成,有利于新生上皮细胞的移行,缩短了创面愈合时间,减少换药次数,降低治疗费用;不粘连伤口,无结痂愈合,创面无残留,换药无疼痛感,愈后无疤痕	材料不透明,不利于观察伤口情况;非自黏性的泡沫敷料需要外层敷料来固定	聚氨酯泡沫敷料、聚乙烯醇泡沫敷料、硅胶泡沫敷料、高膨胀止血海绵、溶解泡沫敷料等;典型品牌有 Allevyn、Ivalon 等
水凝胶敷料	由明胶、多糖、多电介质复合物和甲基丙烯酸树脂组成的三维立体网状吸水性多聚体;与组织接触时可发生反复水合作用,把组织中的水分吸收到敷料中,随着吸水量的增加,敷料逐渐溶胀直至达到平衡;适用于各种类型的烧伤创面及干燥结痂或有腐烂组织的伤口、腔洞及窦道伤口 主要用于皮肤擦伤、化学损伤、浅层灼伤、激光治疗等表层伤口	水化伤口,提供湿润环境;促进自溶清创,用于黑痂清创;利于上皮移行及肉芽生长;不粘伤口;能止痛;更换敷料时不会损伤伤口;能填满腔隙伤口	无细菌屏障;容易导致周围皮肤浸渍;需第二层敷料;不适于多量渗液的伤口;敷料颜色会变绿色,易与绿脓杆菌感染混淆	Duooderm、PluronicF127、Comfeel、 Omiderm、SpanGel-Gelipem、罗敷康医用水凝胶等

续上表

产品类别	功能及用途	优点	缺点	代表产品
水胶体敷料	是有弹性的聚合水凝胶与合成橡胶和黏性物混合加工而成的敷料；敷料中最常见的凝胶为羟甲纤维素，该凝胶可牢固地粘贴于创口边缘皮肤，当吸收渗液后可溶胀 10 倍以上 用于慢性溃疡如静脉淤血溃疡、褥疮，顽固性炎症如斑块性牛皮癣、大疱性表皮松解症以及其他各种伤口如烧伤、软组织损伤的创面、表层伤口	保温、保湿，创造低氧环境和提供湿润愈合环境；软化黄色腐肉，支持自溶性清创；吸收少量至中量的渗液，减少换药次数；片状自黏，不需第二层敷料，阻止细菌的侵入及防水；舒适及减少摩擦；吸收渗液后形成凝胶，保持神经末梢湿润，移除时不粘黏创面，减轻疼痛，利于上皮移行及肉芽组织生长；顺应性好，使用方便	高度闭合的特性有时会导致过度湿润及周围皮肤的浸渍；胶层吸收大量渗出物后对创面会产生污染；应用于大量渗出液的伤口时，需要经常更换敷料否则渗出液外漏	Duoderm（多爱肤）活性亲水敷料、Comfeel（康惠尔）水胶体敷料、安普贴敷料等；其衍生产品还包括溃疡贴、透明贴、减压贴、糊剂、粉剂等
藻酸盐敷料	原材料是从棕藻中提炼出的藻酸，然后加工成为藻酸钙，在与创面渗液接触时，通过离子间交换，使不溶性藻酸钙变为可溶性藻酸钠；用于各类大量渗出性伤口 适用于术后创口特别是需促进止血的伤口，以及高渗出的慢性创面如褥疮、溃疡等	与渗出液接触后发生钠-钙离子交换，释放出钙离子起到止血和稳定生物膜作用；高吸收性，吸收 17～20 倍的渗液；顺应伤口外形，用于浅或深洞的伤口；在伤口上形成凝胶，提供湿性愈合环境保持神经末梢湿润，减轻疼痛，避免脱水，促进上皮再生；与坏死组织形成水化物，从而帮助伤口自溶清创；使用和去除方便，没有毒性，无过敏	需第二层敷料；不能用于少量渗液及干的焦痂的伤口；凝胶可能会与感染混淆；渗液多且深部瘘管，不易清除残留的敷料	褐藻胶、藻酸盐伤口敷料及填充条、Algoderm、Sorbsan、Kaltostat 等
银离子敷料	银离子可以直接杀死细菌，控制伤口感染，加速伤口愈合，去除因细菌而产生的异味；利用银的高效抗菌性，将银和敷料有效地结合在一起，使得敷料中的银离子发挥抗菌及抑菌作用，是一种理想的抗感染敷料 用于严重污染伤口、感染伤口	广谱抗菌，无耐药性；能杀死所有的致病微生物；可以任意裁切，不粘连伤口 湿性敷料，促进伤口的愈合；杀菌作用可持续 7 天左右	银在杀菌的同时也杀死正常细胞，需要控制银离子的释放速度，保证安全性；有些产品没有吸收渗液能力；有伤口着色现象；不适于对银过敏者；不适于做磁共振检查者；价格昂贵	拜尔坦银离子泡沫敷料、Contreet Foam、Acticoat、Atrauman AG、Actisorb Silver 等

除上述产品外，目前市场上的新型医用敷料产品还包括甲壳素及衍生物敷料、胶原蛋白海绵、纤维蛋白胶、透明质酸敷料、无机矿物类敷料（石墨敷料、德莫林、肌肤生等）、活性炭纤

维类敷料等。

6.1.3　医用敷料的典型生产工艺

1. 医用胶带的生产

医用胶带主要由基材和胶黏剂组成,部分产品外层还包括一层隔离纸(膜)。其基材可以是布、纸或高分子膜,然后将胶水均匀涂布在上述基材上制成布胶带、纸胶带或透明(塑料膜)胶带。以透明(塑料膜)胶带为例,其生产流程包括以下几个步骤:

(1)根据胶带用途,选择不同的塑料原料并加入一些特种添加剂。将配好的原料加入到吹膜机中,吹成塑料薄膜,宽度一般为 1.3 m 左右。

(2)根据胶带需要的黏度及用途选择胶水,将制得的薄膜装到涂布机上涂布胶水,涂布完成后就是胶带了。这时的产品通常是宽 1.3 m、长度有几百米的大卷塑料胶膜。

(3)根据日常使用的胶带所需长度来进行复卷,即将大卷的塑料胶膜通过复卷机重新卷成若干小卷的胶带卷。

(4)复卷的小胶带卷再用分切机分切成日常使用的胶带所需要的宽度,如 1 cm、3 cm 或其他宽度。

胶带生产最重要的环节就是吹膜和涂布这两道工序。除吹膜外,其他工序都可由胶带机来完成。胶带机具有电子控温、无级变速、自动记数、自动纠偏、凹版印刷、先进红外加温、冷却复压等功能,可将放料、印刷、涂布、烘干、热风循环、牵引、分切、收卷等生产工序一机完成,操作简单,仅需 1~2 名工人即可进行生产。

2. 水胶体敷料(压边型)的生产[4]

水胶体敷料工业化生产的主要设备包括:搅拌机、挤出机、刮刀装置、基膜放卷装置、上膜放卷装置、模压装置、冷却装置、复合牵引装置、上膜收卷装置、基膜衬纸收卷装置、离型纸放卷装置、衬纸放卷装置、模切装置、废边收卷装置等。

生产工艺过程为:配料→搅拌→挤出→涂布→模压→剥离→覆膜→模切→包装。

6.1.4　医用敷料的发展趋势

目前,传统医用敷料仍占整个医用敷料市场的 50% 以上。但是近年来,传统医用敷料增长趋缓,新型高端医用敷料正在迅速增长。从全球范围来看,褥疮、溃疡等与老年人密切相关的慢性伤口的护理在全球需求日渐增加。全球人口老龄化、糖尿病溃疡和静脉曲张溃疡患病率的增长及肥胖症患者急剧增加是推动高端新型医用敷料市场快速增长的主要原因。就医院来讲,传统医用敷料由于不具备治疗、修复等功能,在临床中应用范围受到局限,其市场前景并不乐观。而且随着生活节奏的加快以及工作压力的加大,人们更希望缩短康复时间。虽然新型医用敷料使用成本较高,但它们可以缩短伤口愈合时间,减少医用敷料用量,显著缩短护理时间,最终还是使患者受益。

社会老龄化趋势将增加慢性伤口形成的机会,使得对高性能的敷料需求将不断增长。随着抗菌性材料和生物材料的应用,欧洲市场上传统创面敷料产品将逐渐减少,而功能性医用敷料(如水凝胶、水胶体、泡沫敷料、透明敷贴等)将强势增长。目前,高端医用敷料市场年增长率达 10%以上,市场主要集中在欧洲(约占 41%)、美国(约占 39%)以及日本、新加坡和澳大利亚等发达国家和地区,其中欧洲地区医用敷料市场年增长率保持在 8.4%以上。而随着医疗改革进程的推进以及中国逐渐步入老龄化社会,中国医用敷料制造业也将迎来快速发展时期。

　　未来先进医用敷料将更加注重产品的生物活性和功能性。医用敷料不仅要保护创面,还应具有促进伤口愈合的功效,且针对不同伤口类型及伤口愈合的不同阶段都有相应的专门敷料。新型敷料应使用方便,能减轻患者痛苦,且在伤口愈合后不留疤痕。目前医用敷料的研究方向可归纳为:①通过改性或复合的方法,改善现有敷料材料的不足,增强其性能;②在材料上负载各种药物和生长因子,通过控制药物释放,同时达到促进伤口愈合及治疗作用;③从患者角度考虑,尽量减少换药次数,减轻换药带来的痛苦;④为满足社会可持续发展,资源的可再生利用的需求,将会开发更多新型的可降解的生物材料并应用于医用敷料;⑤随着组织工程技术和皮肤组织工程学的发展,未来还将会开发出一系列具有适当的三维多孔结构,为细胞的生长和繁殖提供营养及代谢环境,能够调节细胞的生长和排列,并可最终降解的组织工程类敷料。

6.2 医用夹板类材料

6.2.1 医用夹板简介

　　医用夹板是国内外治疗骨骼损伤广泛使用的一种外固定医疗器械,管理类别为Ⅰ类,其原理主要是对损伤骨骼进行固定,用于骨科或矫形外科的固定,模具、假肢的辅助用具、烧伤局部的防护性支架等。

　　传统的夹板为木板,由于地域差异,南方以杉树皮为代表,北方以柳木为代表。传统木质夹板由于取材广泛经济环保等优良特点而被广泛使用,但是在一定程度上也存在着很大的缺陷,例如扎带松紧程度难以掌操,复位后易发生再移位现象,夹板本身重量大,再加以压垫,使用过程中易导致压力过大加重病情等现象。

　　从医学角度来看,医用夹板应具有一定的强度、韧性、透气性以及轻便等特点,传统木质夹板显然不能满足这些要求。随着医学与材料科学的飞速发展,出现了许多新兴产品,部分取代了木板,特别是由纤维基复合材料制作的医用高分子夹板等,在临床上得以广泛应用,提升了愈合效率,造福了患者。

　　统计数据表明,每年因各种原因引起的骨折人数,全国约有 2 500 万人次以上。随着汽车的普及、运动视为时尚和人口老年化的发展,这一数字还可能增加。骨折患者中 70%需要外部固定,再加上须使用夹板治疗的肌肉拉伤及扭伤、韧带拉伤、关节疾病等患者,其市场非常巨大。

6.2.2 医用夹板的典型产品

　　目前临床上常见复合材料材质的医用夹板材料及其典型产品、使用方法和特点见表 6.3。

表 6.3　医用夹板典型产品

材料类别名称	产品描述	使用方法	特　点
聚氨酯聚酯纤维复合材料	由多层经聚氨酯预聚体浸渍的聚酯纤维织物及疏水性无纺布构成，通常称为聚酯纤维医用高分子夹板，具有硬化快、强度高，不怕水等特点，是传统石膏绷带的升级产品	(1)根据不同的部位选择适当尺寸的夹板 (2)打开包装后，将夹板浸泡在常温(21～24 ℃)水中 4～6 s 同时挤压 2～3 次；夹板的固化时间与水温有直接关系，水温高固化时间短，水温低固化时间长 (3)取出后挤出或用干毛巾去除过多的水分 (4)把夹板覆盖在需固定部位，用普通塑纱布绷带或弹力绷带缠绕即可；绷带缠绕松紧度要适中，太紧会影响患部血液流通 (5)根据需要塑形 (6)操作时间一般在 3～5 min，若浸泡或操作时间延长，将影响其塑形效果，所以要在操作时间内完成塑形；在产品完全硬化前的 10 min内，患部不能随意活动 (7)剪开纱布绷带或弹力绷带即可拆除夹板	(1)透气性好：纺织材料轻薄并有许多规则的小孔，具有极佳的透气性，有效防止皮肤瘙痒及感染、异味等 (2)操作简单：无须任何加热设备，只需常温的水 3～5 min即可完成操作；大大减轻医生的劳动强度，减少手术时间的浪费 (3)透 X 光：无须拆除绷带、夹板，能够清晰地观察到接骨及愈合情况，为手术的准确性和完美性提供保证 (4)轻便：仅为石膏绷带和夹板重量的 1/5，厚度的 1/3，能够最大限度地减轻患者活动时的负担 (5)环保，使用后可以焚烧
聚氨酯玻璃纤维复合材料	由多层经聚氨酯预聚体浸渍的玻璃纤维织物及疏水性无纺布构成，通常称为玻璃纤维医用高分子夹板，具有硬化快、强度高，不怕水等特点，是传统石膏绷带的升级产品	使用方法同上	特点同上，强度比聚酯纤维医用高分子夹板高，但使用后的废物不能焚烧处理
聚己内酯复合材料	由低熔点聚己内酯树脂涂覆聚酯纤维织物形成低熔点树脂夹板	使用时放到 70 ℃热水中，加热软化，塑形应用，5 min 后冷却固定，也可以用吹风机再吹软后，拆去，70 ℃热水泡后再重新塑形	轻、快、稳定、经济、易拆卸，可以重复使用 20 次
泡沫式骨折固定夹板	利用聚氨酯发泡原理，两种高分子化学材料反应产生的泡沫状物质膨胀塑形和与人体不同部位形状相匹配的棉织物固定袋的限制作用下，构成可拆卸骨科用外固定材料	包括 A、B 两组材料，其中 A 组材料的成分为异氰酸脂类单体，B 组材料为聚醚多元醇、交联剂、匀泡剂、催化剂和其他填料；使用时在室温下将两种材料混合，会发生连续化学反应，并快速膨胀生成泡状物质，在 10～15 min 后固化定形	(1)质量轻，强度高 (2)固定过程操作方便 (3)可直接穿透 X 射线 (4)吻合性好 (5)可拆卸性强

材料 类别名称	产品描述	使用方法	特点
喷塑型聚氨酯泡沫外固定夹板	利用两种高分子化学材料反应产生的泡沫状物质快速喷涂塑形	采用袜套一体化隔离骨伤部位;使用双组分喷罐(专用 200 mL A-B 胶筒、200 ml 喷枪和静态混合器组成),以多甲基多苯基异氰酸酯(PAPI)为主要材料组分,配以表面活性剂、丙酮、可溶性淀粉、催化剂等为另一组分,通过专门设计的 A-B 双组分喷罐进行预混合反应使其变成黏稠状,然后从静态混合器中喷射出来,经过 1 min 左右时间则能根据固定肢体形状自行固化变硬成型,从而达到快速固定骨折的目的	(1)体积小、质量轻盈、携带方便 (2)透气性好(泡沫多孔) (3)操作简单,固定操作所需时间短 (4)完全透 X 射线 (5)固化后能自行收缩,贴附性好,有利于减少创面渗血 (6)骨折临时外固定器,拆卸也简单,可直接用手术刀片切割卸载

6.2.3　医用夹板的生产技术关键

本部分以常用的医用高分子夹板为例,介绍典型的夹板生产技术。泡沫夹板及喷塑型夹板生产技术的核心关键是发泡配方的研制。这里不再赘述。

1. 基布的结构设计与制造技术

基布的结构设计至关重要,结构设计得好才能达到医用夹板所要求的可塑性和透气性等性能。在基布结构的优化设计方面,利用衬纬梳节以及地纱和纬纱梳节运动相互结合,使基布形成花纹、孔眼等形态,赋予基布一定的弹性伸长率和透气性。

另外,医用夹板要求具有良好的伸长率和强度,因此基布的原料纱的选择、基布编织工艺、基布处理工艺、基布性能检验及评价方法的选择也非常重要。有效的基布编织和处理工艺可以保证基布除尽浸润剂并保持基布的强度和稳定的弹性伸长率。

2. 专用设备高速钩编机的设计与制造

要使基布达到足够的强度和弹性伸长率以及良好的均匀性,设计与制造分别适应玻璃纤维编织和聚酯纤维编织的专用高速钩编设备是关键,保证各零配件对纤维摩擦小,控制出纱能力,保证出纱能力均匀一致;偏钩针的运动由主偏心连杆控制,经纱梳节和纬纱梳节的运动均为偏心连杆控制,具有良好的准确性和高速低噪声的运动特性;移针距离无级可调;各部件配合形成成圈运动,满足了基布的结构要求。

3. 湿固化树脂预聚体合成技术

湿固化树脂预聚体的性能是决定玻璃纤维基医用高分子夹板和聚酯纤维基医用高分子夹板产品质量的关键,其主要技术要求包括适宜的固化时间和黏度、良好的层间剥离强度等,并满足临床的安全性以及应用要求,如无毒、无味、无刺激性、不黏手等。

湿固化树脂预聚体合成技术涉及配方设计及组成、合成工艺、非标设备制造。通过对预聚体主要原料选择和处理、预聚体辅助原料如催化剂、稳定剂、消泡剂的选择和变量试验、聚合时间、温度、保护气等验证可确立稳定可靠的预聚体配方及其生产工艺。

4. 基布涂覆技术

玻璃纤维基医用高分子夹板和聚酯纤维基医用高分子夹板制造要求湿固化树脂预聚体能均匀地涂覆在基布的表面,树脂含量控制应恰到好处,保证绷带的层间剥离强度。

由于湿固化树脂预聚体对水分包括空气中的水分非常敏感。为确保医用夹板达到保质期两年以上的要求,保证树脂涂覆均匀,涂覆技术以及质量保证控制技术是关键。专用涂覆设备使生产得以按流水线式进行,包括供胶—涂胶—密封—包装—后处理—成品包装的医用夹板生产线。稳定可靠的预聚体涂覆工艺、包装工艺及其生产线,精确的工艺制度和严格的控制手段是实现产品稳定的重要保障。

6.2.4　医用夹板的发展趋势

近年来,纺织复合材料以优良的力学性能、成本优势以及易于实现各种形状的增强结构等特点在各个领域应用广泛,包括医疗骨科领域,逐步替代了传统的木板制骨折外固定材料,已上市的医用高分子夹板、泡沫夹板等较好地解决了传统夹板的缺陷,但仍存在许多有待解决的问题,例如装置的便携性、成本待降低等。

由于夹板出现松动、移位等现象后,会对病人造成二次损伤,因此,医用夹板的智能化成为必然趋势,智能化开发和对纺织复合材料的应用将成为医用夹板研究和开发的重要方向,重点在于智能装置的简易化和小型化,同时可通过使用经济环保的天然纤维复合材料进一步提高其使用性能和实用性,为其临床使用和广泛推广奠定良好基础。

6.3　医用导管

作为应用最广泛的医疗器械产品之一,医用导管种类繁多。根据用途不同,医用导管主要包括输液类导管、血管造影导管、胃肠管、胆道引流管、气管插管和导尿管等[5]。

6.3.1　医用导管的生产材料

我国生物医学器材相关领域在 2018 年前三季度的营业收入达到 112.5 亿元,未来的市场需求仍然不断地快速增长。医用导管,特别是介入导管,具有技术含量高和附加值高的典型特点。

尽管用途各异,但其制造的材料主要包括聚氨酯、聚氯乙烯和硅橡胶三大类。

1. 聚氨酯(polyurethane,PU)

聚氨酯是聚氨基甲酸酯的简称,其特征官能团是氨基甲酸酯结构单元(—NH—COO—)。PU 首先由德国的拜尔(Bayer)公司于 1944 年实现了规模化的工业生产,开始了其应用的新时代[6]。然而目前在国内市场,具有高亲水性和高润滑性的医用级聚氨酯材料几乎全部依赖进口,并且相关产品的专利较少。亲水性和润滑性心血管相关产品市场主要由美国 Boston Scientific、日本 ASAHI(朝日)、意大利 Invatec 英泰克公司、瑞士 GRIP、丹麦 COOK 和美国 ev3 等公司占有。相关产品的价格昂贵,市场需求量极大[7]。

2. 聚氯乙烯(polyvinyl chloride,PVC)

聚氯乙烯是氯乙烯单体(vinyl chloride)经过自由基聚合获得的,工业生产的分子量一般在 5 万~11 万之间,分散性较大。由其制成的导尿管质地较硬,刺激性较大,异物感比较强烈,但价格低廉,所以市场上依然使用[8]。

3. 硅橡胶(Silicon Rubber,或简称硅胶)

硅橡胶主链由硅和氧原子通过单键交替连接构成,硅原子上通常连有两个有机基团。硅橡胶具有优异的生理惰性和不会导致凝血的特性。相较 PVC 质地柔软,但表面不够光洁[9,10]。

除了上述三种材料外,天然乳胶也是优良的导管制造材料。

6.3.2 医用导管的表面修饰

通常情况下,根据不同的具体应用目的,这些材料的表面都需要改性,使得材料表面具有良好的亲水性、高度的润滑性和抗菌性,以满足材料表面抗蛋白黏附性、抗血栓性和抗感染性等生物相容性及安全性的要求[11,12]。

1. 医用导管的表面要求

(1)亲水性

聚氨酯、聚氯乙烯和硅橡胶等的表面一般都是疏水性的,这会导致表面易黏附细菌并形成生物膜,进而引发细菌感染。在应用时需要进行表面处理提高其亲水性。常用的亲水涂层材料包括聚丙烯酸(PAA)、聚氧化乙烯(PEO)、聚乙烯基吡咯烷酮(PVP)等。

(2)高度润滑性

导管通常需要在体内接触人体体液或者血液,为减少对血管或各种组织表面的损伤,需要赋予其良好的润滑性。因此在医用导管高分子材料表面制备涂层是增强医用导管润滑性和降低摩擦力的有效手段[13]。以聚氨酯为例,表面润滑性是医用聚氨酯材料表面的重要功能属性,在高端的介入导管和导丝中都有广泛的应用,普遍的设计是把具有强吸水性的水凝胶作为聚氨酯的涂层。技术关键包括接近于零的表面摩擦系数、优异的涂层稳定性和良好的生物相容性等。具有良好润滑性的导管表面能够在体液和血液中大量吸附水分子,形成一层凝胶层,从而起到润滑作用。水是自然界里最好的润滑剂,具有减小摩擦和减小吸附的作用。这种表面润滑性由于材料表面含有大量起润滑作用的水,人接触的时候感觉类似"泥鳅"。在行业领域,这类导管被通俗地称为"泥鳅"导管。

(3)抗菌性

诊疗过程中,细菌和真菌引发的医疗设备感染的风险一直存在。统计表明,由菌类生物膜引起的医用导管相关感染在医疗植入器械感染中占了绝大多数,其中又以导管相关性的尿路感染和血流感染最为常见。为了赋予医用导管抗菌性能,需要依据不同细菌感染机制,有针对性地进行抗菌表面的构建。其策略主要有抗细菌黏附、杀菌和抗细菌黏附-杀菌结合三种。抗细菌黏附策略主要有构建亲水性表面、超疏水性表面和滑移表面等途径;而杀菌策略则包括接触型和释放型两种杀菌机制。接触型杀菌是通过表面直接接触杀死细菌,一般可在材料表面构建阳离子聚合物、抗菌肽、活性氧、碳纳米管等结构;释放型杀菌是通过将杀菌剂从材料内部缓释到环境中杀菌,杀菌剂包括银离子或纳米银、抗生素、氮氧化物等。

2. 医用导管常见的修饰方法

为了提高导管材料的生物相容性、表面亲水性和润滑性,科研人员尝试了不同的方法。以聚氨酯材料的表面修饰为例,这些方法包括表面物理涂层、臭氧化接枝、等离子改性接枝、紫外光照射表面聚合、化学改性等。目前不少技术都已较为成熟,成功应用在规模化产品生产上。

导管的常用涂层处理方法包括喷涂、浸渍、真空沉积、等离子沉积、化学电镀、水凝胶包覆、复合挤出工艺等。通过表面涂层可以改变导管的性能或增进导管功能,如改善导管强度、硬度、耐磨性、润湿性、润滑性、血液相容性、抗菌性和耐细菌黏附性、细胞生长和组织整合、蛋白质和细胞黏附性能等。医用导管常见涂层类型有:超润滑涂层、抗凝血涂层、抗黏附涂层、抗菌涂层以及可提高超声及磁性显像度的超声涂层、磁性涂层等。不同的涂层方法各有利弊,单纯依靠物理吸附的涂层方法操作简单、使用方便,但涂层稳定性差、易脱落。化学改性涂层覆盖得比较牢固,但程序相对复杂,容易产生环境污染[14]。因此,开发兼具两者优势的涂层新技术一直是本领域的研究热点之一。如 20 世纪 90 年代 Ishihara 等合成了一系列含有 2-甲基丙烯酰氧基乙基磷酰胆碱(MPC)结构的共聚物,以其作为涂覆层可以有效增进材料表面的抗凝血性能[15];之后 Lewis 等进一步合成了可交联的 MPC/甲基丙烯酸月桂醇酯(DMA)/甲基丙烯酸羟丙酯(HPMA)/甲基丙烯酸(三甲氧基)硅基丙酯(TSMA)四元共聚物抗凝血涂层,这种涂层能牢固地结合在基质材料上,可用于涂覆受摩擦或发生形变的医疗器件[16]。

导管表面臭氧化接枝改性方法相对简单,装置易于搭建。Lin 和 Shen 等臭氧化 PU 血管导管的表面,然后将包含磺酸甜菜碱的 N-(3-甲基丙烯酰基氧基乙基)-N,N-二甲基-N-(3-硫丙基)甜菜碱胺(DMMSA)聚合接枝在 PU 表面,有效提高了其抗血栓形成的能力(如图 6.1 所示),在 37 ℃温度条件下和富含血小板的血浆接触 120 min 后,没有发现血小板黏附现象。值得指出的是,通过应用这种臭氧化方法,在直径为 3 mm 的这种 PU 血管导管内层接枝这种甜菜碱两性离子涂层也是十分有效的[17]。

Zhou 等尝试应用臭氧处理聚氨酯的表面,然后再应用丙烯酸或丙烯酰胺直接在其表面进行原位聚合,最终获得了具有相对满意的亲水性和润滑性的接枝涂层(PU2-g-PAA),水接触角大约 25°,摩擦系数接近于 0.1[18,19]。

同样的条件下,若在 PU 表面接枝丙烯酰胺和丙烯酸的共聚物,则获得了润滑性能更好的接枝层。

通过对薄膜或者导管表面的来回抽插测试来评价表面润滑性涂层的牢固性和稳定性,结果表明,表面涂层经过 60 次以后的摩擦,没有明显的变化,仍然具有良好的表面润滑性,摩擦系数保持在 0.05 左右(如图 6.2 所示)。这表明,制备获得的涂层具有良好的稳定性,其性能基本上达到目前商用产品的水准。

Schlicht 等利用射频低温氧等离子体处理(辉光射频发生器频率 40 Hz,功率 900 W,压强 50 Pa)热塑型聚氨酯(TPU)(Texin® 985,Bayer 公司)30 s 接触角从原来的(92±5)°降低到(61±6)°,表面亲水性显著增加,把处理时间增加到 10 min,接触角下降不再显著,仅为(57±3)°。TPU 样品的表面粗糙度经过等离子体处理 30 s 后,增加大约 13%,10 min 后增加大约 25%[20]。Bahrami 等首先利用蓖麻油和六亚甲基二异氰酸酯合成 PU,然后在应用 N₂ 等离子体处理 PU 的表面,并原位在 PU 表面聚合丙烯酸形成聚丙烯酸膜,然后利用聚丙烯酸膜上大量的羧基和壳糖或胶原反应,最终获得了壳糖或胶原接枝的 PU[21]。

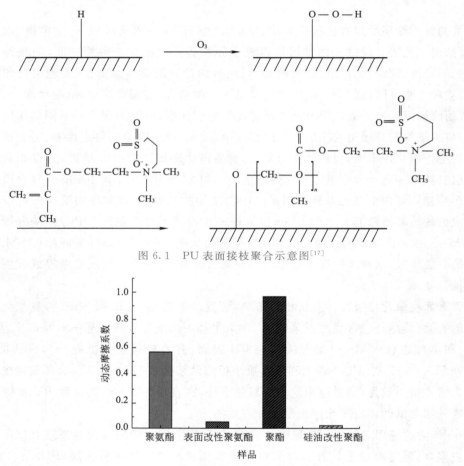

图 6.1 PU 表面接枝聚合示意图[17]

图 6.2 润滑涂层聚氨酯(PU)表面动态摩擦系数
[聚酯(PET)和采用硅油改性的聚酯作为对比]

Winkeljann 等利用氧等离子体处理聚二甲基硅氧烷(PDMS),再利用硅烷偶联剂将带不同电荷的水溶性高分子,即不带电荷的 PEG,聚阴离子型的黏液素和聚阳离子型的聚 L-赖氨酸,通过 EDC-NHS 化学或点击化学的方法接枝在 PDMS 上,结合合适的润滑剂(PEG 或透明质酸),可以得到当滑动速度为 10^{-2} mm/s 时低至 10^{-2} 的摩擦系数,并可以有效地降低导管的磨损[22]。

以紫外光照引发的光反应是一种修饰聚合表面的简单有效的方法。二苯甲酮(BP)是一种常用的光反应化合物,在紫外光照下能够和很多种类的聚合物基底发生反应,并且在无光的条件下相对稳定。Yuan 等通过紫外光照,将端基功能化的 PEG(BP-mPEG,BP-PEG-SO_3)接枝在 PU 表面,分别获得 PU-mPEG2000 或 PU-PEGSO$_3$,二者的水接触角分别为 $48.8°±1.6°$ 和 $32.6°±2.0°$,都显著低于原来的未经修饰的 PU 的水接触角 $67.2°±3.1°$,显示出优异的抗血小板黏附能力。即使经过几次应变(10%)处理,抗血小板性能依然没有显著变化,表明化学涂层的牢固程度[23]。

Xin 等通过紫外光引发 2-丙烯酸-2-羧乙酯(CEA)在 PU 表面接枝聚合,然后进一步通过氨基和羧基的反应将糖基三硅氧烷表面活性剂[N-硅氧烷葡萄糖酰胺和 N-硅氧烷乳糖酰胺,表示为 Si(3)NGA 和 Si(3)NLA]成功接枝在 PU 的表面,制备了具有两亲性结构的 PU。Si(3)NGA 改性的 PU 对蛋白质的吸附有明显的抑制作用,而 Si(3)NLA 修饰的基质表现出更高的蛋白质吸附和血小板黏附性质[24]。

Drobota 则直接应用紫外光(200～400 nm,强度 30 mW/cm^2)近距离照射(20 cm)聚对苯二甲酸乙二醇酯(PET)或 PU,则在其表面产生了羧基和羟基,然后通过胶原和基质间羧基和氨基之间的氢键作用将涂覆胶原在 PET 或 PU 的表面,如图 6.3 所示[25]。

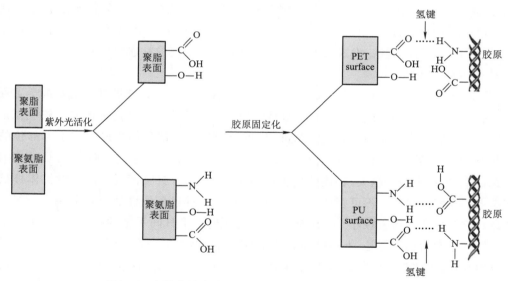

图 6.3　应用紫外光处理和胶原固定的表面修饰示意图[25]

6.4　其他辅助性材料

6.4.1　防粘连材料

手术过程所带来的组织创伤是目前导致粘连发生的主要因素,也是多年来一直困扰临床医生的一个麻烦的问题。粘连可以在身体的许多部位发生,例如,腹腔范围、妇产科范围、口腔、牙科范围、胸腔范围、肌腱范围、硬膜范围等。因此,粘连发生部位没有特异性。在这些粘连发生部位中,由于手术实施部位的普遍性,使得腹腔成为粘连高发部位之一。根据相关统计,大约 93% 以上的患者都会发生术后粘连,只不过大多数患者发生粘连后没有症状或症状很轻微[26,27]。

1. 粘连的危害

机体对损伤的修复过程是一个不可转变的自然发生过程,因此从某种意义上来讲,瘢痕组织的发生也可以看作是损伤部位重塑的过程[28]。这种重塑过程对患者来说则是一把"双刃剑",一方面可以重塑损伤组织,另一方面会导致术后粘连的发生以及因为粘连引起的并发症。正如前所述,有 93% 的患者会发生术后粘连,而发生肠梗阻是腹腔粘连的主要并发症,一旦发生患者往往需要接受二次手术对粘连发生部位进行松解,因此增加了手术的复杂性[29-31]。除小肠梗阻外,有 20%～40% 的继发性不孕不育也可以由粘连导致,同时粘连还可以导致 48% 的慢性腹盆腔疼痛,极大地影响了患者康复后的生活质量。

对于腹壁缺损患者来说,补片的植入(即异物的引入)也是一个导致粘连发生的高风险因素。长期的异物刺激和慢性炎性会极大地增加粘连的发生。Eller 等[32]通过腹腔镜将聚丙烯补片植入 21 只实验猪的体内,发现有大于 50% 的猪都发生了脏器与补片的粘连。同时,他们还发现,在假体组中也出现了 3 例粘连。这一结果表明,除了异物刺激会导致粘连发生外,腔镜的小范围损伤可以导致粘连的发生。Miwa 等[33]对 20 例大鼠进行了补片植入,并进行了 3 个月的观察,发现聚丙烯补片的植入具有较高的粘连发生率。

2. 腹腔粘连的防范措施

腹腔粘连一直是困扰临床外科的一个问题。随着医学技术的进步以及生物医学工程学科的发展,一些防粘连的方法也开始出现,且收到了一定的效果。防止粘连的一般性原则是提高外科医生的操作技能,做到快速、精准,尽可能减少手术部位的出血和非手术部位的损伤。此外,可对术后部位通过生理盐水清洗的手段来减少粘连发生的风险[34]。从粘连的发生来看,手术过程中损伤越大,粘连的发生风险越高。因此,腹腔镜技术以其对机体极低的损伤走入了人们的视野。不可否认,腹腔镜技术的引入对当今外科学带来了一次全新的技术革命。它对患者的伤害极小[35],甚至在临床上已进入了日间手术的操作范畴,患者术后第二天即可正常活动。但是,上述措施对粘连的防治依然不太理想,其根本原因就在于手术损伤依然存在,机体损伤修复过程不可避免。Tsuruta 等[36]对 167 例经腹腔镜接受大肠手术的患者进行了随访,发现在不进行防粘连预防的患者中,即使是用腹腔镜,发生粘连的比例依然较高。

粘连的发生虽然是由损伤或炎症引起,但是粘连发生还有一个比损伤或炎症更加重要的前提条件,即相邻组织的接触。正是这个前提条件,人们开始考虑能否通过物理方式将相邻组织进行隔离。事实证明,这个想法是行之有效的,且已经逐渐成为当今临床上预防粘连发生的主要手段[37]。

目前用于粘连预防的材料大致可以分为三类:液体屏障、固体薄膜、水凝胶。

液体屏障大多是一些天然或合成的有机高分子化合物,因为具有较高的分子量,因此这类溶液具有一定的黏性,例如被美国食品药品监督管理局(FDA)批准的右旋糖酐[38,39]、透明质酸[40,41]、聚乙烯醇[42]等。透明质酸(hyaluronic acid)是一个天然存在于细胞外的基质成分,因此它具有优良的生物相容性,同时较高的分子量和较黏稠的性质有利于在损伤部位的附着,业已证明透明质酸具有一定的防粘连功效[43]。Metwally 等[41]通过 Mata 分析评估了透明质酸流体在粘连防治上的效果,结果表明透明质酸具有减少粘连的功效。Hu 等[44]也认为透明质酸是一种安全有效的防粘连剂。但是也有一些报道表明慢性盆腔疼痛与腹膜炎可能与透明质酸的使用有关[45]。

液体屏障还有一个最大的问题,即是在损伤部位的驻留时间。这是一个不容忽视的问题,一般损伤修复的周期最少在 7 d 左右,这就要求屏障驻留时间最少也应该在这个时间范围里,若提前降解或流失,则无法有效防止粘连。液体屏障大多是水溶性物质,由于腹腔内的腹水以及损伤部位的组织渗出液共同作用,将很快对液体屏障进行稀释,导致其无法稳定驻留损伤部位,这是液体屏障的共同缺陷[46]。由于这个问题,人们开始探索使用固态膜屏障,例如一种透明质酸与羧甲基纤维素的共混薄膜如今被广泛用于临床,研究表明它可以有效地降低粘连的程度[47,48]。但是大多的固态膜屏障都存在一些使用问题,即在不规则几何面的体内覆盖损伤处比较困难,难以使用腹腔镜技术进行处理[49],容易与润湿的表面黏合使得操作不方便,而干燥的固态膜比较脆、容易破损等[50]。

水凝胶是一种具有三维网络结构的高分子聚合物,具有较强的亲水性,能够在水中保持固有结构。水凝胶与细胞外基质的性质极为类似,例如,具有较高的含水量、理想的黏弹性特征、较高孔隙率等。近年来水凝胶被大家广泛关注,有关水凝胶在生物医学、组织工程等领域的应用也层出不穷。水凝胶吸水后会发生溶胀,但是其本身不会在水中溶解,这就使得可以在液体环境中存在较长时间。另外,水凝胶具有和机体组织相匹配的黏弹性特征,对机体的机械损伤几乎没有。因此在术后粘连防治方面,水凝胶也占有一席之地。水凝胶既不像纯流体也不像固体膜,所以它可以很好地在具有复杂几何面的损伤表面覆盖。例如 Li 等[51]利用羧甲基壳聚糖与透明质酸形成的凝胶对大鼠肠损伤模型进行防粘连研究。结果表明,该凝胶显著地减少了粘连的发生。Yeo 等[52]制备了 HA 的水凝胶用于实验兔的肠粘连预防,结果表明 8 只实验组动物中仅有 2 例发生了一定程度的粘连,而对照组中的 12 只兔有 10 只发生了严重的粘连。但是目前有些水凝胶用于粘连防治依然存在一些缺陷,例如一些水凝胶的原位成胶需要紫外光固化,即在凝胶系统中引入了光交联剂,这对机体的影响是不确定的,并且固化过程中所需要用到的紫外光源对手术操作带来了不便。另外,水凝胶由于其高度的亲水性,使得凝胶表面在液体环境中形成水化层,这也将不利于凝胶与组织表面的固着。再者,在围手术期,一旦凝胶滑脱或过快降解,创面暴露,粘连发生的风险将大大增加。

6.4.2 医用黏合剂

医用黏合剂是以生物体(主要是人体)活组织作为黏接对象的一类黏合剂。1936 年德国 Kulzerr 公司上市了以甲基丙烯酸甲酯(MMA)为主体的牙科黏合剂。1958 年美国 Eastman Kodark 公司首先研发成功 α-氰基丙烯酸酯胶黏剂 Eastman 910，用于黏合皮肤和止血。1960 年 Charnly 首先将丙烯酸骨黏合剂用于人工髋关节的手术获得成功。我国 1962 年起开始研究和生产医用胶黏剂，迄今为止，主要品种有 α-氰基丙烯酸乙酯、丁酯、异丁酯等，用作替代外科手术缝合及组织黏结，在北京、上海、天津、南京、西安等地医院均有临床应用[53]。近年来，医用黏合剂的发展更为迅速，已形成了包括合成原料及天然原料的几十种类型，在医疗上作为皮肤、血管、脏器和止血黏合材料的应用也日益广泛。

1. 医用黏合剂的特点

作为与其他通用型黏合剂的区别，理想的医用黏合剂应该具备以下性质[54-57]：

(1)在有血液和组织液的条件下也可以胶接。

(2)安全无毒，不致突变，不致畸，不致癌。

(3)生物相容性好，不妨碍生物体组织的自身愈合。

(4)在常温、常压下能与组织快速黏合。

(5)对组织有良好的黏合强度及持久性，黏合部分具有一定的弹性和韧性。

(6)在使用过程中对人体组织无刺激性。

(7)本身无菌且在一定时期内可以抑菌。

(8)达到使用效果后在组织内可逐渐降解、吸收代谢。

(9)呈单组分液态或糊状，不含非水溶剂。

(10)在常温下易保存，使用前无须调配。

目前普遍使用的医用黏合剂多多少少都存在一些缺点，并不能够完全达到理想的效果。

2. 医用黏合剂的分类

医用黏合剂的种类很多，按其材料性质可分为化学黏合剂和生物黏合剂。按其用途具体分类为软组织黏合剂、硬组织黏合剂及皮肤压敏胶。

(1)软组织黏合剂

①α-氰基丙烯酸酯类医用黏合剂

其化学结构式为 $CH_2 = C(CN)COOR$。其中"R"可以有一系列不同的取代基，其性能特点也各有差异。α-氰基丙烯酸酯类黏合剂是发现最早、应用最广泛的组织黏合剂。该种黏合剂的特点是黏接速度快、黏接强度高而且毒性相对较小，组织反应相对较弱，是临床应用的主要品种。其优点主要体现在：

a. 使用方便。该类化合物为单组分液态无溶剂类黏合剂，使用时，无须外加条件（如加热、加催化剂等）即可在室温下几分钟甚至几秒钟内固化，被黏接表面不需要特殊的处理。

b. 使用量少。该类化合物的黏度低，易铺展，单位面积的使用量少，黏接强度高，适用范围广。

c. 固化后无色透明，收缩率为 11％～14％，外观美观。

d. 具备与天然组织相适应的物理性能，化学性能稳定。

e. 具有良好的生物相容性[57]。

α-氰基丙烯酸酯类黏合剂在医学领域中的主要用途为：

a. 外科。黏接对象主要是软组织，用来代替缝合、止血、吻合血管组织、固定补修物等，20 世纪 70 年代后期有人用它阻塞血管以治疗癌症。

b. 口腔科。用做牙体硬组织黏合剂及防龋涂膜材料。

c. 计划生育。用于阻塞输卵管及输精管[53]。

②血纤维蛋白黏合剂

纤维蛋白黏合剂主要由三种成分组成：

a. 纤维蛋白原。纤维蛋白质是此类黏合剂的主要成分，存在于血浆中，它是分子量为 340 kDa 的生物大分子，由三对肽链 $A_\alpha 2$、$B_\beta 2$ 和 $\gamma 2$ 组成。

b. 活性溶液，包括凝血酶、Ca^{2+} 离子、Ⅷ因子，可以促使纤维蛋白原转变成纤维蛋白单体。单体间由于负电荷减少，可以自发聚集成无共价链相连的多聚体，并可以在 Ca^{2+} 的存在下激活Ⅷ因子，被激活的Ⅷ因子催化相互接近的单体间两条 γ 链的谷氨酰胺残基和赖氨酸的 E-氨基形成共价键，最终形成稳定的纤维蛋白多聚体。

c. 抗纤溶剂。主要为抑肽酶，用以抑制或减缓纤维蛋白溶酶原(纤溶酶)对凝块的降解[54]。

血浆来源的纤维蛋白黏合剂具有良好的生物相容性及生物降解性，不易引起炎症、异物反应、组织坏死或广泛的纤维变性，使用后形成的纤维蛋白凝块可在数天或数周内被吸收，还可以促进血管的生长和形成以及局部组织的生长和修复。纤维蛋白黏合剂是应用二次止血机制的止血剂，对血小板凝血障碍者也可获得预期效果，它不仅可以黏接创面、止血，还可促进创伤愈合。因为本身为液体，特别适用于凹凸不平和深度创伤，组织亲和性好，一周时间可被吸收，不会残留妨碍组织生长的障碍物[58]，主要用于软组织手术创伤部位的止血，神经、胰、血管的黏合、缝合补强，骨折片固定，创伤敷盖材料，整形外科死腔充填材料以及泌尿科结石排除等[59]。

③聚氨酯黏合剂

目前主要以生物可降解脂肪族聚酯作为软段[如聚乳酸、聚乙醇酸、聚 ε-己内酯、聚羟基丁酸酯(PHB)等]，以脂肪族或饱和的环族二异氰酸酯作为硬段[如四亚甲基二异氰酸酯、六亚甲基二异氰酸酯(I-IDI)、4′,4-亚甲基二环己基二异氰酸酯、异佛尔酮二异氰酸酯和小分子二醇或二胺]，合成无毒性的生物降解聚氨酯。以赖氨酸基二异氰酸酯(LDI)为硬段合成的聚氨酯具有更多优势[60]。为了使接合部有柔软性，有研究者开发研究了快速固化聚氨酯弹性体黏合剂。KL-3 胶[61]可以在 3～5 min 固化，推荐用于阑尾炎、胆道和肠管等黏合。随后 Dunn 等[62]采用端羟基的乳酸/ε-己内酯共聚物和异氰酸酯进行聚合，合成了可生物降解的软组织黏合剂，可以几分钟内固化。Pavlova 等[63]研制了亲水性聚氨酯黏合剂和聚丙烯酸酯聚氨酯黏合剂，可载药，用于物理或外科创伤、烧伤、溃疡等，具有生物相容性和生物降解性。作为伤口敷料，其为透明的贴膜，既能直接观察局部变化，又能避免污染，是很有发展前途的医用胶膜。这类黏合剂的缺点是所用合成材料——芳香族二异氰酯对生物体有一定毒性，因此日本 Ikada 等[60]开发了用脂肪族二异氰酸酯 1,6-己二异氰酸酯(HDI)合成的黏合剂。生物可降解聚氨酯在医学上的应用主要集中在药物缓释载体材料、手术缝合线、人造皮肤、伤口敷料、医用黏合剂，组织工程修复及细胞培养支架等[64]。聚氨酯具有优良的机械性能、生物相容性和血液相容性、良好黏合性、可降解、无不良反应等优异的性能[65]。

④脲烷预聚物胶黏剂

其特点为：a. 吸收生物体组织表面水分,增强与组织间的密合；b. 与水反应快速固化；c. 固化物具一定柔韧性；d. 可生化分解；e. 缓解软组织吻合部的应力集中,增加胶粘剂贮存稳定性。近年来,有研究者开发了一类由含氟芳香异氰酸酯（如四氟代间苯二异氰酸酯TDI）以及蓖麻油、吡啶组成的快速固化聚氨酯,用于肝脏撕裂止血和皮肤切口黏合等[66]。

⑤其他软组织胶黏剂

其他软组织胶黏剂包括：明胶系,如 GRF 胶（明胶—间苯二酚—甲醛胶黏剂）,用于皮肤与黏膜的黏合涂覆；血浆系,如 Plasma,用于神经组织保护、皮肤的涂覆；有机硅系,如 SillasticAdhesive B,用于皮肤表面保护；聚甲基丙烯酸羟乙酯系,用作烫伤保护皮膜；氯乙烯乳液系,如 Geon Latex,用作脑动脉瘤的补强；火绵胶系,为 4％硝化纤维素溶液,用作止血涂覆剂[66]。

（2）硬组织黏合剂

①骨水泥类黏合剂

医用骨黏合剂以其使用方便、可任意塑性等优点,在治疗骨科疾病方面有很好的应用前景,但尚无一种黏合剂能够满足所有临床要求。

a. PMMA 骨水泥,化学名称为聚甲基丙烯酸甲酯（PMMA）,多用于骨组织与金属或高分子聚合物制造的人工器官、各种关节的粘接,也用于骨转移性肿瘤病理性骨折的填充固定。由于其单体易引起细胞毒性反应,骨水泥与骨组织界面有纤维组织生长,形成厚的结合组织膜,同时伴有血压下降,聚合物的热效应还会对骨水泥周围产生损伤,致使界面间产生松动,甚至由此而产生断裂,因此人们一直期望开发一种生物活性好的骨水泥,以取代 PMMA 骨水泥[59]。

b. 磷酸钙系骨水泥。磷酸钙骨水泥（CPC）作为一种新型的骨组织修复和替代材料,具有良好的生物相容性和骨传导性、生物安全性、能任意塑形、在固化过程中的等温性,已成为临床组织修复领域研究和应用的热点之一[67]。磷酸钙系陶瓷能先期与骨质发生化学结合,一开始就形成牢固齿合。它的作用是使埋入骨内的材料表面活化,使在材料表面上形成的骨组织与骨直接结合。在生物体内,材料表面刚一溶出就从周围组织吸收钙、磷构成磷灰石层,同时,接近材料表面的骨组织有产生新生骨的机能,该新生骨与材料新生的磷灰石层直接结合,称之为结合性形成骨。新生的磷灰石反应层薄、界面结合力及机械强度好,有利于临床应用。

c. 磷酸镁骨水泥。磷酸镁骨水泥（MPC）也具有良好的性能。MPC 骨水泥具有一定的黏接强度,能降解,对体内电解质干扰小,可以用于骨折的粘接固定[67]。磷酸镁医用黏合剂能够避免 α-氰基丙烯酸酯和聚甲基丙烯酸甲酯生物相容性差的缺点,同时自身强度又高于CPC,是一种性能较好的潜在黏合剂,逐渐受到了人们的关注。但 MPC 的粘接强度较低,如能借鉴牙齿修复的方法,利用偶联剂使粘接界面产生化学键合,则有望大幅度提高粘接强度。若 MPC 能够直接黏合骨折而不用内固定,就无须二次手术将内固定取出,同时这一新型无机骨黏合剂的成功开发将彻底改变骨科疾病的治疗面貌,不仅能带来很大的社会效益和经济效益,而且对推动生物材料的发展具有重要的学术价值。

②牙科黏合剂

目前使用的牙科用胶黏剂又称黏固剂,可分两大类[59]:无机材料,包括磷酸锌水泥(氧化锌加磷酸水溶液)、聚羧酸锌水泥(氧化锌加聚丙烯酸水溶液)、玻璃离子键聚合物水泥(硅酸铝加聚丙烯酸水溶液)等;有机材料,即合成树脂黏合剂。

黏固剂主要用于黏合固定修复体,或正畸矫治器及附件等的黏固,也可用于窝洞的基衬和暂时填充。传统黏固剂有磷酸锌、磷酸硅等。当前较理想的是玻璃离子黏固剂,含氟素和单宁酸,粘接性强,有阻塞牙本质小管及抗敏防龋作用,固化后物质性质与牙齿相近,适于门齿填补。合成树脂在牙科的临床应用较多,主要承担机械力的作用。如甲基丙烯酸酯系的4-EMTA(4-甲基丙烯酰氧乙基偏苯三酸酐酯)、PhenyP(甲基丙烯酰氧乙基苯基磷酸酯)、配合磷酸酯的Bis-GMA(双甲基丙烯酸缩水甘油酯)等,用于龋齿填充和牙质粘接;聚羧酸系的聚丙烯酸酯加氧化锌或特殊玻璃填料,用于填充齿洞及粘接有机玻璃补修[66]。牙科用胶黏剂的主要临床应用还包括正畸粘接、根管充填材料以及深龋垫底材料等[68]。

(3)皮肤用压敏胶

压敏胶是一类不需溶剂或热,只需要一定的压力就能浸润被粘表面并产生实用黏结强度的胶黏剂[68]。医用压敏胶由弹性体和增黏树脂组成,基本成分与工业用压敏胶相似。所用原料为天然橡胶、合成橡胶、丙烯酸聚合物和有机硅聚合物、聚乙烯基醚、聚异丁烯、聚氨酯等。其应用范围包括伤口处理,粘接生物医学装置(如心电图电极、脑电图电极、经皮的神经电刺激器、超声波诊断用联接器等),将外科器械和制品贴到身体上(如结肠和回肠切开术器件、气管开口术管、电手术用接地垫等),经皮吸收制剂载体以及其他医学应用[59]。医用压敏胶发展较快,需求量日渐增大,美国1995年度医用压敏胶粘剂总需求量大约6.6万t,并且平均增长大于10%[66]。医用压敏胶种类较多,用途广泛,如嵌段聚醚聚氨酯对皮肤刺激小,有优异的耐水性和形状记忆能力,重复水洗后表面粘性能恢复;经皮吸收剂有含药的聚异丁烯压敏胶,用于治疗高血压,妇女更年期障碍;含芬他尼镇痛药的有机硅压敏胶能缓和癌病者痛苦等[69]。更有效的皮肤用压敏胶的开发和研究正日益高涨,并已有若干产品投放市场。

3.医用黏合剂的发展展望

目前广泛使用的各类医用黏合剂都或多或少的存在着自身的不足,真正符合临床要求的理想黏合剂还没有出现。例如软组织胶黏剂中,α-氰丙烯酸酯固化速度快,黏结强度较高,本身抑菌,但固化后缺乏弹性,且还有轻微组织毒性,不宜用于神经组织的黏结固定;纤维蛋白胶生物相容性好,但制备成本高,黏结强度不高,且非自体纤维蛋白还存在病毒感染的风险。今后医用胶黏剂的发展趋势应该是加强对生物体内(特别是内脏器官等)可生物降解手术胶黏剂的研制和开发,更多着眼于合成新型的理想化的可生物降解的医用胶黏剂。

6.4.3 医用过滤材料

超细玻璃纤维可制成过滤毡或过滤膜材料,广泛用于空气过滤和液体过滤,如净化作业台、洁净室、室内空气净化器、麻醉气体过滤设备、HVAC体系(供暖、通风和空调体系),还可用于各种空气分析及液体分析,如用于测试废水中的溶解和悬浮固体,以及空气污染物的重力分析,其流速、湿强度、纳污(固体)能力高,也用于 PM2.5、PM10 采样分析。玻璃纤维在临床医学应用的代表产品包括输血用去白细胞滤器和呼吸过滤器。

现代输血学研究表明,血液中非治疗性成分如白细胞是一种"污染物质",同种异体输血后会产生白细胞抗体,引起一系列的不良反应及副作用。以熔喷超细玻璃纤维为原料,通过湿法造纸生产的超细玻璃纤维滤膜可用于制作输血用去白细胞滤器。

去白细胞滤器依据过滤血液成分的不同分为用于过滤全血、浓缩红细胞或者血浆制剂的 RC 型滤器及用于过滤血小板制剂的 PL 型滤器两种。过滤原理包括:筛滤、架桥、拦截和黏附等,其中筛滤是利用白细胞变形能力仅是红细胞变形能力的 1/1 000,白细胞难以通过小于 5 μm 的孔径,红细胞很容易通过大于 3 μm 的孔,然而去白细胞滤器中孔径分布不均匀,而且细胞通过这些孔道受流体静态压力、切变率、孔形状、流速等因素的影响,流体边界层效应对细胞的筛分作用也有影响。通过对玻璃纤维材料表面改性使其对白细胞具备特异性吸附能力,此外也证明血小板有促进白细胞黏附的作用。通过两种作用的协同工作,全血、浓缩红细胞或者血浆制剂经过 RC 型滤器达到高效去白细胞的效果。PL 型白细胞过滤器过滤原理除通过细胞筛分作用外,还利用细胞表面密度不同,通过对滤膜表面改性从而调节滤膜表面电荷量,滤膜带有一定的正电荷使得血小板不被黏附可以通过,而白细胞被黏附,以此达到白细胞和血小板分离的目的。通过对超细玻璃纤维膜表面改性,以其为基材的去白细胞滤器对白细胞有着很强的吸附能力,能高效去除白细胞,保证输血安全,产品已在临床应用多年。

呼吸过滤器又称生物过滤器、湿热交换过滤器、人工鼻,是一种在呼吸回路中使用的过滤器。玻璃纤维制作的呼吸过滤器具有不同程度的生物过滤功能和加温保湿作用,还能防止小气道的塌陷和肺不张,降低呼吸回路微生物的污染、减少院内感染,是作为机械通气期间保护气道、降低呼吸回路微生物污染和控制院内感染的重要措施,也是临床呼吸功能检测中避免交叉感染的主要手段。图 6.4 为呼吸过滤器示意图。

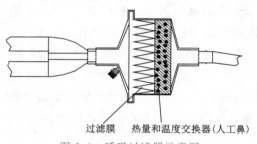

过滤膜　　热量和温度交换器(人工鼻)

图 6.4　呼吸过滤器示意图

英国 Intersurgical 公司生产的呼吸过滤器采用聚丙烯、聚氯乙烯和玻璃纤维过滤纸材料制成,用于呼吸及麻醉机管路中过滤细菌、病毒及增加气体湿热程度。经实验室检测,其滤除空气中 0.5 μm 以上微粒的滤除率不小于 90%,对枯草芽孢杆菌(1.0 μm×Intersurgical 0.7 μm)和 MS-2 大肠杆菌噬菌体(0.02 μm)的过滤效率不小于 99.99%。美国、德国、法国及我国也有多家公司生产同类呼吸过滤器。

参考文献

[1] 国家药监总局.医疗器械分类目录[Z],2018 版.

[2] 赵琳,宋建星.创面敷料的研究现状与进展[J].中国组织工程研究与临床康复,2007,11(9):1724-1726,1737.

［3］　巩柯.高性能脱细胞真皮基质抗菌敷料制备性能及研究［D］.济南：山东大学，2014.

［4］　徐结明.水胶体敷料的工业化生产设备（实用新型）CN201220206609.0［P］.2013-01-30.

［5］　环球聚氨酯网［OL］，www.puworld.com.

［6］　JOSEPH J，PATEL R M，WENHAM A，et al. Biomedical applications of polyurethane materials and coatings［J］. Trans. IMF，2018，963：121-129.

［7］　周雪锋.改善医用聚氨酯表面亲水性与润滑性的设计及工艺研究［D］.南京：东南大学，2011.

［8］　ALMOUSE R，WEN X，NA S，et al. Polyvinylchloride surface with enhanced cell/bacterial adhesion-resistant and antibacterial functions［J］，J. Biomater. Appl. 2019，33（10）：1415-1426.

［9］　张素文，邱秀菊，孟建文，等.医用硅橡胶导管的表面改性及其亲水性和抗菌性研究［J］，橡胶工业，2019，66（8）：611-612.

［10］　KRISHNA O D，KIM K，BYUN Y. Covalently grafted phospholipid monolayer on silicone catheter surface for reduction in platelet adhesion［J］. Biomaterials，2005，26：7115-7123.

［11］　GODDARD J M，HOTCHKISS J H. Polymer surface modification for the attachment of bioactive compounds［J］. Prog. Polym. Sci. 2007，32（7）：698-725.

［12］　MAO C，QIU Y Z，SANG H B，et al. Various approaches to modify biomaterial surfaces for improving hemocompatibility［J］. Adv. ColloidInterface Sci. 2004，110（1/2）：5-17.

［13］　王聘.医用导管表面亲水润滑改性［D］.大连：大连工业大学，2014.

［14］　WILSON D J，RHODES N P，WILLIAMS R L. Surface modification of a segmented polyurethane using a low-powered gas plasma and its influence on the activation of the coagulation system［J］. Biomaterials，2003，24：5069-5081.

［15］　ISHIHARA K，HANYUDA H，NAKABAYASHI N. Synthesis of phospholipid polymers having a urethane bond in the side chain ascoating material on segmented polyurethane and their platelet adhesion-resistant properties［J］. Biomaterials，1995，16（11）：873-879.

［16］　LEWIS A L，HUGHES P D，KIRKWOOD L C，et al. Synthesis and characterizationof phosphorylcholine-based polymers useful for coating blood filtration devices［J］. Biomaterials，2000，21（18）：1847-1859.

［17］　YUAN Y，SHEN J，LIN S，et al. Polyurethane vascular catheter surface grafted with zwitterionic sulfobetaine monomer activated by ozone［J］. Colloid. Surface. B：Biointerfaces，2004，35：1-5.

［18］　ZHOU X，ZHANG T，JIANG X，et al. The surface modification of medical polyurethane to improve the hydrophilicity and lubricity：the effect of pretreatment［J］. J. Appl. Polym. Sci. ，2010，116（3）：1284-1290.

［19］　ZHOU X，ZHANG T，GUO D，et al. A facile preparation of poly（ethylene oxide）-modified medical polyurethane to improve hemocompatibility［J］. Colloid. Surface. A-Physicochem. Eng. Aspects，2014，441：34-42.

［20］　SCHLICHT H，HAUGEN H J，SABETRASEKH R，et al. Fibroblastic response and surface characterization of O_2-plasma-treated thermoplastic polyether urethane［J］. Biomed. Mater. ，2010，5：025002.

［21］　BAHRAMI N，KHORASANI S N，MAHDAVI H，et al. Low-pressure plasma surface modification of polyurethane films with chitosan and collagen biomolecules［J］，J. Appl. Polym. Sci. ，2019，136：47567.

［22］　WINKELJANN B，LEIPOLD P M A，LIELEG O. Macromolecular coatings enhance the tribological performance of polymer-based lubricants[J],Adv. Mater. Interfaces,2019:1900366.

[23] YUAN L,QU B,LI J,et al. Photoreactive benzophenone as anchor of modifier to construct durable anti-platelets polymer surface[J],Eur. J. Polym. ,2019,111:114-122.

[24] XIN Z,DU B,YAN S,et al. Surface modification of polyurethane via covalent immobilization of sugar-based trisiloxane surfactants[J],Des. Monomers Polym. ,2014,18(3):284-294.

[25] DROBOTA M,GRADINARU L M,CIOBANU C,et al. Collagen immobilization on poly(ethylene terephthalate)andpolyurethane films after UV functionalization[J],J. Adhes. Sci. Technol,,2015,29 (20):2208-2219.

[26] BOLAND G M,WEIGEL R J. Formation and prevention of postoperative abdominal adhesions[J]. J. Surg. Res. ,2006,132:3-12.

[27] WU W,CHENG R,DAS NEVES J,et al. Advances in biomaterials for preventing tissue adhesion[J]. J. Control. Release,2017,261:318-336.

[28] ALPAY Z,SAED G M,DIAMOND M P. Postoperative Adhesions:From Formation to Prevention[J]. Semin. Reprod. Med. ,2008,26:313-321.

[29] TEN BROEK R P G,STOMMEL M W J,STRIK C,et al. Benefits and harms of adhesion barriers for abdominal surgery:a systematic review and meta-analysis[J]. Lancet,2014,383:48-59.

[30] FARINELLA E,CIROCCHI R,LA MURA F,et al. Feasibility of laparoscopy for small bowel obstruction[J]. World J. Emerg. Surg. ,2009,4:3-12.

[31] AL-TOOK S,PLATT R,TULANDI T. Adhesive small bowel adhesions obstruction:Evolutions in diagnosis,management and prevention[J]. World J. Gastrointest Surg. ,2016,27:222-231.

[32] ELLER R,TWADDELL C,POULOS E,et al. Abdominal adhesions in laparoscopic hernia repair[J]. Surg. Endosc. ,1994,8:181-184.

[33] MIWA K,ARAKI Y,ISHIBASHI N,et al. Experimental study of composix mesh for ventral hernia [J]. Int. Surg. ,2007,92:192-194.

[34] TAKEUCHI H,KITADE M,KIKUCHI I,et al. Influencing factors of adhesion development and the efficacy of adhesion-preventing agents in patients undergoing laparoscopic myomectomy as evaluated by a second-look laparoscopy[J]. Fertil. Steril. ,2008,89:1247-1253.

[35] BROKELMAN W J A,HOLMDAHL L,BERGSTROM M,et al. Peritoneal fibrinolytic response to various aspects of laparoscopic surgery:A randomized trial[J]. J. Surg. Res. ,2006,136:309-313.

[36] TSURUTA A,ITOH T,HIRAI T,et al. Multi-layered intra-abdominal adhesion prophylaxis following laparoscopic colorectal surgery[J]. Surg. Endosc. ,2015,29:1400-1405.

[37] BROCHHAUSEN C,SCHMITT V H,RAJAB T K,et al. Intraperitoneal adhesions--an ongoing challenge between biomedical engineering and the Life Sciences[J]. J. Biomed. Mater. Res. A,2011,98: 143-156.

[38] ZHANG B,MONTGOMERY M,CHAMBERLAIN M D,et al. Biodegradable scaffold with built-in vasculature for organ-on-a-chip engineering and direct surgical anastomosis[J]. Nat. Mater. ,2016, 15:669-678.

[39] ITO T,YEO Y,HIGHLEY C B,et al. Dextran-based in situ cross-linked injectable hydrogels to prevent peritoneal adhesions[J]. Biomaterials,2007,28:3418-3426.

[40] CHEN C H,CHEN S H,SHALUMON K T,et al. Dual functional core-sheath electrospun hyaluronic

acid/polycaprolactone nanofibrous membranes embedded with silver nanoparticles for prevention of peritendinous adhesion[J]. Acta Biomater. ,2015,26:225-235.

[41] METWALLY M,GORVY D,WATSON A,et al. Hyaluronic acid fluid agents for the prevention of adhesions after fertility-preserving gynecological surgery:A meta-analysis of randomized controlled trials[J]. Fertil. Steril. ,2007,87:1139-1146.

[42] FUJINO K,KINOSHITA M,SAITOH A,et al. Novel technique of overlaying a poly-L-lactic acid nanosheet for adhesion prophylaxis and fixation of intraperitoneal onlay polypropylene mesh in a rabbit model[J]. Surg. Endosc. ,2011,25:3428-3436.

[43] OZGENEL GY. The effects of a combination of hyaluronic and amniotic membrane on the formation of peritendinous adhesions after flexor tendon surgery in chickens[J]. J. Bone Joint Surg. Br. ,2004, 86:301-307.

[44] HU J,FAN D,LIN X,et al. Safety and efficacy of sodium hyaluronate gel and chitosan in preventing postoperative peristomal adhesions after defunctioning enterostomy:A prospective randomized controlled trials[J]. Medicine,2015,94:e2354.

[45] METWALLY M,CHEONG Y,LI T C. A review of techniques for adhesion prevention after gynaecological surgery[J]. Curr. Opin. Obstet. Gynecol. ,2008,20:345-352.

[46] LIN L X,LUO J W,YUAN F,et al. In situ cross-linking carbodiimide-modified chitosan hydrogel for postoperative adhesion prevention in a rat model[J]. Mater. Sci. Eng. C,2017,81:380-385.

[47] ERPEK H,TUNCYUREK P,SOYDER A,et al. Hyaluronic acid/carboxymethylcellulose membrane barrier versus taurolidine for the prevention of adhesions to polypropylene mesh[J]. Eur. Surg. Res. , 2006,38:414-417.

[48] GREENAWALT K E,BUTLER T J,ROWE E A,et al. Evaluation of sepramesh biosurgical composite in a rabbit hernia repair model[J]. J. Surg. Res. ,2000,94:92-98.

[49] JOHNS D B,KEYPORT G M,HOEHLER F,et al. Reduction of postsurgical adhesions with intergel adhesion prevention solution:A multicenter study of safety and efficacy after conservative gynecologic surgery[J]. Fertil. Steril. ,2001,76:595-604.

[50] LIN L X,YUAN F,ZHANG H H,et al. Evaluation of surgical anti-adhesion products to reduce postsurgical intra-abdominal adhesion formation in a rat model[J]. PLoS One,2017,12:1-9.

[51] LI L,WANG N,JIN X,et al. Biodegradable and injectable in situ cross-linking chitosan-hyaluronic acid based hydrogels for postoperative adhesion prevention[J]. Biomaterials 2014,35:3903-3917.

[52] YEO Y,HIGHLEY C B,BELLAS E,et al. In situ cross-linkable hyaluronic acid hydrogels prevent post-operative abdominal adhesions in a rabbit model[J]. Biomaterials,2006,27:4698-4705.

[53] 罗致诚. 生物医学工程学[M]. 上海:上海科学技术出版社,1989.

[54] 夏毅然,徐永祥,刘文冰,等. 医用粘合剂的研究及应用进展[J]. 化工新型材料,2003,31(4):9-12.

[55] PFISTER W R. Silicone PSAs offer flexibility for medical,pharmaceutical use[J]. Adhesives Age,1990,33 (13):2-4.

[56] 汪锡安,胡宁先. 医用高分子[M]. 上海:上海科学技术文献出版社,1980.

[57] 赵颖,刘振. α-氰基丙烯酸酯类医用粘合剂的特点及应用[J]. 热固性树脂,2010,25(3):17-18.

[58] 桑新亭,唐伟松. 国产纤维蛋白粘台胶临床应用观察[J]. 中国新药杂志,2000,9(8):554-556.

[59] 胡亮,郑昌琼,冉均国. 医用粘合剂研究进展[J]. 国外医学生物学工程分册. 1998,21(1):99-101.

［60］ IKADA,MORIMOTO,TAKAGI. Surgical adhesives E 482467［P］. 1992.

［61］ LIPATOVA T E,VESELOVSKY R A,PKHAKADZE G A. Adhesive for gluing together soft body tissues US. 4057535［P］. 1977-08-11.

［62］ DUNN R L,ENGLISH J P,VANDERBILT D F. Biodegradable tissue adhesives［J］. Polymer Preprints,1980,30(1):501-502.

［63］ PAVLOVA M,DRAGANOVA M. Biocompatible and biodegradable polyurethane polymers［J］. Biomaterials,1993,14(13):1024-1029.

［64］ 刘炼,魏志勇,高军,等. 生物可降解聚氨酯的合成及应用［J］. 中国组织工程研究与临床康复,2008, 12(14):2735-2748.

［65］ 喻都,肖海军,石伟哲. 聚氨酯胶黏剂的医用研究进展［J］. 生物骨科材料与临床研究. 2015,12(3): 63-66.

［66］ 陈子达,李玲,邹翰. 医用胶粘剂的研究进展［J］. 化学与粘合,2001,(01):21-24.

［67］ 蔡真真,张建新. 骨科医用粘合剂的研究进展［J］. 右江医学,2009,(06):739-741.

［68］ 王艳红,顾汉卿. 医用粘合剂的发展及临床应用进展［J］. 透析与人工器官,2008,19(3):23-32.

［69］ 张在新. 国外粘合剂工业进展［J］. 中国胶粘剂. 1993,2(4):21-29.

第7章 生物医用复合材料加工成型

随着医学、生物学、材料科学与工程的快速发展,生物医用复合材料在生物医学领域应用越来越广泛。它涵盖了植入体与人工器官、组织工程支架与再生医学、药物缓释控释载体与靶向治疗、医学诊断与柔性可穿戴诊疗设备等众多领域。不同领域(如骨科、皮肤、神经、心血管、肿瘤治疗等)的临床应用,对生物医用复合材料的形态、结构和性能有着不同的要求。生物医用复合材料的制备和加工成型技术及对结构和性能的调控对其生物医学应用发挥着越来越重要的作用,如通过不同加工方法获得有序排列、纳米结构、多孔结构或图案化特异微观形态的仿生结构,并调控细胞行为、可降解性、抗菌性、高强度、高弹性、可注射性等。同时,随着材料科学与工程技术的发展,越来越多的先进材料制备工艺和技术用于生物医用复合材料加工成型,因此有必要对生物医用复合材料加工成型进行归纳和论述。

与传统复合材料的成型方法相比,生物医用复合材料的成型加工具有以下特点:

(1)加工方法涵盖面广。生物医用复合材料包括金属基复合材料、无机复合材料、天然和合成聚合物基复合材料以及金属、无机、高分子交叉复合的一系列庞杂的复合材料体系,因此生物医用复合材料的加工涉及了三大材料的加工方法,涵盖内容较多。

(2)各种方法交叉应用,不断创新。由于在不同的临床应用中,生物医用复合材料产品可能包含不同的材料体系、涉及多种加工方法,因此生物医用复合材料的加工形成了很多新型交叉融合的制备方法。

(3)生物安全性要求严格。生物医用复合材料应用于人体,需获得医疗器械的注册检验和审批。为了避免制品后期应用中生物相容性问题,在生物医用复合材料的制备中应尽量避免对人体有危害的加工组分和工艺流程。

本章将生物医用复合材料按照常用的材料形态和不同的材料体系进行分类(见图7.1),分别就复合膜材料、块体材料、多孔材料、纤维材料、微球材料和表面修饰的生物金属、无机材料和生物高分子材料及其交叉体系的制备和加工方法进行归纳和介绍,重点论述各种成型工艺的基本方法和原理、工艺过程和条件、基本设备以及对不同生物医用复合材料的结构和性能的调控方法。

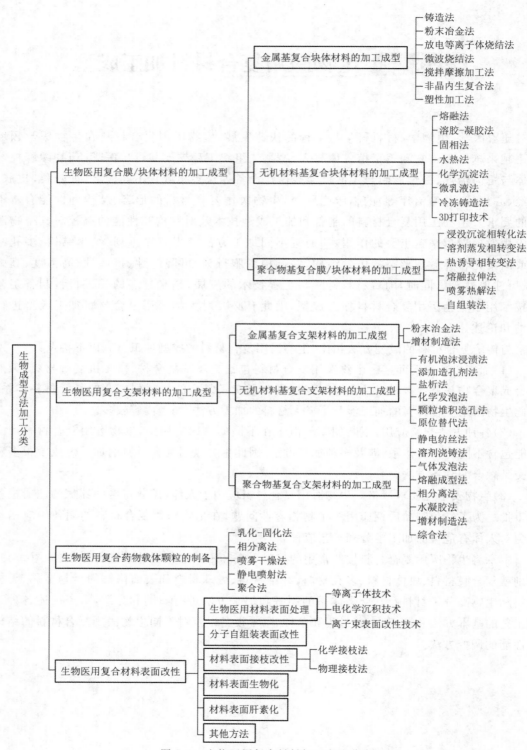

图 7.1 生物医用复合材料加工方法分类

7.1　生物医用复合膜/块体材料的加工成型

生物医用复合膜/块体材料由于因其优异的力学和生物学性能,已经在医用领域获得了十分广泛的应用,包括药物缓释、人工器官、透析等,为临床药物治疗及组织器官修复提供了新的解决途径。生物医用复合膜/块体材料虽然加工方便,但其结构不易控制。为了制备出结构稳定且性能优异的生物医用复合膜/块体材料,已经研究出一系列的制备方法和加工工艺。

7.1.1　金属基复合块体材料的加工成型

尽管生物医用金属材料在力学性能等方面与传统的陶瓷材料和高分子材料相比有较大的优势,但其本身不具有生物活性。因此,单一组分的金属材料已难以完全满足临床应用的需求。利用不同性质材料制备的生物医用复合材料不仅保持了原组分的优点,还能使原组分在性能上取长补短,产生协同效应,获得原本不具备的特性。与单一组分或结构的材料相比,复合材料的性能具有可调节性。通过复合方法获得结构和性质类似于人体组织的生物医用材料具有良好前景,已成为医用材料研究中的热点领域。通过选择合适的加工工艺、增强体及其相对含量,可实现对金属基复合材料力学性能和生物相容性的调控。

1. 铸造法

铸造(casting)是热加工成型方式之一,是将熔体浇入具有一定型腔结构的模具中,待其冷却凝固后获得结构完整、轮廓清晰的铸件的过程。铸造法的优势是可以直接铸造出形状复杂的零件,适用性广,可用于金属、陶瓷和高分子材料的加工,工艺简单,成本较低。

(1)全液态搅拌铸造法

搅拌铸造法是最早用于制备颗粒增强金属基复合材料的方法。全液态搅拌铸造法通过机械力或电磁力对完全熔融的基体金属液施加强力搅拌,使其形成高速流动的漩涡,加入的增强颗粒在漩涡抽吸作用下被卷入熔体中,待其均匀分散于金属熔体后,再用挤压铸造等适当的铸造方法成型。此方法工艺简单、设备投资少,可改善增强颗粒与金属基体之间浸润性差、易团聚的缺点,获得颗粒均匀分布的复合材料。Liu 等[1]通过对镁熔体施加气体搅拌,在高剪切力作用下将 β-磷酸三钙(β-tricQlcium phosphate,β-TCP)纳米颗粒引入到熔体中,获得颗粒均匀分布的复合材料。

(2)半固态搅拌铸造法

半固态搅拌铸造法是将基体金属加热到固相线和液相线之间的温度进行搅拌,边搅拌边加入颗粒等增强物。在半固态熔体中固相粒子的夹带和包裹作用下,增强物颗粒被均匀分散于基体内部,该方法可进一步提高颗粒增强相的体积分数。Huan 等[2]采用半固态铸造法(Semi-solid casting)制备了 45S5 生物玻璃颗粒增强的 ZK30 镁合金复合材料,其中颗粒相体积分数可达到 14.3%。

（3）真空压力浸渍法

真空压力浸渍法（vacuum pressure infiltration）是在真空和高压惰性气体共同作用下，将基体金属熔体压入增强材料制备的预制件孔隙中，获得金属基复合材料的方法。该方法可一次成型形状复杂的零件，铸件组织致密，并可以制备高体积分数的金属基复合材料。Wang 等[3]采用 β-TCP 陶瓷作为预制体，Mg-Zn-Mn 合金作为基体，真空吸铸制备复合材料。Gu 等[4]采用 HA/TCP 多孔陶瓷作为预制体，Mg-Ca 合金作为基体，利用同样方法制备金属-陶瓷复合材料。结果表明金属基体和陶瓷预制体界面结合良好，无微裂痕或缝隙。Jiang 等[5]采用多孔 Ti 作为预制体，Mg 作为基体，利用超声振动促使 Mg 熔体全部渗入预制体间隙，同时用盐酸腐蚀掉复合材料外层的 Mg，获得芯部为致密 Ti-Mg 复合材料，外层为多孔 Ti 的新型结构。

2. 粉末冶金法

粉末冶金法（powder metallurgy）通常用于低塑性、高熔点的金属或陶瓷材料的加工成型。粉末冶金工艺主要包括混料、成型、烧结和后处理四个过程。制备金属基复合材料时，先将金属基体粉末与增强相粉末按一定比例混合，然后将混合好的粉体放到模型中挤压，使各个粒子之间紧密的压缩在一起形成生坯，生坯再在较高的温度下进行烧结，获得致密的块体材料。粉末冶金成型的优点在于增强体分布均匀，体积分数任意可调。

3. 放电等离子体烧结法

放电等离子体烧结（spark plasma sintering，SPS）技术是一种粉末快速烧结技术，粉末通过施加的脉冲电流放电直接加热，调节脉冲电流的大小可控制升温速率和烧结温度，烧结过程可在真空环境或保护气氛下进行。SPS 成型过程可看作是颗粒放电、导电加热和加压综合作用的结果。与热压烧结等传统烧结技术相比，SPS 技术具有烧结温度高、烧结时间短的特点，且实现了粉末在较低温度下的快速烧结。目前已广泛采用 SPS 工艺制备金属-陶瓷复合材料，如 TiNbZr-焦磷酸钙（CPP）、TiNbSi-HA、TiNbSn-HA、多孔 NiTi-HA、梯度多孔 TiAg-Ti 等生物复合材料[6-8]。

在可降解金属复合材料方向，Huang 等[9,10]采用 SPS 技术制备了 Fe-Pd、Fe-Pt、Fe-Ag、Fe-Au 等金属复合材料。Cheng 等[11,12]制备了 Fe-W、Fe-CNT、Fe-Fe_2O_3 等复合材料。SPS 烧结得到的复合材料的晶粒尺寸小于铸态纯铁，力学性能有明显提高。同时，Pd、Pt、Ag、Au、W 和 CNT 的加入均提高了纯铁基体腐蚀速率，腐蚀更为均匀。相比而言，Fe_2O_3 对纯铁腐蚀速率的影响与加入量有关，当 Fe_2O_3 含量≤5% 时对腐蚀速率的提高不明显，含量为 10% 和 50% 时腐蚀速率反而下降。此外，Cheng 等[13]也利用 SPS 方法制备了 Zn-ZnO 复合材料。

4. 微波烧结法

微波烧结（microwave sintering）是粉末烧结工艺的新方法，利用微波加热对材料进行烧结，烧结过程中材料与微波电场或磁场耦合吸收微波并转化为热能。传统的加热方法是通过热传导、热对流或热辐射传递到被加热材料使其被加热至一定的温度，其特点是加热由外而内、烧结时间长、晶粒不均匀。相比而言，微波加热具有升温速度快、能源利用率高、加热效率高和安全无污染等优点。Choy 等[14]采用微波烧结法制备了多孔 Ti/CaP 复合材料。

5. 搅拌摩擦加工法

搅拌摩擦加工法(friction stir processing)是一种新兴的复合材料制备方法。其借鉴了搅拌摩擦焊接法的工艺,先将增强体材料预置于板形基体材料表面凹槽内,高速旋转的搅拌头在向下压力的作用下钻入基体表面一定深度并产生大量热量,使附近的金属基体产生高温软化和大范围迅速迁移,预先置入的增强体材料被软化的基体材料包裹而获得复合材料。Ratna 等[15]采用 HA 作为增强体,纯 Mg 作为基体,利用搅拌摩擦工艺制备了 Mg-HA 复合材料,HA 颗粒在基体内分布较为均匀,有少量团聚现象。

6. 非晶内生复合法

非晶内生复合法(in-situ composite of amorphous alloy)是一种制备非晶复合材料的方法。该方法通过改变非晶合金的成分,经过原位反应析出晶体相形成非晶复合材料。Zhang 等[16]通过调控 Cu 和 Y 元素的含量及比例,采用原位析出方法制备了 Mg-Cu-Y-Zn 非晶复合材料。该复合材料压缩强度为 1 040 MPa,应变量达到 19%,同时具备良好的抗腐蚀性能。但是这种原位反应法难以准确控制晶粒尺寸和晶化体积分数。还有一种方法——非晶晶化法,利用大块非晶材料具有的多级晶化行为特性,通过控制大块非晶的晶化条件,促使非晶基体中析出弥散分布的晶体颗粒,从而获得非晶复合材料。

7. 塑性加工法

金属铸件一般存在晶粒粗大、缩孔等缺陷,严重影响制件力学性能。通过塑性加工可以有效改善金属的微观组织,提高材料力学性能。通过锻造、挤压、轧制、拉拔及冲压等塑性加工工艺,可以使金属及合金具有更高的强度、更好的延展性和更多元化的力学性能,进而可加工成各种产品。Esen 等[17]采用热旋锻和退火工艺制备了 Ti-Mg 复合材料,抗压强度达到 318~408 MPa,弹性模量为 6.2~12.8 GPa,可满足骨组织力学性能要求。袁强[18]采用搅拌铸造法和等通道挤压技术(equal channel angular pressing,ECAP)制备了 TCP-MgZn-Ca 复合材料。等通道转角挤压是一种剧烈塑性变形的加工工艺,加工过程中的剪切力和流动力不仅能够细化晶粒,还能使复合材料中的增强体在转角处被剪切细化,细化的颗粒在流变应力的推动作用下,颗粒和基体之间发生相对运动,实现颗粒的分散。

7.1.2　无机材料基复合块体材料的加工成型

生物无机及无机复合材料常以氧化物陶瓷、非氧化物陶瓷、生物玻璃、生物玻璃陶瓷、HA、CaP 等材料为基体,以某种结构形式引入颗粒、晶片、晶须或纤维等增强体材料,通过适当的工艺,改善或调整原基体材料性能。目前常见的生物无机医用复合材料有生物陶瓷与生物陶瓷复合材料、生物陶瓷与生物玻璃复合材料。此类复合材料的成型技术主要有模压(干压)、挤压、注射、压注、冷等静压和热等静压[19]。一般颗粒增强复合材料主要选择的成型方法分为:形状复杂的材料选用流动性好的浇注、注射法,体积较大的选用挤压、浇注、塑坯法,精密尺寸的选用注射、压注法等。

生物活性陶瓷是一种具有良好生物活性和骨传导性的陶瓷材料,其植入体内后通常可降解[20],主要包括生物活性玻璃、HA 陶瓷、TPC 陶瓷三种[21]。目前制备生物活性玻璃的方法有熔融法、溶胶凝胶法和模板法等。HA 是人体骨骼和牙齿的主要无机成分,具有良好的生物活性、生物相容性和骨传导性。HA 植入人体后,能直接与骨组织形成化学键合,为新骨生成提供生理支架,因此被广泛应用于硬组织修复与替换领域[22]。HA 的制备方法主要有固相法、水热法、化学沉淀法、微乳液法、增加造孔剂法、有机泡沫浸渍法、凝胶注模法等。生物惰性陶瓷是较早使用的一类陶瓷材料,主要有石膏、氧化铝生物陶瓷、氧化锆生物陶瓷、碳质材料、玻璃陶瓷等。常用的制备氧化铝粉体的方法有固相法、溶胶-凝胶法、喷雾热解法、硫酸铝铵热解法、氯化汞活化水解法[23,24]。可吸收磷酸钙陶瓷的制备方法主要有泡沫浸渍法、发泡法、致孔剂法和溶胶-凝胶法等[25,26]。

1. 熔融法

熔融法制备的生物活性玻璃通常属于第二代生物材料,其制备工艺与普通玻璃类似:先将原料粉体按照比例均匀混合,在 1 300～1 500 ℃熔融,然后将高温熔体急冷[27]。生物活性玻璃在化学成分上有严格的要求。以硅酸盐体系制备生物活性玻璃为例,该体系一般为 $CaO-P_2O_5-SiO_2$ 三元系统,也可掺入一定量的 Na、Mg、Sr 等元素形成多元系统,其中 SiO_2 和 CaO 两种氧化物的含量大于 70%[28]。但是,熔融法制备的生物活性玻璃存在因混料不均、分相等引起成分不均匀,碱金属在高温下易腐蚀坩埚,造成生物活性玻璃被污染,研磨、过筛工艺会使杂质掺入,研磨后颗粒形貌不规则、粒度不均匀,离子释放与降解速度难以控制,影响新生骨组织的长入等问题。此外,熔融法还存在能耗较大的问题[29]。

2. 溶胶-凝胶法

溶胶-凝胶法是一种湿化学合成方法,因其优越的性能,已受到越来越多的关注。将溶胶-凝胶技术与模板合成技术相结合,在大分子物质的调制下,可合成出具有高生物活性、可调控降解特性以及组织细胞相容性的新型微纳米溶胶-凝胶生物玻璃粉体(球形、放射状、棒状和微囊)和纤维,为溶胶-凝胶生物活性玻璃及其有机/无机复合材料骨齿科修复体的制备提供基本原料[30]。

3. 固相法

固相法是将固态的碳酸钙粉体与含有磷酸根的无机盐类混合均匀,利用高温水蒸气或者其他加热手段使两种物质中的成分相互扩散,高温水蒸气不仅提供了反应时所需的能量,还可以为反应过程中提供羟基,从而制得 HA 粉体。使用固相法制得的 HA 粉体性能良好,结晶程度高,无晶体缺陷,晶格常数不会随着温度变化。但是固相法也有缺点,如两种原料需要较长的时间才能混匀,研磨过程中原料不可避免地受到污染,而且进一步的反应进度较慢,损耗时间较长。

4. 水热法

水热法是以水为反应介质,在一个密闭的反应容器中,利用高温高压将通常较难溶于水的钙盐和磷酸盐溶解,然后再结晶的一种方法。这种方法的优点是制备出的 HA 生物陶瓷结晶度较高,不会出现颗粒团聚现象,免除了烧结结晶的过程。水热法得到的 HA 生物陶瓷粒度均匀,含杂质少,呈一定规则排列。通过改变水热反应温度,可得到不同结晶形态的 HA 生物陶瓷颗粒[31]。

5. 化学沉淀法

化学沉淀法是一种非常常见的、经典的用来制备 HA 的方法。它的基本原理是将含钙、磷的无机盐类按照一定比例混合,在溶液的状态下加入一定量的沉淀剂制备出 HA 生物陶瓷的前驱物,然后将得到的前驱物进行高温和干燥处理,从而得到超细颗粒的 HA 生物陶瓷[32]。用来制备 HA 常见的磷酸盐有 $(NH_4)_2HPO_4$、K_2HPO_4、Na_2HPO_4 等,常见的含钙无机盐类有 $Ca(NO_3)_2$、$Ca(OH)_2$、$CaCl_2$、CaO、$Ca(OC_2H_5)_2$ 等。

6. 微乳液法

相比于传统制备纳米颗粒的方法,微乳液法具有明显的优势,其制备出的纳米颗粒形态均一、分散性好,现在已经成为非常重要的制备手段。微乳液法的基本原理是两种不互溶的溶剂在表面活性剂的作用下形成稳定的乳液,然后在该稳定的热力学体系中,两种溶剂中的物相相互反应得到纳米粒子。可通过改变油相、水相及表面活性剂的添加量来控制晶体成核尺寸的大小[33]。

7. 冷冻铸造法

随着真空物理理论的发展,冷冻干燥这一原本应用于材料干燥的技术,经过一定的改进,用来制备有序 p-HA 生物陶瓷,被称为冷冻铸造法。冷冻铸造综合了冷冻干燥与凝胶注模的优点,其基本原理与冷冻干燥相同,即将材料注入模具中冷冻,使其内部的水分结冰,然后在真空下使冰升华,得到疏松多孔或海绵状的结构,最后经过高温烧结得到一定强度的 p-HA 生物陶瓷。使用冷冻铸造法制备的多孔 HA 生物陶瓷往往具有定向的孔隙结构,与胶晶模板法制备的三维有序多孔结构存在差异。冷冻铸造法制备的多孔 HA 生物陶瓷孔隙高度发达,含有层状孔与球形孔定向分布的多级结构,但是高的孔隙率也导致 p-HA 生物陶瓷的强度急剧降低,如压缩强度仅为 $4 \sim 6$ MPa,远低于凝胶注模中的强度($\geqslant 30$ MPa)。所以后期的研究重点依然是通过配方或冻干工艺参数的调整,最大限度地改善多孔 HA 生物陶瓷的力学性能[34]。

8. 3D 打印技术

在 20 世纪 90 年代,这一技术就已经在国内逐步兴起,但是仅局限于模型的制造,服务新产品的设计开发,并不直接用于制造产品。近年来,随着 3D 打印技术的成熟,其应用领域也逐渐扩展到生物医用材料的制备中,以数字模型文件为基础,通过逐层堆叠累积的方式制造三维实体[35]。

相比前述的几种工艺,它综合了材料科学、机械工程、计算机建模、激光物理等学科,真正意义上实现了硬组织的生物制造及培养。在制备出的有序多孔支架上的孔隙阵列上"播种"似地注入一些细胞,经过无菌恒温培养可以实现独立组织或器官的再生,与人体的相容性非常吻合[36]。然而,3D 打印制造出的 HA 生物陶瓷尚未达到松质骨的力学强度。因此,后期还需要进一步植入动物体内,并施加生物力学载荷来评价其在生物体内的服役效果。

7.1.3 聚合物基生物医用复合膜/块体材料的加工成型

1. 浸没沉淀相转化法

浸没沉淀相转化法主要是将未处理或部分处理的聚合物溶液添加到非溶剂的溶液体系中,聚合物溶液中的良溶剂与非溶剂分子发生交换,使得原高分子溶液中的溶剂比例下降,聚合物的溶解度降低,最终得到双分散相体系,底部沉淀即为大分子溶胶。沉淀得到的大分子溶胶可以直接固化处理作为薄膜材料使用,也可经过进一步的后处理(如表面亲水化处理、热处理等)得到性能更加多样化的薄膜材料。不同的制备条件,如聚合物浓度、温度、湿度、反应时间等,是影响薄膜形态结构和基本性能的重要因素,同时也在很大程度上决定了薄膜材料的应用范围。

Chinpa 等[37]采用浸没沉淀相转化法来制备聚醚酰亚胺多孔膜(Polyetherimide,PEI),再使用聚乙二醇-胺[poly(ethylene glycol)-amine,PEG-amine]作为改性剂对其进行表面改性,得到 PEI/PEG-amine 复合薄膜材料。合适的改性剂处理时间及改性剂浓度,会使 PEI/PEG-amine 复合薄膜在形态完整性、抗蛋白质沉积、渗透性以及润湿性方面得到提升。这些性能的改善使得 PEI/PEG-amine 复合薄膜在生物医学领域具有广阔的应用前景,并为传统 PEI 薄膜的绿色无害改性处理提供了全新的解决思路。但较长的反应时间会导致膜孔径增大,较高的改性剂浓度会造成过度接枝并破坏 PEI 自身链结构。

Toroghi 等[38]采用浸没沉淀相转化法先制备出聚醚砜(polyethersulfone,PES)薄膜,然后在膜表面涂覆银纳米颗粒制备出金属/高分子复合抗微生物超滤膜,并与直接添加银纳米颗粒合成的 PES 膜进行对照分析,其制备流程如图 7.2 所示。涂层银纳米粒子对薄膜的基本性能没有显著影响,与纯 PES 膜相比,膜表面涂层银纳米粒子对膜的渗透性、孔径和横截面形态没有显著影响,涂覆在 PES 膜上银纳米颗粒的量随着浸渍温度和时间的增加而增多,银纳米颗粒的存在会增加材料的抗菌性能。

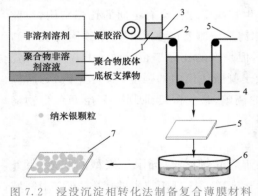

图 7.2 浸没沉淀相转化法制备复合薄膜材料

1—聚合物溶胶;2—支撑底板;3—刮刀;
4—凝固液;5—聚合物薄膜;6—银纳米胶体溶液;
7—涂敷银纳米颗粒的复合薄膜

采用浸没沉淀相转化法制备生物复合材料薄膜,可以通过控制参数来得到不同形态的聚合物基复合材料薄膜,但需要额外的凝固剂,并且要求溶剂与凝固剂亲和性好、聚合物溶液浓度较低等条件,同时还可以在初始的铸膜液中加入金属或者无机非金属颗粒,以得到理想的生物医用复合薄膜。

2. 溶剂蒸发相转变法

采用溶剂蒸发相转变法制备聚合物基复合薄膜材料早在 20 世纪初就已被使用,并且以其制备工艺简单著称。这种方法同样需要选择聚合物的良溶剂和非溶剂,同时对两种溶剂的沸点存在要求,一般要求非溶剂沸点高于良溶剂沸点 30 ℃以上。制备过程中,首先在良溶剂中溶解聚合物,再加入非溶剂调节聚合物的饱和度,得到高分子聚合物溶液;将其浇注到支撑材料上,然后以不同的温度梯度蒸发溶剂,得到多孔状聚合物薄膜。

徐川萍等[39]将聚乳酸[poly(lactic acid),PLA]溶于氯仿溶液中,充分溶解后加入聚吡咯(polypyrrole,PPy)粉末,得到一定比例的 PPy/PLA 混合溶液,然后加入处理过的 Mg 粉,并将混合溶液充分搅拌混匀。最后将混合液倒入玻璃培养皿中,在室温下干燥得到 PPy/PLA/Mg 复合薄膜。Mg 颗粒能够均匀分布在薄膜的表面和内部(如图 7.3 所示),与 PPy 粒子共同作用形成微型原电池的基本结构。复合薄膜能够有效集中三种材料的优势,PLA 为复合薄膜提供了主要的力学性能支撑,PPy 提供导电性并增强材料的亲水性,Mg 作为原电池系统中的电子供体,保证系统的持续运行。

Cheng 等[40]使用同样方法制备壳聚糖(chitosan,CS)和 HA 复合膜。在完全溶解的 CS 溶液中滴加一定量的纳米 HA 浆液,再将混合物搅拌均匀并静置除去气泡,然后浇注到玻璃板中干燥蒸发溶剂得到 HA/CS 复合膜,最后对膜进行中和及干燥处理。添加剂含量和溶剂蒸发温度对复合膜的溶胀率、拉伸强度和伸长率有明显影响,同时 HA/CS 复合膜对细胞没有毒副作用,具有良好的生物相容性。复合膜兼具两种材料的优点,CS 保证复合膜材料的形态,HA 促进其表面形成类骨磷灰石,功能更加多样化。

(a) 薄膜表面　　　　　　　　　　　　　(b) 断面扫描电镜图像

图 7.3　PPy/PLA/Mg 复合薄膜中 Mg 粒子分布情况

使用溶剂蒸发相转变法制备聚合物复合膜方法简单,但通常需要选择合适的聚合物浓度,并且膜材料的孔隙率和微结构主要受非溶剂种类和用量的影响,力学性能则主要受溶剂蒸发温度的影响,因此选择适宜的溶剂体系和调控聚合物浓度是溶剂蒸发相转变法的主要考虑因素。

3. 热诱导相转变法

早在 20 世纪 80 年代就有人提出热诱导相转变法,并制备出了具有良好热稳定性且耐化学腐蚀的不同形状聚丙烯薄膜,包括微孔膜、平板膜和管状膜,广泛应用于药物控制释放和微滤等领域。热诱导相转变法通过在高温时将聚合物与稀释剂形成均相溶液,然后降低温度,使均相溶液发生固-液或液-液相分离,最后脱去稀释剂得到聚合物薄膜。在室温下溶解度较低的聚烯烃或其共聚物、共混物等材料,由于带有强氢键作用,不能使用传统的非溶剂诱导相分离的方法制备膜材料,故多采用部分热解法来制备孔径可控的薄膜材料。

骆峰等[41]采用热诱导相分离法制备乙烯-丙烯酸(Ethylene-acrylic acid,EAA)聚合物微孔膜,并对得到的不同复合薄膜材料进行性能分析,探究该方法体系对薄膜性能的影响。实验中选用 EAA 和二苯醚作为原材料,先在高温下得到混合均匀的熔融液,然后淬冷固化并制备成厚度合适的片状材料,再次加热融化,并在适当温度下冷却固化,使用甲醇萃取并真空干燥得到片状微孔薄膜。复合薄膜较单一成分的材料性能有所提升,亲水性得到改善,并且随着体系初始浓度的增加,最终形成的复合膜的微孔大小和孔隙率逐渐减小,同时共聚物中丙烯酸含量也会对复合膜的孔结构产生影响,随着丙烯酸含量的增加,复合膜孔径逐渐增大。

Amini 等[42]制备出高密度聚乙烯(high-density polyethylene,HDPE)和二氧化硅(SiO$_2$)纳米复合膜,以解决传统薄膜材料在生物反应器中防污性能不足的缺点,并探究 SiO$_2$粒子浓度对膜结构的影响。其制备流程如图 7.4 所示。HDPE/SiO$_2$复合膜较纯 HDPE 膜具有更好的去污性能,生物相容性也有所提高,并且 SiO$_2$ 纳米颗粒的添加有助于增加膜的孔隙率。

热诱导相转变法制备生物复合膜材料最大的特点是对材料要求低,既能够制备疏水性复合膜材料,也能够制备亲水性复合膜材料,拓宽了薄膜的材料选择范围。其次,通过调节稀释剂的浓度等实验参数可以有效控制微孔结构,整个过程容易实现连续化进程。由于这种方法采用的是热动力诱导相转变,较溶剂-非溶剂诱导相转变具有控制参数变化小、重现性高等显著优势。

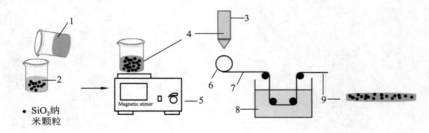

图 7.4　热诱导相转变法制备复合薄膜示意图

1—HDPE 溶液;2—SiO$_2$ 矿物油溶液;3—挤出机;4—聚合物/稀释剂混合液;
5—磁力搅拌器;6—控温滚筒;7—支撑底板;8—萃取液;9—复合薄膜材料

4. 熔融拉伸法

熔融拉伸法多用于聚烯烃微孔薄膜,主要分为熔融挤出和液态拉伸两个重要步骤。熔融挤出过程中,由于聚合物材料的半晶态特点,会在薄膜中形成微孔,在随后的拉伸过程中,半晶态材料的片晶结构被进一步拉开形成大量微孔,最后通过热固定工艺使得这些微孔稳定存在于薄膜材料中。用熔融拉伸法制备的微孔薄膜应用十分广泛,目前已被用于人工肾、血浆分离器、无菌过滤膜以及反渗透膜等,发展前景较好。

王琴等[43]研究了熔融拉伸法制备聚丙烯/纳米粒子中空纤维复合膜。将聚丙烯粉料和纳米颗粒,加入添加剂后混合均匀,使用双螺杆造粒机进行造粒,干燥之后的粒料经过熔融挤出,冷却定型,得到聚丙烯和纳米颗粒的共混纤维原丝。对纤维原丝进行二次拉伸,定型之后即可得到聚丙烯/纳米粒子中空纤维复合膜。纳米颗粒的添加,可以在一定范围内提高材料的亲水性,并能增强纤维的机械强度,但复合膜中纤维的柔顺性较差、不耐弯折且孔径分布范围宽,这对实际应用不利。这些实验结果表明通过熔融拉伸法制备复合膜材料,可以有效改善单一膜材料的生物性能,但同样会对材料本身的结构产生一定影响,这需要在实际研究过程中解决。

将超高分子量聚乙烯(ultra-high molecular weight polyethylene,UHMWPE)纤维与聚氨酯(polyurethane,PU)弹性体相结合,对于改善生物医用聚合物复合材料的物理性质具有实际意义。Tang 等[44]通过熔融双轴拉伸法制备出 UHMWPE 膜,然后将其浸泡在充满 PU 的二甲基甲酰胺溶液中,再将 PU 湿润的 UHMWPE 膜真空干燥,得到形态透明且结构连通的 UHMWPE/PU 复合薄膜。PU 与 UHMWPE 纤维能够紧密相互作用,UHMWPE 的熔融温度有所提高,复合薄膜呈片层结构,与纯聚合物相比,复合膜的极限拉伸强度和杨氏模量得到显著提升,这些性能使得 UHMWPE/PU 复合薄膜可用于膜相关生物医学装置的覆盖物。

使用熔融拉伸法制备生物医用复合薄膜材料最大的好处是可以通过改善不同的制备工艺参数得到孔径不同、结构稳定、机械强度高的薄膜,同时引入的增强相可以进一步改善复合材料的生物相容性,为这种复合薄膜材料提供了更加广泛的应用前景。

5. 喷雾热解法

喷雾热解法是将原料配成溶液,然后将溶液放入物化反应器中,使溶液迅速蒸发,在反应物发生热分解的同时还会发生其他化学反应,生成新的纳米粒子沉积在底物上从而形成膜。这种方法所需的仪器简单,且能制备出大尺寸薄膜,根据反应条件的不同可以很好地控制薄膜的结构和形态。

传统的化学气相沉积法制备的碳纳米管(carbon nanotubes,CNTs)和二氧化钛(TiO_2)复合膜存在 TiO_2 颗粒过大等问题,因此,万志鹏等[45]采用热解法制备出性能更加优异的 TiO_2/CNTs 复合膜。其制备流程如图 7.5 所示。大量的 TiO_2 颗粒沉积到 CNTs 膜上,复合膜在高温处理下依然能保持结构完整性,即使在超声处理后 TiO_2 层仍紧密包裹在碳束管表面,表明由这种方法得到的 TiO_2/CNTs 复合膜具有良好的稳定性及力学性能。

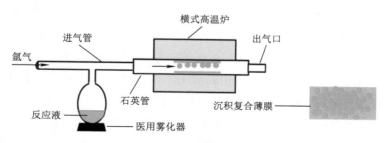

图 7.5　喷雾热解法制备复合材料薄膜示意图

杨植等[46]采用喷雾热解法,以二甲苯为碳源、二茂铁为催化剂,通过调节各种实验参数,得到了高质量定向 CNTs 薄膜,然后对 CNTs 薄膜进行改性处理,利用甲醛的亲电性能和 CNTs 进行反应,成功在 CNTs 表面引入了羟甲基官能团,使 CNTs 的分散性明显改善,在此基础上通过酯化反应把马来酸酐和聚丙烯酸（polyacrglic acid，PAA）分别接枝在 CNTs 的表面，为制备高性能的 CNTs 和聚合物复合材料打下了良好基础。

喷雾热解法是基于气溶胶法合成纳米颗粒和沉积薄膜的技术，其成本较低且适应性强，目前受到了越来越多学者的关注，有关该技术的研究也正在被广泛应用。但如何通过控制其反应条件（如溶液流速、热解温度、喷嘴和基板之间的距离及热解时间等）得到理想的复合材料，依然是目前尚未解决的问题，相信这些问题的解决会使其应用前景更加光明。

6. 自组装法

自组装法制备生物医用复合薄膜材料，主要是依据不同聚合物分子间通过自发形成非共价键等弱相互作用，得到具有特定排列顺序的分子聚合体，是一种应用前景十分广阔的生物医用复合薄膜制备技术。分子间的弱相互作用力为自组装提供能量，是自组装过程发生的关键。与此同时，此过程还需要发生自组装的分子在空间尺寸和方向上具备一定的条件，以满足分子重排的要求。在自组装过程中弱相互作用力促使分子紧密排列，使得利用自组装法制备的薄膜材料具有力学性能稳定、取向排列、操作简单等优点。

胶原蛋白与金纳米粒子（Au nanometer particles，AuNPs）复合材料，能够有效解决胶原蛋白机械性能差、降解过快以及 AuNPs 生物相容性差的问题，但因目前多采用化学还原法进行制备，导致残留于 AuNPs 中的化学物质具有一定的毒性和生物不相容性，因此其进一步应用受到限制。邢蕊蕊等[47]提出一种无须额外添加化学还原剂及稳定剂即可制备胶原蛋白/纳米金复合颗粒的方法，并通过层层自组装技术制备得到了胶原蛋白/纳米金颗粒复合薄膜。其制备方式如图 7.6 所示。测定复合薄膜的机械和生物学性能发现，AuNPs 的成功负载能够显著增强复合薄膜的机械性能及表面张力，并对成纤维细胞在其表面的黏附、生长、增殖分化起到了显著的促进作用。

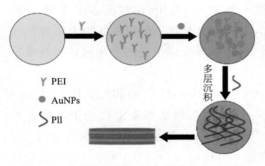

图 7.6　自组装法制备复合薄膜材料示意图

Naeem 等[48]先将醋酸纤维素（cellulose acetate，CA）电纺制备薄膜材料，然后将得到的 CA 薄膜放入发酵培养基中，通过原位自组装生成细菌纤维素（bacterial cellulose，BC）纳米纤维，最终制得细菌纤维素/醋酸纤维素-电纺纳米纤维复合薄膜（bacterial cellulose/cellu-lose acetate-electrospun nanofiber membranes，BC/CA-ENM），并对其亲水性和其他性能进行了表征。随着在发酵培养基中反应时间的延长，渗透到复合薄膜中的 BC 逐渐增加，与纯静电纺丝薄膜相比复合膜具有更好的亲水性，且由于复合薄膜中产生了纤维杂化使材料的力学性能得到显著提升。这些结果表明采用原位自组装法成功制备出新型纳米纤维复合薄膜，并且由于纤维产生杂化，使材料的性能得到改进，从而为 BC/CA-ENM 在生物医学领域的应用提供了更大潜力。

利用自组装技术制备复合膜材料，其实就是将一个个的聚合物分子单元连接成具有一定孔隙率的空间结构，如何使这些聚合物分子单元更好地连接成规则结构排列在支撑层上，仍然是当前自组装技术需要解决的问题。

在生物医用复合膜/块体材料的制备过程中,除了较为成熟的相转变、熔融拉伸等方法外,一些新的制备技术如喷雾热解、自组装等,目前正受到越来越多的关注,如何提高薄膜材料的性能,扩大其应用范围,仍然需要人们的进一步探索。

7.2 生物医用复合支架材料的加工成型

7.2.1 金属基复合支架材料的加工成型

组织工程的基本原理是使相关细胞在体外或体内进行生长、迁移以及增殖等一系列生理活动,最终形成具有三维结构的器官或组织。组织工程支架是人工合成的具有三维结构的框架,它起到模拟细胞外基质的作用,使细胞能在这种三维结构上黏附、迁移、增殖,最终使组织得以重建。人们在骨、软骨、血管、神经、皮肤和人工器官等组织支架材料方面进行了大量的研究和探索工作。材料是组织工程支架的基础,材料力学性能和生物性能的好坏直接决定支架的使用性能。组织工程支架材料种类很多,常用的有天然材料、合成高分子材料、纯金属或合金材料、生物活性陶瓷等,它们在生物相容性、生物传导性和机械性能等方面各有所长。

组织工程支架的形态和微观结构决定了重建的组织和器官的最终形状和结构。理想的组织工程支架在结构、形态以及物理化学性能等各方面都应该满足特定的要求。孔隙结构是组织工程支架的关键因素,直接影响支架的使用性能。合理的孔隙结构可以为细胞的生长提供合适的空间,利于细胞的黏附和增殖以及液体在支架中运输,增强支架和人体组织的结合;在力学性能方面,调整孔隙结构参数即可改变支架的材料的强度和弹性模量,使支架与人体组织的力学性能相匹配。制备方法也是支架试件中必须要考虑的一个环节,其可以看作是把材料和孔隙结构转化为能真正实现功能的支架的手段。制备方法的确定取决于材料,但又和孔隙结构相互影响。同时,制备方法及相应的工艺也对支架的性能产生影响。理想的组织工程支架在组织形成的过程中利于细胞黏附、增殖和分化。目前研究多集中在骨组织,对其他组织支架的研究还不足。

金属材料具有力学强度高、抗冲击性能好、疲劳性能优异、较易成型等优点,是常用的生物医学支架材料。目前,最常见的金属支架材料有不锈钢、Co-Cr 合金、钛合金等。其中,钛合金具有生物相容性好、综合力学性能优异、耐腐蚀能力强等特点,是制备金属支架的主要材料。

1. 粉末冶金法

传统的生物医用金属材料制备方法主要采用铸造和锻造。铸造法可获得复杂形状的近净形产品,但存在成分偏析、缩孔缩松等内部缺陷,材料力学性能较差;锻造方法加工的材料力学性能优良,但材料浪费大、成本高,且难以生产形状复杂的产品。粉末冶金是一种少切削或无切削的加工方法,得到的产品性能均匀,并且在生产孔隙材料、复杂形状材料、小尺寸部件、复合材料方面有其独到优势。粉末冶金主要采用以下几种常见方法。

（1）常规烧结法

制造多孔金属最简单的方法是将金属粉末进行压制、烧结，孔隙率与颗粒尺寸、颗粒形貌、压制和烧结工艺有关，可通过控制粉末形貌、压胚密度、烧结温度和烧结时间来调整产品的最终性能。目前，采用常规烧结法制造纯钛、钛合金（主要是 Ti-6Al-4V）医用材料工艺较为成熟。采用加压或无压方法烧结球形钛粉，得到多孔钛的孔隙率为 5％～37％，材料弹性模量和压缩屈服强度随孔隙率的增加线性降低。当孔隙率为 30％时，多孔钛材料的弹性模量和人体皮质骨（20 GPa）接近[49]。

（2）添加成孔材料法

该方法是指在材料制备过程中，在初坯中预先添加一定量的造孔剂，使得造孔剂在坯体中占据一定空间，待支架成型后，根据造孔剂特点而选择溶解或热处理工艺将其去除，以此获得具有孔隙结构的支架材料。该方法可制备具有较高孔隙度的材料，能够形成孔隙度高达 60％～80％的均匀多孔结构[50]。此外，通过改变造孔剂的粒度、形态和含量可以有效地控制材料内部孔隙的孔径、形态和孔隙度。目前常用的孔隙材料有碳酸氢铵、尿素、氯化钠、干冰等。

（3）燃烧合成法

燃烧合成法原理是利用化学反应潜热来维持材料的合成，当反应被引发以后随着燃烧反应的推进，反应物转变为具有孔隙结构的材料。反应物的尺寸、黏结剂的使用以及反应过程中的压制压力都会影响材料最后的微观结构和孔隙率。燃烧合成法是近年来发展很快的一种医用多孔金属材料制备方法，尤其适用于 NiTi 形状记忆合金的制备[51]。

（4）纤维烧结法

纤维烧结法是以金属纤维为原材料，根据性能和使用需求预先将金属纤维制成一定形状和尺寸的压坯，然后通过烧结方法实现金属纤维之间的冶金结合，最终获得多孔金属纤维烧结材料。按照烧结技术的分类，多孔金属纤维烧结材料的制造方法主要包括固相烧结法和液相烧结法两大类。固相烧结法是指预先将金属纤维制成一定形状和尺寸的压坯，在一定的气氛环境和工艺条件下直接烧结形成最终产品，在整个烧结过程中没有液相产生。液相烧结法是指在金属纤维中添加低熔点组分，烧结过程中低熔点组分能够产生液相，从而实现较低温度和较短时间条件下金属纤维的冶金结合，形成强度高、结构稳定的多孔金属纤维材料。纤维烧结法可生产高质量的多孔生物医用金属材料，材料孔隙度可达 90％以上，塑性和冲击韧性好，但产品尺寸受限制，成本较高。

钛及钛合金虽然具有较好力学性能和耐腐蚀性能，但其具有生物惰性，与人体组织之间的结合只是一种机械嵌连，支架植入人体后容易发生脱落。生物活性陶瓷以 HA 为代表，与人体骨骼成分和晶体结构相似，具有很好的生物活性，但其强度低，脆性大，不能用在承载部位。以钛和生物陶瓷组成的复合材料则能充分利用两种材料的优点。起初，人们采用等离子喷涂等表面处理技术在钛基表面制备 HA 涂层，但这些方法都存在涂层与金属基体之间结合强度不高、涂层易脱落等问题。

近年来很多研究人员采用粉末冶金方法制备 Ti(Ti 合金)/HA 复合支架材料，实现了金属基体与 HA 陶瓷之间为冶金结合,得到的复合材料不但具有优异的机械性能,同时还有良好的生物活性[52]。目前采用粉末冶金法制备的金属基复合材料有 Ti-HA、Ti6Al4V-HA 等,适宜的烧结工艺参数可以避免 HA 在复合材料内发生分解现象。复合材料的生物活性也明显优于纯金属,在模拟体液中也具有良好的生物稳定性。Ulum 等[53]采用粉末冶金法制备了 Fe-HA、Fe-TCP 和 Fe-BCP 等不同类复合材料。复合材料的力学性能较纯铁有所降低,但腐蚀速率提高,同时提高了体外小鼠平滑肌细胞的存活率,羊体内试验也表明 Fe-HA、Fe-TCP 和 Fe-BCP 对于骨生长有积极的生物活性反应。此外,Gu 等[54]也采用粉末冶金法制备了 Mg-HA 复合材料,并研究 HA 质量分数的变化对其分布状态的影响。结果表明当 HA 质量分布不超过 20% 时其颗粒可在 Mg 基体内均匀分布。

2. 增材制造法

传统的组织工程支架成型方法有很多种,而对于金属材料来说,主要使用的方法包括粉末冶金法、真空烧结法、熔体发泡法和渗流铸造法等。增材制造技术的出现为组织工程支架的制备提供了新的方法,其加工过程更为灵活,使得孔隙结构相对可控,这是组织工程支架材料应用中的突破性进展。增材制造(additive manufacturing,AM)又称 3D 打印(3D Printing),即通过特定的计算机软件以"分层制造、逐层增加"的方式捕获物体形态,利用特殊的打印材料,按照截面轮廓制造出三维实体模型。增材制造技术不需要多道加工工序,只要一台设备就可快速精确地制造出具有任意复杂几何形状的零件,解决了过去许多复杂结构难以制造的难题。此外,通过增材制造技术可以对器件进行结构参数方面的控制,改变内部孔隙率、孔洞大小和连通性等,进而可以控制材料的强度和弹性模量等力学性能。目前,增材制造技术正越来越多地被应用于医学领域。与传统加工方法相比,增材制造在某些方面具有独特的优势:(1)对结构形状复杂,传统方法难加工甚至是无法加工的产品,增材制造方法可实现快速精准制造;(2)增材制造适合小批量个性化定制产品加工,不需要单独开发模具和成型设备,可大幅降低个性化、定制生产和创新设计的成本,在生物医用支架制造方面极具优势。

增材制造的生物医用材料主要包括金属材料、高分子材料和陶瓷材料。其产生和发展大大推动了组织工程支架研究的进步,已被广泛应用于组织工程支架的制备中。目前,组织工程金属支架材料增材制造较成熟的技术主要为激光选区熔化(selective laser melting,SLM)、选择性激光烧结(selective laser sintering,SLS)、电子束选区熔化(electron beam selective melting,EBSM)、激光近净成形(laser engineered net shaping,LENS)技术。应用于医学领域的增材制造金属材料主要为钛合金、钴铬合金、不锈钢。

(1)激光选区熔化(SLM)

SLM 技术是利用高能量激光束,根据轮廓数据逐层选择性地熔化金属粉末,通过逐层铺粉、逐层熔化凝固堆积的方式,最终得到具有三维结构的金属部件。其原理如下:在成型之初,利用软件对零件的数字化模型进行切片分层处理,并生成截面扫描数据;铺粉刮板将预置于料缸的粉末推送并平铺到成型缸;根据截面扫描数据,计算机控制扫描振镜摆动,使激光束选择性地熔化成型缸中的粉末;选区熔化后,成型缸下降一个切片厚度,料缸上升一定高度,将一定体积粉末再次预置于铺粉刮板前端;铺粉刮板重新进行铺粉动作;如此重复以上动作,逐层加工,直到完成三维实体零件加工。SLM 技术具有以下几个特点:①成型原料一般为金属或合金粉末,主要包括不锈钢、钛合金、钴-铬合金等;②采用细微聚焦光斑的激光束成型金属零件,成型的零件精度较高,表面稍经打磨、喷砂等简单后处理即可达到使用精度要求;③成型零件的力学性能良好,一般拉伸性能可超铸件,达到锻件水平。SLM 技术的缺点:进给速度较慢,导致成型效率较低,零件尺寸会受到铺粉工作箱的限制,不适合制造大型的整体零件。

(2)选择性激光烧结(SLS)

SLS 技术主要是利用粉末材料在激光照射下高温烧结的基本原理,通过计算机控制光源定位装置实现精确定位,然后逐层烧结堆积成型。成型时先用铺粉滚轴铺一层粉末材料,通过打印设备里的恒温设施将其加热至恰好低于该粉末烧结点的某一温度,接着激光束在粉层上照射,使被照射的粉末温度升至熔化点之上,进行烧结并与下面已制作成型的部分实现黏结。当一个层面完成烧结之后,打印平台下降一个层厚的高度,铺粉系统为打印平台铺上新的粉末材料,然后控制激光束再次照射进行烧结,如此循环往复,层层叠加,直至完成整个三维物体的打印工作。SLS 技术的优点:①生产速度快,可达 25.4 mm/h[55];②没有用过的粉末可循环利用,未烧结的粉末保持原状可作为支撑结构;③成型件致密度高,机械性能优异,可媲美精密铸造。SLS 技术的缺点:①表面粗糙度约为 Ra12.5,需要后续处理;②加工室需要氮气保护,会产生有毒气体。

(3)电子束选区熔化(EBSM)

EBSM 技术与 SLS 工艺相似,以高能量密度和高能量利用率的电子束作为加工热源,利用金属粉末在电子束轰击下熔化的原理,实现三维实体零件的制造。其工艺流程为:在铺粉平面上铺展一层粉末,电子束在计算机的控制下按照截面轮廓的信息进行有选择性地熔化,金属粉末在电子束的轰击下被熔化在一起,并与下面已成型的部分黏接,层层堆积,直至整个零件全部熔化完成。最后,去除多余的粉末便得到所需的三维产品。成型过后的剩余粉末可以回收再利用。由于制造过程在真空中进行,EBSM 适合打印易氧化及易与空气反应的金属,比如钛和钛合金。EBSM 的主要特点有:①近净成型,尺寸精度达±0.2 mm;②可制造形状复杂的零件,如空腔、网格结构;③成型在真空环境中进行,避免了材料氧化;④成型环境温度高(700 ℃以上),零件残余应力小;⑤成型效率较高,达到 55~80 cm³/h[56]。

(4)激光近净成型(LENS)

与其他 3D 打印技术相同,LENS 成型过程中,计算机首先将三维 CAD 模型进行分层切片,得到每一层的二维平面轮廓数据并转化为打印设备数控台的运动轨迹。高能量的激光束会在基体底板上生成熔池,同时金属粉末束流以一定的供给速度喷射至熔池并快速熔化凝固,生成每一层的目标截面几何形状,这样层层叠加制造出近净形的零部件实体。LENS 常用来增材制造不锈钢、钛和超合金。LENS 工艺的优点如下:①相比 SLM 工艺,成型效率高;②与喷涂、电镀和堆焊相比,LENS 具有涂层与基体冶金结合强度高的特点;③可以用于修补焊。LENS 工艺的缺点如下:成型精度低,一般加工余量 3~6 mm。

7.2.2　无机材料基复合支架材料的加工成型

1. 有机泡沫浸渍法

有机泡沫浸渍工艺是 Schwartzwalden 和 Somess 在 1963 年最早获得专利[57]。其原理是将处理好的有机泡沫体（通常选用 PU 泡沫）浸入预先配制好的浆料中，反复多次排除气体，使浆料充分浸渍有机泡沫体，然后将多余浆料排除，并反复滚压，使浆料均匀的涂覆在支架上，再经干燥、烧结。由于 PU 泡沫在低于陶瓷烧结的温度下挥发，且不污染陶瓷，从而得到三维贯通的多孔陶瓷结构[58,59]。

有机泡沫浸渍法可用于制备孔径可控的三维开孔网状结构的高孔隙率陶瓷，但在用于生物医用材料、骨组织工程支架制备存在强度较差、不宜构建小孔隙的陶瓷材料等缺陷，从而限制了其应用范围。因此，在保证高孔隙率的同时如何提高多孔材料的强度，是该工艺过程中存在的主要问题，近年来有许多学者开始致力于提高多孔陶瓷材料强度的研究[60]。

添加适量的玻璃相，在烧结时玻璃相产生的液相使堆积疏松的颗粒结合的紧密，弥补了素胚中的缺陷，提高了多孔 HA 烧结体强度，但龚森蔚等认为一旦引入玻璃液相过多，在高温时产生的膨胀会阻碍胚体的收缩。且添加过量会使材料的物相发生变化，玻璃添加量为 10% 时，主晶相为 HA，烧结体中还有少量的 β-TCP，玻璃添加量质量分数为 20% 和 30% 时，主晶相为 $CaNaPO_4$ 相和 $CaSiO_4$ 相，可能会使烧结体的强度降低[61]。该工艺的可操作性强，在实际的制备中应有效控制玻璃相的添加量，否则会影响多孔 HA 材料的纯度。如果对于某些产品要求纯度较高，不宜使用这种方法，并且对于加入的生物玻璃的生物学性能也应加以考虑。

增加多孔生物陶瓷材料的强度，一方面可增加有机泡沫体的孔径厚度（即涂覆量），另一方面可增加堵孔来提高强度，但后者的贯通性较差。所以可以通过多次涂覆坯体来提高强度，根据涂覆的次数来调控浆料的流动性，随着涂覆次数的增加，流动性也应有所增加，但关键要做好第一次涂覆[62,63]。朱新文等研究表明，经脱气处理的浆料比未经脱气处理的浆料的涂覆量明显增加，主要是由于脱气明显改善了浆料的流变特性，使浆料的黏度略微增加，且表现出合适的触变特性，从而提高了有机泡沫体的涂覆质量，改善了多孔陶瓷体的均匀性。更重要的是脱气处理减少了浆料中的气泡数量，从而防止了坯体干燥和烧结时的断裂，改善了孔径的微结构，提高了坯体的力学性能。Salvini 等研究认为，在排除多余浆料过程中，对辊间距是控制孔筋上涂覆量和涂覆形态的重要因素，当对辊间距增加时，孔壁涂覆减少，孔隙率减小，力学性能就下降，反之力学性能增强，所以要调节合适的对辊间距，力求达到理想的力学性能[64]。

有机泡沫浸渍法作为一种传统的制备多孔陶瓷的工艺，必然随着其应用领域的拓展而发展。近年来有许多学者将其他制备技术复合到有机泡沫浸渍法中，产生了新型有机泡沫浸渍法。Monotomi 在传统有机泡沫浸渍法的基础上，结合发泡法技术用不同颗粒级配的 HA 粉粒、黏结剂、过氧化氢配成浆料，然后进行有机泡沫的浸渍，获得可以同时调节宏观孔和微观孔的多孔 HA 陶瓷。Ramay 等采用在位聚合和有机泡沫浸渍相结合的方法，在引发剂和催化剂的作用下使有机单体产生聚合反应,使浆料凝固在泡沫体上,凝固后的坯体强度高、凝固时间可调且浆料的固含量高、涂覆均匀[65]。

多孔生物陶瓷作为新兴的生物医用材料,近年来得到了广泛的应用,但其结构特性严重影响着其生物学作用,如何使三维贯通多孔陶瓷的制备工艺更优化,是目前很重要的研究方向。采用有机泡沫为介质制备的多孔材料孔隙率高,孔径可控,三维贯通性好,但在高孔隙率的情况下,其力学性能还有待改善,对于小孔径的多孔材料的制备也有其局限性[66]。此外,对于提高固含量来增强多孔体的强度和提高孔隙率之间存在着一定的矛盾,如何更好解决这一矛盾是今后的研究重点。探索和采用更好的材料制备工艺,改进传统的有机泡沫浸渍工艺将是这一领域的发展方向。

2. 添加造孔剂法

添加造孔剂法是在配制材料浆料过程中有意添加一定量的不影响原材料成型的材料,也就是人们常说的造孔剂。在生坯体中,这些造孔剂占据一定坯体空间,在煅烧过程中,高温不稳定的造孔剂通常会出现溶解、融化及气化等现象,分解产物最终被去除,由这些造化剂去除后残留下的孔隙形成了多孔网络材料内部的微结构[67]。在普通材料烧结工艺中,通过调控烧结温度和时间,可以控制烧结样品的孔隙率和强度,但如果烧结温度过高,则会使部分气孔封闭或者消失;而烧结温度过低,样品强度过低,无法兼顾孔隙率和强度。因此,采用添加造孔剂可以避免这些缺点,保证烧结制品具有较高孔隙率和强度。孙莹等[68]用糊精作为造孔剂和黏结剂,通过调节造孔剂含量,制得孔径量双峰分布的均匀多孔 SiC 材料。孔径范围在 $0.11 \sim 0.16~\mu m$,孔隙率可以调节(在 $27\% \sim 70\%$ 之间变化),可作为催化剂载体。采用该方法的优点在于制备工艺简单,但对于造孔剂的选择存在一定要求。

造孔剂的种类有无机造孔剂和有机造孔剂两类[69]。无机造孔剂有碳酸铵、碳酸氢铵、氯化铵等高温可分解的盐类以及煤粉、碳粉等。有机造孔剂主要是天然纤维、高分子聚合物和有机酸等。也有用难熔化易溶解的无机盐类作为造孔剂,它们能在烧结后的溶剂侵蚀作用下除去。

造孔剂颗粒的形状和大小决定了多孔陶瓷材料气孔的形状和大小。添加造孔剂的目的是提高多孔材料的孔隙率,因此必须满足以下三个条件:(1)在加热过程中易于排除;(2)排除后在基体材料中不存在有害残留物;(3)与基体原料不发生反应[70]。一般说来,加入造孔剂可有效提高气孔率,随着加入量的增加,气孔率呈线性增加;加入有机造孔剂后,气孔平均孔径变大,孔径分布变宽;气孔率随烧成温度的升高呈线性下降,气孔孔径变小;多孔陶瓷的平均孔径与粉料粒径成正比关系,通过控制粉料粒径可以有效控制气孔平均孔径。这种方法可以采用不同的成型方法制得形状复杂、孔径在 $10~\mu m \sim 1~mm$ 之间的各种气孔结构的高强度多孔陶瓷。但是,添加造孔剂法的缺点十分明显:当添加造孔剂占坯体空间的体积大于 50% 时,造孔剂粒子会局部隔绝材料成分粒子之间的接触,造成多孔材料内部微结构不完美,应力集中,使得材料的强度下降;同时也会导致造孔剂粒子分布不均匀,使得获得气孔分布均匀、强度适中的多孔材料难以得到保证。另外,造孔剂在除去过程中还会污染环境。Alizadeh 等以尿素为造孔剂制备了 $Al\text{-}Al_2O_3$ 复合多孔材料,并对其压缩性能和能量吸收行为进行了研究,结果表明随孔隙率增加其能量吸收能力下降[71]。

3. 盐析法

盐析法是制备多孔材料的常用方法之一,其制备原理简单,所需设备要求不高,操作也较为方便。一般而言盐析法是指在药物溶液中加入大量的无机盐,使某些高分子物质的溶解度降低而沉淀析出,从而与其他成分分离的方法。盐析法主要用于蛋白质的分离纯化[72]。

在生物医用复合支架材料方面,尤其是无机材料与块体材料的复合中,盐析法主要应用在陶瓷领域。把食盐、生物陶瓷粉和黏结剂混合在一起,烧结成型得到食盐颗粒均匀分布的生物陶瓷块,再放在沸水中溶去食盐从而得到多孔生物陶瓷。利用盐析法制备多孔陶瓷时,可以通过控制成孔剂的颗粒度来控制气孔的孔径,利用控制骨料与成孔剂的比例来调节气孔率,以满足不同的需求。盐析法具有工艺流程简单、过程易于控制等优点。制备的多孔支架具有相互贯通的三维结构、良好的生物相容性且二级结构稳定不需要有机溶剂后处理、绿色无污染等优点。这种方法可以避免使用有机溶剂,不需要较高温度,降低了常规气体发泡法所需的较长时间,且制备的三维多孔支架的孔隙率高达80%,孔与孔之间相互连通,孔径大小为100~500 μm,具有稳定的结构。但是由于盐析法中孤立或深层的食盐颗粒难以溶出进而会保留在生物陶瓷里造成隐患,故不适合制备气孔或大块体生物多孔陶瓷[73]。另外,该法的支架规模大、脆性高、支架力学性能不易控制。

骨料与粗盐颗粒的级配及比例关系是用盐析法制备多孔生物陶瓷,其的关键。在粗盐颗粒度的选择上,为了控制多孔生物陶瓷的气孔孔径,可以选用不同颗粒度的粗盐颗粒作为成孔剂;通过采用目数更加接近的筛子筛选粗盐颗粒,可以得到颗粒度更一致的成孔剂,从而使气孔的孔径更均匀。对于骨料与成孔剂的比例也要进行慎重选择。增加成孔剂的比例无疑可以提高制备出的多孔生物陶瓷的气孔率,但是成孔剂比例过大或过小都会对多孔生物陶瓷的性能产生负面影响。成孔剂比例太小,会破坏粗盐颗粒相互间的连接,会使部分粗盐颗粒完全被骨料所包围,盐析时不能析出,从而影响多孔生物陶瓷的生物性能。成孔剂比例太大,则会破坏骨料相互间的连接,使其不能形成有效的结构网络。在盐析的过程中,由于粗盐颗粒的溶解,会导致骨料颗粒间的断开,从而大大降低了它的强度[74]。

用盐析法可以较好地制备出多孔生物陶瓷,其具有以下优点:

(1)通过改变粉料与盐的体积比来控制气孔率,根据多孔生物陶瓷使用部位的不同,方便的改变多孔生物陶瓷气孔率。

(2)可以通过控制盐的颗粒度来调节气孔的孔径,从而实现孔径可控。

(3)工艺流程简单,制备过程可重复性好,易于量化控制。

盐析法还存在一定的缺陷,如坯体的体积不能太大,否则材料内部的盐颗粒不容易析出,工艺过程还存在一定的问题,需要进一步的优化。

4. 化学发泡法

化学发泡法是 Sunderman 等在 1973 年首次发明的。发泡法是指将高温下能够分解或发生化学反应产生气体的化学物质与 HA 粉体混合制成浆料,然后成型,在一定温度下加热发泡处理，最后烧结形成陶瓷。这种方法要求成孔剂和发泡剂的残留物不会影响陶瓷的性能和组成，或者残留物经过简单的水洗即可去除[75]。

发泡过程其实就是气体在液体中的分散过程。这是一个极不稳定的体系。原因在于一方面气体的密度远远小于液体的密度，另一方面气体与液体的界面极性相差大。在气液分散过程中，气体被分散成单个细小气泡的同时，所形成的小气泡又会相互兼并形成大气泡，这两个过程是相互的。

发泡工艺成孔是将水、聚合物黏结剂、表面活性剂和凝胶剂或者生物大分子如蛋白质等添加到陶瓷粉粒中制备出悬浮液料浆，这种悬浮液经过机械搅拌发泡、化学反应释放气体发泡和发泡剂分解发泡等方法发泡，产生的泡沫经过干燥和最后烧成制得多孔陶瓷。最主要的气体发泡工艺有干法发泡与湿法发泡两种[76]。所谓的干法发泡就是将发泡剂与陶瓷粉末混合，经预处理形成球状颗粒，并将球形颗粒置于模具内，形成合适形状的预制块。在氧化气氛和压力作用下加热使颗粒互相黏结，颗粒内部的发泡剂则释放气体使材料充满模腔，冷却后即得到多孔陶瓷。所谓湿法工艺就是利用陶瓷悬浮液进行发泡来制备多孔陶瓷。此类工艺特点是通过气相扩散到陶瓷悬浮体中来获得多孔结构。制备过程一般是先把陶瓷粉末、表面活性剂、有机黏结剂、凝胶剂和水等成分充分混合一起制备出陶瓷悬浮液。然后通过机械搅拌发泡、化学反应释放气体发泡、低熔点剂蒸发发泡、注入气流发泡、发泡剂分解发泡等方法制备出泡沫悬浮液。在生成气泡与形成最终平衡态的时间内，有一部分气泡可能很快消失，一部分气泡与其他气泡合并成为更大的气泡，有一部分气泡可以一直保持完整性，从而形成闭孔气泡，有些气泡会破裂，从而形成部分或者全部开孔的泡沫。

发泡工艺的优点是更容易控制成品的形状、成分和密度等，可制备各种孔径大小和形状的多孔陶瓷，尤其适用于生产高气孔率的闭孔陶瓷材料。但是这种方法的缺点在于工艺条件比较难控制和对原料要求较高[77]。

在传统的发泡法工艺中一般都要用到各种发泡剂、结合剂以及催化剂等组分，使得工艺生产中增加很多程序，从而对气孔率的控制也比较困难，不利于大规模生产。理想的发泡剂应具备的特性：(1)发泡剂分解温度范围应比较狭窄稳定；(2)释放气体的速率必须能控制并且应合理地快速；(3)放出的气体应具有无毒、无腐蚀性和难燃性；(4)发泡剂分解时不应大量放热；(5)发泡剂在树脂中具有良好的分散性；(6)价廉，在运输和储藏中稳定；(7)发泡剂及其分解残余物应无色、对发泡聚合物的物理和化学性能无影响；(8)发泡剂分解时的发气量应较大。

5. 颗粒堆积造孔法

由创伤或疾病所引起的超过临界尺寸的骨缺损完全依靠自身的修复是非常困难的，因此需要在骨缺损的部位植入连接材料以加快修复。目前常用的大段骨缺损修复手段主要有：自体移植、异体移植和人工合成材料以及骨组织工程支架。自体移植物面临着有限的供应，第二次手术和愈合期间再吸收等问题。同种异体移植面临诸如潜在的免疫排斥和病原体转移的风险。这些问题促使人工替代物用于组织或器官的再生[78]。组织工程应用材料工程和生命科学的方法来开发、设计和重建具有相似形态和功能的替代物，用于植入受损组织中以完成组织修复。组织工程的过程可简单地描述为"三维与特定细胞连接的支架在体外或体内培养一段时间,随后递送到所需位点以进行组织修复"。支架材料起着基本作用,并且应满足以下几个要求:较高的孔隙率、合适的孔隙大小、三维贯通的孔隙结构、有利于细胞黏附生长的表面特性、一定的力学性能以维持支架的预制形态及无细胞毒性等,还应能携带种子细胞和信号分子,提供增殖、分化和代谢的地方,并确定工程组织的最终形状。对于支架材料,种子细胞和信号分子的均匀分布是必不可少的,但目前现有的多孔支架无法有效地满足这一要求。

多孔陶瓷具有低密度、高渗透率、抗腐蚀、良好的隔热性能、耐高温和使用寿命长等优点,是一种新型功能材料。就具体制备步骤而言,首先制备生物材料颗粒,然后将颗粒堆积或黏结得到多孔生物材料支架。使用不规则的颗粒进行堆积时,颗粒与颗粒之间的接触具有很大的随机性,难以控制孔的结构和分布,而规则的球体在堆积时有固定的规律性,可以比较精确地控制孔的大小和分布。彭谦等使用甲壳素为黏结剂,采用溶胶—凝胶法先制备出不同粒径的生物陶瓷球粒,然后将颗粒堆积在采用有机泡沫浸渍法制得的多孔生物陶瓷管中,得到了贯通性良好、大孔孔径为 $50\sim200~\mu\mathrm{m}$、微孔孔径为 $1\sim10~\mu\mathrm{m}$、孔隙率为 80% 的生物陶瓷支架。其中,大孔主要来源于颗粒与颗粒之间的空隙,从而保证了支架的贯通性,而微孔主要来源于有机物的燃尽和气泡的挥发。该方法可以有效地改善多孔支架的贯通性,并可以通过改变球粒的直径来控制多孔生物材料支架的宏孔结构。另外,如果结合粒子造孔等方法先得到高孔隙率的生物材料球粒,然后再进行堆积,就可得到完全贯通的高孔隙率生物材料支架[79]。

该工艺的特点是凭借骨料颗粒按一定堆积方式形成的颗粒空隙,在烧结过程中,由于黏合剂(如 SiO_2-Al_2O_3-R_2O-RO 系玻璃)在高温下产生液相,使陶瓷颗粒相互接触的部分被烧结在一起,颗粒间的空隙形成相互贯通的微孔。通过控制骨料的粒径便可以获得孔径为 $0.1\sim600~\mu\mathrm{m}$ 的微孔陶瓷。骨料颗粒的形状、粒径、粒径分布、各种添加剂的含量和烧成制度对微孔体的孔径分布和孔径大小有直接影响。

6. 原位替代法

应用原位替代法也可以制备出多孔生物陶瓷。如珊瑚是由海底无脊椎动物在海水中吸取钙和碳酸盐并自然结合成石灰石母体而得到的。$CaCO_3$ 珊瑚骨架本身就是一种多孔结构,利用其与 $(NH_4)_2HPO_4$ 在热液中发生 PO_4^{3-} 和 CO_3^{2-} 阴离子的交换反应,而使珊瑚转变为 HA。研究者声称能在珊瑚原位置产生多孔结构(约 65%)的 HA 生物陶瓷[80]。采用原位替代法则需要用珊瑚作为原料,这样大大增加了生产的成本,也不适于工业化大生产。例如利用甲基纤维素的原位聚合特性,用含甲基纤维素的生物陶瓷水基料浆制成高坯体强度的生物多孔陶瓷[81],可制备出高气孔率、良好微观结构和易切割的生物陶瓷生坯,但存在周期长、料浆含水率高易造成干燥不均等问题。

7.2.3 聚合物基复合支架材料的加工成型

聚合物基复合支架材料广泛应用于生物医学领域,主要用于修复、维持以及改善人体受损组织器官的功能,为器官缺损、坏死等疾病带来新型治疗方案。聚合物基复合支架材料除了作为细胞黏附、迁移、增殖及分化等生长过程的场所,还具有引导组织再生、控制新生组织结构等重要作用。作为生物复合材料的重要组成部分,聚合物基复合支架材料以其优异的性能受到广泛关注,在生物医用领域不断取得新的进展。

1. 静电纺丝法

静电纺丝技术自从 20 世纪 50 年代被提出以来,一直受到人们的广泛关注。其具有简单高效、成本低、纤维尺寸细、支架比表面积大以及适合封装药物和细胞等优点。利用这种方法制备的支架符合细胞外基质的结构,有利于细胞的生长繁殖。聚合物溶液或者熔体处于强电场时,在电场力的作用下会从针头处产生射流,将产生的纤维细丝按照一定方式收集起来即可得到支架材料。考虑到利用静电纺丝技术制备单一的聚合物支架并不能满足生物医学的需求,近年来基于静电纺丝技术制备不同的聚合物基复合支架被广泛采用。

牛旭锋等[82]通过将无定形磷酸钙(amorphous calcium phosphate,ACP)与聚(L-乳酸)[Poly(L-lactic acid),PLLA]混合溶液进行静电纺丝,得到与天然骨组成相似的复合支架材料,其制备流程如图 7.7 所示。随着 ACP 含量的增加,PLLA 纤维表面变得粗糙,在降解过程中纤维支架的形貌被破坏,但依然能维持其基本形态。ACP 的添加有利于成骨细胞的增殖分化,并且在颅骨缺损小鼠中呈现出更强的成骨能力。通过直接混合聚合物和无机颗粒,然后静电纺丝制备复合支架的途径可以有效解决骨缺损问题,ACP/PLLA 纳米纤维支架在骨组织工程中具有潜在的应用前景。

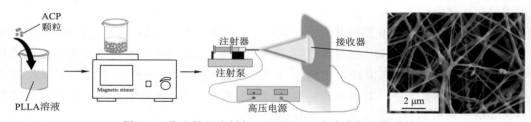

图 7.7　静电纺丝法制备 ACP/PLLA 复合支架及其形貌

除了直接静电纺丝混合溶液的方法,还有学者采用先制备出静电纺丝纤维支架,然后改性处理。例如在模拟体液中浸泡,从而实现仿生矿化,以此得到的复合支架同样可以应用于骨修复领域。Si 等[83]先通过电纺聚(ε-己内酯)[Poly(ε-caprolactone),PCL]和纳米纤维素(Nanocellulose,NC)得到复合支架,然后在模拟体液中处理实现仿生矿化。将 NC 引入复合纤维是诱导 HA 沉积的有效途径,可以改善 HA 在纤维支架中的分布和生长,复合支架的水接触角随着 NC 含量和矿化时间的增加而降低,说明其亲水性增强。采用这种方法可以在聚合物纤维支架上成功构建出连续的仿生结晶 HA 层,而不需要对纤维支架表面进行任何化学改性,但利用这种方法得到的复合支架仍然与天然骨组织存在较大差异,需要进一步改善其制备工艺,以得到性能更加优异的骨修复材料。

静电纺丝技术得到的生物复合支架材料,具有较高的孔隙率和大的比表面积,能为细胞的迁移增殖提供必要的空间,但还存在一些问题(例如纤维排列不可控,纯聚合物支架力学性能不足,孔隙大小不均匀等),这是制约其进一步发展的关键。同时,静电纺丝过程的影响因素很多,如聚合物的分子量及分子结构、溶液性质、电场强度、针头和收集器的距离、环境参数和针头形状等。这些问题的解决,将会使静电纺丝技术作为一项更加成熟的工艺,应用于生物医学领域。

2. 溶剂浇铸法

溶剂浇注法是指将聚合物材料与致孔剂相混合,然后利用二者的物理性质差异,将致孔剂除去,使得致孔剂粒子所占空间成为孔隙的复合材料支架制备方法。通过控制致孔剂的形态大小以及致孔剂与聚合物材料的比例,可以制备出具有合适的孔隙率、孔隙尺寸和孔隙形态的三维支架。致孔剂可以选择水溶性的无机盐(如氯化钠、柠檬酸钠和酒石酸钠等)还可以选择石蜡粒子或者冰粒子。由于这种技术操作简单、适用性广且三维支架的孔径和孔隙率可以预先设计,因此受到了广泛关注。

Mao 等[84]在传统溶剂浇注法的基础上进一步改进,使用新型熔融模塑法制备 PCL 与生物活性玻璃(58S bioactive glass,BG)、海藻酸钠(sodium alginate,SA)、凝胶(gelatin,Gel)的复合支架。将 SA/Gel 微球加入 PCL/BG 熔融液中,搅拌混合均匀后填充在圆柱形模具中并在室温下固化。移除模具并将样品在 50 ℃的烘箱中加热 2 天,得到多孔 PCL/BG-SA/Gel 复合支架,其具有良好的机械性能和细胞相容性,可用于骨修复领域。用作致孔剂的 SA 凝胶微球保留在支架内,对细胞黏附具有益处,BG 的掺入导致支架的机械性能显著增加,抗压强度与松质骨的数值接近。此外,BG 的存在进一步提升了支架的润湿性和生物降解性。

Wan 等[85]通过溶剂浇注法制备短碳纤维和明胶的复合支架,将切短的碳纤维加入到均匀的明胶溶液中混合,然后依次加入甘油和戊二醛,将所得的溶液转移到聚合物模具中,风干数天后脱模得到碳纤维/明胶复合支架[85]。复合支架的强度和模量符合骨折固定部位对力学性能的要求,并且短碳纤维的含量是影响复合支架性能的关键因素。

采用溶剂浇注法制备多孔支架时,得到的支架材料必须要进行干燥处理,以保证充分去除溶剂。这种方法还容易在支架表面形成一层致密层,使支架内部的致孔剂难以析出,不利于细胞的黏附和生长,这是使用溶剂浇注法制备多孔支架亟须解决的关键问题。

3. 气体发泡法

气体发泡法通常采用气体介质作为成孔剂,这是因为气体很容易从聚合物基质中逸出,在支架内部形成互通的孔洞结构,且孔径较大,可以达到数百微米。气体发泡法的优势还在于其不需要使用有机溶剂,通常直接采用气体制孔,或者采用某些可分解出气体的固体盐类物质作为前驱物产生气体(应用最多的是碳酸氢铵)。

使用气体发泡法制备的 PLA 多孔支架,其力学性能通常随着孔隙率的增加而降低,且支架表面的疏水性也会限制其在生物材料领域的应用。为了解决这个问题,Nie 等[86]通过乳液泡沫冷冻干燥法以聚乙二醇辛基酚醚(Polyethylene glycol octyl phengl ether,OP)为乳化剂,制备出双相磷酸钙(biphasic calcium phosphate,BCP)和聚乙烯醇(polyvinyl alcohol,PVA)的多孔复合支架,其具有良好的生物和力学性能,可以满足骨组织工程和再生医学的要求,在骨修复领域具有潜在的应用。制备流程如图 7.8 所示。复合支架中 BCP 纳米粒子均匀分散,具有相互连通的孔状结构和较高的孔隙率,且其孔径、孔隙率和抗压强度可以通过调节 BCP/PVA 的比例来控制。随着 PVA 浓度的增加,BCP/PVA 支架的生物降解率降低,对细胞生长和增殖没有不利影响,骨髓间充质干细胞在 BCP/PVA 支架表面具有良好的扩散形态。

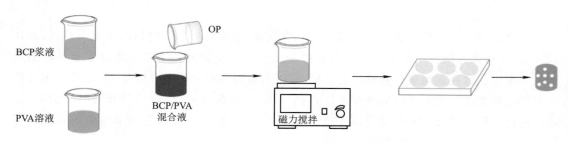

图 7.8　乳液泡沫冷冻干燥法制备 BCP/PVA 多孔复合支架

滕新荣等[87]对传统的气体发泡法进行改进,利用盐析/超临界 CO_2 复合方法制备多孔支架。PLA/HA 三维立体网状支架的孔隙率可以达到 91%,且孔洞分布均匀、连通性较好。加入无机矿物 HA 后,支架力学性能,特别是抗压强度有所提高。虽然 PLA/HA 三维立体网状支架的孔隙率、力学性能以及生物相容性均有所提升,但当施加的压力过大或过小时,会对支架内孔洞的形成产生负面影响,甚至不能产生气孔。

传统的气体发泡法制备多孔支架材料,可能会存在支架内部孔洞连通性不好的问题,而采用超临界 CO_2 及其复合方法,可以有效改善这个问题。但采用超临界 CO_2 法时需要考虑提供的压力大小,当压力过小时,支架内的孔径分布不均匀且孔径会过大,同时还会出现孔洞连通率过低的问题;当压力过高时,则可能导致聚合物材料完全溶胀,进而出现孔洞坍塌的现象。

4. 熔融成型法

熔融成型法与溶剂浇注法的制备工艺基本相同,其最大的优点是不使用有机溶剂,而是直接将两种聚合物混合,然后通过加压加热等过程,得到复合支架材料,脱模后的材料经过除去致孔剂,即可得到最终的复合支架。与传统的溶剂浇注法相比,混合物体系无须制备成溶液体系,因此也就无须引入额外的有机溶剂,且不需要添加无机盐等物质作为致孔剂,而是选择混合物中的成分作为致孔剂。选用熔融成型法制备复合支架材料,原料更少,制备工艺更加简单,同时材料的生物活性不会受到有机溶剂的影响。

刘奎等[88]对传统的聚合物熔融成型模具进行了改造,向成型模具持续提供能量以保持温度恒定,实现成型模具内热力学状态的稳定调控,并引入了负熵流,构筑了与体系外有能量交换的开放系统。实验中对高密度聚乙烯和聚氧化乙烯(polyethylene oxide,PEO)共混物使用熔融成型工艺制备复合支架,通过对成型模具腔热力学状态的调控,使 HDPE/PEO 共混熔体由混乱无序的形态转变为有序态,最终制备了具有均一结构和梯度相分离的复合支架材料。通过熔融成型法可方便快捷地制备出复合支架材料,同时合理调控熔融成型过程中的实验参数,可以得到均一化材料,这是传统的方法所不具备的,因此对于均质生物材料的应用会起到一定的作用。

5. 相分离法

采用相分离法制备复合支架材料通常需要先将聚合物配置成溶液、乳液或者水凝胶，然后通过低温冷冻实现相分离，最后冷冻干燥去除溶剂得到多孔支架，因此相分离法也被称为冷冻干燥法。按照形成的聚合物形态不同，可以简单地分成乳液相分离、溶液相分离及水凝胶相分离三类，但制备工艺基本相同。首先制备出两个互不相溶的溶液，包括一个有机相和一个水相，然后将二者以一定的比例混合，通过进一步处理使二者均质化，再浇注到合适的模具中，对模具迅速进行淬冷处理，然后在冷冻干燥机中进行冷冻干燥，最后将得到的样品放在真空干燥器中进一步处理，以除去残留的溶剂。

Ge 等[89]先采用薄膜水合法超声制备茶树油脂质体(tea tree oil liposomes, TTOLs)，然后将其与 CS 混合，采用冷冻干燥法成功制备出新型 TTOLs/CS 复合支架。对复合支架进行表征，发现该材料由于孔隙率高而具有良好的吸水性、保水性和水蒸气渗透性。掺入的TTOLs 显著改善了支架对金黄色葡萄球菌、大肠杆菌和白色念珠菌的灭菌效应。新型的TTOLs/CS 复合支架可作为抗菌材料应用于生物医学领域。

单纯的聚酯基支架材料力学性能较差，颗粒增强是一种常用的改善聚酯性能的方法。Niu等[90,91]使用相分离法成功制备出纳米 HA/胶原(nano-hydroxyapatite/collagen, nHAC)、PLLA 以及壳聚糖微球(chitosan microspheres, CMs)的多相复合支架材料。其制备流程如图 7.9 所示。复合支架的孔径分布在 50～300 μm，孔与孔之间相互贯通，CMs 用量较少时不会显著影响支架的孔隙率和形貌，但达到一定限度后支架的孔隙率迅速下降。随着 CMs用量的增加，支架的力学性能明显改善，降解率也有所提升。在复合支架中包裹蛋白质类生长因子，发现生长因子能够维持正常的生物学活性，可以加速松质骨缺损的修复再生。采用相分离法制备的CMs/nHAC/PLLA 支架具有良好的力学和生物学性能，为生长因子与支架材料的结合提供了一种新方法，因而在人体非承重骨组织的修复和组织工程支架材料方面具有潜在的应用前景。

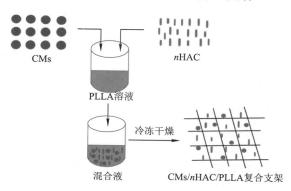

图 7.9　相分离法制备 CMs/nHAC/PLLA 复合支架

相分离/冷冻干燥法需要在聚合物材料冷冻干燥前经过一个预冻结的过程，将溶剂快速低温冻结形成晶体，然后在高真空、极低温度下使晶体直接升华，之后再除去部分残留的溶剂，即可得到多孔复合支架材料。这种方法最大的好处是溶剂经升华去除，对材料的物理化学结构影响较小，同时由于是在高真空低温条件下进行的，可以最大限度地保护生物材料的活性。经过这种方法处理的支架材料，其溶剂和水分去除完全，可以长期保存。

6. 水凝胶法

水凝胶法制备生物复合支架是通过将细胞与具有流动性且生物相容性好的材料复合，

通过注射器直接注射到机体受损部位，材料首先在原位形成支架，其具有一定的力学强度并可与周围体液进行物质交换，而细胞则在材料中持续增殖，最终形成新组织。水凝胶支架按照材料可以分为天然水凝胶支架和合成水凝胶支架。

Sayyar 等[92]通过紫外交联制备出含有石墨烯纳米片的甲基丙烯酸化壳聚糖水凝胶支架，具有良好的导电性和生物相容性。甲基丙烯酸化壳聚糖（methacrylylated chitosan，ChiMA）加入氧化石墨烯（graphene oxide，GO）或化学改性石墨烯（chemically converted graphene，CCG）水溶液中，然后添加光引发剂，将混合物搅拌并进行超声处理，再浇注到培养皿中在室温下避光干燥。支架最后使用光交联，并用蒸馏水充分洗涤以除去未反应的残余物，真空干燥得到含有石墨烯纳米片的 ChiMA 水凝胶支架。复合材料的力学性能和导电性明显优于纯 ChiMA 支架，且能改善成纤维细胞的黏附、增殖和迁移等性能。CCG/ChiMA 水凝胶还可用于三维打印，并且可以通过紫外交联增强多层支架的力学性能，为未来的发展提供了新方向。

Tan 等[93]将具有单个端羧基的聚（N-异丙基丙烯酰胺）[Poly（N-isopropylacrylamide），PNIPAAm]通过酰胺键接枝到胺化的海藻酸盐（aminated alginate，AAlg）上，制备出 AAlg-g-PNIPAAm 复合水凝胶支架材料。复合水凝胶支架的临界溶解温度为 35 ℃，可以通过调节 PNIPAAm 的接枝度来控制支架的降解速率，且没有细胞毒性。这表明通过接枝聚合制备的 AAlg-g-PNIPAAm 复合水凝胶支架具有热敏性能，并且其生物学性能优良，适合作为各种组织工程中的细胞或药物递送载体。

水凝胶可以降低手术难度，并由于其良好的生物相容性以及生物可降解性，特别适用于微创手术。将水凝胶支架作为细胞载体，利用其流动性直接注射入体内，然后在体内形成具有一定形状和强度的凝胶支架。这种方法简单有效，在骨组织和软组织修复方面起到良好作用，但存在体内成型困难以及药物或者细胞释放困难等缺点。复合水凝胶支架的制备可以有效改善水凝胶支架的力学性能，通过引入不同的功能材料，使复合水凝胶支架具有满足特定条件下的功能化需求，这些问题的解决也使水凝胶复合支架材料具备更加广泛的应用潜力。

7. 增材制造法

传统制备高分子复合支架材料的方法，虽然获得了一些较成功的支架，但其性能并不能完全满足需求，例如缺乏足够的力学强度、孔隙率和孔径分布的可控性较差、孔隙的贯通率低等，这对复合支架的性能产生了不利影响。增材制造法综合了新型材料学、计算机辅助设计以及数控系统等技术，对设计的三维模型采用堆积成形的方法，将三维模型变成一系列的二维片层，二维片层的多层沉积即可以精确制备出与设计形状相同的复合支架材料。增材制造技术能够提前设计支架形状，并对支架的孔隙率、孔径等实现均一化，这是传统制备复合支架的方法所不能达到的。因此，增材制造法在生物复合支架材料领域正引起人们越来越多的关注。

Duan 等[94]使用增材制造法，制备出磷酸钙/聚（羟基丁酸酯-共-羟基戊酸酯）[Calcium phosphate/poly（hydroxybutyrate-co-hydroxyvalerate），Ca-P/PHBV]和碳酸羟基磷灰石（Carbonated hydroxyapatite）/PLLA（CHAp/PLLA）两种复合支架材料[94]。实验先通过溶

剂蒸发法制备出 Ca-P/PHBV 和 CHAp/PLLA 两种纳米复合微球,再将复合微球烧结打印成支架。烧结支架具有与设计模型一致的微观形貌、完全互通的多孔结构和高孔隙率,用其培养细胞可保持较高细胞活力和正常的形态及表型。同时,Ca-P 纳米颗粒的掺入显著改善了 Ca-P/PHBV 复合支架的细胞增殖和碱性磷酸酶活性。

海藻酸(alginate,Alg)以其优异的可印刷性和生物相容性成为目前最常用的生物支架打印材料之一。目前多采用阳离子交联的方法对 Alg 溶液进行改性处理,但其生物惰性和机械不稳定性阻碍了基于 Alg 的生物墨水在个体化组织缺陷治疗中的实际应用。为了解决这些问题,Lin 等[95]首次制备出 ε-聚赖氨酸(ε-PL)修饰的 Alg 生物墨水,显著改善了 Alg 生物墨水的可印刷性,增强了印刷支架的自支撑稳定性[95]。Alg 中的—COOH 和 ε-PL 中的—NH$_2$ 官能团交联增强了支架的机械稳定性,支架的表面电荷可以通过调节 Alg 与 ε-PL 的进料比以及最后加入 ε-PL 的不同量来控制。硫酸软骨素和血管内皮生长因子可以通过静电吸附的方式成功应用于支架的生物功能化,从而提高支架的生物活性。由 3D 打印方法制备的 Alg/ε-PL 复合支架,其生物相容性和表面电荷调节能力优异,极大扩展了 Alg 生物墨水的应用领域,为组织缺陷的精确和个性化治疗提供了一种新的解决策略。

增材制造法目前已经成为制备支架材料的主流方法,这种方法可以制造出具有确定形状、受控且互通多孔结构的复合支架,并且适用于绝大多数类型的生物材料。但黏合剂在制备过程中通常难以去除,这是生物医用领域特别需要注意的问题。由于粉末工艺的限制,目前难以制备具有纳米尺度孔隙结构的支架。然而,随着临床上不同患者对个性化定制需求的不断增加,打印含有活细胞和生长因子/药物的生物复合支架是未来重要的发展方向。

8. 综合法

传统的单一方法制备复合支架,往往具有各种各样的不足,不能完全满足特定的要求。例如,当支架的力学性能满足要求时,孔隙率、孔隙结构等形态学特征并不能满足要求,而当支架的形态学特征满足要求时,生物学性能又不一定能满足要求。针对这些问题,往往需要将几种制备方法共同使用,结合不同方法的优势,制备出性能更加良好的复合支架材料。

Sharma 等[96]将熔融拉伸法与溶液喷涂法相结合,制备出涂有聚(乙交酯-共-己内酯)[Poly(glycolide-co-caprolactone),PGCL]弹性体的聚(L-丙交酯-共-乙交酯)[Poly(L-lactide-co-glycolide)L-PLGA]复合支架。复合支架的压缩、膨胀和弹性等力学性能优异,可以通过调整弹性体的分支结构、交联密度和分子量来优化复合支架的力学性能,并且复合支架还具有类似于金属支架的膨胀特性以及可再吸收性和生物相容性。这些结果表明,PGCL/PLGA 复合支架虽然采用的是高分子材料,但其部分力学性能可以与金属材料相媲美,同时其良好的可吸收性和生物相容性,可以使该复合支架材料在生物医用领域具有广阔的应用前景。

Harris 等[97]将超临界流体技术与溶剂浇注法相结合,在 PLA 和聚乙醇酸混合液中加入致孔剂 NaCl,室温下压塑使其与高压 CO$_2$ 气体平衡,产生的热力学不稳定性引起聚合物颗粒中气孔成核与生长,同时导致聚合物颗粒膨胀,随后浸出 NaCl 颗粒在聚合物基质内产生大孔。复合支架的孔隙率和连通性由聚合物/盐颗粒的比例和盐颗粒的大小来调控,其力学性能会显著大于用单一工艺制备的复合支架,且对平滑肌细胞的增殖和分化起到促进作用,表明其具有良好的生物相容性。超临界流体技术与溶剂浇注法相结合,使人们能够制造出具有良好孔隙率和孔隙结构的复合支架,且该过程避免了生物材料加工中需要使用高温或有机溶剂的不利影响,应用前景十分广阔。

综合法以多种工艺共同使用制备复合支架,能够集中多种制备工艺的优势,以此避免单一方法制备聚合物支架存在性能不足的缺点,是一种十分优异的复合支架制备方法。但选择使用的工艺过多时,会使材料的制备周期加长,增加了制备难度,同时需要考虑多种制备方法间可能存在互不相容的问题。因此,如何使综合法简捷有效,使不同工艺间相互协调甚至产生促进作用,是当前综合法亟须解决的问题,但其在生物医学领域的应用前景十分光明。

7.3　生物医用复合药物载体颗粒的制备

以高分子材料为主的微球或微囊颗粒在药物运送和传递领域有广泛的应用,对药物的运载可以实现控释和缓释效果。其中,高分子微球是指直径在纳米级至微米级,形状为球形或其他几何体的高分子材料或高分子复合材料,其形貌可以是多种多样的,包括实心、空心、多孔、哑铃形、洋葱形等。高分子微球包含微囊,微囊通常是指微球中间有一个或多个微腔,而且微腔内包埋了某种特殊物质(例如药物)的微球。

高分子微球因其特殊的尺寸和结构在许多重要的领域有广阔的应用前景,例如固定化酶、靶向药物、免疫分析、细胞分离、高级化妆品、环境友好型高效催化剂等。高分子微球和微囊在药物输送系统的应用是近年来发展最为迅速的领域。高分子微球作为一种新颖的控释给药体系,具有能控制微粒粒径、控制药物释放速率、延长药物作用时间、减少药物不良反应、降低用药剂量等优点,还可用于特定组织和器官的药物靶向释放等。

高分子微球的制备方法有很多,从其制备机制来划分,一般可分为物理方法、化学方法和物理化学方法三大类。物理方法是在一定设备的条件下,将固态或液态的材料在气相中进行微粒化,一般包括喷雾干燥法、静电喷射法、喷雾冻结法、多孔离心法等。化学方法是利用溶液中单体的聚合反应,产生囊膜或基材从而制成微粒,常用的有乳液聚合法、无皂乳液聚合法、微乳液聚合、细乳液聚合、悬浮聚合等方法,这些方法统称为聚合法。物理化学法所用的设备简单、载体材料大多数为高分子聚合物,可分为相分离法、溶液挥发法、纳米沉淀法等。本节主要介绍常用的乳化-固化法、相分离法、喷雾干燥法、静电喷射法和聚合法。

7.3.1　乳化-固化法

乳化-固化法是制备生物降解性高分子、天然高分子微球最常用的方法。一般的制备方法是:先用各种乳化方法制备成水包油(O/W)型、油包水(W/O)型、水包油包水(W/O/W)型或油包水包油(O/W/O)型乳液,然后用除去溶剂的方法使分散相固化而得到微球[98]。

乳化-固化法较多的时候是用来制备包埋药物的微囊,这时所采用的材料大多为 PLA、PLGA、CS、纤维素、聚氨基酸、蛋白质等生物降解性材料。针对包埋药物和聚合物材料的不同组合,所采用的方法也不同。

(1)当药物和高分子壁材均为疏水性物质时,一般采用 O/W 型乳液,即选用适当的有机溶剂,将高分子材料和粉末溶解在有机溶液中后,再倾入含有大量乳化剂的水中,形成水包油体系,待溶剂完全去除后,通过离心收集、洗涤和冷冻干燥,即可得到实心的微包囊。常用的聚合物材料有 PLA、PLGA、PCL(e-己内酯)、PMMA、PAA 以及与疏水性单体聚甲基丙烯酸-2-羟基乙酯等的共聚物等。常用的有机溶剂有二氯甲烷、氯仿、己烷、环己烷、甲苯、乙酸乙酯等。溶剂一般必须沸点较低,容易除去[98]。

(2)当药物和高分子壁材均为水溶性物质时,一般采用 W/O 型乳液,即将聚合物和内包物溶解于水后,再使其分散于含有乳化剂的油相中,形成油包水体系,然后蒸去水分或通过对聚合物交联或升温固化等方式得到微球。常用的水溶性高分子有 CS、海藻酸钠、聚氨基酸、白蛋白等[98]。

(3)当药物为水溶性、高分子壁材为水性物质时,一般采用 W/O/W 型乳液,即将亲水性药物的水溶液分散在疏水性高分子的有机溶液(含有乳化剂),形成 W/O 型初乳后,再将初乳倾入包含有乳化剂的水相中,混合制备成 W/O/W 型复乳,然后除去溶剂得到微囊[98,99]。

(4)内包药物为脂溶性、高分子壁材为水溶性物质时,一般采用 O/W/O 型乳液,即将脂溶性内包药物的有机溶液与亲水性高分子水溶液(含有乳化剂)共混,制成 O/W 型初乳后,再将初乳倾入包含有乳化剂的油相,混合制备成 O/W/O 型复乳,然后蒸去水分或采用交联、升温固化等方式得到微囊[98]。

固化方法需要根据高分子材料的特点和具体用途来选择,常用的方法有溶剂挥发法、化学交联法、物理交联法和加热固化法等。不同的乳化方式和乳化条件将影响载药微球的粒径和粒径分布。由于粒径和粒径分布将直接影响药物的释放行为和靶向性,因此要根据需要选择合适的交联剂浓度和乳化方式,以便达到理想的释药效果[98]。

7.3.2　相分离法

相分离法又称为共沉淀法,是指在聚合物的混合溶液中加入某种能降低聚合物溶解度的物质,从而迫使聚合物在溶液中的溶解度降低,在体系中产生一个新相,这样溶解或分散在聚合物溶液中的药物通过共沉淀被包埋在聚合物中。其微囊化步骤大体可分为四步[99],即药物分散在液体介质中—加囊材—囊材沉积—囊材固化[100],如图 7.10 所示。

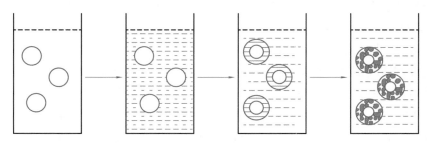

图 7.10　相分离微囊化步骤示意图

相分离法可以分为单凝聚、复凝聚和溶剂-非溶剂法等方法。下面介绍单凝聚和复凝聚法。

1. 单凝聚法

单凝聚法是一种较常用的相分离法,是在高分子材料溶液中加入酸碱改变体系 PH 或者添加强吸水剂如无水乙醇以降低高分子的溶解度,高分子材料析出、沉聚形成微囊的方法[100]。这种凝聚是可逆的,凝聚条件解除就可发生解凝聚使凝聚囊消失。采用单凝聚法制备微囊时,经过反复的凝聚与解凝聚后得到满意的凝聚囊,再加入固化剂使囊材交联固化,最终制得不可逆的、不粘连的球形微囊[100]。

例如,制备明胶载药微球时,首先将药物分散在明胶水溶液中,然后加入强亲水性的凝聚剂(非电解质乙醇或电解质硫酸钠溶液),强亲水性凝聚剂与明胶水合膜的水分结合使明胶的溶解度降低,最终从溶液中析出,凝聚载药微球[100]。

2. 复凝聚法

复凝聚法是指往高分子材料溶液中添加带有与其相反电荷的聚合物溶液,两种高分子材料以离子间相互作用交联形成复合微球或微囊,因体系接近等电点而使溶解度降低,从溶液中析出,共沉淀形成微球或微囊[100,101]。复凝聚法是经典的微囊化方法,操作简便[100]。

例如,采用复凝聚法制备 CS 复合微球,由于 CS 的酸性水溶液带正电荷,因此可以选用任何阴离子聚合物来与 CS 复凝聚成球,目前常用的材料是海藻酸盐。CS 与海藻酸盐复凝聚制备载药微囊时,将药物溶于海藻酸盐的溶液中,然后将该溶液滴加进含离子交联剂氯化钙的 CS 溶液中,海藻酸盐溶解度降低,析出成微囊并与 CS 形成离子聚合体,CS 吸附在海藻酸钙微囊的表面或进入其内部[101]。

7.3.3 喷雾干燥法

喷雾干燥法是将要包埋的药物分散于聚合物溶液中,再将溶液以液滴状态喷入惰性气流中,使液滴中的溶剂迅速蒸发,分散在液滴中的固体即被干燥并得到球形的粉末。该方法能直接将溶液、乳状液、混悬液干燥成粉末或颗粒,省去进一步蒸发、粉碎等操作;且具有可连续操作、省时及容易批量生产等优点[102]。用喷雾干燥法制备微球时,聚合物浓度、喷嘴直径、喷雾温度、干燥温度、喷雾速度等许多因素都会对微球的粒径、包埋率和释药行为造成影响。针对不同的聚合物材料和药物必须选择适当的干燥温度,例如包埋蛋白质等生物活性药物时,则不能采用高温气流,为此必须设计适当的喷雾干燥设备。

Meeus 等[103]采用喷雾干燥法制备出表层为 PLGA、内层为 PVP 的可注射聚合物微球,并且发现温度和空气湿度对微球表面的形态有显著影响。在高温和高湿度环境下,微球表面成分发生重排,表面 PVP 含量增高,相应地 PLGA 的含量下降。Wang 等[104]使用喷雾干燥法制备出 CS/四氧化三铁/埃洛石纳米管/氧氟沙星的复合微球,药物释放研究表明其内的氧氟沙星经反常运输途径得以释放。药物的包埋效率和释放行为与四氧化三铁和埃洛石纳米管的含量、交联度和 CS 的浓度等密切相关。

7.3.4 静电喷射法

静电喷射是利用静电力将液流破裂为带电液滴的技术。高分子溶液、乳液,甚至是固体粒子悬浮液,都可以采用静电喷射法,其对于水溶性和非水溶性高分子都适用[102]。与传统的方法制备高分子微球技术相比,采用静电喷射技术制备高分子微球,可控制微球粒径(从几十纳米到几十微米)和表面形态(光滑或多孔),获得的微粒具有高度单分散性[105]。静电喷射最突出的优点是其对微球的粒径可控。微球粒径的大小对其流动性或在特定部位的聚集性起着关键性影响,而且在药物控释体系中,分散性良好的微粒的释放行为往往能得到更为准确的控制,释放药物速度均匀,因而在制备微球时,对微球粒径的控制显得尤为重要[102]。

Xie 等[106]采用静电喷射法制备了载有紫杉醇的 PCL 和 PLGA 微球释药系统,用于靶向治疗 C6 神经胶质瘤。微球的载药量在 8%～16% 之间,包封率超过了 80%,并且载体材料的性能不受药物的影响,紫杉醇的体外缓释时间超过了 30 d。Ding 等[107]通过静电喷雾技术将 1% 的紫杉醇负载到电喷 PCL 微球之中,药物的包封率超过了 90%,体外释药实验表明,药物分别在 0～5 d 和 15～20 d 两个时段进行释放,前一阶段药物释放以扩散控制为主,后一阶段以降解控制为主。

7.3.5 聚合法

1. 乳液聚合法

乳液聚合法(emulsion polymerization)是最常用的微球制备方法之一,一般使用疏水性较强的单体来制备。用乳液聚合法可以较容易得到纳米尺寸的微球。乳液聚合法同时适用于连续的水相和有机相。但是由于水在聚合过程中有良好的散热性,并且廉价易得,故该种方法常用水作为分散介质。聚合系统由疏水性单体、水、乳化剂和水溶性引发剂等组成。制备时,通常先将乳化剂溶于水,再将单体搅拌分散于水中,通入氮气以置换氧气,然后升温至引发剂分解温度以上,最后加入引发剂开始聚合。微球粒径一般随单体浓度的增加、乳化剂浓度的减少而增大。

乳液聚合法的独特优点包括:聚合体系流动性良好,反应产生的热量很容易扩散,容易控制反应温度;乳液聚合的速率相较于其他聚合方法很高;聚合体系黏度较低,分散体系稳定,比较容易控制以及实现连续操作,适于制备高黏性的聚合物微球。但是它也有很显著的缺点:反应过程中必须加入乳化剂,产物需要后处理,如破乳、清洗、除水、烘干等,使生产成本提高。此外,即使对产物进行了后处理,仍然会存在少量的乳化剂,对产品的纯度和性能造成影响[108]。

2. 无皂乳液聚合法

无皂乳液聚合又称为无乳化剂乳液聚合,是基于乳液聚合方法发展而来的。该方法是指在乳液聚合过程中不添加任何乳化剂或者只添加微量的乳化剂,通过利用引发剂或者极性单体将某些基团链接在聚合物表面,使聚合物的表面积增加,促进乳液聚合过程的发生[109]。该方法既降低了生产成本,又减少了环境污染,最大的优点是免去了传统乳液聚合后处理操作,避免了残留的乳化剂对产品产生不良影响[110]。

无皂乳液聚合主要由三步组成:成核、生长和稳定聚合物颗粒。整个过程由自由基聚合机理和各种胶体现象联合控制,是一个较为复杂的工艺。无皂乳液聚合中生成颗粒的主要机理有三种:均相成核、胶束成核以及单体液滴成核[111]。但是在不加入乳化剂的同时,还存在着许多问题,例如微球的稳定性降低导致其产量较低,存储过程易分解。因此增加乳胶粒的稳定性成为无皂乳液聚合的关键,目前解决方法有以下几种[110]:

(1)使用聚合物链已有的离子基团。

(2)为了达到减轻乳胶粒-水之间界面张力的目的,在乳胶粒表面引入活性物质。

(3)增强乳胶粒表面上的电荷密度。

(4)使乳胶粒表面呈现出亲水性。

3. 微乳液聚合法

微乳液聚合一般用来制备颗粒较小的微球,其直径范围一般在 $10 \sim 60$ nm 之间。它区别于传统乳液聚合的最大特点是在体系中加入了辅助乳化剂[111]。利用微乳液聚合法有许多优点:第一,微乳液聚合所得到的聚合物的分子量比一般的乳液聚合要高出一个数量级,达到 $10^6 \sim 10^7$ g/mol;第二,利用此法制备的微球稳定性高,径粒均一且亲水性高;第三,获得的乳液能制备出透明度比较高的膜,其原因主要是由于微球材料的粒径很小;第四,可以用作静脉注射所用的纳米药物载体[112]。微乳液聚合法也有许多不足之处,特别是必须使用大量的乳化剂,乳化剂过多,在应用上会带来不利的影响,这就限制了微乳液聚合的工业化应用。另外,通过此法制备的微球的纯度差、颗粒形态难以控制,并且,在强酸、强碱或离子强度较高的情况下,难以得到稳定的微乳液。

4. 细乳液聚合法

细乳液聚合反应是以小液滴为反应场所,进行一系列的聚合反应,制备得到纳米级微球。其中,对小液滴有以下要求:(1)制备的小液滴尺寸要 500 nm 以下;(2)通过加入助表面活性和乳化剂使小液滴稳定,进而减缓单体向水相扩散的速率[110]。细乳液聚合方法的最大优点是:制备的微球具有独特的疏水性,可以包裹疏水性物质;此外,由于细乳液聚合过程中不存在微球成核和生长之间的竞争,使微球的粒径和分布稳定,可以重复利用,因此在工业生产中被广泛应用[108]。

5. 悬浮聚合法

悬浮聚合法是溶有空间稳定剂的单体以液滴状分散于水溶液中,通过剧烈搅拌生成固体相的聚合物粒子悬浮于水溶液中的自由基聚合方法[113]。悬浮聚合一般用于制备数微米至数百微米大粒径的高分子微球。液滴尺寸决定了高分子微球的粒径,而搅拌速度、搅拌方式、分散剂含量以及外部环境又决定了单体液滴的大小[114]。

悬浮聚合的反应机理主要有两种:(1)单体在分散剂的作用下在液滴中聚合生成强度高、透明的球珠;(2)引发剂引发单体液滴的链自由基相互缠绕在一起,然后沉淀形成相分离物——原始微粒,原始微粒逐渐凝聚成初级粒子核,初级粒子核慢慢成长为初级粒子,最后呈现相分离,体系变得浑浊不清[115]。

悬浮聚合的优点包括：(1)聚合物微球直接在水相中制备，不需要添加有机溶剂作为辅助，反应过程环保；(2)可以获得各种功能性微球；(3)液滴的粒径均匀，不易发生沉降或破裂现象，可以作为很多药物或功能性物质的载体，具有较高的包埋率；(4)反应条件温和，不容易造成包裹的药物或功能性物质失去活性[110]。然而，悬浮聚合也存在一些缺点，例如需要使用膜乳化装置，从而大幅提高了微球制备的成本，而且悬浮聚合制备微球体系的稳定性对分散剂和机械搅拌具有明显的依赖性[110]。

6. 分散聚合法

分散聚合方法是一种特殊的沉淀聚合，是在聚合稳定剂在反应介质中进行的非均相的聚合反应。其采用分步加料的方法能够更好地在成核期完成功能化，制备出具有特定功能、尺寸均一的微球[113]。分散聚合主要用于生产粒径在 $0.1 \sim 15\ \mu m$ 之间的高分子微球。分散聚合的优点在于制备的微球纯净、储存稳定性好、粒径分布窄，同样不需要添加乳化剂或者分散剂，避免了传统乳液聚合中乳化剂带来的弊端[113]，同时制备过程温度可控，并且可以通过选择适当溶剂调整聚合物微球的分子质量，是一种简单、快速、高效的合成微球方法。但是，分散聚合的产物中有残存的稳定剂会降低微球的交联度，而且分散聚合的成核过程非常敏感，容易受到功能化单体、交联剂和链转移剂等影响，导致聚合物微球粒径分布改变[110]。

7. 沉淀聚合法

沉淀聚合法与分散聚合法相比，不添加任何乳化剂或者分散剂，而靠添加一些与分散相有亲和作用的单体来使微球稳定。这种不同点与乳液聚合和无皂乳液聚合的不同点类似。沉淀聚合法制得的微球很纯净，因此应用很广泛，但是这种方法难于合成亲水性聚合物微球[113]。

8. 种子聚合法

种子溶胀聚合通常是先用无皂乳液聚合等方法制成小粒径、分散性好的微球颗粒，再用这些颗粒作为种子模板用单体以及溶胀剂进行溶胀。随后，单体将会持续地溶解于分散相内，直至微球吸收到溶胀平衡。当溶胀结束后，再进行聚合反应，这样就能制备出单分散大粒径高分子微球[111]。在种子聚合中，选择不同的组分和改进聚合参数(如调整引发剂的类型与用量、核壳组分的亲水性及交联度、体系的反应温度等)制备出的粒子呈现出不同形态，从而具有不同的性能[110]。最终粒子形貌取决于热力学和动力学，热力学影响自由能粒子形态的产生，而动力学掌握平衡速度[110]。

7.4　生物医用复合材料表面改性

7.4.1　生物医用复合材料表面处理

1. 等离子体技术

等离子体是一种电离的气态物质，是气体经电离产生的大量带电粒子和激发态的中性粒子所组成的体系，其中包括 6 种典型的粒子：电子、正离子、负离子、激发态的原子或分子、基态的原子或分子以及光子[116,117]。根据温度不同，等离子体可分为热(高温)等离子体和冷(低温)等离子体[116,117]。通常所说的等离子体技术即是指冷(低温)等离子体。冷(低温)等离子体表面处理主要是利用非聚合性的无机气体(如氧气、氮气、氢气和氩气等)产生的等离子体对高聚物材料表面进行处理,生成活性自由基,然后该活性自由基引发单体在材料表面进行接枝聚合或共聚,或将高分子材料表面分子的化学键打断并引发等离子体化学反应(氧化、交联),从而使材料表面被离子体活化,再将具有特定性能的单体接枝到活化的高分子材料表面,得到相应功能的材料表面[117,118]。

采用等离子体技术可以在材料表面形成几纳米至数十微米的薄膜。与传统聚合物薄膜的规则重复单元不同,等离子聚合薄膜形成的是高度交联的无规则网络状结构。采用等离子体技术对高分子材料改性具有如下特点[111-113]:

(1)等离子体聚合薄膜是一种连续致密的薄膜,与基体的附着性好,表现出良好的热稳定性、力学性能以及化学稳定性等。

(2)等离子体技术几乎可以用于任何性质(如玻璃、金属材料和高分子材料)和任何复杂几何形状的材料(如碳纳米管、微/纳米粒子)表面成膜,且薄膜与基底材料结合紧密。

(3)等离子体聚合单体可以是含有不饱和单元的化合物(如乙烯、丙烯酸等),也可以是饱和化合物(如甲烷、乙烷和丁烷等)。

(4)等离子体表面接枝仅限于材料表面数十纳米深度的变化,而不会影响材料本体性质,可实现表面功能化。

(5)反应过程简单,不使用化学试剂,有节省能源、无公害等优点。

高分子材料经等离子体处理后,能在材料表面引入氨基、羟基、羧基和巯基等各种官能团。引入的官能团不仅能够改善材料表面的性质(如亲疏水性、润湿性和血液相容性等),而且为生物活性分子的固定提供了丰富的反应位点。等离子体技术在生物材料领域具有广泛的应用,如构建过渡层进行各种生物分子的固定,制备促进细胞生长涂层、抗菌涂层、药物控释涂层等。Hamerli 等[101]用等离子体技术在聚酯薄膜上接枝聚烯丙胺,体外细胞黏附实验发现人皮肤成纤维细胞在接枝后的聚酯表面黏附能力和代谢活性显著提高。在硅橡胶上用等离子体引发接枝丙烯酸后,再将胶原接枝到 PAA 上,细胞在接枝后的硅橡胶上的吸附和生长能力明显提高。Yin 等[119]报道了等离子体活化的氨基涂层结合重组人源弹性蛋白,该蛋白与 316LSS 基底有很好的黏附性,表面结合了蛋白的材料表现出良好的抗凝血性和细胞相容性。西南交通大学黄楠课题组[120,121]采用脉冲等离子体聚合技术,在 316LSS 支架表面成功制备出富含氨基官能团的聚烯丙胺涂层,该涂层用于心血管支架材料表面改性不仅表现出与支架基底牢固的结合力,而且具有优异的稳定性能和承受支架因植入扩张时产生的巨大形变的能力,聚烯丙胺涂层还表现出良好的细胞相容性和组织相容性等。

2. 电化学沉积技术

电化学沉积是在外加电场作用下,电解液中特定金属离子还原成原子并堆积在阴极表面形成沉积层的过程,其电极反应过程由液相传质、表面转化、电化学步骤和新相生成等环节串联而成[118]。电化学沉积法是较为温和的制备生物功能涂层的手段,具有以下优点[118,122,123]:

(1)可在各种结构复杂的基体上沉积,适用于各种形状的基体材料,也可以是支架材料;

(2)通常在室温或稍高于室温的条件下进行,因此适合制备纳米结构,同时也有利于保

持生物分子的活性,保证其后续生物功能的发挥;

（3）通过改变沉积条件（如电流、电位、溶液 pH、温度、浓度、组成等）可精确控制涂层的厚度;

（4）在电解液中添加不同的无机离子或生物分子,通过对沉积参数的程序化设计可实现多组分的共沉积,适合制备多功能的生物涂层;

（5）电化学沉积技术所使用的设备价格低、生产费用低、工艺简单便于操作。

采用电化学沉积技术可以在材料表面形成磷酸钙类生物活性陶瓷涂层,并且克服了磷酸钙易脱落、结合强度差等缺点,且反应条件简单、便于控制,有利于调节陶瓷涂层的厚度及结构。在含有钙离子和磷酸的溶液中,以石墨棒为阳极、金属基体为阴极,通过控制好电压、电流密度、电解液浓度、电解液 pH、沉积温度以及沉积时间等工艺参数,在电解作用下会产生大量的 OH$^-$,阴极附近的 pH 变大,这使得磷酸钙盐的过饱和度迅速上升,在阴极金属表面沉积出磷酸钙涂层[118]。涂层结构与厚度可由实施条件来控制。例如,王月勤等[124]对纯钛先进行阳极氧化处理,然后在处理后的试样上采用电化学沉积法制备 HA 涂层,主要研究电压、时间、添加剂以及碱热处理对涂层的影响。结果发现:电化学沉积得到的初始涂层经过碱热处理之后全部转变为 HA;沉积时间的增加使得 HA 涂层的排列规则更加清晰,沿着沉积面的法线方向生长;增大沉积电压能够使得涂层的沉积量变多,但是过高的电压制备出的涂层变得十分疏松;在电解液中加了过氧化氢之后的 HA 涂层表面微观形貌为片状。

3. 离子束表面改性技术

离子束表面改性,是指在真空中,利用离子束技术改变材料表面的形态、化学成分、组织结构和应力状况,赋予材料表面以特定的性能,使其表面和芯部材质有最优组合的系统工程,能最经济有效地提高产品质量和延长其使用寿命[125]。在生物材料表面改性处理技术中,离子束技术是最为成功的一种,它具有如下优点:一般在常温（或低温）下及真空中进行,整个过程洁净无污染;引入的元素可以任意选择,不受合金系统中固溶体的限制;能够准确地在材料表面注入预定剂量的高能量离子,使材料表层的化学成分、相结构和组织形态发生显著变化,提高材料与生物体相互作用的特性,但对基体材料无影响、无附着问题;具有可靠性高及重复性好的特点[125,126]。离子束表面技术的分类方法很多,根据处理表面的功能性可分为离子注入、离子束沉积以及注入与沉积的复合处理（即离子束辅助沉积）三类。本书主要介绍应用较多的离子注入和离子束辅助沉积技术。

离子注入技术是将某种元素的原子进行电离,并使其在电场中加速,在获得较高的速度后注入材料表面,以改变材料表面的成分及相结构,从而改变材料表面的物理、化学和生物学性能[127]。离子注入法有其自身的优点:在表面特定深度注入预定剂量的高能离子,可定量控制,仅影响材料表层性能,不会破坏材料本体性能;注入的离子渗入材料表层,与基体原子相混合,不会发生脱落现象。将离子注入技术用于生物材料表面改性,可提高生物材料的表面硬度、耐磨性能、耐蚀性和生物相容性等。Piscanec 等[128]研究发现,N$^+$ 注入 Ti 后与之结合生成 TiN 层,经氧化处理后生成的 TiN$_2$ TiOxNy 可在体液中加速 C$_a$2P 层的沉积,从而改善材料的生物活性。Zhao 等[129]利用离子注入技术,在 Al$_2$O$_3$ 表面接枝-NH$_2$,植入动物体内一段时期后观察表明,改性后的 Al_2O_3 加速了骨组织的形成,提高了材料的生物相容性。

离子束辅助沉积是一种将离子注入技术和物理气相沉积技术相结合的真空沉积技术[127]。它是以离子注入技术为基础,在充满氩气的真空条件下,采用辉光放电技术使氩气电离产生氩离子,氩离子在电场力作用下加速轰击阴极,使阴极材料被溅射下来沉积到基体材料表面形成涂层[128]。与其他薄膜制备方法相比,采用这种方法能够获得附着力极好的薄膜。目前,离子束辅助沉积技术在生物材料的表面处理中显示出广阔的应用前景。王昌祥等[130]采用离子束辅助沉积技术,根据 HA 层的厚度以及注入离子的种类,选择适当的注入能量,使 HA 层与钛基体充分混合,获得了性能优异的 HA/Ti 植入材料,解决了 HA 涂层易脱落的难题。陈安清等[131]利用离子束辅助沉积的方法在人工心脏瓣膜热解碳材料表面制备氧化钛薄膜,研究其对抗凝血性能的改善情况,以探索新型的人工瓣膜材料。结果显示用离子束辅助沉积技术制备的氧化钛薄膜,其抗凝血性能优于临床应用的热解碳材料,有用作新一代的人工瓣膜材料的潜能。

7.4.2　分子自组装表面改性

分子自组装通常是指由两种或两种以上分子依靠非共价键分子间作用力自发结合在一起,形成复杂有序的聚集体的过程。分子自组装并不是大量分子简单地相加在一起,而是一种十分复杂的整体协同作用。分子自组装的协同作用源于许多非共价键弱相互作用力的协同效应,主要包括氢键、疏水作用力、静电力、范德华力、π-π 堆积作用力等[132]。正因为这些非共价键的弱相互作用发生了协同作用,才能正常维持自组装体系的结构稳定性和完整性。

自组装膜按其成膜机理可分为自组装单层膜和层层自组装膜。分子自组装技术具有如下优点[133]:

(1)制备工艺简单,通过简单的浸涂技术即可实现对材料表面的分子自组装修饰;

(2)制备条件温和,在常温水溶液中即可进行,可以保证生物分子维持生物活性;

(3)适用的基底材料种类多,并可在具有复杂形状结构的材料表面实现;

(4)膜内分子排列紧密、结构稳定,可在不改变材料原有机械性能的前提下,提高材料的亲水性、防腐性能和生物相容性等性能;

(5)可通过分子改性等手段对其表面进一步修饰,使其表面富含特定官能团,从而进一步接枝蛋白质、多糖、DNA 和药物等具有特定功能的大分子,赋予材料特殊的生物功能。

分子自组装技术在构建促进细胞黏附的表面、提高血液相容性界面、药物输送涂层和表面抗菌涂层等领域得到了充分的利用[133]。陈奕帆等[134]首先利用单层膜自组装技术在钛表面引入活性氨基,然后再在氨基自组装单层膜表面接枝 RGD 肽,观察了 RGD 肽修饰的钛表面对原代大鼠成骨细胞早期黏附铺层的影响。结果显示,细胞在 RGD 肽修饰后的材料表面早期附着更快,铺展形态更充分。Sperling 等[135]将白蛋白和肝素依次交替吸附在 PES 材料表面,有效提高了材料表面的血液相容性。Chen 等[136]基于静电相互作用在材料表面交替组装 PEI 和 PAA,并利用组装层的多孔结构负载药物,从而获得一种具有自修复功能的药物洗脱涂层[135]。Kruszewski 等[137]利用自组装单分子膜技术在 316L 不锈钢表面制备了

16-羧基十六烷基膦酸自组装单层膜,再在其表面固定庆大霉素或万古霉素形成"活性"抗菌药物涂层。结果表明,接枝有上述抗生素的活性薄膜可以显著抑制材料表面的细菌黏附和生物膜形成,其有效时间长达 48～72 h。

7.4.3　材料表面接枝改性

材料表面接枝改性是表面改性的重要方法之一,包括通过化学或物理方法直接在材料表面接枝具有某种功能的单体或分子链,也可在材料表面引入活性基团,然后再以活性基团为反应位点进行接枝聚合或偶联,从而达到材料表面接枝改性的目的。

1. 化学接枝法

化学接枝法是利用化学试剂引发材料表面的反应基团与被接枝的单体或大分子链发生化学反应而实现表面接枝。化学试剂引发接枝改性的研究内容非常多,如引发试剂的选择、不同引发体系反应条件的确定等。常用的引发剂是偶氮类和过氧化物,尤其是过氧化苯甲酰等。化学引发接枝产生均聚物多,环境污染严重,但对设备要求低,接枝反应易于进行,适合工业化大生产[138]。化学接枝法包括偶联接枝、自由基引发接枝和臭氧引发接枝等。本节以原子转移自由基聚合为例,进行简单介绍。

原子转移自由基聚合技术是一种新型自由基聚合技术,具有较强的可控性和广泛的单体应用范围,因此成为聚合物材料方面的研究热点。近几年来,学者们通过原子转移自由基聚合技术按照需求设计出特定的分子结构,并成功制备出了双嵌段聚合物、树状聚合物以及超支化聚合物等,并通过原子转移自由基聚合进行功能膜的制备,为药物控释以及组织工程等方面的应用打下坚实的基础。同时,表面接枝并不改变基材本身特性。因此,表面引发原子转移自由基聚合技术获得极大的关注,并通过表面引发原子转移自由基聚合技术制备出环境敏感、抗菌和抗污染等功能膜[139]。例如,Yao 等[140]将聚乙二醇单甲基丙烯酸酯(PEGMA)和 2-(二甲铵基)甲基丙烯酸乙酯 PDMAEV 的嵌段共聚物通过表面引发原子转移自由基聚合技术接枝到多孔聚丙烯(PPHF)中空纤维膜上,随后进行季胺化制得抗菌性良好的表面。

2. 物理接枝法

物理接枝方法是通过射线产生聚合活性中心的接枝技术,主要包括辐射接枝和光引发接枝。

辐射接枝是利用 γ 射线、α 射线、β 射线及 X 射线等高能辐射使材料表面或本体产生自由基或离子化的活性中心,从而引发单体在表面接枝聚合。辐射接枝与化学接枝方法相比具有以下优点:(1)可在材料表面接枝,亦可在一定厚度层内进行接枝;(2)辐射接枝无须引发剂之类的反应助剂,产物洁净度高;(3)辐射接枝一般可在常温进行,重复性较好、速率快[113]。由于辐射接枝技术独特的优点,其在生物材料的表面改性上已得到广泛应用。例如,早期采用辐照将 N-乙烯基吡咯烷酮(NVP)接枝于硅橡胶上,可用作隐形眼镜;将甲基丙烯酸 β-羟基酯(HEMA)、NVP 等接枝硅橡胶上,用作抗凝血材料[136]。通过辐射接枝也能赋予普通高分子材料不具备的生物功能性,例如采用辐照接枝技术,在高分子基体上接枝蛋白质、激素、酶素、医药等,以获得具有特殊功能的生物医用复合材料[141]。

光引发接枝是利用紫外线或可见光(波长 $200\sim800$ nm)照射材料表面,使之产生聚合活性中心,其中紫外线接枝是主要的方式。紫外线接枝是通过紫外线(波长 $200\sim400$ nm)照射材料表面产生自由基,引发单体在表面接枝聚合,接枝过程遵循自由基聚合机理[118]。与其他接枝方法(如化学接枝、辐射接枝等)相比,紫外光接枝聚合具有设备成本低(主要设备为紫外光源)、反应速度快(一般在几十秒至几分钟就可完成)、易于连续化操作的特点;另外,由于紫外光比高能辐射对材料的穿透力差,故接枝聚合反应可严格地限定在材料的表面或亚表面进行,容易控制接枝层的厚度和反应深度;同时,因为所用的紫外光的能量比较低,不会损坏材料的本体性能;还可以控制反应只在单侧进行,因而适合于制备两侧性能不同的材料[142]。

通过光引发接枝对材料表面进行改性,可改善材料的多种性能,例如亲水性、黏接性、抗静电、稳定性及生物相容性等。另外,也可通过在材料表面接枝功能单体,使其具备特殊的功能性。其中,以生物用途为目的的材料表面光引发接枝是近年研究的热点之一。通过光引发接枝可提高疏水聚合物表面的亲水性,从而提高聚合物的组织相容性及血液相容性。其中甲基丙烯酸缩水甘油酯(GMA)是一种使用较多的不饱和单体,主要是因为它带有活性环氧基第二官能团,可与许多生物活性体上的氨基、羟基等反应达到固定生物活性体的目的,以此来提高材料表面的生物相容性。此外,聚乙二醇(PEG)、甲基丙烯酸-β-羟乙酯(HEMA)等均是生物相容性较好的聚合物或单体[143]。例如,Allmer 等[144]将 GMA 接枝到聚合物表面,完成了对肝素的固定,在血液凝结检测中,经过肝素化改性的聚乙烯表面能明显降低血栓形成。Kanazawa 等[145]以二苯甲酮为光引发剂,在双取向的聚丙烯膜上接枝 4-氯甲基苯乙烯,并以己烷为溶剂加入三辛基膦进行季膦化,改性膜材料能显著抑制大肠杆菌和金黄色葡萄球菌的生长。

7.4.4 材料表面生物化

材料表面生物化,是指采用生物分子对材料表面进行修饰,即将一些具有生物活性的物质例如蛋白、多肽、酶和生长因子等固定在生物材料表面,使表面形成一个能与生物活体相适应的过渡层。这种方法不会影响基体材料的本体性能,同时可发挥所固定的生物分子的生物活性,赋予基体材料特定的生物功能。

蛋白质或多肽与材料的结合方法主要有两种:非共价键物理吸附和共价键化学结合。物理吸附是指将肽段通过非共价(疏水性、电荷分布、范德华力、氢键等)作用吸附于材料表面。化学偶联是将材料通过某种方法活化(如表面水解、等离子沉降、紫外辐照、自组装、模板技术等),引入能与蛋白或多肽键合的功能基团(如羟基、羧基、氨基、疏基、活性氢等基团),然后利用交联剂与肽段以共价键结合,产生化学反应[146]。物理吸附能够较好地保持蛋白质或多肽的空间结构,具有较低的非特异性吸附、操作简单方便等优点,但是物理的非共价吸附结合力比较弱。化学结合克服了物理吸附中蛋白分子与基体结合不牢固的缺点,使蛋白不易脱落,但是操作过程较复杂。

7.4.5 材料表面肝素化

肝素是一种磺酸化的线型阴离子聚糖,它通过抑制凝血酶原的活化,延缓及阻止纤维蛋白的凝聚作用而防止凝血,经过表面肝素化的材料显示出优良的抗凝血性能[147]。材料表面肝素化的方法分为物理法和化学法两大类。物理法通过将肝素与材料非共价结合而固定,在材料与血液接触时释放肝素以起到抗凝血的作用。使用这种方法能够保持肝素的活性,但在使用过程中材料表面的肝素易被血液带走,因此无法长期有效地使用。化学法又分为离子键合法和共价键合法,采用这种方法材料结合肝素的稳定性要远高于物理法,但固定后对肝素的构象造成影响,从而影响其活性[148]。为了提高肝素的生物活性,研究者们又进行了新的探索。例如引入 PEG 来固定肝素[149],从而提高其生物活性。

7.4.6 其他方法

除了上述介绍的改善材料表面性能的常用物理化学方法之外,还有离子镀和溅射等物理气相沉积方法、激光熔覆法、烧结法、化学反应法等。

参考文献

[1] LIU D B, Huang Y, Prangnell P B. Microstructure and performance of a biodegradable Mg-1Ca-2Zn-1TCP composite fabricated by combined solidification and deformation processing[J]. Materials Letters, 2012, 82: 7-9.

[2] HUAN Z G, Leeflang M A, Zhou J, et al. ZK30-bioactive glass composites for orthopedic applications: A comparative study on fabrication method and characteristics[J]. Materials Science and Engineering: B, 2011, 176(20): 1644-1652.

[3] Wang X, Zhang P, Dong L H, et al. Microstructure and characteristics of interpenetrating β-TCP/Mg-Zn-Mn composite fabricated by suction casting[J]. Materials & Design, 2014, 54: 995-1001.

[4] Gu X, Wang X, Li Barr N, et al. Microstructure and characteristics of the metal-ceramic composite (MgCa-HA/TCP) fabricated by liquid metal infiltration[J]. Journal of biomedical materials research Part B Applied biomaterials, 2011, 99: 127-134.

[5] Jiang G, Li Q, Wang C, et al. Fabrication of graded porous titanium-magnesium composite for load-bearing biomedical applications[J]. Materials & Design, 2015, 67: 354-359.

[6] He Z-Y, Zhang L, Shan W-R, et al. Characterizations on Mechanical Properties and In Vitro Bioactivity of Biomedical Ti-Nb-Zr-CPP Composites Fabricated by Spark Plasma Sintering[J]. Acta Metallurgica Sinica (English Letters), 2016, 29(11): 1073-1080.

[7] Zhang L, He Z Y, Tan J, et al. Designing a novel functional-structural NiTi/hydroxyapatite composite with enhanced mechanical properties and high bioactivity[J]. Intermetallics, 2017, 84: 35-41.

[8] Zhang L, Tan J, Meng Z D, et al. Low elastic modulus Ti-Ag/Ti radial gradient porous composite with high strength and large plasticity prepared by spark plasma sintering[J]. Materials Science and Engineering: A, 2017, 688(Complete): 330-337.

[9] Huang T, Cheng J, Bian D, et al. Fe-Au and Fe-Ag composites as candidates for biodegradable stent materials[J]. Journal of Biomedical Materials Research Part B Applied Biomaterials, 2016, 104(2): 225-240.

[10] Huang T, Cheng J, Zheng Y F. In vitro degradation and biocompatibility of Fe-Pd and Fe-Pt compos-

ites fabricated by spark plasma sintering[J]. Materials Science and Engineering:C,2014,35:43-53.

[11] Wang Z,Li H,Zheng Y,et al. In vitro study on novel Zn-ZnO composites with tunable degradation rate[J],European Cells and Materials,2018,28(S3):5.

[12] Cheng J,Zheng Y. In vitro study on newly designed biodegradable Fe-X composites(X=W,CNT)prepared by spark plasma sintering[J]. Journal of biomedical materials research Part B Applied biomaterials,2013,101B(4):485-497.

[13] Cheng J,Huang T,Zheng Y F. Microstructure,mechanical property,biodegradation behavior,and biocompatibility of biodegradable Fe-Fe$_2$O$_3$ composites[J]. Journal of Biomedical Materials Research Part A,2014,102(7):2277-2287.

[14] Choy M-T,Tang C-Y,Chen L,et al. Microwave assisted-in situ synthesis of porous titanium/calcium phosphate composites and their in? vitro apatite-forming capability[J]. Composites Part B:Engineering,2015,83:50-57.

[15] CHAKKINGALV NADAKVMAKV SUNIL B R,et al. Friction stir processing of magnesium-nanohydroxyapatite composites with controlled in vitro degradation behavior[J]. Materials Science and Engineering:C,2014,39:315-324.

[16] Zhang X L,Chen G,Bauer T. Mg-based bulk metallic glass composite with high bio-corrosion resistance and excellent mechanical properties[J]. Intermetallics,2012,29:56-60.

[17] Esen Z,Dikici B,Duygulu O,et al. Titanium-magnesium based composites:Mechanical properties and in-vitro corrosion response in Ringer's solution[J]. Materials Science and Engineering:A,2013,573:119-126.

[18] 袁强. TCP/Mg-Zn-Ca 生物复合材料的制备、显微组织及性能研究[D]. 天津:天津理工大学,2018.

[19] Estili M,Sakka Y. Recent advances in understanding the reinforcing ability and mechanism of carbon nanotubes in ceramic matrix composites[J]. Science & Technology of Advanced Materials,2014,15(6):064902.

[20] Salinas A,Vallet-Regí M. Bioactive ceramics:From bone grafts to tissue engineering[J]. RSC Advances,2013,3(28):11116-11131.

[21] Juhasz J A,Best S M. Bioactive ceramics:processing,structures and properties[J]. Journal of Materials Science,2012,47(2):610-624.

[22] Zhou H,Lee J. Nanoscale hydroxyapatite particles for bone tissue engineering[J]. Acta Biomaterialia,2011,7(7):2769-2781.

[23] Vijayan S,Rajaram N,Prudvi C,et al. Preparation of alumina foams by the thermo-foaming of powder dispersions in molten sucrose[J]. Journal of the European Ceramic Society,2014,34:425-433.

[24] 王蒙,王俊勃,贺辛亥,等. 多孔氧化铝陶瓷的研究进展[J]. 应用化工,2013,42(8):1505-1507.

[25] Trofimov A,Ivanova A,Zyuzin M,et al. Porous Inorganic Carriers Based on Silica,Calcium Carbonate and Calcium Phosphate for Controlled/Modulated Drug Delivery:Fresh Outlook and Future Perspectives[J]. Pharmaceutics,2018,10(4):1-35.

[26] 张士华,熊党生. β-磷酸三钙多孔生物陶瓷的制备与表征[J]. 南京理工大学学报(自然科学版),2005,29(2):231-235.

[27] Xynos I D,Hukkanen M V J,Batten J J,et al. Bioglass 45S5 stimulates osteoblast turnover and enhances bone formation In vitro:implications and applications for bone tissue engineering[J]. Calcified

tissue international,2000,67(4):321-329.

[28] 吴民行,谢玉芬,翟智皓,等.生物活性玻璃的制备与应用研究进展[J].人工晶体学报,48(1):142-148,153.

[29] Sepulveda P,Jones J,Hench L. In vitro dissolution of melt-derived 45S5 and sol-gel derived 58S bioactive glasses[J]. Journal of biomedical materials research,2002,61:301-11.

[30] 马安博.生物活性玻璃的研究现状及发展趋势[J].粘接,2018,2:56-60.

[31] Fathi M H,Hanifi A,Mortazavi V. Preparation and bioactivity evaluation of bone-like hydroxyapatite nanopowder[J]. Journal of Materials Processing Technology,2008,202(1):536-542.

[32] 王志强,马铁成,蔡英骥,等.湿法合成纳米羟基磷灰石粉末的研究[J].无机盐工业,2001,33(1):3-5.

[33] 任卫,李世普.超细羟基磷灰石颗粒的反相微乳液合成[J].硅酸盐通报,2002,21(6):27-31.

[34] Koh Y-H,Lee H-H,Yoon B-H,et al. Effect of Polystyrene Addition on Freeze Casting of Ceramic/Camphene Slurry for Ultra-High Porosity Ceramics With Aligned Pore Channels[J]. Journal of the American Ceramic Society,2006,89:3646-3653.

[35] Colasante C,Sanford Z,Garfein E,et al. Current Trends in 3D Printing,Bioprosthetics,and Tissue Engineering in Plastic and Reconstructive Surgery[J]. Current Surgery Reports,2016,4:6.

[36] Yildirim-Ayan E,Besunder R,Pappas D,et al. Accelerated differentiation of osteoblast cells on polycaprolactone scaffolds driven by a combined effect of protein coating and plasma modification[J]. Biofabrication,2010,2:014109.

[37] Chinpa W,Quémener D,Bèche E,et al. Preparation of poly(etherimide)based ultrafiltration membrane with low fouling property by surface modification with poly(ethylene glycol)[J]. Journal of Membrane Science,2010,365(1):89-97.

[38] Toroghi M,Raisi A,Aroujalian A. Preparation and characterization of polyethersulfone/silver nanocomposite ultrafiltration membrane for antibacterial applications[J]. Polymers for Advanced Technologies,2014,25(7):711-722.

[39] 徐川萍.基于原电池原理的 PLLA/PPy/Mg 复合释药系统及其性能研究[D].北京:北京航空航天大学,2018.

[40] Xianmiao C,Yubao L,Yi Z,et al. Properties and in vitro biological evaluation of nano-hydroxyapatite/chitosan membranes for bone guided regeneration[J]. Materials Science and Engineering:C,2009,29(1):29-35.

[41] 骆峰,张军,王晓琳,等.热诱导相分离法制备亲水性乙烯-丙烯酸共聚物微孔膜[J].高分子学报,2002,1(5):566-572.

[42] Amini M,Etemadi H,Akbarzadeh A,et al. Preparation and performance evaluation of high-density polyethylene/silica nanocomposite membranes in membrane bioreactor system[J]. Biochemical Engineering Journal,2017,127:196-205.

[43] 王琴.高透气性 MABR 膜的制备[D].天津:天津大学,2014.

[44] Teoh S H,Tang Z G,Ramakrishna S. Development of thin elastomeric composite membranes for biomedical applications[J]. Journal of Materials Science:Materials in Medicine,1999,10(6):343-352.

[45] 万志鹏.TiO2/CNTs 复合膜的制备及其光催化性能研究[D].天津:天津大学,2014.

[46] 杨植.碳纳米材料的制备及有机功能化修饰的研究[D].长沙:湖南大学,2009.

[47] 邢蕊蕊.胶原蛋白—纳米金组装复合材料制备及生物医学应用研究[D].秦皇岛:燕山大学,2017.

［48］ Naeem M,Lv P,Zhou H,et al. A Novel In Situ Self-Assembling Fabrication Method for Bacterial Cellulose-Electrospun Nanofiber Hybrid Structures［J］. Polymers,2018,10:712.

［49］ 邹黎明,杨超,李元元.粉末冶金法制备钛基生物医学材料的研究进展［J］.材料导报,2011,25(15):82-85.

［50］ Bram M,Stiller C,Buchkremer H,et al. High-Porosity Titanium,Stainless Steel,and Superalloy Parts［J］. Advanced Engineering Materials,2000,2:196-199.

［51］ Tosun G,Ozler L,Kaya M,et al. A study on microstructure and porosity of NiTi alloy implants produced by SHS［J］. Journal of Alloys and Compounds,2009,487(1):605-611.

［52］ Chu C,Xue X,Zhu J,et al. In vivo study on biocompatibility and bonding strength of Ti/Ti-20vol. ％ HA/Ti-40vol. ％ HA functionally graded biomaterial with bone tissues in the rabbit［J］. Materials Science and Engineering:A,2006,429(1):18-24.

［53］ Ulum M F,Arafat A,Noviana D,et al. In vitro and in vivo degradation evaluation of novel iron-bioceramic composites for bone implant applications［J］. Materials Science and Engineering:C,2014,36:336-344.

［54］ Gu X,Zhou W,Zheng Y,et al. Microstructure,mechanical property,bio-corrosion and cytotoxicity evaluations of Mg/HA composites［J］. Materials Science and Engineering:C,2010,30(6):827-832.

［55］ 刘勇,任香会,常云龙,等.金属增材制造技术的研究现状［J］.热加工工艺,2018,47(19):15-19.

［56］ 赵培,贾文鹏,向长淑,等.电子束选区熔化成形技术医疗植入体的优化设计及应用［J］.中国医学物理学杂志,2018,35(1):110-113.

［57］ 愈越庭.张兴栋.生物医用材料［M］.天津:天津大学出版社,2000.

［58］ Padilla S,Román J,Vallet-Regí M. Synthesis of Porous Hydroxyapatites by Combination of Gelcasting and Foams Burn Out Methods［J］. Journal of materials science. Materials in medicine,2002,13:1193-1197.

［59］ Le Huec J C,Schaeverbeke T,Clement D,et al. Influence of porosity on the mechanical resistance of hydroxyapatite ceramics under compressive stress［J］. Biomaterials,1995,16(2):113-118.

［60］ 朱新文,江东亮,谭寿洪.网眼多孔陶瓷浸渍成型工艺的研究［J］.无机材料学报,2001,16(6):1144-1150.

［61］ 曲炳仪.生物陶瓷材料羟基磷灰石注浆成型料浆性能探索［J］.陶瓷,1991,3:11-17.

［62］ Callcut S,Knowles J C. Correlation between structure and compressive strength in a reticulated glass-reinforced hydroxyapatite foam［J］. Journal of Materials Science:Materials in Medicine,2002,13(5):485-489.

［63］ 江昕,方芳,闫玉华.多孔 β-TCP 生物陶瓷的制备与料浆含水率对 β-TCP 性能的影响研究［J］.硅酸盐通报,2002,20(6):58-59.

［64］ Salvini V R,Innocentini M D M,Pandolfelli V C. Optimizing permeability,mechanical strength of ceramic foams［J］. American Ceramic Society Bulletin,2000,79(5):49-54.

［65］ Ramay H R,Zhang M. Preparation of porous hydroxyapatite scaffolds by combination of the gel-casting and polymer sponge methods［J］. Biomaterials,2003,24(19):3293-3302.

［66］ 周桃生,李秋红,郑克玉,等.分散剂及其在陶瓷制备中的应用［J］.湖北大学学报(自然科学版),2001,23(4):331-333.

［67］ Kim H-W,Lee S-Y,Bae C-J,et al. Porous ZrO2 bone scaffold coated with hydroxyapatite with fluorapatite intermediate layer[J]. Biomaterials,2003,24(19):3277-3284.

[68]　孙莹,谭寿洪,江东亮.多孔碳化硅材料的制备及其催化性能[J].无机材料学报,2003,(4):830-836.

[69]　赵俊亮,付涛,徐可为.有机泡沫浸渍法制备多孔羟基磷灰石复相陶瓷[J].中国陶瓷,2003,39(1):4-7.

[70]　龚森蔚,江东亮,谭寿洪.孔径可控羟基磷灰石复相陶瓷中玻璃相的作用[J].材料导报,1998,12(4):31-34.

[71]　Alizadeh M,Mirzaei-Aliabadi M. Compressive properties and energy absorption behavior of Al-Al$_2$O$_3$ composite foam synthesized by space-holder technique[J]. Materials & Design,2012,35:419-424.

[72]　Salvini V,Innocentini M,Pandolfelli V. Optimizing permeability,mechanical strength of ceramic foams [J]. American Ceramic Society Bulletin,2000,79:49-54.

[73]　Ribeiro A,Malafaya P,Reis R L. Two New Routes for Producing Porous Bioactive Ceramics:Polyurethane Precursors and Microwave Baking[J]. Bioceramics,1998,11:735-738.

[74]　郑岳华,侯小妹,杨兆雄.多孔羟基磷灰石生物陶瓷的进展[J].硅酸盐通报,1995,53(3):20-24.

[75]　黄志红,陈晓明,李建华.多孔碳酸钙陶瓷——人造珊瑚的初步研究[J].陶瓷学报,2003,24(3):149-151.

[76]　曾垂省,梁亦龙,陈晓明,等.升温速度对多孔生物陶瓷特性的影响[J].中国组织工程研究,2008,12(10):1867-1869.

[77]　李小溪.多孔生物陶瓷的制备及植入后的晶型转变的研究[D].武汉:武汉理工大学,2002.

[78]　王继浩.纳米羟基磷灰石粉体及其生物陶瓷的制备与表征[D].淄博山东理工大学,2012.

[79]　谌强国.硅改性羟基磷灰石晶须多孔陶瓷材料的制备与性能研究[D].昆明:昆明理工大学,2016.

[80]　郭来阳,张靖微,赵婧,等.具有良好贯通性的颗粒造孔支架的制备及表征[J].无机材料学报,2011,26(1):17-21.

[81]　朱时珍,赵振波,刘庆国.多孔陶瓷材料的制备技术[J].材料科学与工程学报,1996,14(3):33-45.

[82]　Niu X,Zhongning L,Tian F,et al. Sustained delivery of calcium and orthophosphate ions from amorphous calcium phosphate and poly(L-lactic acid)-based electrospinning nanofibrous scaffold[J]. Scientific Reports,2017,7:45655.

[83]　Si J,Cui Z,Wang Q,et al. Biomimetic composite scaffolds based on mineralization of hydroxyapatite on electrospun poly(? -caprolactone)/nanocellulose fibers[J]. Carbohydrate Polymers,2016,143:270-278.

[84]　Daoyong M,Qing L,Daikun L,et al. 3D porous poly(ε-caprolactone)/58S bioactive glass-sodium alginate/gelatin hybrid scaffolds prepared by a modified melt molding method for bone tissue engineering [J]. Materials & Design,2018,160:1-8.

[85]　Wan Y Z,Wang Y,Luo H,et al. Carbon fiber-reinforced gelatin composites. I. Preparation and mechanical properties[J]. Journal of Applied Polymer Science,2000,75:987-993.

[86]　Nie L,Chen D,Suo J,et al. Physicochemical characterization and biocompatibility in vitro of biphasic calcium phosphate/polyvinyl alcohol scaffolds prepared by freeze-drying method for bone tissue engineering applications[J]. Colloids and Surfaces B:Biointerfaces,2012(100):169-176.

[87]　滕新荣,顾书英,任杰.超临界 CO$_2$ 中制备聚乳酸/羟基磷灰石复合支架材料[J].材料导报,2005,19(9):114-117.

[88]　刘奎.聚合物梯度结构的热熔融成型研究[D].焦作:河南理工大学,2016.

[89] Ge Y,Tang J. Fabrication,Characterization and Antimicrobial property of natural TTOLs/CS composite sponges[J]. Fibers and Polymers,2016,17(6):862-872.

[90] Niu X,Feng Q,Wang M,et al. Porous nano-HA/collagen/PLLA scaffold containing chitosan microspheres for controlled delivery of synthetic peptide derived from BMP-2[J]. Journal of Controlled Release,2009,134(2):111-117.

[91] Niu X,Fan Y,Liu X,et al. Repair of Bone Defect in Femoral Condyle Using Microencapsulated Chitosan,Nanohydroxyapatite/Collagen and Poly(L-Lactide)-Based Microsphere-Scaffold Delivery System[J]. Artificial Organs,2011,35:E119-128.

[92] Sayyar S,Gambhir S,Chung J,et al. 3D Printable Conducting Hydrogels Containing Chemically Converted Graphene[J]. Nanoscale,2017,9(5):2038-2050.

[93] Tan R,She Z,Wang M,et al. Thermo-sensitive alginate-based injectable hydrogel for tissue engineering[J]. Carbohydrate Polymers,2012,87(2):1515-1521.

[94] Duan B,Wang M,Zhou W Y,et al. Three-dimensional nanocomposite scaffolds fabricated via selective laser sintering for bone tissue engineering[J]. Acta Biomaterialia,2010,6(12):4495-4505.

[95] Lin Z,Wu M,He H,et al. 3D Printing of Mechanically Stable Calcium-Free Alginate-Based Scaffolds with Tunable Surface Charge to Enable Cell Adhesion and Facile Biofunctionalization[J]. Advanced Functional Materials,2019,29:1808439.

[96] Sharma U,Concagh D,Core L,et al. The development of bioresorbable composite polymeric implants with high mechanical strength[J]. Nature Materials,2017,17(1):96-102.

[97] Harris L,Kim B S,Mooney D. Open Pore Biodegradable Matrices Formed with Gas Foaming[J]. Journal of biomedical materials research,1998,42:396-402.

[98] 马光辉,苏志国. 高分子微球材料[M]. 北京:化学工业出版社,2005.

[99] Yang F,Niu X,Gu X,et al. Biodegradable Magnesium-Incorporated Poly(l-lactic acid)Microspheres for Manipulation of Drug Release and Alleviation of Inflammatory Response[J]. ACS applied materials & interfaces,2019,11(26):23546-23557.

[100] 林卫瑞. 相分离法制微囊工艺与处方的筛选及应用[D]. 青岛:青岛科技大学,2013.

[101] Hamerli P,Weigel T,Groth T,et al. Surface properties of and cell adhesion onto allylamine-plasma-coated polyethylenterephtalat membranes[J]. Biomaterials,2003,24(22):3989-3999.

[102] 薛立伟. 静电喷射法制备生物可降解聚膦腈/聚酯微球及不同形态微球形成机理的研究[D]. 北京:北京化工大学,2010.

[103] Meeus J,Scurr D,Amssoms K,et al. Surface Characteristics of Spray-Dried Microspheres Consisting of PLGA and PVP:Relating the Influence of Heat and Humidity to the Thermal Characteristics of These Polymers[J]. Molecular pharmaceutics,2013,10(8):3213-3224.

[104] Wang Q,Wang A. Spray-dried magnetic chitosan/Fe3O4/halloysite nanotubes/ofloxacin microspheres for sustained release of ofloxacin[J]. Rsc Advances,2013,3:23423-23431.

[105] Widiyandari H,Hogan C J,Yun K M,et al. Production of narrow-size-distribution polymer-pigment-nanoparticle composites via electrohydrodynamic atomization[J]. Macromolecular Materials and Engineering,2007,292(4):495-502.

[106] Xie J,Marijnissen J C M,Wang C-H. Microparticles developed by electrohydrodynamic atomization for the local delivery of anticancer drug to treat C6 glioma in vitro[J]. Biomaterials,2006,27(17):

3321-3332.

[107] Ding L,Lee T,Wang C-H. Fabrication of monodispersed Taxol-loaded particles using electrohydro-dynamic atomization[J]. Journal of Controlled Release,2005,102(2):395-413.

[108] Mahida V P,Patel M P. Superabsorbent amphoteric nanohydrogels:Synthesis,characterization and dyes adsorption studies[J]. Chinese Chemical Letters,2016,27(3):471-474.

[109] 陈思,彭啸,冯亚青,等.无皂乳液聚合法合成聚苯乙烯微球应用于准固态电解质染料敏化太阳能电池[J].化学工业与工程,2017,34(6):43-50.

[110] 王春颖.功能聚合物微球的制备及性质研究[D].长春:长春理工大学,2018.

[111] 王烨.单分散大粒径功能化高分子微球的制备与表征[D].天津:天津大学,2015.

[112] 罗付生.功能型复合超微粒子的制备研究[D].南京:南京理工大学,2002.

[113] 张栋玮.不同功能的高分子微球的制备与应用研究[D].天津:南开大学,2015.

[114] 王敏,于永玲,马焕兰,等.苯乙烯悬浮共聚粒度的控制[J].齐鲁石油化工,1997,4:16-18.

[115] 陆威,王姗姗,鲁德平,等.苯乙烯的悬浮聚合及聚苯乙烯磺化[J].现代塑料加工应用,2005,17(4):8-11.

[116] 李敏,李惠东,李惠琪,等.等离子体表面改性技术的发展[J].金属热处理,2004,29(7):5-9.

[117] 熊开翠.多功能等离子体聚合涂层构建及生物相容性研究[D].成都:西南交通大学,2017.

[118] 石淑先.生物材料制备与加工[M].化学工业出版社,2009.

[119] Yin Y,Wise S G,Nosworthy N J,et al. Covalent immobilisation of tropoelastin on a plasma deposited inter-face for enhancement of endothelialisation on metal surfaces[J]. Biomaterials,2009,30(9):1675-1681.

[120] Yang Z,Xiong K,Qi P,et al. Gallic Acid Tailoring Surface Functionalities of Plasma-Polymerized Allyl-amine-Coated 316L SS to Selectively Direct Vascular Endothelial and Smooth Muscle Cell Fate for En-hanced Endothelialization[J]. ACS applied materials & interfaces,2014,6(4):2647-2656.

[121] Qi P,Yang Y,Xiong K-Q,et al. Multifunctional Plasma-Polymerized Film:Toward Better Anticorro-sion Property,Enhanced Cellular Growth Ability,and Attenuated Inflammatory and Histological Re-sponses[J]. ACS Biomaterials Science & Engineering,2015,1(7):513-524.

[122] 翁文剑,庄均珺,林素雅,等.电化学沉积生物功能涂层的研究进展[J].硅酸盐学报,2017,45(11):1539-1547.

[123] 华帅.镁合金表面电化学沉积羟基磷灰石涂层及其性能的研究[D].太原:太原理工大学,2018.

[124] 王月勤.电沉积方法制备钛基材羟基磷灰石涂层[D].南京:南京航空航天大学,2007.

[125] 徐滨士,朱绍华.表面工程的理论与技术[M].北京:国防工业出版社,2010.

[126] 陈宝清.离子束材料改性原理及工艺[M].北京:国防工业出版社,1995.

[127] 陈治清.生物材料的离子束表面改性[J].功能材料,1999,3:246-248.

[128] PISCANEC S,COLOMBI CIACCHI L,VESSELLI E,et al. Bioactivity of TiN-coated titanium im-plants[J]. Acta Materialia,2004,52(5):1237-1245.

[129] Q ZHAO,G ZHAI-J,DH NG,et al. Surface modification of Al_2O_3 bioceramic by NH_2^+ ion implanta-tion[J]. Biomaterials,1999,20:595-599.

[130] 王昌祥,陈治清.离子束辅助沉积技术制备 HA/Ti 植入材料的设计[J].生物医学工程学杂志,1999,16(2):140-142,146.

[131] 陈安清,徐德民,王哲,等.离子束辅助沉积氧化钛对改善热解碳抗凝血性能作用的初步研究[J].无机材料学报,2004,5:1203-1206.

[132] 闫婷婷,郑学晶,刘捷,等.胶原大分子自组装研究进展[J].高分子通报,2016,8:18-28.

[133] 王健,朱志文,徐国华,等.自组装单分子膜技术在医用金属材料中的应用研究进展[J].浙江大学学报(医学版),2015,44(5):589-594.

[134] 陈奕帆,宋光保,万乾炳,等.纯钛表面接枝 RGD 肽对成骨细胞早期附着铺展生物学行为的影响[J].实用医学杂志,2010,26(6):952-953.

[135] SPERLING C,HOUSKA M,Brynda E,et al. In vitro hemocompatibility of albumin-heparin multilayer coatings on polyethersulfone prepared by the layer-by-layer technique[J]. Journal of biomedical materials research. Part A,2006,76:681-689.

[136] X-CCHEN,KFREN,J HZHANG,et al. Humidity-triggered self-healing of microporous polyelectrolyte multilayer coatings for hydrophobic drug delivery[J]. Advanced Functional Materials,2015,25(48):7470-7477.

[137] KRUSZEWSKI K M,NISTICO L,LONGWELL M J,et al. Reducing staphylococcus aureus biofilm formation on stainless steel 316L using functionalized self-assembled monolayers[J]. Materials Science and Engineering:C,2013,33(4):2059-2069.

[138] 崔晓萍.血液过滤用 PP 和 PBT 熔喷非织造布的化学接枝改性研究[D].西安:西北工业大学,2005.

[139] 李春燕.表面可控/活性自由基接枝聚合制备功能聚合物膜的研究[D].北京:北京化工大学,2012.

[140] F YAO,G-DFU,J ZHAO,et al. Antibacterial effect of surface-functionalized polypropylene hollow fiber membrane from surface-initiated atom transfer radical polymerization[J]. Journal of Membrane Science,2008,319(1):149-157.

[141] 周长忍.先进生物材料学[M].广州:暨南大学出版社,2014.

[142] 邢晓东,王晓工.聚合物表面紫外光接枝技术及应用进展[J].化工进展,2008,27(1):50-56,73.

[143] 王睿,谢雁,潘炯玺.聚合物表面光接枝改性研究进展[J].现代塑料加工应用,16(6):61-64.

[144] ALLMÉR K,HILBORN J,Larsson P,et al. Surface modification of polymers. V. Biomaterial applications[J]. Journal of Polymer Science Part A Polymer Chemistry,1990,28:173-183.

[145] KANAZAWA A,LKEDA T,ENDO T. Polymeric phosphonium salts as a novel class of cationic biocides. III. Immobilization of phosphonium salts by surface photografting and antibacterial activity of the surface-treated polymer films[J]. Journal of Polymer Science Part A Polymer Chemistry,1993,31:1467-1472.

[146] 史嘉玮,董念国.RGD 肽在组织工程领域的应用[J].中华实验外科杂志,2005,22(9):1150-1152.

[147] 王艺峰,徐伟.生物多糖进行医用高分子材料表面修饰的研究进展[J].高分子通报,2007,(12):56-60.

[148] 杨倩,谢艳新,沈宇杰,等.肝素化/类肝素化高分子膜材料的研究进展[J].功能材料,2019,50(12):12059-12065,12073.

[149] 刘鹏,陈亚芍,张丽惠.聚氯乙烯表面共价键合肝素及抗凝血性的研究[J].功能高分子学报,2004,17(1):35-40.

第8章 生物医用复合材料质量评价与测试

8.1 生物医用复合材料质量评价概述

生物医用材料是保障人民健康的必需品，是现代医学两大支柱——生物医学工程和生物技术的重要基础，其产业是典型的低原材料消耗、低能耗、低环境污染、高技术附加值的高技术新兴产业，并正在成长为世界经济的一个支柱性产业。生物医用复合材料是指由两种或两种以上的不同材料根据相应的工艺复合而成的生物材料，主要用于诊断、治疗、修复或替代人体组织器官或提高其功能。目前生物医用复合材料大致可分为金属基、陶瓷基和高分子基复合材料三大类。复合材料往往是为了解决单一材料在临床使用过程中存在的风险和缺陷，因此针对生物医用复合材料质量评价在对单一材料定性定量评价的基础上，需要重点对复合后的材料进行相关性能评价。随着生物材料行业领域的高速发展，不断涌现出众多新材料、新工艺的生物材料和产品，包括新型生物医用复合材料，如可吸收冠脉血管支架、可吸收复合补片、医用可吸收缝合线等。这些新型复合材料产品多具有复杂的制备工艺和良好的使用性能，特别是智能高分子复合材料、可吸收金属复合材料等，其在体内的生理环境下可诱导自身组织的再生重建。因为植入的生物材料在新组织形成之前，会被降解，其理化性状随之发生改变，所以如何维持降解与再生速度的平衡，是解决该类产品有效性的核心关键技术之一。另外，此类材料和产品，如聚合物和纤维蛋白原复合的新型补片产品等，在材料选择和结构设计上会与传统材料具有不同的物理、化学和生物特性，而传统生物材料质量评价方法主要针对单一、非吸收性材料，部分方法本身的敏感性和特异性不足，造成许多新型生物材料及产品在未经过充分安全评价的情况下进入临床使用，给患者带来了诸多未知的使用风险。因此，研究建立针对新型复合生物材料及产品的理化特性表征、降解性能研究及开发建立具有高度敏感性和特异性的安全性评价方法，从而形成对该类产品质量评价的完整体系，成为亟须解决的关键技术问题。

8.2 生物医用复合材料质量评价关键技术研究进展

世界各国对生物材料质量评价工作都非常重视，针对医用生物材料和器械的质量评价关键技术也在不断发展进步，已经从最初的单纯依据标准进行检验检测发展到了目前在风险管理过程中进行评价与试验的阶段。一些新型检测试验方法不断被开发应用到产品质量控制之中。评价关键技术水平已经从传统的细胞学、组织学、整体动物学推进到分子生物学水平。美国早在 1902 年就正式成立了美国材料试验协会（ASTM），其 F04（医用及外科材料和设备）工作组，专门针对生物医用材料和产品的安全性进行评价。国际标准化组织（ISO）则在 1988 年制定了一系列医疗器械生物学评价标准——医疗器械生物学评价（ISO 10993）并已经得到了世界范围内的普遍认可和采用。目前，ISO 的医疗器械生物学与临床评价委员会（TC194）已下设 17 个专业工作组和 1 个分技术委员会，正式制定和发布了国际标准 28 项，包括适用于生物材料理化表征、生物相容性试验等。其中，ISO 10993-1:2018[1] 为指导生物材料和医疗器械生物安全性评价的纲领性文件和重要的基础性标准。该国际标准中对生物学评价的流程进行优化和更新，如图 8.1 所示。该标准中要求根据器械材料与人体的接触类型和临床接触时间识别生物相容性评价中所推荐的终点（见表 8.1），明确了生物学危害的范围既广泛又复杂，在考虑组织与组成材料的生物学反应时，应充分考虑器械材料的总体设计。在组织作用方面最好的材料未必能使器械有好的性能，选择医用生物材料特别是新型材料器械产品以及对这些产品进行质量评价时应在风险分析和评价的基础上进行。不能硬性规定一套试验方法，包括合格/不合格准则，因为这样做会出现两种可能：一种可能是使新产品的开发和应用受到不必要的限制，另一种可能是对产品的使用产生虚假的安全感。同时，对于一些新型医用生物材料（如可吸收金属复合物），如果材料降解速度非常快，一种或多种预期产物浓度的增加能够改变体外生物学试验体系的 pH 和/或渗透压。因为体内条件下同时存在灌注及碳酸盐平衡，所以那些体外结果可能不能全面反映体内各种反应。在这种情况下，调整体外试验液的 pH 和/或渗透压至生理范围，重复试验并记录证明这个（些）因素是不良结果的发生机制可能是合适的。可以进一步考虑使用动物模型证明证实产品的安全性，以确认预期降解产物导致所引起的 pH 和/或渗透压的变化并不能代表患者的安全风险。

FDA 于 2016 年发布了《医疗器械生物学评价 第 1 部分：风险管理过程中的评价与试验》（ISO 10993-1）标准的使用指南文件[2]，用于代替蓝皮书备忘录 ♯ G95-1（1995）"ISO 10993 国际标准的使用《医疗器械生物学评价 第 1 部分：评价与实验》"。该文件为生物材料器械的质量评价提供总的指南。2017 年 5 月 25 日，欧盟官方发布的欧盟医疗器械法规（MDR）正式生效。MDR 有与器械生物安全性相关的、独立的安全和性能要求，可能需要器械按照 ISO 10993-1 要求进行测试。这些国家和地区法规、标准技术文件的更新和发布，为生物医用复合材料的质量评价提供了新的思路和方案。

生物医用复合材料的质量评价涉及其物理性能、力学性能、化学性能、生物相容性、临床前大动物试验评价、临床研究、上市后产品使用资料的收集等全生命周期的评价。

生物医用复合材料的力学性能和物理性能的测试是确保材料符合临床使用要求，复合材料力学性能测试包括机械参数的确定，如通过强度和刚度研究其在复合材料结构设计中的应用。最常见的力学测试包括拉伸（拉力）、弯曲、冲击、剪切、压缩与开孔和闭孔；物理测试包括吸水率、密度、空隙率、硬度和划痕阻力等。

生物医用复合材料的化学性能一般是评价涉及与生物材料质量控制相关的不同特性。除了材料常规的性能控制指标（如 pH、还原物质、重金属、灭菌残留物等）外，随着对生物材

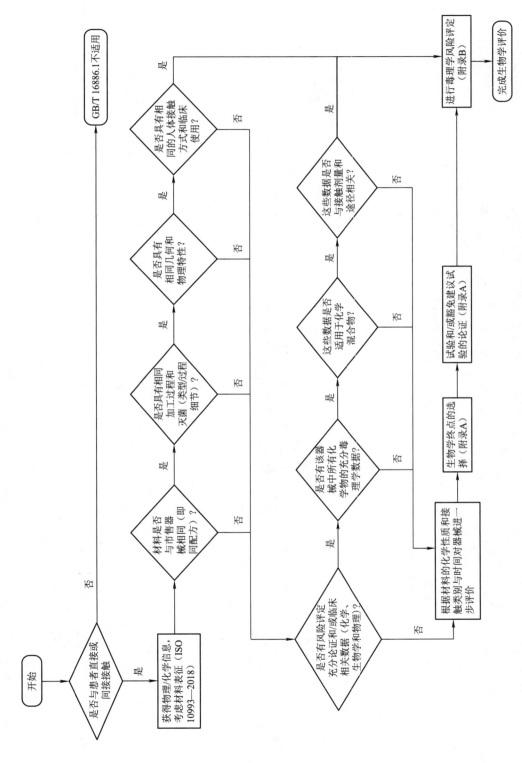

图 8.1 作为风险管理组成部分的生物学评价的系统方法框图

表 8.1 生物学评价终点选择

器械分类			生物学评价终点选择 — 生物学作用														
人体接触性质		接触时间 A-短期(≤24 h) B-长期(24 h~30 d) C-持久(>30 d)	物理和/或化学信息	细胞毒性	致敏反应	刺激或皮内反应	材料介导热原a	急性全身毒性b	亚急性毒性b	亚慢性毒性b	慢性毒性b	植入反应b,c	血液相容性	遗传毒性d	致癌性	生殖发育毒性e	生物降解性f
分类	接触																
表面器械	完好皮肤	A	X^g	E^h	E	E											
		B	X	E	E	E											
		C	X	E	E	E											
	黏膜	A	X	E	E	E											
		B	X	E	E	E		E	E	E		E					
		C	X	E	E	E		E	E	E	E	E		E			
	损伤表面	A	X	E	E	E	E	E									
		B	X	E	E	E	E	E	E	E		E					
		C	X	E	E	E	E	E	E	E	E	E		E			
外部接入器械	血路·间接	A	X	E	E	E	E	E					E				
		B	X	E	E	E	E	E	E	E		E	E	E			
		C	X	E	E	E	E	E	E	E	E	E	E	E	E		
	组织/骨/牙本质i	A	X	E	E	E	E	E				E		E			
		B	X	E	E	E	E	E	E	E		E		E	E		
		C	X	E	E	E	E	E	E	E	E	E		E	E		
	循环血液	A	X	E	E	E	E	E				E	E	E			
		B	X	E	E	E	E	E	E	E		E	E	E^h	E		
		C	X	E	E	E	E	E	E	E	E	E	E	E	E		

续上表

器械分类			生物学作用														
人体接触性质		接触时间 A-短期(≤24 h) B-长期(24 h~30 d) C-持久(>30 d)	物理和/或化学信息	细胞毒性	致敏反应	刺激或皮内反应	材料介导热原性 a	急性全身毒性 b	亚急性毒性 b	亚慢性毒性 b	慢性毒性 b	植入反应 b,c	血液相容性	遗传毒性 d	致癌性	生殖发育毒性 e	生物降解性 f
分类	接触																
植入器械	组织/骨 i	A	X	E	E	E	E	E									
		B	X	E	E	E	E	E	E	E		E		E			
		C	X	E	E	E	E	E	E	E	E	E		E	E		
	血液	A	X	E	E	E	E	E				E	E				
		B	X	E	E	E	E	E	E			E	E	E			
		C	X	E	E	E	E	E	E	E	E	E	E	E	E		

a：见 ISO 10993—11:2017 附录 F。

b：如果考虑合并评定了足够的动物数和时间点，那么从综合植入评定中考虑获得的信息，包括急性全身毒性、亚急性毒性、亚慢性毒性、亚慢性毒性和/或慢性毒性可能是适宜的。一般不需要单独进行急性、亚急性、亚慢性和慢性毒性研究。

c：宜考虑相关的植入部位。

d：如果该医疗器械可能含有致癌性，如与完好黏膜接触宜考虑进行完好黏膜接触研究。

e：新材料，具有已知生殖或发育毒性的材料，用于特定人群的器械（如妊娠妇女）宜生殖毒性和/或发育毒性的器械宜提供生物降解信息。器械组件或材料宜提供生物降解信息。

f：患者体内有任何有降解潜能的器械，器械材料有在生殖器官中存留潜能的器械宜进行生殖和发育性评价。

g：X 表明某一风险评定需要获取的必要信息。

h：E 表明风险评定中需要评价的终点，附加的终点特异性试验或该终点异常特异宜不需要附加评定的终点（可通过已有资料、附加评定的理由来评定）如果某一医疗器械由未在医疗器械中使用过的新型材料加工而成，文献中无毒理学数据，还宜考虑表中标记"E"的附加终点。对一些特殊医疗器械，可能需要比预期终点更多或更少的特定器械。

i：组织包括组织液和皮下部位。对于只与组织间接接触的气路器械，见与器械生物相容性相关信息的特定器械标准。

j：适用于所有体外循环器械。

料质量评价的认识不断深入,特别是新版 ISO 10993-1:2018 的发布,生物学评价已由传统的基于生物学试验的生物学评价转变为基于理化表征基础上的生物学评价模式。该标准中明确指出,在选择制造器械所用材料时,首先考虑的是材料与器械用途相一致。这就需要考虑材料的特征与性能,这些特性包括化学性能、毒理学性能、物理性能、电性能、形态学以及机械性能等。对于生物医用复合材料的化学表征主要包含两方面的内容:一方面是材料组成的定性、定量分析;另一方面是可浸提物和可沥滤物分析。材料成分与其人体使用时的生物相容性密切相关,定性分析的目的是提供样品中已鉴别的化学成分的列表,定量分析的目的是确定样品中每种化学成分的含量,如对合成聚合物,定性参数通常包括分子量及分子量分布、玻璃化转变温度、熔点、比重等。可浸提物和可沥滤物分析主要用于评估生物医用复合材料在临床使用过程中可能释放的有害物质的量,其中可浸提物是指使用实验室浸提条件和介质对医疗器械或材料进行浸提时,从医疗器械或建造材料中所释放的化学物质。可沥滤物强调的是器械或复合材料在临床使用过程中释放的物质。大多数生物医用复合材料为应用于人体的长期植入类医疗器械,因此很难对其可沥滤物开展评估。对于这类生物医用复合材料往往采用极限浸提的方式来评估其可浸提物含量,进而通过毒理学风险评价其临床使用安全性。由于毒理学风险评估一般基于特性和浓度(确定接触量)进行,因此对于生物可浸提物和可沥滤物的定性和定量分析是生物安全性评估的基础。

对于多数医用复合材料而言,因为其材料设计、加工工艺相对复杂的特点,在对其进行质量评价时,一方面可能要开发更加敏感的生物相容性关键检测技术方法,另一方面可能需要建立相应的动物模型进行大动物临床前试验评价。目前的生物相容性系列标准中推荐的体外试验和小动物传统生物学试验,多为针对器械材料的毒理学作用或局部组织相容性来进行的安全性评价,存在诸多缺陷,体外试验临床预示程度较差而小动物与人体相差较远,且试验耗费动物的数量巨大,也不符合动物保护的宗旨和要求。相比之下,大动物(如猪、羊等)的临床试验则是完全模拟器械材料临床使用状态,即在器械材料发挥其有效性的基础上进行安全性评价,更能够充分代表器械材料临床前阶段的使用安全性。如《无源外科植入物心脏和血管植入物的特殊要求动脉支架的专用要求》(YY 0663—2016)标准中就对动脉支架类产品大动物临床前试验进行了明确要求[3]。国家药品监督管理局近期发布的《腹腔内置疝修补补片动物实验技术审查指导原则》[4]等多项技术审评指导原则中都涉及对于生物材料器械产品的大动物临床前试验要求。

8.2.1　理化关键技术

1. 可浸提物和可沥滤物研究

随着对医疗器械生物材料生物学评价认识的不断深入,生物学评价的重点已经从单纯的生物学试验转变为以理化表征为基础的在风险管理过程中的评价与试验,其中理化表征的重点也包括可浸提物和可沥滤物的研究。一些国际和国家标准指南或标准中给出了相关材料表征的非专属性项目,这些方法一般用于粗略初步估计材料的可能危害。如日本药局方和欧洲药典中的方法包括炽灼残渣、重金属以及高锰酸钾还原物质和蒸发残渣等可溶出物的试验方法和规范。美国药典中的方法,包括酸度/碱度、紫外吸光度、总有机碳(TOC)、可浸提金属离子、聚合物添加剂和生物相容性的测试方法和规范。而我国对于输血输液器具考察项目一般包括还原物质(易氧化物)、酸碱度、重金属、紫外吸收和蒸发残渣等测试项目,其中大部分项目为非特异性参数,以此来控制产品加工助剂、添加剂及工艺污染引入的风险。例如,还原物质主要用于控制器械中可溶出的还原性(易被氧化)添加剂,如残留的黏结剂(环己酮、四氢呋喃等)、溶出或迁移至表面的增塑剂等。但是针对医用复合材料来说,这些非专属性分析方法存在一定的局限性,例如对于含有可吸收成分的复合材料,考察其溶出物试验时由于材料本身的降解可能对某些指标造成影响。因此,对于生物医用复合材料需要开展全面的可浸提物和可沥滤物定性定量分析,随着科学技术的发展,越来越多的新型设备可以用于此类分析,如高分辨质谱可以对未知物进行定性鉴别,以识别临床中可能带来的风险。

目前生物医用复合材料大多用于生产长期植入类器械,对于这类器械或材料的评价一般采用浸提物研究评价其临床使用安全性,浸提物研究的常规流程如图 8.2 所示。由图可以看出,在进行可浸提物研究时首先需要进行分析评估阈值(AET)的评估。AET 是基于剂量的阈值,如毒理学关注阈值(TTC)得到的浓度阈值,一般认为低于该浓度阈值时,无须进行可浸提物或可沥滤物的鉴定。产品临床使用的持续时间可以决定用于剂量阈值的实际值,而临床使用的频率则可确定临床接触的程度。以 $\mu g/mL$ 为单位的 AET 的计算公式如下:

$$AET = \frac{DBT \times \dfrac{A}{BC}}{UF}$$

式中　A——为了生成浸提液而浸提的医疗器械的数量;

B——浸提液的体积,mL;

C——医疗器械的临床接触量(用户在正常临床实践中,一天内接触到的器械数量);

DBT——基于剂量的阈值(例如 TTC 或 SCT),$\mu g/d$,在选择可支持风险评估的特定阈值时,应咨询毒理学家;

UF——不确定因子,可用来解释用于估算浸提液中可浸提物浓度筛选方法的分析不确定度。

浸提研究的主要目的是生成一个可浸提物谱,一般来说可浸提物谱应包括沥滤物谱,并且可浸提物的浓度至少与可沥滤物一致,即可浸提物谱应尽可能全面反映可沥滤物及其水平。但是,如果浸提条件过于苛刻可导致可浸提物谱发生变化,如使用某些有机溶剂浸提可能会导致某些聚合物溶解或溶胀。

表 8.2 中给出了推荐的浸提条件,但是在某些情况下,建议极限浸提条件可能会导致毒理学风险评估结果不能接受,对于这种情况考虑采用其他条件。对于所有器械分类,可以考虑并使用替代可靠浸提条件(如适用)。

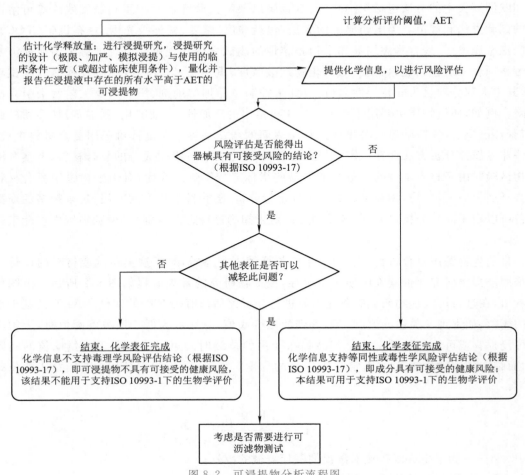

图 8.2　可浸提物分析流程图

表 8.2　建议的浸提条件

接触类别	建议的浸提条件	可靠替代条件
短期接触器械	模拟使用浸提条件[a]	加严浸提条件
长期接触器械	极限浸提条件	加严浸提条件[b,c]
持久接触器械	极限浸提条件	加严浸提条件[b,c,d]

注: a. 应证明其合理性。

　　b. 通常不需要进行极限浸提的示例包括:

　　　　使用时间少于 24 h 的一次性使用器械,但是如果每天重复使用新器械,则会被归类为长时间接触或长期接触器械;

　　　　持续使用几天的一次性器械,但是如果重复使用新器械,则会被归类为长时间接触或长期接触器械;

　　　　可重复使用的器械,但如果患者可能会接触重复使用的同一器械,则会被归类为长时间接触或长期接触器械。

　　　　当加严浸提用于可重复使用的器械时,浸提时应适当地考虑每次使用的持续时间。

　　c. 加严浸提条件适用于外部接入或不可吸收的表面接触器械(应证明其合理性)。

　　d. 示例:一个器械完全由不可吸收金属(例如血管支架)组成,因为成分无法从材料内部迁移,并且感兴趣的成分仅与表面有关,加严浸提足以生成完整的可浸提物分布。

如果依据图 8.2 给出的可浸提研究得到风险评估不能接受,就应该考虑进行可沥滤物研究,具体流程如图 8.3 所示。

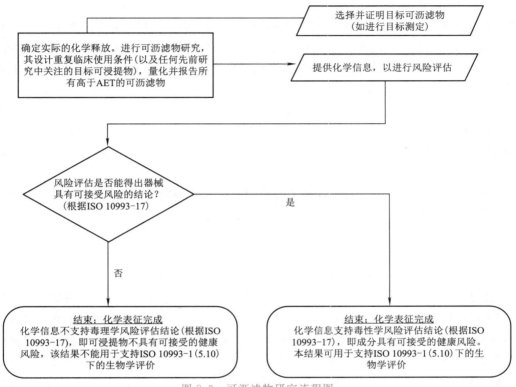

图 8.3　可沥滤物研究流程图

2. 体外降解研究

随着可降解材料的发展,越来越多的生物材料复合了可降解材料,如在传统的聚丙烯材质疝补片中复合聚乳酸材质新型复合补片,对于这类含有可降解成分的生物医用复合材料,在对其材料定性定量分析基础上需额外关注其体外降解研究,特别是关注其体外降解和体内降解的关联性。《医疗器械生物学评价第 13 部分:聚合物医疗器械降解产物的定性和定量》(GB/T 16886.13)[5]为用于临床的成品聚合物医疗器械模拟环境的降解产物定性与定量试验设计提供了通用要求,标准中描述了两种生成降解产物的试验方法,一种是作为筛选方法的加速降解试验,一种是模拟环境的实时降解试验。虽然该标准仅适用于非吸收的聚合物,但是对于可吸收的材料该标准的大部分试验步骤同样适用,同时标准中也给出了相应提示。GB/T 16886.14[6]给出陶瓷类产品的降解试验评价方法,GB/T 16886.15[7]给出金属和合金的降解评价指南。这三个标准仅考虑由终产品化学作用所产生的降解产物,因此这三项标准不适用于在器械或材料预期使用中因机械应力、磨损或电磁辐射所导致的降解作用。生物医用复合材料可能涉及两种及以上不同基体的材料复合,因此在进行降解研究时应考虑每种材料的特点。

3. 界面性能研究

复合生物材料是由两种或两种以上不同物理、化学性质的以微观或宏观的形式复合而组成的多相材料。复合方式主要有化学结合、物理混合、表面处理等。两种材料的界面结果和性能往往决定了复合材料的性能,目前常见的界面理论有浸润性理论、化学键理论、过渡层理论、可逆水解理论、摩擦理论、扩散理论和静电理论等。界面是复合材料极为重要的微结构,其结构与性能直接影响复合材料的性能。因此,深入研究界面的形成过程、界面层性质、界面结合强度、应力传递行为对宏观力学性能的影响规律,从而有效控制界面,是获取高性能复合材料的关键。近些年来,国内外学者围绕复合材料的表面性质、形态、表面改性及表征以及增强体与基体的相互作用、界面反应、界面表征等方面进行了大量的研究工作。主要集中在以下两方面内容:

(1)表征界面形态及界面结构。复合材料界面是具有一定厚度的界面层,界面层厚度与形态受增强体表面性质与基体材料的组成和性质的影响,在一定程度上也受成型工艺方法及成型工艺参数的影响。界面的不同形态是界面微结构变化的反映。通过对界面形态的研究能更直观了解复合材料界面性质与宏观力学性能的关系。

(2)界面结合强度。界面结合强度对复合材料力学性能具有重要影响,因而界面强度的定量表征一直是复合材料研究领域中十分活跃的课题。

8.2.2 生物学评价关键技术

由于不同材料进行复合时会经历相应的加工工艺,复合后的材料与原材料无论是在理化特性,还是在生物相容性方面都会存在很大的不同。因此,在进行医用复合材料的生物学评价时,应考虑各材料间潜在的协同作用或相互作用。在需要进行试验时,应采用最终的复合材料进行试验。在生物学评价关键技术方面,随着新材料的不断涌现,一些针对新材料自身特点的新型评价关键技术也不断被开发和应用。在体外生物学评价方面,有传统的生物学试验方法(如细胞毒性试验、刺激试验、皮肤致敏试验、热原、急性全身毒性、亚急/慢性全身毒性、遗传毒性、血液相容性、植入),同时众多新技术的开发和应用使针对产品特异性的生物相容性检测和评价方法的研究成为可能,如实时无标记动态细胞分析技术(RTCA)在细胞相容性研究中的应用。研究结果表明,使用 RTCA 对医疗器械浸提液细胞毒性的检测结果与 ISO 10993-5:2009[8]中定性分级检测的结果具有良好的相关性。另外,基因组学和蛋白组学等"组学"技术的发展也有助于寻找新的敏感性的关键性标志分子。有报道称,人类皮肤刺激试验采用毒理基因组技术研究经多种刺激物作用后基因表达的变化,从 240 种基因中检测到 16 种表达差异的基因,这些基因参与信号传导、应激反应、细胞周期、蛋白代谢和细胞结构。这些新技术方法为新型医用复合材料及产品理化特性表征、降解性能的研究、生物相容性检测与评价新方法的建立以及相应技术要求和标准的制定提供了理论支持和技术保证。

8.3 生物医用复合材料理化性能测试常用方法

8.3.1 特性表征

复合材料的特性表征主要包括力学性能、物理特性、定性鉴别、表面特性分析及成分分析等。新版 ISO 10993-18 给出不同材料的定性定量分析方法,针对不同的医用生物复合材料,具体表征方法可参照该标准。

1. 力学性能

最常见的有生物复合材料的机械测试(包括拉伸、弯曲、冲击、剪切、压缩、疲劳、涂层牢固性和耐磨试验等)和物理测试(包括吸水率、密度、空隙率、硬度和划痕抵抗力等)。

(1)拉伸试验

拉伸试验是一种破坏性试验过程,可提供有关拉伸的信息,包括金属材料的强度、屈服强度和延展性。

拉伸试验可提供拉伸强度(屈服和断裂时)、弹性极限、断后伸长率、弹性模量、屈服点、屈服强度和其他拉伸性能指标。高温下进行的拉伸试验还可以得到蠕变数据。

拉伸试验的主要依据标准有《金属材料拉伸试验方法》[GB/T 228.1—2010(ISO 6892-1)]、《外科植入物涂层磷酸钙涂层和金属涂层拉伸试验方法》[YY/T0988.11(ASTM F1147-2005)]、《塑料拉伸性能的测定 第4部分各向同性和正交各向异》[GB/T 1040.4—2006(ISO 527-4)]、《塑料拉伸性能的测定 第5部分单向纤维增强复合材料的试验条件》[GB/T 1040.5-2008(ISO 527-5)]、《塑料拉伸性能测定方法》(ASTM D638)和《聚合物基复合材料拉伸性能试验方法》(ASTM D3039)[9-13]等。

(2)弯曲试验

弯曲试验主要用来检验材料在经受弯曲负荷作用时的性能,通过对材料施加一弯曲力矩,使材料发生弯曲,进而评价材料的弯曲强度和塑性变形。

①三点弯曲试验。试样在最大弯矩处及其附近破坏,这种加载法由于弯矩分布不均匀,某些部位的缺陷不易显现出来,且存在剪力的影响。但由于其加载方法简单、操作简便,成为目前最常用的弯曲试验方法。

②四点弯曲试验。使弯矩均衡地分布在试样上,试验时试样会在该长度上的任何薄弱处破坏,且没有剪力的影响。

弯曲试验测量在三点荷载条件下弯曲梁所需的力,一般适用于刚性和半刚性材料、树脂和层压纤维复合材料。

弯曲试验的主要依据标准有《金属材料弯曲试验方法》[GB/T 232—2010(ISO 7438)]、《纤维加强的塑料复合物弯曲性能的测定》(ISO 14125)、《塑料弯曲性能的测定》[GB/T 9341—2008(ISO 178)]、《未增强和增强塑料及电绝缘材料挠曲性的试验方法》(ASTM D790)和《用四点弯曲法测定未增强和增强塑料及电绝缘材料挠曲性的试验方法》(ASTM D6272)等[14-18]。

(3)冲击试验

冲击试验是材料抵抗变形和断裂的能力,即在塑性变形和断裂过程中吸收能量的能力。冲击试验通常包括夏比摆锤冲击和悬臂梁冲击两种方法,其主要依据标准有《金属材料夏比摆锤冲击试验方法》[GB/T 229—2007(ISO 148-1)]、《摆锤式冲击试验机的检验》[GB/T 3808—2002(ISO 148-2)][19-20]。

(4)压缩试验

压缩试验是测定材料在轴向静压力作用下的力学性能的试验,是材料机械性能试验的基本方法之一。试样破坏时的最大压缩载荷除以试样的横截面积,称为压缩强度极限或抗压强度。压缩试验主要适用于脆性材料,对于塑性材料则无法测出压缩强度极限,但可以测量出弹性模量、比例极限和屈服强度等。

压缩试验的主要依据标准有《金属材料室温压缩试验方法》(GB/T 7314—2017)、《硬质合金 压缩试验方法》[GB/T 23370—2009(ISO 4506)]、《硬质泡沫塑料压缩性能的标准试验方法》(ASTM D1621)、《硬质塑料抗压特性的标准试验方法》(ASTM D695)、《纤维增强塑料复合材料平面方向压缩性的测定》(ISO 14126)、《剪切荷载法测定带无支撑标准截面的聚合母体复合材料抗压特性的标准试验方法》(ASTM D3410)[21-26]等。

(5)剪切试验

材料除承受拉力和压力外,大多还承受剪切力的作用,有些情况剪切力还起着主要的作用。作用在试样两个侧面的载荷,其合力为大小相等、方向相反、作用线相距很近的一对力,并使试样两部分沿着与合力作用线平行的受剪面发生错动。

复合材料主要缺点是抗剪能力(刚度、强度)差,特别是层合结构,因此,对剪切性能研究十分重要。随着复合材料各向异性和非均质性的增加以及试件端头效应区的增大都使得纯剪问题难度增大,均匀应力区愈加难以获得。

剪切试验标准包括《复合材料面内剪切性能试验方法》[GB/T 28889—2012(ASTM D7078)]、《聚合物基复合材料纵横剪切试验方法》(GB/T 3355—2014)、《外科植入物涂层磷酸钙涂层和金属涂层剪切试验方法》[YY/T 0988.12(ASTM F1044-2005)][27-29]等。

(6)疲劳试验

疲劳和断裂试验是在变动载荷和应变长期作用下,因累积损伤而引起的断裂现象,波形一般选择正弦波。疲劳破坏的过程是材料内部薄弱区域组织在变动应力的作用下,逐渐发生变化和损伤累积、开裂,当裂纹扩展达到一定程度后发生突然断裂的过程,也是一个从局部区域开始的损伤累积并最终引起整体破坏的过程。

疲劳试验的主要依据标准有《磷酸钙、医用金属和磷酸钙金属复合涂层剪切和弯曲疲劳试验方法》[YY/T 0988.13(ASTM F1160-2005)]、《疲劳裂纹扩展速率试验方法》[GB/T 6398(ASTM E647)]、《金属轴向疲劳试验方法》(GB/T 3075)、《金属旋转弯曲疲劳试验方法》(GB/T 4337)、《纤维增强塑料层合板拉-拉疲劳性能试验方法》(GB/T 16779)[30-34]等。

(7)硬度试验

硬度是指材料抵抗局部变形,特别是塑性变形、压痕或划痕的能力,是评价金属材料综合力学性能的重要指标。按施加载荷情况分静载法(如布、洛、维氏硬度)和动载法(如肖氏硬度)。

硬度试验的主要依据标准有《金属材料维氏硬度试验 第1部分:试验方法》(GB/T 4340.1—2009)、《金属材料洛氏硬度试验 第1部分:试验方法》(GB/T 230.1—2018)、《金属材料布氏硬度试验 第1部分:试验方法》(GB/T 231.1—2018)、《硫化橡胶或热塑性橡胶压入硬度试验 方法第1部分:邵氏硬度计法》(GB 531.1—2008)[35-38]等。

2. 定性鉴别

医用复合材料的定性表征仪器主要有核磁共振波谱仪(NMR)、红外光谱仪(FT-IR)、X

射线衍射仪（XRD）、差示扫描量热仪（DSC）、凝胶电泳仪（2D PAGE）、液相色谱质谱联用仪（LC-MS）等。具体材料的定性可参照表8.3。

表 8.3　材料组成的测试方法

材料类型	特　性	方法举例[a]	定性	定量
合成聚合物	残留单体	GC，LC(*)	X	X
	表面组成	FT-IR	X	X[f]
		XPS	X	X
	残留催化剂、引发剂	原子光谱[e](*)	X	X
		LC(*)	X	X
	添加剂、加工残留物、痕量物质	GC、LC、IC(*)	X	X
	杂质[b]	X 射线衍射	X	—
		灼烧残渣	X	X[g]
		X 射线荧光	X	X
		GC、LC、IC(*)	X	X
	化学结构	FT-IR	X	X[f]
		^{13}C 及 ^{1}H NMR(*)	X	X
金属与合金	材料组成[c]	X 射线荧光	X	X[f]
		EDX/SEM、XPS	X	X[f]
		燃烧分析(C,S)	X	X
		原子光谱[e](*)	X	X
		气体熔化(N,O,H)	X	X
		滴定法	X	X
		重量法		X
		电解法	X	X
		比色法	X	—
	元素相间分布	EDX/SEM、XPS	X	X[f]
		电子显微术	X	X
	相位或表面组成	EDX/SEM、XPS	X	X
陶瓷	痕量物质,包括添加剂[d]	X 射线荧光	X	X[f]
		原子光谱[e](*)	X	X
		LC,GCc(*)	X	X
	阴离子	离子色谱法(IC)	X	X
	材料组成	X 射线衍射	X	—

材料类型	特　性	方法举例[a]	定性	定量
天然大分子	鉴别	比色法	X	—
		2D PAGE(*)	X	X
		GPC/SEC	X	X
		氨基酸测序	X	X
	化学结果	傅里叶变换红外(光谱)	X	X[f]
		¹³C 及 ¹H NMR(*)	X	X

注：a. 不全面或具有排他性。用(*)表示的方法是最常用于所示目的的方法。在某些情况下，可以使用表中列出的
　　　其他方法。

　　b. 例如，润滑剂、交联剂、脱模剂、发泡剂以及催化剂。

　　c. 金属与合金供应时常附有组分的证明文件。当已经有产品分析报告时，一般不必重复分析。

　　d. 应考虑的添加剂实例包括金属钝化剂、光/热稳定剂、增塑剂、润滑剂、黏度调节剂、冲击改良剂、抗静电剂、抗
　　　微生物剂、抗氧化剂、阻燃剂、增白剂、填料、烧结剂、脱模剂、黏合剂、颜料和涂料。

　　e. 原子光谱包括原子吸收光谱(AA)和联合光学发射检测的电感耦合等离子体光谱(ICP-AES)或联合质谱检测
　　　的电感耦合等离子体光谱(ICP-MS)。

　　f. 这些分析的性质是，其定量测量的特点要么是灵敏度有限，要么是不精密度相对较高。
　　　该方法可对总杂质进行定量，但不能对单个杂质进行定量。

　　X 表示适用；—表示不适用。

（1）核磁共振波谱（NMR）

核磁共振波谱是最重要的有机物定性手段，其原理为在合适频率的射频作用下，物质吸收电磁波时，由于吸收的能量较小，从而引起的只是电子及核在其自旋态能阶之间的跃迁，所得到的为核磁共振谱。按测定的核分类，测定 H 核的称为氢谱（¹HNMR），测定 C 核的称为碳谱（¹³CNMR）。在定性鉴别方面，核磁共振谱比红外光谱能提供更多的信息。它不仅能给出基团的种类，而且能提供基团在分子中的位置。由于 ¹HNMR 谱可以判断分子中存在的质子类型和相对数目，因此 ¹HNMR 谱不仅可以定性也可以用于定量。相对于 ¹HNMR 谱，¹³CNMR 谱最大的优点是化学位移范围宽，有机化合物化学位移范围一般为（0～200）×10^{-6}。对于结构相对简单的不对称分子，¹³CNMR 谱可检测到每个碳原子的吸收峰，从而得到丰富的碳骨架信息，对于含碳较多的有机化合物，也具有很好的鉴定意义。

核磁共振波谱常用于高分子基复合材料的定性、定量鉴别，它可以有效识别官能团和同分异构体等。就目前常见的聚乳酸共聚物和共混聚合物来说，由于单一成分的聚合物材料的力学性能和预期临床效果不好，常对此采用共聚改性、表面改性、共混改性及复合改性的方式来得到满足临床使用的聚合物。其中，共聚改性是在聚乳酸的主链中引入另一种分子链，使得聚乳酸的大分子链的规整度降低。改变共聚改性中各聚合物单体的比例可以实现对材料各种性能的调控，包括亲水性、结晶性、力学性能、降解性能和生物相容性能等。表面改性原理是将反应离子引入、将样品运用反应溶液处理及对聚合物表面进行修饰都可以使聚乳酸表面活化，促使聚合物拥有更加适合微生物生活的环境，以此来增进和其他聚合物反

应接触的机会。共混改性是将两种或两种以上的聚合物进行混合,所获得的共混物除保留各组分的优良性能外,又可以通过组分的协同产生新的效应。复合改性不同于上述三种改性方式,它将聚乳酸本身的一些弱势与其他材料的优势进行复合,用来克服聚乳酸本身的缺陷,通过复合改性可以显著提高聚乳酸的各项性能。

对于上述改性后的生物医用复合材料,特别是针对共聚改性和共混改性的聚乳酸复合材料,由于其不同的配比类型其材料性能不同,因此需要采用核磁共振波谱对其共聚或共混的聚合物进行定性、定量分析。

(2)红外光谱(FT-IR)

傅立叶变换红外光谱分析技术是一种根据分子内部的原子间相对振动和分子转动等信息来确定物质分子结构和鉴别化合物的分析方法,主要用于有机化合物和高分子化合物的分子结构分析。按照光谱和分子结构的特征可将整个红外光谱大致分为两个区,即官能团区(波数范围 $4\,000\sim1\,300\ cm^{-1}$)和指纹区(波数范围 $1\,300\sim400\ cm^{-1}$)。官能团区是化学链和基因的特征振动频率区,它的吸收光谱很复杂,特别能反映分子中特征基团的振动,基团的鉴定工作主要依靠该区进行。指纹区吸收光谱主要反映分子结构的细微变化,除此之外在指纹区的一些特征峰,也可以用于官能团的鉴定。

(3)拉曼光谱

拉曼光谱分析技术是一种通过测试样品的拉曼效应,进而分析样品分子结构和鉴别化合物的分析方法。其原理是在用波长比试样粒径小得多的单色光照射气体、液体或透明试样时,大部分的光会按原来的方向透射,剩余一小部分则按不同的角度散射开来,产生散射光。在垂直方向观察时,除了与原入射光有相同频率的瑞利散射外,还有一系列对称分布着若干条很弱的与入射光频率发生位移的拉曼谱线,这种现象称为拉曼效应。由于拉曼谱线的数目、位移的大小、谱线的长度直接与试样分子振动或转动能级有关,因此,与红外吸收光谱类似,对拉曼光谱的研究也可以得到有关分子振动或转动的信息。

(4)凝胶渗透色谱(GPC)

凝胶渗透色谱(GPC)也称作体积排斥色谱(SEC),是液相色谱的一个分支,其分离部件是一个以多孔性凝胶作为载体的色谱柱,凝胶的表面与内部含有大量彼此贯穿的大小不等的孔洞。色谱固定相是多孔性凝胶,只有直径小于孔径的组分可以进入凝胶孔道。大组分不能进入凝胶孔洞而被排阻,只能沿着凝胶粒子之间的空隙通过,因而最大的组分最先被洗提出来。小组分可进入大部分凝胶孔洞,在色谱柱中滞留时间长,会更慢被洗提出来。溶剂分子因体积最小,可进入所有凝胶孔洞,因而最后从色谱柱中洗提出。上述特点也是与其他色谱法最大的不同之处。

由于高分子的分子量及分子量分布对材料的物理机械性能和可加工性等有着很大影响,对于一些可吸收高分子材料,其分子量的大小决定该材料在临床预期降解周期,测定高分子材料的分子量及其分布的最常用、快速和有效的方法是凝胶(渗透)色谱(GPC)。GPC除了能用于测定高聚物的分子量分布外,还能用于高分子材料内小分子物质的测定、支化度等某些结构分析。而对于聚合物来说,聚合物中低分子量物质特别是合成单体的多少确定了材料的生物安全性。

（5）差示扫描量热法（DSC）

差示扫描量热分析技术是一种重要的热分析方法，测量样品在一定气氛及程序温度下，样品端与参比端热流或热功率差随温度及时间的变化，广泛应用于测定物质的比热容和热反应时的特征温度及吸收或放出的热量。

当材料发生诸如熔化、结晶、多晶型转变、蒸发、固化、交联、分解和其他具有热效应的变化，总伴随着吸热或放热过程，上述变化过程的发生往往只需要改变材料的温度。差示扫描量热分析技术根据热流差信号分析，可定量测定样品的多种热力学和动力学参数，具有测量温度范围宽、分辨率好、灵敏度高等特点。

3. 表面及界面特性表征

除了对界面的性能进行表征之外，由于材料与生物体的相互作用，材料的最外层性质（即表面理化性能）在决定生物体对植入物的作用及材料对生理环境的作用中是很重要的。因此，对材料表面性能的表征是必不可少的。对材料表面性质的定性与定量分析，可以预测在生理环境中生物体对材料的反应，甚至在此基础上还可以设计出具有理想的界面行为的材料表面。目前对复合材料界面及表面表征的常见手段有以下几种：

（1）X 射线光电子能谱（XPS）

XPS 是化学分析的一种电子谱（ESCA），它的原理是用 X 射线照射样品，使样品中的原子或分子的电子受激发而发射出来，测量这些电子的能量分布，从中获得表面的元素和结构方面的信息。

（2）二次离子质谱（SIMS）

二次离子质谱的原理是用高能离子束照射样品，穿透样品表面并通过级联碰撞转换能量，同时一些粒子（二次粒子，包括原子、分子或材料中带电的或中性的粒子）获得足够能量从材料中逃逸出来，用质谱仪来分析二次离子可检测出所有元素及其同位素。收集所有带正电和带负电的离子谱可反映出材料的组成。

（3）扫描电子显微镜（SEM）

在材料的生物学定性中用得最多的电镜是扫描电子显微镜。扫描电镜的原理是当具有一定能量的入射电子束轰击样品表面时，电子与元素的原子核及外层电子发生单次或多次弹性与非弹性碰撞，一些电子被反射出样品表面，而其余的电子则渗入样品中，逐渐失去其动能，最后停止运动，并被样品吸收。在此过程中有 99％以上的入射电子能量转变成样品热能，而其余约 1％的入射电子能量从样品中激发出各种信号。这些信号主要包括二次电子、背散射电子、吸收电子、透射电子、俄歇电子、电子电动势、阴极发光、X 射线等。扫描电镜设备就是通过对这些信号进行处理，从而对样品的表面形貌进行分析。扫描电镜和能谱仪（EDS）联用技术常用于表面微区的元素分析，如该技术对钛及钛合金经阳极氧化后的产品表面进行元素定性分析，考察钛基材料表面改性后杂质元素残留情况。

（4）原子力显微镜（AFM）

原子力显微镜利用一个对力敏感的探针探测样品与针尖之间的相互作用力来实现样品

表面成像。将一个对微弱力极敏感的弹性微悬臂的一端固定，另一端搭载具有极细顶端的针尖。当针尖尖端与样品表面存在极微弱的作用力（$10^{-8} \sim 10^{-6}$ N）时，微悬臂会发生微小的弹性形变，形变量与针尖和样品之间作用力遵循 Hooke 定律。通过测量微悬臂的形变量就可以得到针尖和样品之间作用力的大小，而这一作用力与针尖和样品之间的距离密切相关。原子力显微镜可以无损地直接给出材料的厚度及表面微区结构，也可以研究材料的硬度、弹性、表面摩擦等力学性能以及进行纳米尺度的结构加工。

（5）声学显微技术

声学显微法不仅可以观测光学不透明材料的表面、亚表面的状态和性质，而且可以观测材料内部的结构和性质。

8.3.2 降解性能

随着材料科学的发展，越来越多的可降解材料被用于医疗器械的生产，对于该类材料应充分考虑预期降解或非预期降解的可能性。此外，还要考虑到化学特性的评估和已知的降解机理，然后再考虑涉及评价生物降解试验研究的必要性。GB/T 16886.16 和 GB/T 16886.17[39-40] 给出了降解产物和可沥滤物生物学评价指南，医疗器械可浸提物浸提指导原则见 GB/T 16886.12[41]，医疗器械所用材料及其可沥滤物化学表征见 GB/T 16886.18，材料物理化学、形态学和表面特性表征见 GB/T 16886.19[42]。在进行降解研究之前先考虑这些标准会有助于区分降解产物和可沥滤物。

因此，尽管主体材料是生物相容的，但由于它的降解产物在生物体内聚集与分布以及化学结构与主体材料不尽相同，其降解产物的生物可接受性与主体材料不完全相同，评价方法与要求也不完全一样。降解产物的生物学行为常常与医疗器械的安全性与有效性密切相关。因此，潜在降解的定性与定量是医疗器械安全性评价极其重要的一个环节。

降解的评价方法因供试材料的特性、医疗器械和具体器械使用的解剖不同而变化，所选的评价模型应代表器械或材料的应用环境。有些降解过程已表明，体外模型可能不能全面反映应用环境，如机械过程会影响生物降解作用，因此在制定模拟应用环境时宜考虑这些因素。

在进行降解研究时，首先应考虑采用涉及降解产物定性与定量的具体材料或产品降解标准，对最初材料进行表征，如对于主体是聚合物的复合材料来说，应对材料存在的残留物质和添加剂进行测定。如参照 ISO 10993 中相关标准，降解试验设计时应考虑以下几方面的内容：（1）器械和/或材料的鉴别和表征及其预期用途；（2）对可能的降解机理的鉴别和表征；（3）对已知、可能的和潜在的降解产物的鉴别和表征；（4）试验方法学。对于降解产物的表征，应考虑以下方面的内容：（1）化学和物理化学性能；（2）表面形貌；（3）生化性能。具体的表征方法可参照定性分析方法和可浸提物、可沥滤物分析方法。

8.3.3 可浸提物和可沥滤物分析

可浸提和可沥滤物主要包括无机和有机两种。对其分析方法可参照表 8.4。其中有机可浸提物可根据其挥发性定性分为三类：挥发性有机化合物（VOC）、半挥发性有机化合物（SVOC）和非挥发性有机化合物（NVOC）。

顶空取样气相色谱/质谱（HS-GC/MS）通常用于分析 VOC，气相色谱/质谱（GC/MS）通常用于分析 SVOC。气相色谱的原理是利用气体作流动相的色层分离分析方法，汽化的试样被载气（流动相）带入色谱柱中，柱中的固定相与试样中各组分分子作用力不同，各组分从色谱柱中流出时间不同，组分彼此分离。采用适当的鉴别和记录系统，制作标出各组分流出色谱柱的时间和浓度的色谱图。根据物质的出峰时间和顺序，可对化合物进行定性分析；根据峰的高低和面积大小，可对化合物进行定量分析。气相色谱常用检测器主要有热导检测器（TCD）、火焰离子化检测器（FID）、电子捕获检测器（ECD）、氮磷检测器（NPD）及火焰光度检测器（FPD）等。

液相色谱/质谱（LC/MS）用于分析 NVOCs。液相色谱仪由储液器、泵、进样器、色谱柱、检测器、记录仪等几部分组成。流动相被高压泵打入系统，样品溶液经进样器进入流动相，被流动相载入色谱柱（固定相）内。由于样品溶液中的各组分在两相中具有不同的分配系数，在两相中做相对运动时，经过反复多次的吸附-解吸的分配过程，各组分在移动速度上产生较大的差别，被分离成单个组分依次从柱内流出，通过检测器时，样品浓度被转换成电信号传送到记录仪，数据以图谱形式打印出来。液相色谱仪常用检测器有紫外吸收、荧光、示差折光、化学发光等。紫外可见吸收检测器（UVD）是 HPLC 中应用最广泛的检测器之一，其特点是灵敏度较高、线性范围宽、噪声低，适用于梯度洗脱。光电二极管阵列检测器（PDAD）是一种新型的光吸收式检测器，可及时观察与每一组分的色谱图相应的光谱数据，从而迅速决定具有最佳选择性和灵敏度的波长。荧光检测器（FD）是一种高灵敏度、有选择性的检测器，可检测能产生荧光的化合物。某些不发荧光的物质可通过化学衍生化生成荧光衍生物，再进行荧光检测。示差折光检测器（RID）是一种浓度型通用检测器，对所有溶质都有响应，某些不能用选择性检测器检测的组分，如高分子化合物、糖类、脂肪烷烃等，可用示差检测器检测。

由于浸提液通常为包含多种化学物质的混合物，因此色谱方法通常与多个检测器联合使用，特别是和质谱的联用常用于未知物的定性分析。在质谱仪器中常用的质谱有扇形磁场、飞行时间质量分析器、四极杆质量分析器、四极杆离子阱和离子回旋共振质量分析器。

对于无机浸提化合物，常用的分析方法为原子光谱法［包括原子吸收光谱（AA）、电感耦合等离子体原子发射光谱（ICP-AES）和电感耦合等离子体质谱（ICP-MS）］。但是上述这些方法仅能测定元素总含量，并不能识别元素的无机和有机形态，而不同形态的元素其毒理形态不同。

离子色谱（IC）可用于浸提液中无机阴离子（如氟离子、氯离子、硫酸根离子）和低分子量有机酸（如乙酸和甲酸）的分析。

离子色谱是高效液相色谱的一种，又称高效离子色谱（HPIC）或现代离子色谱，适用于亲水性阴、阳离子的分离，主要用于材料中元素成分、阴阳离子、有机酸、过渡金属价态、铵根离子、有机胺等的分析。

表 8.4 可浸提物和可沥滤物的测试方法

材料类型	特性	方法举例	定性	定量
所有类型	有机可浸提物（VOC）	HS-GC 或 GC 与 FID 和/或 MS	X	X
		总有机碳（TOC）	—	X
	有机可浸提物（SVOC）	HS-GC 和 GC 与 FID 和/或 MS	X	X
		HPLC 与 UV、CAD、ELSD 和/或 MS		
		总有机碳（TOC）	—	X
		NMR	X	X
	有机可浸提物（NVOC）	HPLC 与 UV、CAD、ELSD 和/或 MS	X	X
		NMR	X	X
		总有机碳（TOC）	—	X
		非挥发性残留物	—	X
	元素可浸提物	ICP-AES，ICP-MS	X	X
	阴离子与阳离子	离子色谱法	X	X

8.4 生物医用复合材料生物相容性测试常用方法

8.4.1 体外细胞毒性试验

体外细胞毒性试验是生物复合材料毒性筛选最重要的试验，是利用细胞培养技术来测定由材料或其浸提液引起的细胞溶解（细胞死亡）、细胞生长抑制、克隆形成和细胞方面的其他影响，一般分为三类：浸提液试验、直接接触试验和间接接触试验。对于医用复合材料而言，应选取具有代表性的复合材料样品进行试验，对于本身具有细胞毒性的医用生物复合材料，可能需要使用不同稀释度的试验溶液进行附加试验，以确定没有细胞毒性的水平以及确定非含药器械是否具有细胞毒性。对于某些含有已知细胞毒性剂或未固化的聚合物树脂材料，如齿科材料，可能需要使用一种已合法上市的医疗器械材料进行附加的细胞毒性比较试验，用于说明该新材料的细胞毒性不大于具有相同类型和接触时间的同等器械材料；然后将这些信息结合临床使用情况，如接触时间及临床需求（如临床受益/风险）来综合评价，最终确定该器械材料的细胞毒性风险是否可以接受。

1. MTT 定量检测法

利用 MTT 在活细胞内代谢性还原，生成蓝紫色不可溶的甲䐶。活细胞的数目与甲䐶溶于醇类后用光度计测定的色度相关来测定细胞的存活率，进而评价待测材料的细胞毒性作用。

（1）试验样品的制备

根据试验材料的化学特性选择浸提介质，且考虑使用极性和非极性两种介质。含血清培养基是首选的浸提介质，此外在明确要浸提极性物质（例如离子化合物）时宜考虑采用无血清培养基。采用水等非生理浸提液时，浸提液用培养基稀释后宜在最高生理相容浓度下进行试验。含血清培养基只能按照（37±1）℃、（24±2）h 的浸提条件，因为浸提温度超过（37±1）℃会对血清化学和/或血清稳定性以及培养基中其他成分产生不良影响。

试验液可选用浸提原液和/或浸提原液和以浸提介质作稀释剂的浸提液的系列稀释液（当预实验显示原液具有细胞毒性时，一般至少稀释 4 个浓度进行试验）。此外，已知或怀疑材料的溶解度受限时，宜通过改变试验样品与浸提介质的原始浸提比例达到稀释。

（2）阴性对照的制备

阴性对照的目的是显示细胞的背景反应，例如高密度聚乙烯可作为合成聚合物的阴性对照。采用与试验样品相同的步骤制备。

（3）阳性对照的制备

阳性对照的目的是显示适用试验系统的反应，例如用有机锡作稳定剂的聚氨酯可用作固体材料和浸提液的阳性对照。苯酚的稀释液用于浸提液的阳性对照。还可采用纯化学物来证明试验系统的性能。采用与试验样品相同的步骤制备。

（4）介质对照的制备

不含试验样品的细胞培养液，采用与试验样品相同的步骤制备。

（5）试验步骤

①第 1 天。收集生长状态良好的 L929 细胞并用细胞培养液制备细胞悬液，调整细胞浓度为 1×10^5 个细胞/mL，于 96 孔细胞培养板中加入 100 μL/孔细胞悬液。置于细胞培养箱中孵育，以形成近汇合单层细胞。

②第 2 天。在细胞培养箱中孵育 24 h 后，在相差显微镜下检查每个板孔，确保各板孔细胞增长相对相等。吸出原培养液，每列各 6 孔（除外围孔）分别加入 100 μL 试验液、阴性对照液、阳性对照液、介质对照液（加到 96 孔板的第 2 列和第 11 列）。置于细胞培养箱中培养。

③第 3 天。在细胞培养箱中孵育 24 h 后，在相差显微镜下观察每个板孔的细胞形态，判定细胞接种系统误差和对照与试验组细胞的生长特性。记录试验样品浸提液细胞毒性作用导致的细胞形态学方面的改变。对照细胞的不良生长特性可表明实验误差，并且可能会因此放弃该试验。

④MTT 掺入反应。根据被评价医疗器械样品的性质、使用部位和使用特性选择适宜的细胞与样品或其浸提液接触时间，经过至少 24 h 的接触培养，以确定其细胞毒性反应。平板检查后小心移除培养液，每孔加入 50 μL MTT 溶液，在细胞培养箱中继续培养 2 h 后弃去孔内液体，每孔加入 100 μL 异丙醇，震荡平板后，用 96 孔板光度计测定 570 nm 波长下光密度（参照波长 650 nm）。

（6）结果计算

按下式计算细胞存活率（%）：

$$存活率（\%）= \frac{100 \times OD_{570e}}{OD_{570b}}$$

式中　OD_{570e}——各供试品组（样品组、阴性对照组、阳性对照组）光密度平均值；

　　　OD_{570b}——介质对照组光密度平均值。

（7）结果评价

介质对照 OD_{570b} 平均值如大于等于 0.2，且左、右两列介质对照平均值与全部介质对照平均值相差如不大于 15％，则试验符合接受标准。存活率较低时，提示试验样品潜在的细胞毒性较高。如存活率下降到小于空白的 70％，则试验样品具有潜在的细胞毒性。

（8）注意事项

①应定期检查 L929 细胞（例如形态、倍增时间），确保细胞的敏感性。应考虑血清/蛋白质在某种程度上与溶出物进行结合的可能以及浸提液中的化学还原剂对 MTT 的还原作用，导致假阴性结果。

②对复合聚合物材料，由于高温会改变浸提物成分，浸提温度一般不宜超过材料玻璃化转变温度。

③如对浸提液采取过滤、离心或用其他方法处置，最终报告中对此应详细记录并对这些步骤加以说明。

④细胞毒性试验只是一种体外筛选试验，试验系统本身存在局限性，应结合材料的具体应用情况综合考虑试验结果的可接受性。

2. 实时无标记动态细胞分析技术（RTCA）法

RTCA 是一种实时无标记动态细胞分析技术，具有实时监测、高信息量、无须标记、高灵敏度和准确性的优点，其通过嵌在 E-plate 板上孔底的微电子感应器阻抗变化去感受细胞的有无以及贴壁、黏附和生长程度的变化，可以实时、直观的反应生物材料和/或其浸提液对细胞增殖、凋亡、形态变化的影响。相比于 MTT 而言，该方法更敏感，能检测出具有轻微毒性的医用生物材料，特别适用于新型复合生物材料的毒性筛选。图 8.4 给出的是小鼠结缔组织成纤维细胞 L929，分别以 0.25、0.5、1.0、1.5、2.0（$\times10^5$ 个/mL）的浓度，在 37 ℃、5％CO_2 的条件下培养，使用 RTCA 法测定得到的细胞增殖曲线。

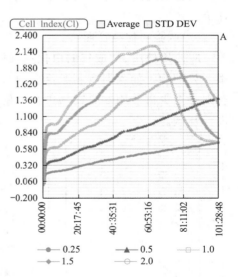

图 8.4　RTCA 测定不同浓度 L929 细胞增殖

8.4.2　刺激试验

刺激试验是在一种适宜模型的相应部位（如皮肤、眼和黏膜）上测定生物材料和/或其浸提液的潜在刺激作用。其中，皮内反应试验还可用于不适宜于用皮肤或黏膜试验测定刺激的医疗器械（如植入或与血液接触的医疗器械），是一种常用的生物材料刺激试验。出于动物福利要求等原因，一般 pH≤2.0 或 pH≥11.5 的器械材料或浸提液就不再进行动物体内的刺激试验。其他特殊部位的刺激试验包括眼刺激、口腔黏膜刺激、阴道刺激、直肠刺激、阴茎刺激等。

1. 皮内反应试验

通过皮内注射生物材料浸提液,对生物材料在试验条件下产生刺激反应的潜能做出评定,常用于植入性医疗器械刺激潜能评价。

(1)试验样品制备

①固体试验材料

固体试验材料应制备成浸提液进行试验。一般使用极性、非极性和/或其他适宜的溶剂制备浸提液。空白样品采用浸提溶剂,应与试验材料浸提液平行进行评价。粉剂和高吸水剂材料在制备浸提液时应考虑材料本身的吸水性。

②液体试验材料

液体材料应不加稀释直接进行试验,如不可行,采用适当溶剂稀释后试验。对照应采用相同的溶剂与稀释的试验液平行进行评价。

③灭菌残留物的影响

应注意灭菌残留物,如环氧乙烷残留导致的刺激性。通常情况下,为了能区别试验材料和环氧乙烷残留物所致的刺激反应,应考虑对器械进行环氧乙烷灭菌前和灭菌后反应的评价。

(2)试验动物与管理

应使用健康、初成年的白化兔,雌雄不限,同一品系,体重不低于 2 kg。初试应至少采用 3 只动物。如预期有刺激反应,初试应考虑使用 1 只动物。除非出现明显的阳性反应,否则应至少再使用 2 只动物进行试验。在使用了至少 3 只动物后,如为疑似反应,应考虑进行复试。

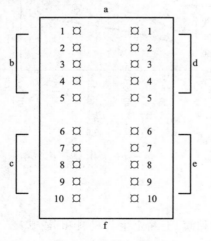

图 8.5 注射点排列

a—头端;b—0.2 mL 极性浸提液注射点;
c—0.2 mL 非极性浸提液注射点;d—0.2 mL
极性溶剂对照液注射点;e—0.2 mL
非极性溶剂对照液注射点;f—尾端。

(3)试验步骤

试验前 4~18 h,彻底除去动物背部脊柱两侧足够面积的被毛,以备注射浸提液。在每只兔脊柱一侧的 5 个点皮内注射 0.2 mL 用极性或非极性溶剂制备的浸提液。应根据试验材料的黏度选用最小规格的注射针进行皮内注射。图 8.5 给出了注射点排列示例。在每只兔的脊柱另一侧注射极性和非极性溶剂对照液。如采用其他溶剂,使用该溶剂制备的浸提液和溶剂对照液重复上述步骤。

(4)动物观察

注射后即刻并在(24±2)h、(48±2)h 和(72±2)h 观察记录各注射部位状况。按表 8.5 给出的记分系统对每一观察期各注射部位的红斑和水肿的组织反应评分,并记录试验结果。在(72±2)h 观察时,可静脉注射适宜的活体染料,如台盼蓝或伊文思蓝,以显示出刺激区域有助于反应评价。

表 8.5　皮内反应记分系统

反　　应	记　分
红斑和焦痂形成	
无红斑	0
极轻微红斑(勉强可见)	1
清晰红斑	2
中度红斑	3
重度红斑(紫红色)至无法进行红斑分级的焦痂形成	4
水肿形成	
无水肿	0
极轻微水肿(勉强可见)	1
清晰水肿(肿起边缘清晰)	2
中度水肿(肿起约 1 mm)	3
重度水肿(肿起超过 1 mm,并超出接触区)	4
刺激最高记分	8

注:应记录并报告注射部位的其他异常情况。

(5)结果评价

在(72±2)h 评分后,分别将每只动物试验样品或空白对照的(24±2)h、(48±2)h 和 (72±2)h 的全部红斑与水肿记分相加,再除以 15[3(记分时间点)×5(试验样品或空白对照 注射点)],计算出每只动物试验样品或空白对照的记分。三只动物记分相加后除以 3 得出 每一试验样品和相应空白对照的总平均记分。试验样品记分减去空白对照记分可得出试验 样品最终记分。如试验样品最终记分不大于 1.0,则符合该试验要求。在任何观察期,如试 验样品平均反应疑似大于空白对照反应,应另取三只家兔复试,如试验样品最终记分不大于 1.0,则符合试验要求。

2. 体外皮肤刺激试验

2007 年 ECVAM 科学咨询委员会(ESAC)对测定化学物皮肤刺激性的体外人体皮肤模 型的确认过程进行了评价,将 EPISKIN™ 和 EpiDerm™ 两种体外皮肤刺激模型用作家兔皮 肤刺激试验的替代方法。ISO 10993-23 标准中也制定了相应的体外皮肤刺激方法[43],并选 用了人表皮模型(RhE)(见图 8.6)进行了大范围的国际实验室间比对试验,将生物材料浸提 液与皮肤组织孵育后如组织活性小于等于 50%,则该试验材料即被认为有皮肤刺激性。因 为体外实验操作相对简单,试验条件容易控制,且更符合动物福利保护要求,所以未来体外 刺激试验将会有更广阔的应用前景。

8.4.3　植入降解试验

植入后局部反应试验是采用外科手术法将材料或医疗器械最终产品的试验样品植入或 放入预期应用植入部位或组织内(如特殊的牙科应用试验),经过预期时间后,在肉眼观察和

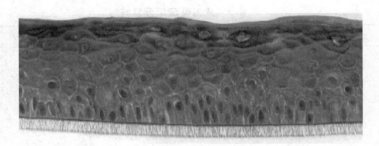

图 8.6 RhE 皮肤模型

显微镜检查下评价对活体组织的局部组织病理作用,从而预示生物材料在临床预期接触途径和时间下的局部刺激反应。常用的植入试验包括皮下、肌肉或骨组织植入研究。对于某些相对高风险的植入器械,可能需要更合适的临床相关性植入部位(如脑、血管)。除了特定使用时间或预期可降解的器械材料外,植入周期一般包括 1 周、4 周和 13 周三个时间点,还可根据具体情况选择 26 周、52 周和 104 周等时间点。对于植入试验,应关注材料的几何形状特性对结果的潜在干扰,这种情况下一般选用试样进行试验。对于医用生物复合材料来说,所选用的试样应能代表材料以及最终器械的真实组成比例、加工工艺和表面特性。例如,如果能证明两者的加工和表面特性是可比较的,那么使用试样代替血管支架进行植入试验也是可接受的。另外,对于预期降解材料的植入试验,建议植入试验应包含降解周期评定以确定降解过程中的组织反应。即当材料发生很少或无降解时间点,材料发生降解的渐进过程以及达到材料降解和组织反应的稳态时间点。

1. 皮下、肌肉、骨组织植入

该试验方法用于评定皮下、肌肉、骨组织对植入材料的生物学反应。可用于比较不同表面结构或条件的同种材料的作用,或用于评价材料经各种处理或改性后的局部组织作用。

(1)试验样品

植入材料的尺寸根据试验动物的大小来确定,应考虑采用下列最小规格尺寸。

①对于皮下、肌肉植入试验:

a. 圆盘状材料应制成直径 10～12 mm、厚度 0.3～1.0 mm 的试验样品。深度达浅筋膜肌层的皮下部位特别适于评价聚合物片状材料,片状材料若植入肌肉内可能会折叠,使得难以评价材料本身所造成的生物学反应。

b. 棒状或圆柱状材料应制成直径 1.5～2 mm、长 5～10 mm、两端为圆头的试验样品。

c. 非固形试验样品(包括粉剂)可装入直径 1.5 mm、长 5 mm 的管内。如可行,可将这些材料直接植入组织。然而,对于可吸收性材料推荐使用一个位置标记物。

d. 当与全身毒性研究合并进行临床相关样品的植入试验时,可以使用其他与解剖学结构相适应的尺寸。

②对于骨植入试验:固形样品可加工成螺钉状或刻有螺纹,以使植入物在骨内能保持最初的稳定性。如无法加工成螺钉状,可制成圆柱形。根据材料属性和试验目的可采用其他样品形状(如棒状、糊剂)。植入物尺寸根据选用的试验动物和骨的大小来确定,中轴皮质骨

内植入物应考虑下列典型的尺寸：

　　a. 家兔：直径 2 mm、长 6 mm 的圆柱状植入物。

　　b. 犬、绵羊和山羊：直径 4 mm、长 12 mm 的圆柱状植入物。

　　c. 家兔、犬、绵羊、山羊和猪：2～4.5 mm 骨内螺钉式植入物。

　　（3）试验动物和植入部位

　　一般选用成年家兔背部皮下、肌肉组织内植入。每种材料和每一植入期至少采用 3 只动物和足够的植入部位，总数达到 10 个试验样品和 10 个对照样品。当多个组织样品取自一个植入部位时，组织学切片应至少间距 1 cm。

　　对于骨植入，一般选择动物的股骨或胫骨，也可考虑其他部位。

　　植入部位的数目应按下列：

　　a. 家兔每只最多应有 6 个植入部位：3 个试验样品；3 个对照样品。

　　b. 犬、绵羊、山羊或猪每只最多应有 12 个植入部位：6 个试验样品；6 个对照样品。

　　任何一只动物不应植入多于 12 个样品。

　　（4）植入步骤

　　①皮下植入

　　皮下植入时，在家兔背部中线做一个皮肤切口，用钝性分离法制备一个或几个皮下囊，囊的底部距皮肤切口应为 10 mm 以上，每个囊内放入一个植入材料，植入材料之间应不能互相接触。或者可在两侧植入。也可采用套管针将植入材料推入囊内适宜部位或根据需要制备多个小切口。

　　②肌肉植入

　　选用家兔脊柱旁肌，采用皮下针或套管针植入法。对于较大的植入材料，可采用其他适用的外科植入技术。沿肌纤维长轴平行将植入材料植入肌内。将足够数量的试验样品沿脊柱一侧植入肌内，与脊柱平行，离中线 25～50 mm，各植入材料间隔约 25 mm。同法在每只动物脊柱另一侧植入足够数量的对照样品。

　　③骨植入

　　骨植入时，选择动物股骨或胫骨。采用低转速并间歇地在骨上钻孔进行骨制备，操作时用生理盐水和吸引器充分灌洗，因为过热可导致局部组织坏死。植入材料直径与骨植入床适配良好对于避免纤维组织向骨内生长至关重要。暴露股骨或胫骨的皮质，钻出适量的孔用于植入样品。家兔最多制备 3 个孔，较大动物制备 6 个孔。植入前将孔扩至最终直径或攻出螺纹。柱状样品用手指按压嵌入，螺钉状植入物用器械按预定转距旋紧到位并记录该转距。选择动物大小、动物重量和年龄以及植入部位时，应确保植入材料放置不会造成试验部位病理性骨折的重大风险。使用年幼动物时，特别重要的是确保植入物避开骺区或其他未发育成熟骨。

　　（5）植入周期

　　根据生物材料特性选择相应的植入周期，确保生物学组织反应达到稳定状态。

　　（6）结果评价

　　通过记录不同时间点的肉眼观察结果和组织病理学反应来评价植入材料的局部生物学反应。

2. 临床相关部位植入(脑植入)

对于与脑组织接触的生物材料应评定脑组织对植入材料的生物学反应。应根据植入材料的人体接触部位选择脑组织中的植入部位,如脑部植入电极、脑积水分流器材料。

(1)植入材料制备

植入材料尺寸依据动物种属和所选择植入部位来确定。对于大鼠和家兔,脑实质内植入的典型尺寸包括棒状或楔形植入物直径/段 1 mm×1 mm 或更小,长度 2~6 mm,或直径 8 mm 的圆盘。

(2)植入部位

每一时间点至少应有 8 个试验和 8 个阴性对照部位(雌雄各半)以适合局部神经作用的评价。试验和对照样品应使用等同的解剖学位点。植入部位的谨慎选择和手术操作对于减小机械创伤的风险至关重要。每只动物只应植入一个大脑半球并且只应包含一种类型试验或对照植入物。每只大鼠一个大脑半球可以植入一个位点,每只家兔可以植入两个位点。

(3)植入步骤

动物常规进行镇痛和麻醉处理后固定,使用无菌操作技术,暴露颅骨并制备直径足以插入植入样品的孔洞。另外,在脑膜上制备一个小孔洞,轻轻将植入物放入大脑的适宜部位。

(4)植入周期

至少需要 1 周的植入周期或其他适宜的时间间隔。因为在植入后最初几天内发生的细胞死亡、神经组织退化过程可能是迅速和短暂的并释放出特定的化学物。应根据材料的临床应用考虑更长的植入周期。

(5)植入后观察

动物在植入后最初宜单独饲养并一天观察两次以确保植入部位的正常愈合,恢复正常饮食行为和因为手术造成的任何异常临床症状。根据最初观察结果调整观察频次。如果动物使用抗生素治疗,需要进行说明,因为某些化合物(如米诺环素)能够直接调节脑小神经胶质细胞和巨噬细胞。

应对每一动物进行详细的身体检查(1 次/周),以监测一般健康状况。应记录观察结果并包含所有与植入物相关的异常临床体征、异常行为或临床全身或中枢神经系统状况。可以使用功能观察组(FOB)或修正的 Irwin's 实验来帮助评定中枢神经系统的紊乱。临床体征可能包括,但不仅限于皮肤、皮毛、眼睛或黏膜改变存在分泌物和排泄物或其他自主活动的证据(如流泪、竖毛、瞳孔大小、非正常呼吸类型)。另外,应记录步态、姿势和对触摸反应的改变以及存在阵挛或强直发作、强迫症(如过度梳理皮毛、重复转圈)或古怪的行为(如自残、倒退行走)。对于行为和神经体征,宜记录首次观察时间和随后的进展或结局。首次发现异常行为、神经学体征、步态、姿势或反应能力后应启动一个相关体征的每日观察计划。

(6)生物学反应的评价

应对所有肉眼检查中观察到的大体改变进行进一步的显微镜评价。神经病理学评价宜使用适宜的组织学染色、损伤的生物化学指示物或两者结合的方法对神经胶质增生和神经退行性变组织进行评定。

应对下列植入物周围的组织特征进行说明：

①植入物周围的神经元生长过程的破坏。

②植入物周围星形细胞增生区和连接组织。

③大血管数量增加。

④淋巴细胞浸润。

⑤小神经胶质细胞激活——在一个特征阶段内。

⑥囊腔形成,存在巨细胞和巨噬细胞。

⑦矿化/钙化区域。

⑧室管膜层改变并且在蛛网膜粒上部的改变。

另外,植入路径毗邻脑组织的检测包括下列检测参数:炎症细胞/浸润;出血;坏死;神经胶质增生,灰质;神经胶质增生,白质。

8.4.4　血液相容性试验

血液相容性试验是用一个相应的模型或系统来评价与血液接触的生物材料对血液或血液成分的作用。常用的体外血液相容性试验包括溶血试验、凝血试验、血小板试验、血液学、补体激活。

体内血液相容性试验有体内血栓形成试验。其他特殊血液相容性试验还可设计成模拟临床应用时器械或材料的形状、接触条件和血流动态,测定血液/材料/器械的相互作用。

1. 溶血试验

生物材料溶血试验是指材料本身或其可沥滤物导致的红细胞膜破坏,从而产生的毒性作用。生物材料的溶血作用一般可分为直接接触法和间接接触法。直接接触法指的是生物材料表面由于物理和化学因素与红细胞直接接触而导致的溶血,间接接触法是指生物材料中可沥滤物与红细胞接触导致的溶血作用。对于医用复合材料而言,应使用最终的材料进行试验并关注材料表面的物理几何结构的溶血作用。对于可吸收的复合材料,还需要考虑体外溶血试验能被可能无临床相关性的 pH 和渗透压相关问题影响。在这种情况下,可以考虑调整浸提液 pH 和/或渗透压或使用模拟使用的体内动物模型来评价溶血作用。另外,通过材料的表面改性和修饰也可以改善生物材料的溶血性能,如针对镁合金的表面改性。

（1）血液制备

优先使用人血进行试验,但是应符合有关健康、安全以及伦理相关强制性要求前提下满足相应的合格准则。一般选用健康成年家兔 3 只,各抽取约 5 mL 血液,收集在抗凝管中并混合在一起。使用前在(4±2)℃条件下保存,推荐使用 4 h 内新鲜采集的血液,宜在 48 h 内用完。

（2）试验仪器和试剂

分光光度计、恒温水浴锅、离心机、0.9%氯化钠注射液(SC)、蒸馏水、枸橼酸钠(0.109 M/3.2%)抗凝采血管,如选用其他抗凝采血管,宜论证其适用性。

（3）稀释血液制备

将 8 mL 抗凝血加入含 10 mL SC 的容器中,轻轻摇晃混匀制备稀释血液。

（4）样品制备

①直接接触法

一般按照 5 g/10 mL 的比例，取适量的试验样品放入试管中，加入适量的 SC 完全浸没试验样品。

②间接接触法

应根据《医疗器械生物学评价 第 12 部分：样品制备与参照材料》（GB/T 16886.12—2017）的原则，选择适宜的样品浸提比例和浸提条件制备浸提液。

（5）试验方法

①直接接触法是将适量的试验样品分别加 10 mL SC 备用。平行制备 3 管。

②间接接触法是将浸提液充分混匀并转移 10 mL 浸提液至对应新的试管中备用。平行制备 3 管。

③阴性对照组每管加入 10 mL SC；阳性对照组每管加入 10 mL 蒸馏水。平行制备 3 管。同时制备 1 管空白管，加入 10 mL SC。

④将全部试管放入恒温水浴中（37±1）℃孵育 30 min 后，按 0.2 mL 稀释血液/10 mL SC 的比例，在每个试管中（除空白管外）加入稀释血液，轻轻混匀。所有试验管置于（37±1）℃水浴中继续孵育（60±5）min。一般每 30 min 轻轻上下颠倒试管 2 次，使血液与材料或浸提液完全接触。

⑤孵育后轻轻混匀试管，将各管溶液转移至另一相应标记的离心管中，800 g 离心 5 min。吸取上清液移入比色皿内，用空白管溶液调零，在分光光度计 545 nm 波长处测定吸光度。

（6）结果计算

试验组和对照组均取 3 支试管的吸光度平均值。按下列公式计算溶血率：

$$溶血率（\%）=\frac{A-B}{C-B}\times100\%$$

式中　A——试验组吸光度；

　　　B——阴性对照组吸光度；

　　　C——阳性对照组吸光度。

若试验样品的本底颜色影响试验结果，则应同时设试验样品本底颜色对照组，试验样品组的实际吸光度值为吸光度测得值减去本底吸光度值。

（7）结果判定

阴性对照组的吸光度应不大于 0.03，阳性对照组的吸光度应为（0.9±0.2）。否则应重新试验。溶血率的测定结果大于 5% 表明试验样品具有溶血作用。

2. 血栓形成试验

生物材料与循环血液接触后，可能会激活体内凝血系统和血小板导致血栓形成。血栓在体外、离体和体内都可能发生。自 20 世纪 80 年代以来，犬体内 4 h 血栓试验方法被开发出来并广泛用于评价与循环血液直接接触生物材料组分潜在的致血栓性能。但是，不同实验室建立的体内血栓试验方法在狗品系的选择（常用比格犬）、评价标准和抗凝剂使用的可接受性等方面各有不同。除了试验样品和对照样品间的比较因素外，犬血栓试验中血栓形成的影响因素还有很多。一些基本的因素包括：生物材料的几何形状、植入血管的选择、动物个体血液特性（如凝血特性、血压等因素）差异、动物麻醉过程中血液的氧合水平、试验过程中抗凝剂的使用、试验样品制备以及样品的长度。在试验结果的评价中，适宜对照样品的选择在评价上述动物间影响因素中的作用非常重要。

（1）试验动物

一般选择成年比格犬，共 3 只，体重至少 10 kg（如选用其他品系犬则体重至少 19 kg），雌雄不限，健康未孕。动物在试验前经资质兽医检查为健康和无疾病。动物手术前动物适应环境至少 7 d。

（2）试验部位选择

模拟临床器械与血管比例选择适宜血管。优先选择颈静脉和下腔静脉。颈静脉和下腔静脉可植入样品长度约为 15 cm。颈静脉适用于较小直径器械，下腔静脉适用于较大直径器械。

（3）抗凝剂的使用

不推荐使用抗凝剂，因为抗凝剂的使用可能会干扰血液潜在的血栓形成潜能，同时临床上有许多患者不能使用抗凝剂。应根据产品使用说明书，按照临床相关性选择是否使用抗凝剂。如需要使用肝素抗凝，一般先给予肝素化剂量的肝素 300 U/kg，将激活凝血时间（ACT）控制在大于 250 s，然后每 30～60 min 测定一次 ACTs，根据情况再给予肝素，一般是 100 U/kg。

（4）动物术前处理和麻醉

动物术前禁食。常规诱导麻醉，静脉注射异丙酚 10～12 mg/kg 麻醉药进一步深入麻醉。动物进行颈部手术区域备皮准备。常规气管插管。将动物仰卧固定在手术台上，接呼吸麻醉机，参数设定为通气量 10～15 L/min。常规心电监护和体温监测。手术部位用碘伏和酒精常规消毒。

（5）手术步骤

①常规颈部暴露和分离双侧颈静脉。如选用腔静脉作为植入位点，可以选择从一侧股静脉植入。预先测量试验血管的直径，确保器械不超过血管直径的 1/3～1/2（或根据临床比例确定）。

②按产品说明书操作穿刺颈静脉。将样品预先用肝素盐水冲洗水合后，沿颈静脉向心脏方向推进约 15 cm。试验和对照样品分别选取动物不同侧颈静脉。如植入的样品较长，应提前估测血管长度以确保能选择足够的植入长度，植入物不能到达心脏。将样品固定，静置 4 h±30 min。

③手术结束前 5～15 min，每只动物静脉注射肝素 500 U/kg，防止动物死亡后凝血块的形成且不会溶解已形成的血栓。沿试验血管解剖动物，剪开血管原位检查血栓形成情况。检查血管内膜损伤情况和血凝块形成的程度。

④将试验和对照样品分别原位拍照，然后用预称重的吸水纸收集血栓，干燥后称重计算血栓重量。

（6）结果评价

0 表示无血栓形成（样品植入口处可能会有小血凝块）；

1 表示极轻微血栓形成，如在一处有血凝块或非常薄的血凝块；

2 表示轻微血栓形成,如多处有极小的血凝块;

3 表示中度血栓形成,如血凝块覆盖植入样品小于 1/2;

4 表示重度血栓形成,如血凝块覆盖植入样品大于 1/2;

5 表示血管闭塞。

血栓形成的评分结果不进行统计学分析,试验样品和对照品之间的差异基于评分进行评价。一般认为 0～2 认为可接受,3～5 认为不可接受。

8.4.5 全身毒性试验

1. 热原反应

热原反应试验是用于检测生物材料浸提液的材料性致热反应。虽然材料导致的热原反应很少见,但是单独的热原反应难以区分是因材料本身还是内毒素污染所致。植入材料和与心血管系统、淋巴系统或脑脊液直接或间接接触的无菌器械以及标示为"无致热性"的器械材料宜考虑进行热原试验。热原试验具体操作方法和判定指标是参照药典的规定。对于医用复合材料而言,进行热原试验时应关注材料的样品制备方法,一般推荐样品进行整体浸提的方式。在浸提温度的选择上,推荐采用加严的浸提条件,但应充分考虑材料的自身特性。聚合物一般浸提温度不高于材料的玻璃化转变温度。如材料无玻璃化转变温度,则一般不高于其熔化温度。

(1)试验动物

家兔 3 只,雌雄不限,体重不小于 3.0 kg,适应环境至少 5 d。

(2)材料浸提液制备

选用符合中国药典的 0.9% 氯化钠注射溶液作为浸提介质,按照《医疗器械生物学评价第 12 部分:样品制备与参照材料》(GB/T 16886.12—2017)的原则,选择适宜的样品浸提比例和浸提条件制备浸提液。注射前浸提液要在水浴中温热至 38 ℃。

(3)预选兔

将家兔置于固定器内适应至少 1 h 后,将测温探头插入肛门内约 6 cm。至少 1.5 min 后测量直肠温度。每隔 30 min 测量并记录 1 次,共记录 8 次。8 次体温均在 38.0～39.6 ℃ 的范围内,且最高体温与最低体温相差不超过 0.4 ℃ 的家兔,方可供热原检查使用。

(4)正式试验

将 3 只家兔置于固定器内,测温探头插入肛门内约 6 cm 至少 1.5 min。每只家兔在开始注射前每隔 30 min 测量体温 1 次,一般测量 2 次,两次体温之差不得超过 0.2 ℃,以此两次体温的平均值作为该兔的正常体温。当日使用的家兔,正常体温应在 38.0～39.6 ℃ 的范围内,且同组家兔正常体温相差不得超过 1 ℃。测定正常体温后 15 min 以内,自耳缘静脉缓慢注射规定剂量并温热至 38 ℃ 的试验样品浸提液。注射后每隔 30 min 测量并记录体温 1 次,共 6 次。6 次体温中最高体温值减去正常体温值,即为该兔体温的升高值,当家兔体温升高值为负值时,均以 0 ℃ 计。

(5)评价标准

初试 3 只家兔中有 1 只体温升高 0.6 ℃ 或高于 0.6 ℃,或 3 只家兔体温升高的总和达

1.3 ℃或高于 1.3 ℃,应另取 5 只家兔复试。初试 3 只家兔中,体温升高均低于 0.6 ℃,并且 3 只家兔升温总和低于 1.3 ℃;或在复试 5 只家兔中,体温升高 0.6 ℃或高于 0.6 ℃的家兔不超过 1 只,且初试、复试合并 8 只家兔体温升高总和为 3.5 ℃或低于 3.5 ℃,可判定为试验样品浸提液无致热性。

初试 3 只家兔中,体温升高 0.6 ℃或高于 0.6 ℃的家兔超过 1 只;或复试的 5 只家兔中,体温升高 0.6 ℃的家兔超过 1 只;或初试、复试合并 8 只家兔的体温升高总和超过 3.5 ℃,均判定试验样品材料浸提液有致热性。

2. 急性全身毒性

急性全身毒性试验评估在一个动物模型中 24 h 内一次或多次接触生物材料和/或其浸提液的潜在危害作用。如可行,可将急性全身毒性试验结合到亚急性和亚慢性毒性以及植入试验方案中。

(1)试验动物

健康初成年未孕的昆明小鼠,体重 17～23 g,共 20 只。动物在试验前至少适应环境 5 d。应按照符合动物实验室及实验动物管理规范制定的标准操作规范进行饲养。动物饲养环境为经认证机构认证的屏障环境。

(2)试验样品及浸提液的制备

一般选用极性浸提介质和非极性浸提介质,例如:生理盐水和棉籽油。按照符合《医疗器械生物学评价 第 12 部分:样品制备与参照材料》(GB/T 16886.12—2017)中规定的浸提条件进行浸提。

(3)试验步骤

试验前先将小鼠标记并称重,随机分组并标记,每组 5 只小鼠。根据试验样品的临床使用方法确定接触途径,一般生理盐水试验液和其介质对照液采用尾静脉注射法(Ⅳ),棉籽油试验液和其介质对照液采用腹腔注射法(IP)。若试验样品为口腔用材料,则推荐采用经口灌胃的方式。每只小鼠给予的最大剂量体积为 50 mL/kg。

注射后立即观察小鼠所有行为表现,然后分别在 4、24、48、72 h 继续观察行为表现和有无死亡动物,并在 24、48、72 h 记录动物的体重。若有必要延长试验周期,则需要在第一次接触后每周一次称重以及试验终结时测量体重,并每天观察,一般延长的试验周期不超过14 d。

(4)结果判定和评价

①药典方法试验结果判定和评价

a. 在急性全身毒性试验观察期间,如接触试验样品的动物生物学反应不大于介质对照组动物,则试验样品符合试验要求。

b. 采用 5 只动物,如两只(或两只以上)出现死亡或两只(或两只以上)出现抽搐或俯卧或 3 只(或 3 只以上)出现体重下降超过 10%,则试验样品不符合试验要求。

c. 如试验组动物仅显示轻微生物学反应,而且不多于 1 只动物出现一般生物学反应症状或死亡,应采用 10 只动物为试验组重复进行试验。

d. 重复试验时,如全部 10 只接触试验样品的动物在观察阶段显示没有大于介质对照组动物的科学意义上的生物学反应,则试验样品符合试验要求。

②非药典方法试验结果判定和评价

若试验中小鼠出现临床症状(见表 8.6 临床观察项目),则需进行记录并考虑进一步的解剖及病理学检查。

表 8.6　临床观察项目

临床观察	观察症状	涉及的系统
呼吸	呼吸困难(腹式呼吸、气喘)、呼吸暂停、紫绀、呼吸急促、鼻流液	中枢神经系统(CNS)、肺、心脏
肌肉运动	嗜睡减轻或加重、扶正缺失、感觉缺乏、全身僵硬、共济失调、异常运动、俯卧、震颤、肌束抽搐	CNS、躯体肌肉、感觉、神经肌肉、自主性
痉挛	阵挛、强直、强直性阵挛、昏厥、角弓反张	CNS、神经肌肉、自主性、呼吸
反射	角膜、翻正、牵张、对光、惊跳反射	CNS、感觉、自主性、神经肌肉
眼症状	流泪、瞳孔缩小/散大、眼球突出、上睑下垂、混浊、虹膜炎、结膜炎、血泪症、瞬膜松弛	自主性、刺激性
心血管症状	心动过缓、心动过速、心律不齐、血管舒张、血管收缩	CNS、自主性、心脏、肺
流涎	过多	自主性
立毛	被毛粗糙	自主性
痛觉丧失	反应降低	CNS、感觉
肌肉状态	张力减退、张力亢进	自主性
胃肠	软便、腹泻、呕吐、多尿、鼻液溢	CNS、自主性、感觉、胃肠运动性、肾
皮肤	水肿、红斑	组织损害、刺激性

a. 判断复试

试验组 5 只动物仅显示轻微生物学反应,而且不多于 1 只动物出现一般生物学反应症状或死亡,应采用 10 只动物重复试验。

b. 判断合格

试验过程中,如果试验组 5 只动物生物学反应不大于介质对照组动物,则试验样品符合试验要求;或者重复试验时,试验组 10 只动物生物学反应不大于介质对照组动物,则试验样品符合试验要求。

c. 判断不合格

试验组 5 只动物中,如两只(或两只以上)出现死亡或两只(或两只以上)出现抽搐或俯卧或 3 只(或 3 只以上)出现体重下降超过 10%,则试验样品不符合试验要求。

3. 亚急性、亚慢性毒性和慢性全身毒性

亚急性和亚慢性试验是测定在大于 24 h 但不超过试验动物寿命的 10%的时间内(如大鼠是 13 周)、一次或多次作用或接触生物材料和/或其浸提液的作用。慢性毒性试验是在不

少于试验动物大部分寿命期内(如大鼠通常为 6 个月)、一次或多次接触生物材料和/或其浸提液的作用。慢性毒性试验应与生物材料的作用或接触途径和时间相适应。如可行,可将慢性全身毒性试验方案扩展为包括植入试验方案,来评价慢性全身和局部作用。

(1)试验动物

一般推荐使用同一品系健康成年未孕大鼠,试验开始时所有动物体质量差异应不超过平均体质量的±20%。亚急性毒性 10 只(雌、雄 5 只);亚慢性毒性 20 只(雌、雄各 10 只);慢性毒性 40 只(雌、雄各 20 只)。如只使用同一性别动物,应说明理由。实验动物房间温度和湿度宜适合动物种属,如大鼠需(22±3)℃、30%～70%RH 条件。人工照明宜设置为 12 h 开启、12 h 关闭。正常饮食饲养。群养时一般每笼不多于 5 只动物。

(2)试验材料样品制备

推荐按照《医疗器械生物学评价 第 12 部分:样品制备与参照材料》(GB/T 16886.12—2017)的原则,选择适宜的样品浸提比例和浸提条件制备浸提液。一般选用质量浓度为 9 g/L 的氯化钠注射液制备器械浸提液,同条件制备浸提介质对照液。

(3)动物处理

可根据生物材料的预期临床使用来选择动物处理方式。一般选择的方式有尾静脉、腹腔或皮下接触途径。例如,如生物材料预期与循环血液接触,那么优先推荐使用静脉给药方式;如生物材料预期与皮下组织接触,那么优先推荐皮下给药的方式。对于静脉给药途径一般亚急性毒性试验选择接触周期为 14 d,亚慢性毒性试验选择接触周期为 28 d。动物的给药剂量一般选择为 10 mL/kg。一般要求静脉注射速度不超过 2 mL/min,单次静脉在 1 min 内完成。对于皮下给药途径一般亚急性毒性试验选择接触周期为 30 d,亚慢性毒性试验接触周期为 90 d,而慢性毒性试验一般选择 180 d。动物的给药剂量一般参考人体最大使用剂量换算为动物的等效剂量,再乘以 50～100 倍的安全系数,但是要同时考虑动物的实际承受能力。对于预期有毒性生物材料和/或其浸提液,一般还应设置高、中、低至少 3 个剂量组,组间距至少为 2 倍。

(4)动物体重

每次试验前测量即时体重。试验结束时测量体重。根据试验周期需要可设置第一次接触后每周一次和试验终结时测量体重。

(5)临床观察

按表 8.7 推荐的临床观察项目对每只动物进行临床观察。

表 8.7　常见临床症状与观察项目

临床观察	观察症状	涉及的系统
呼吸	呼吸困难(腹式呼吸、气喘)、呼吸暂停、紫绀、呼吸急促、鼻流液	中枢神经系统(CNS)、肺、心脏
肌肉运动	嗜睡减轻或加重、扶正缺失、感觉缺乏、全身僵硬、共济失调、异常运动、俯卧、震颤、肌束抽搐	CNS、躯体肌肉、感觉、神经肌肉、自主性
痉挛	阵挛、强直、强直性阵挛、昏厥、角弓反张	CNS、神经肌肉、自主性、呼吸
反射	角膜、翻正、牵张、对光、惊跳反射	CNS、感觉、自主性、神经肌肉

临床观察	观 察 症 状	涉及的系统
眼症状	流泪、瞳孔缩小/散大、眼球突出、上睑下垂、混浊、虹膜炎、结膜炎、血泪症、瞬膜松弛	自主性、刺激性
心血管症状	心动过缓、心动过速、心律不齐、血管舒张、血管收缩	CNS、自主性、心脏、肺
流涎	过多	自主性
立毛	被毛粗糙	自主性
痛觉丧失	反应降低	CNS、感觉
肌肉张力	张力减退、张力亢进	自主性
胃肠	软便、腹泻、呕吐、多尿、鼻液溢	CNS、自主性、感觉、胃肠运动性、肾
皮肤	水肿、红斑	组织损害、刺激性

(6)病理学

①临床病理学

按照表8.8推荐的项目进行血液学和临床生化血液方面检查。

表8.8　推荐的血液学和临床生化血液方面检查项目

血 液 学	临 床 生 化	尿液分析(可选择)
—凝血(PT、APTT)	白蛋白	外观
—血红蛋白浓度	—碱性磷酸酶(ALP)	—胆红素
—红细胞压积	—丙氨酸氨基转移酶(ALT)	—葡萄糖
—血小板计数	—天门冬氨酸氨基转移酶(AST)	—酮体
—红细胞计数	—钙	—隐血
—白细胞计数	—氯化物	—蛋白
—白细胞分类	—胆固醇	—沉渣
	—肌酐	—比重或渗透压
	—谷氨酰转肽酶(GGT)	—体积
	—葡萄糖	—如怀疑试验样品导致特异性器官毒性时,进行其他适宜的科学试验(通常采集的样品要求冷藏)
	—无机磷	
	—钾	
	—钠	
	—总胆红素	
	—总蛋白	
	—甘油三酯	
	—尿素氮	
	—其他酶类,科学上适宜时	
	—可考虑将总免疫球蛋白水平作为评价免疫毒性的指标	

②大体病理学

全部动物宜进行完整的大体尸检,包括检查体表、体表孔口、头部、胸(腹)腔及内脏等。肾上腺、脑、附睾、心脏、肾、肝、卵巢、脾、睾丸、胸腺和子宫在取出后宜尽快称量其湿重,以防止干燥以及由此造成的重量减轻。按照表8.9将相应的器官和组织置于中性甲醛中保存,以进行下一步组织病理学检查。

表8.9　推荐保存的器官和组织

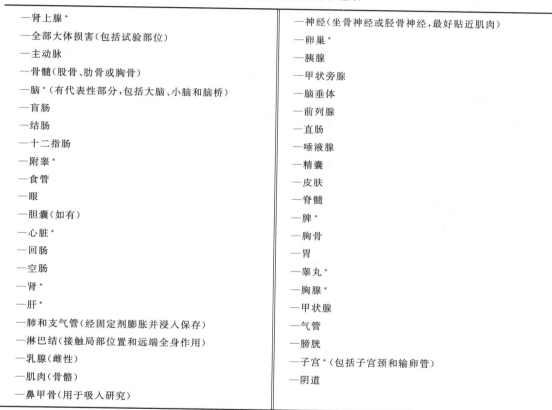

—肾上腺*	—神经(坐骨神经或胫骨神经,最好贴近肌肉)
—全部大体损害(包括试验部位)	—卵巢*
—主动脉	—胰腺
—骨髓(股骨、肋骨或胸骨)	—甲状旁腺
—脑*(有代表性部分,包括大脑、小脑和脑桥)	—脑垂体
—盲肠	—前列腺
—结肠	—直肠
—十二指肠	—唾液腺
—附睾*	—精囊
—食管	—皮肤
—眼	—脊髓
—胆囊(如有)	—脾*
—心脏*	—胸骨
—回肠	—胃
—空肠	—睾丸*
—肾*	—胸腺*
—肝*	—甲状腺
—肺和支气管(经固定剂膨胀并浸入保存)	—气管
—淋巴结(接触局部位置和远端全身作用)	—膀胱
—乳腺(雌性)	—子宫*(包括子宫颈和输卵管)
—肌肉(骨骼)	—阴道
—鼻甲骨(用于吸入研究)	

注:＊表示器官/组织在进行组织病理学评价时宜称重。

③组织病理学

应对高剂量组和对照组动物的器官和组织进行完整的组织病理学检查,包括检查所有大体损害。如设有低、中剂量组,应对动物肺脏进行组织病理学检查是否有感染迹象,以便于判定动物的健康状态。还应考虑对低、中剂量组进行肝和肾的组织病理学检查。对高剂量组显示有损害迹象的器官则应对低、中剂量组中进行组织病理学检查。

8.4.6　特殊毒性

1. 遗传毒性

遗传毒性试验是指使用一组哺乳动物或非哺乳动物细胞培养或其他技术来测定由生物

材料和(或)其浸提液引起的基因突变、染色体结构和数量的改变以及其他 DNA 或基因毒性。遗传毒性试验包含体外和体内试验两大类。常见的试验组合为:细菌回复突变试验(Ames)、体外哺乳动物染色体畸变试验和小鼠淋巴瘤基因突变试验。如果医用复合材料和/或其浸提液的化学表征和文献参考资料表明所有的组分都已进行过充分的遗传毒性试验,那么可以豁免遗传毒性试验。如果体外试验出现阳性,进一步的试验中可包括对产品中杂质、可浸提物的化学表征或补充进行遗传毒性试验。进行结果的风险评定时应考虑患者接触情况、数据权重(WOE)和作用模式(MOA)。

2. 致癌性

致癌性试验是指在试验动物的大部分寿命期内,测定一次或多次作用或接触生物材料和/或其浸提液潜在的致肿瘤性。一般只有极少数的生物材料考虑做致癌性试验。目前致癌性试验有采用 OECD 的寿命期研究或适宜的转基因动物模型(如 RasH2)。对于医用复合材料来说,如果已有资料显示其具有致癌性的潜能,那么则需要对其进行致癌性评价。对于可吸收医用复合材料来说,一般吸收时间超过 30 d 的应考虑其致癌性风险。对于有遗传毒性的医用复合材料,应推定其具有致癌性危害并对其进行相应的风险管理。

(1)样品制备

推荐按照《医疗器械生物学评价 第 12 部分:样品制备与参照材料》(GB/T 16886.12—2017)的原则,制备试验样品。一般尽可能模拟材料的实际临床使用来进行试验。

(2)试验方法

应按照 OECD 451 或 OECD 453 进行致癌试验和结果评价。在进行致癌性试验之前,要使用基于统计学的样本量来合理评定致癌性风险潜能。

(3)结果评价

在评价生物材料致癌性风险时应考虑:可能与组织接触的材料配方和加工残留物;对生物材料进行化学表征,评价材料、任何裂解产物、化学交互作用产品或过程助剂(如黏接剂、模具清洗剂、脱模剂、灭菌化学物等);对患者最差情况下的接触量进行评价。在获取致癌性数据资料时,应考虑长期体内动物研究数据及其与人类致癌风险之间相关性的评定数据以及从流行病学研究中获取的资料。

3. 生殖与发育毒性

生殖与发育试验是用来评价生物材料和(或)其浸提液对生殖功能、胚胎发育(致畸性)以及对胎儿和婴儿早期发育的潜在作用。只有在生物材料有可能影响应用对象的生殖功能时才进行生殖、发育毒性试验或生物测定。如对于新型植入生物材料,如果生物材料和/或其可沥滤物可能与生殖器官接触时。另外,对于孕期使用的生物材料也应考虑进行这类试验。

4. 免疫毒性

医用复合材料中的聚合物材料、陶瓷和金属材料的可沥滤物、磨损或降解产物可能会与宿主蛋白结合,激发机体产生免疫应答,生物源材料(比如胶原和动物组织等)则可以直接激发免疫应答。因此,应考虑其对于免疫系统的不良作用。例如,可能诱发 I 型超敏反应的材料有乳胶蛋白、某些塑料和聚合物(如丙烯酸树脂/丙烯酸酯)、金属盐(如镍盐和铬盐)、齿科汞合金等。可能诱发Ⅳ型超敏反应的材料包括一些低分子量有机分子(如秋兰姆和其他乳胶添加剂/残留剂以及牙科树脂内的双酚A)和塑料/聚合物(如丙烯酸酯、起搏器电极聚合物涂层添加剂和聚合牙科材料释放的甲醛)。某些材料[如二甲基硅氧烷聚合物(硅橡胶)、聚四氟乙烯(PTFE)、聚甲基丙烯酸甲酯和聚酯]构成的植入物可引起异物型慢性炎症,其中硅橡胶乳房植入物,特别是溶盐工艺制备的毛面植入物,可能会导致的间质性大细胞淋巴瘤是一种免疫系统肿瘤,主要存在于植入物附件的疤痕组织或体液中,也能扩散至全身。其原因可能为患者个体遗传因素、植入物的佐剂作用局部慢性炎症作用以及乳房植入物周围微生物形成的生物膜作用。另外,镍和汞可能还会诱发自身免疫和免疫抑制作用;某些与血液接触固体材料(如纤维素基质和合成血液透析器/心肺旁路材料)可能会诱发补体激活伴发过敏毒素生成。

(1)免疫毒性评定方法

免疫毒性检验可分为非功能性和功能性检验两种类型。非功能性检验在测定中具有描述特性:形态学方面和/或定量的术语、淋巴组织变化程度、淋巴细胞数目和免疫球蛋白水平或其他免疫功能标志物。相比而言,功能性检验则测定细胞和/或器官活性,例如淋巴细胞对有丝分裂原或特异性抗原的增殖反应、细胞毒活性和特异性抗体形成(如在对绵羊红细胞应答中)。表8.10中给出了免疫毒性试验举例和免疫应答评价指征。

表 8.10　免疫毒性试验举例和免疫应答评价指征

免疫应答	功能性检验	非 功 能 性 检 验		
		可溶性介质	表型	其他[a]
组织/炎症	植入/全身 ISO 10993-6 和 ISO 10993-11	不适用	细胞表面标志	器官重量分析
体液应答	免疫测定法(如 ELISA),用于抗体对抗原加佐剂的应答[b] 空斑形成细胞 淋巴细胞增殖 抗体依赖性细胞毒性 被动皮肤过敏反应 直接过敏反应	补体(包括 C3a 和C5a 过敏毒素) 免疫复合物	细胞表面标志	
细胞应答				
T 细胞	豚鼠最大剂量试验 小鼠局部淋巴结检验 小鼠耳肿胀试验 淋巴细胞增殖 混合淋巴细胞反应	T 细胞亚群(Th1、Th2)的细胞因子型式指征	细胞表面标志(辅助性和细胞毒性 T 细胞)	

续上表

免疫应答	功能性检验	非功能性检验		
		可溶性介质	表型	其他[a]
NK 细胞	肿瘤细胞毒性	不适用	细胞表面标志	
巨噬细胞和其他单核细胞	吞噬作用 抗原递呈	细胞因子(IL1、TNFα、IL6、TGFβ、IL10、γ-干扰素)	MHC 标志	
树突状细胞	抗原递呈给 T 细胞	不适用	细胞表面标志	
血管内皮细胞	活化作用			
粒细胞(嗜碱性粒细胞、嗜酸性粒细胞、嗜中性粒细胞)	脱粒作用 吞噬作用	趋化因子、生物活性胺、炎性细胞因子、酶	不适用	细胞化学
宿主抗性	抗细菌、病毒和抗肿瘤性	不适用	不适用	
临床症状	不适用	不适用	不适用	变态反应、皮疹、风疹、水肿、淋巴结病、炎症

注：a. 某些人自身免疫疾病的动物模型是可用的，但是不推荐将材料/器械诱导自身免疫病作为常规试验。

　　 b. 最常使用的试验。功能性检验一般比可溶性介质或表型试验更重要。

8.4.7　降解试验与评价

对于设计成生物可降解吸收或被公认为在人体接触期间可能会释放毒性物质的医用复合材料，应考虑进行生物降解试验和评价。对于可吸收复合材料，应以最终材料进行试验。在选择试验样品时应考虑各材料间潜在的协同作用或相互作用。设置不同的降解时间点进行评价以确保对产品的起始、中间和最终降解产物进行评定。降解试验一般分为体外降解试验和体内降解试验。

大多数聚合物、陶瓷或金属可吸收复合材料在体内都会产生相对低分子量的降解产物。在进行体外生物相容性试验时，这些降解的小分子量物质就会溶出并存在于浸提介质之中，而标准的浸提方法原本预期用于非降解材料，所以浸提介质中存在的这些降解产物可能会影响某些生物相容性试验的结果，在试验结果评价时应进行充分的解释。例如，在某些情况下，如果某可吸收材料降解速度非常快，一种或多种预期产物浓度的增加能够改变体外试验体系的 pH 和/或渗透压。因为体内条件下同时存在体液灌注及碳酸盐平衡，所以那些体外结果可能不能反映体内反应情况。这种情况下，可以考虑调整体外试验液的 pH 和/或渗透压至生理范围，重复试验并记录发生机制并进行证实。例如，可以选用动物模型进一步证明产品的安全性，以确认预期降解产物导致所引起的 pH 和/或渗透压的变化并不能代表患者的安全风险。同时,若在体外标准试验条件下出现不良结果,当决定调整试验体系(如 pH、渗透压)时,可以考虑细胞类型、细胞培养基、培养条件和降解产物特性。新版的 ISO 10993—1:2018 中明确要求,对于特定医疗器械或生物学终点的评定,如需要使用非标准化和非确认性试验,宜提供相应的试验设计原则和结果解释的附加信息。因此,任何对浸提液 pH 或渗透压的调整都应进行充分的论证。因为局部的 pH 和渗透压的变化会也可能会引起临床相关毒性。

应表征释放至浸提介质或残留在降解的植入材料中降解产物是产品使用前(即加工处理或货架储存期间)产生的,还是降解过程中产生的。降解产物的定性应来源于植入材料的化学分析或通过理论上的判定。在识别预期降解产物和潜在毒性方面、充足的科学原理、可吸收材料临床安全应用(用于预期解剖位置)文献数据是非常有用的。另外,生产加工过程的不同可能会影响终产品的生物相容性。因为很多其他因素(如共聚物序列分布、洁净度、纯度、粒径大小和金属晶体结构、羧甲基纤维素钠氧化度)会影响可吸收材料的性能和生物相容性,所以简单地论述相同的成分是不充分的。如果能提供临床相关性科学合理的论证,采用可吸收材料随时间降解产物的化学分析信息进行的生物相容性风险评定以及文献中毒性数据都可能支持 GB/T 16886.1 中描述的生物学终点。新版 ISO 10993—1:2018 中十分强调收集已有非临床和临床数据,包括安全使用史、已上市同类器械材料信息,当可以获得充分信息对该材料和/或医疗器械进行风险评定时,一般就不需要再进行相应的生物相容性试验了。

对于需要灭菌的试验样品,建议在生物学试验前验证确认灭菌方法和剂量。对于辐照灭菌,在对器械进行高辐照剂量灭菌时应谨慎进行。增大剂量时,会产生大量不同化学副产物,无毒化学物可能会变成有毒物。另一方面,对于其他灭菌方法,毒性可能会随着暴露时间/持续时间的增加而增加(例如环氧乙烷残留)。若未使用最终灭菌器械进行试验,应提供以下依据:

(1)试验样品和最终灭菌器械间制造工艺的所有差异的描述;(2)证明(证实)试验样品和最终器械间所有差异不影响其化学性质或降解动力学的数据。

对含药物活性成分(API)的器械材料,药物可能会影响生物学反应。因此,宜考虑分别对包括 API 的终产品和不含药物成分的产品进行试验。而且,宜评价任何可能的药物成分与制成的可吸收材料或降解产物相互作用对生物相容性的影响。对于按照常规推荐的浸提比例浸提时,含 APIs 器械材料可能出现假阳性结果。若 API 在研究的某特定终点预期有毒性可以考虑采用部分或整体器械系列稀释液的评价作为整个风险评定计划的一部分。若 API 作用模式直接影响特定生物学相容性试验(如对含细胞毒性 API 器械进行细胞毒性试验),采用系列稀释液可能不能充分评估器械生物相容性。在这种情况下,推荐再对不含 API 的最终产品进行另外的试验。

1. 体外降解试验

《潜在降解产物的定性和定量框架》(GB/T 16886.9)中给出了生物降解试验的基本框架。《聚合物医疗器械的降解产物的定性与定量》(GB/T 16886.13)、《陶瓷降解产物的定性与定量》(GB/T 16886.14)和《金属与合金降解产物的定性与定量》(GB/T 16886.15)分别描述了聚合物、陶瓷和金属的体外降解试验。

2. 体内降解试验

对于体内降解试验,评定时间点将取决于医用复合材料的降解动力学。一般应包括生物材料随时间降解并且持续到该可吸收材料和/或其降解产物在组织中不再存在为止。但是,当能确认获得了稳定状态的生物学组织反应时,比如能估计出生物材料在组织中残留百分比,则可以考虑提前结束研究。

3. 降解产物与可溶出物毒代动力学研究

用于评价医疗器械、材料和/或其浸提液的可溶出物或降解产物的吸收、分布、代谢和排泄(ADME)。一般在下列情况下应考虑进行毒代动力学研究:材料被设计成生物可吸收性的;或器械材料是持久接触的植入物,并已知或可能是生物可降解的或会发生腐蚀、和/或可溶出物向外迁移;或在临床使用中可能或已知有实际数量的潜在毒性或反应性降解产物和可溶出物从器械材料上释放到体内。

如果根据有意义的临床经验,已经判定某一特定器械或材料的降解产物和可溶出物所达到或预期的释出速率提供了临床接触的安全水平,或已经有该降解产物和可溶出物的充分的毒理学数据或毒代动力学数据,则不需要进行毒代动力学研究。一般从非降解金属、合金和陶瓷中释出的可溶出物和降解产物的量一般都太低,不能用于开展毒代动力学研究。

参考文献

[1] International Organization for Standardization. Biological evaluation of medical devices—Part 1:Evaluation and testing within a risk management process:ISO 10993-1[S]. 2018 .

[2] 美国食品药品监督管理局.《医疗器械生物学评价 第 1 部分:风险管理过程中的评价与试验》(ISO 10993-1)标准的使用指南[S]. 2016.

[3] 国家食品药品监督管理局.无源外科植入物 心脏和血管植入物的特殊要求 动脉支架的专用要求:YY 0663—2016[S].北京:中国标准出版社,2017:5.

[4] 国家食品药品监督管理局.腹腔内置疝修补补片动物实验技术审查指导原则[S]. 2018.

[5] 中国国家标准化管理委员会.医疗器械生物学评价第 13 部分 聚合物医疗器械降解产物的定性和定量:GB/T 16886.13—2017[S].北京:中国标准出版社,2018.

[6] 中国国家标准化管理委员会.医疗器械生物学评价第 14 部分 陶瓷降解产物的定性与定量:GB/T 16886.14—2003[S].北京:中国标准出版社,2003.

[7] 中国国家标准化管理委员会.医疗器械生物学评价第 15 部分 金属与合金降解产物的定性与定量:GB/T 16886.15—2003[S].北京:中国标准出版社,2003.

[8] International Organization for Standardization. Biological evaluation of medical devices-Part 5:Tests for in vitro cytotoxicity:ISO 10993-5:2009[S]. 2009.

[9] 中国国家标准化管理委员会.金属材料拉伸试验方法:GB/T 228.1—2010(ISO 6892-1)[S].北京:中国标准出版社,2011.

[10] 国家食品药品监督管理局.外科植入物涂层磷酸钙涂层和金属涂层拉伸试验方法:YY/T 0988.11(ASTM F1147—2005)[S].北京:中国标准出版社,2017.

[11] 中国国家标准化管理委员会.塑料 拉伸性能的测定第 4 部分 各向同性和正交各向异:GB/T 1040.

4—2006(ISO 527-4)[S].北京:中国标准出版社,2007.

[12]　中国国家标准化管理委员会.塑料拉伸性能的测定第5部分 单向纤维增强复合材料的试验条件:GB/T 1040.5—2008(ISO 527-5)[S].北京:中国标准出版社,2008.

[13]　美国材料与试验协会.塑料拉伸性能测定方法:ASTM D638[S].2014.

[14]　美国材料与试验协会.聚合物基复合材料拉伸性能试验方法:ASTM D3039[S].2014.

[15]　中国国家标准化管理委员会.金属材料弯曲试验方法:GB/T 232—2010(ISO 7438)[S].北京:中国标准出版社,2010.

[16]　国际标准化组织.纤维加强的塑料复合物弯曲性能的测定:ISO 14125:1998[S].1998.

[17]　中国国家标准化管理委员会.塑料弯曲性能的测定:GB/T 9341—2008(ISO 178)[S].北京:中国标准出版社,2008.

[18]　美国材料与试验协会.未增强和增强塑料及电绝缘材料挠曲性的试验方法:ASTM D790[S].2010.

[19]　美国材料与试验协会.用四点弯曲法测定未增强和增强塑料及电绝缘材料挠曲性能的试验方法:ASTM D6272[S].

[20]　中国国家标准化管理委员会.金属材料 夏比摆锤冲击试验方法:GB/T 229—2007(ISO 148-1)[S].北京:中国标准出版社,2007.

[21]　中国国家标准化管理委员会.摆锤式冲击试验机的检验:GB/T 3808—2002(ISO 148-2)[S].北京:中国标准出版社,2018.

[22]　中国国家标准化管理委员会.金属材料 室温压缩试验方法:GB/T 7314—2017[S].北京:中国标准出版社,2017.

[23]　中国国家标准化管理委员会.硬质合金 压缩试验方法:GB/T 23370—2009(ISO 4506)[S].北京:中国标准出版社,2009.

[24]　美国材料与试验协会.硬质泡沫塑料压缩性能的标准试验方法:ASTM D1621[S].2016.

[25]　美国材料与试验协会.硬质塑料抗压特性的标准试验方法:ASTM D695[S].2015.

[26]　国际标准化组织.纤维增强塑料复合材料平面方向压缩性的测定 ISO14126:1999[S].1999.

[27]　美国材料与试验协会.剪切荷载法测定带无支撑标准截面的聚合母体复合材料抗压特性的标准试验方法:ASTM D3410[S].2016.

[28]　中国国家标准化管理委员会.复合材料面内剪切性能试验方法:GB/T 28889—2012(ASTM D7078)[S].北京:中国标准出版社,2013.

[29]　中国国家标准化管理委员会.聚合物基复合材料纵横剪切试验方法:GB/T 3355—2014[S].北京:中国标准出版社,2014.

[30]　国家食品药品监督管理局.外科植入物涂层磷酸钙涂层和金属涂层剪切试验方法:YY/T 0988.12—2016(ASTM F1044—2005)[S].北京:中国标准出版社,2017.

[31]　国家食品药品监督管理局.磷酸钙、医用金属和磷酸钙金属复合涂层剪切和弯曲疲劳试验方法:YY/T 0988.13—2016(ASTM F1160—2005)[S].北京:中国标准出版社,2017.

[32]　中国国家标准化管理委员会.金属材料 疲劳试验 疲劳裂纹扩展速率试验方法:GB/T 6398—2017(ASTM E647)[S].北京:中国标准出版社,2017.

[33]　中国国家标准化管理委员会.金属材料 疲劳试验 金属轴向疲劳试验方法:GB/T 3075—2008[S].北京:中国标准出版社,2008.

[34]　中国国家标准化管理委员会.金属旋转弯曲疲劳试验方法:GB/T 4337—2015[S].北京:中国标准出版社,2015.

［35］ 中国国家标准化管理委员会.金属材料 维氏硬度试验 第 1 部分 试验方法：GB/T 4340.1—2009［S］. 北京：中国标准出版社，2009.

［36］ 中国国家标准化管理委员会.金属材料 洛氏硬度试验 第 1 部分 试验方法：GB/T 230.1—2018［S］. 北京：中国标准出版社，2019.

［37］ 中国国家标准化管理委员会.金属材料布氏硬度试验 第 1 部分 试验方法：GB/T 231.1—2018［S］. 北京：中国标准出版社，2013.

［38］ 中国国家标准化管理委员会.硫化橡胶或热塑性橡胶压入硬度试验方法 第 1 部分 邵氏硬度计法： GB 531.1—2008［S］.北京：中国标准出版社，2008.

［39］ 中国国家标准化管理委员会.医疗器械生物学评价 第 16 部分 降解产物与可沥滤物毒代动力学研究 设计：GB/T 16886.16—2013［S］.北京：中国标准出版社，2014.

［40］ 中国国家标准化管理委员会.医疗器械生物学评价 第 17 部分 可沥滤物允许限量的建立：GB/T 16886.17—2005［S］.北京：中国标准出版社，2006.

［41］ 中国国家标准化管理委员会.医疗器械生物学评价 第 12 部分 样品制备与参照材料：GB/T 16886. 12—2017［S］.北京：中国标准出版社，2017.

［42］ 中国国家标准化管理委员会.医疗器械生物学评价 第 19 部分 材料物理化学、形态学和表面特性表 征：GB/T 16886.19—2011［S］.北京：中国标准出版社，2012.

［43］ International Organization for Standardization. Biological evaluation of medical devices -Part 23： Tests for irritation：ISO 10993-23：2020.［S］. 2020.